启航教育 | 云图 YUN TU

张宇考研数学系列丛书·三

U0234695

张宇高等数学18讲

书课包

张宇考研数学系列丛书编委

（按姓氏拼音排序）

蔡茂勇 蔡燧林 曹泽祺 陈静静 方春贤 高昆轮 胡金德 华炜超 贾建厂
刘硕 吕盼静 吕倩 马丁 秦艳鱼 沈利英 石臻东 仝雨晨 王国娟 王慧珍
王爽 王燕星 徐兵 严守权 亦一（笔名） 曾凡（笔名） 张翀 张乐 张雷 张青云
张勇利 张宇 赵海婧 郑利娜 朱杰

○ 主编 张宇　○ 副主编 高昆轮

闭关修炼

北京理工大学出版社

图书在版编目(CIP)数据

张宇高等数学 18 讲 / 张宇主编. －北京：北京理
工大学出版社，2022.1(2023.1 重印)

　ISBN 978 - 7 - 5763 - 0851 - 8

　Ⅰ. ①张… 　Ⅱ. ①张… 　Ⅲ. ①高等数学－研究生－入
学考试－自学参考资料 　Ⅳ. ①O13

　中国版本图书馆 CIP 数据核字(2022)第 018243 号

出版发行 / 北京理工大学出版社有限责任公司
社　　　址 / 北京市海淀区中关村南大街 5 号
邮　　　编 / 100081
电　　　话 / (010)68914775(总编室)
　　　　　　(010)82562903(教材售后服务热线)
　　　　　　(010)68944723(其他图书服务热线)
网　　　址 / http://www.bitpress.com.cn
经　　　销 / 全国各地新华书店
印　　　刷 / 三河市文阁印刷有限公司
开　　　本 / 787 毫米×1092 毫米　1/16
印　　　张 / 17
字　　　数 / 424 千字
版　　　次 / 2022 年 1 月第 1 版　2023 年 1 月第 4 次印刷
定　　　价 / 159.90 元

责任编辑 / 多海鹏
文案编辑 / 胡　莹
责任校对 / 刘亚男
责任印制 / 李志强

前　言

　　《张宇高等数学 18 讲》《张宇线性代数 9 讲》《张宇概率论与数理统计 9 讲》是供参加全国硕士研究生招生考试的考生全程使用的考研数学教材,在考生全面复习《张宇考研数学基础 30 讲》,夯实基础的条件下,本书突出综合性、计算性与新颖性,全面、准确反映考研数学的水平与风格.

　　本书有如下三大特色.

　　第一个特色:每一讲开篇列出的知识结构.这不同于一般的章节目录,而是科学、系统、全面地给出本讲知识的内在逻辑体系和考研数学试题命制思路,是我们多年教学和命题经验的结晶.希望读者认真学习、思考、反复研究并熟稔于心.

　　第二个特色:对知识结构系统性、针对性的讲述.这也是本书的主体——讲授内容与题目.讲授内容的特色在于在讲解知识的同时,指出考什么、怎么考(这在普通教材上几乎是没有的),并在讲授内容后给出精心命制、编写和收录的优秀题目,使得讲授内容和具体实例紧密结合,非常有利于读者快速且深刻掌握所学知识并达到考研要求.

　　第三个特色:本书所命制、编写和收录题目的较高价值性.这些题目皆为多年参加考研命题和教学的专家们潜心研究、反复酝酿、精心设计的好题、妙题.它们能够在与考研数学试题无缝衔接的同时,精准提高读者的解题水平和应试能力.同时,本书集中回答并切实解决读者在复习过程中的疑点和弱点.

　　感谢命题专家们给予的支持、帮助与指导,他们中有的老先生已年近九旬;感谢编辑老师们的辛勤工作与无私奉献,他们中有的已成长为可独当一面的专家;感谢一届又一届考生的努力与信任,他们中有的已硕士毕业、博士毕业并成为各自专业领域的佼佼者.

　　希望读者闭关修炼、潜心研读本书,在考研数学中取得好成绩.

张宇

2023 年 1 月于北京

目 录

第1讲
函数极限与连续

知识结构

函数极限的定义及使用
- 定义
- 使用
  - 是常数
  - 唯一性
  - 局部有界性
  - 局部保号性
  - 等式脱帽法

函数极限的计算
- 化简先行
  - 等价无穷小替换
  - 恒等变形
  - 及时提出极限存在且不为 0 的因式
- 洛必达法则
- 泰勒公式
  - 熟记常用公式
  - 展开原则
- 无穷小比阶

函数极限的存在性
- 具体型（若洛必达法则失效,用夹逼准则）
- 抽象型（单调有界准则）

函数极限的应用——连续与间断
- 研究位置
  - 无定义点
  - 分段函数的分段点
- 连续
  - 内点处
  - 端点处
- 间断
  - 第一类间断点
    - 跳跃间断点
    - 可去间断点
  - 第二类间断点
    - 无穷间断点
    - 振荡间断点

一 函数极限的定义及使用

1. 定义

$$\lim_{x \to \cdot} f(x) = A \Leftrightarrow \forall \varepsilon > 0, \text{当} x \to \cdot \text{时}, |f(x) - A| < \varepsilon.$$

【注】$x \to \cdot$ 是指 $x \to x_0, x \to x_0^+, x \to x_0^-, x \to \infty, x \to +\infty, x \to -\infty$ 这六种情形.

2. 使用

当 $\lim\limits_{x \to \cdot} f(x)$ 存在时,

以下各式，只要存在，即为常数:
$$\lim_{x \to \cdot} f(x) = A, \quad \lim_{n \to \infty} x_n = A, \quad f'(x_0) = A,$$
$$\int_a^b f(x)dx = A, \quad \iint_D f(x,y)d\sigma = A, \cdots.$$

①(**是常数**) 常记 $\lim\limits_{x \to \cdot} f(x) = A$, A 是一个常数.

②(**唯一性**) A 唯一:左极限=右极限.

③(**局部有界性**) 当 $x \to \cdot$ 时, $\exists M > 0, |f(x)| \leqslant M$.

④(**局部保号性**) 当 $x \to \cdot$ 时,若 $A > 0$,则 $f(x) > 0$;若 $x \to \cdot$ 时,$f(x) \geqslant 0$,则 $A \geqslant 0$.

⑤(**等式脱帽法**) $f(x) = A + \alpha$,其中 $\lim\limits_{x \to \cdot} \alpha = 0$.

例 1.1 已知 $\lim\limits_{x \to +\infty} f(x)$ 存在,且 $f(x) = \dfrac{x^{1+x}}{(1+x)^x} - \dfrac{x}{e} + 2 \cdot \lim\limits_{x \to +\infty} f(x)$,求 $f(x)$.

【解】设 $\lim\limits_{x \to +\infty} f(x) = A$,则

$$\lim_{x \to +\infty} f(x) = \lim_{x \to +\infty}\left[\frac{x^{1+x}}{(1+x)^x} - \frac{x}{e}\right] + \lim_{x \to +\infty}\left[2 \cdot \lim_{x \to +\infty} f(x)\right],$$

即

$$A = \lim_{x \to +\infty}\left[\frac{x^{1+x}}{(1+x)^x} - \frac{x}{e}\right] + 2A,$$

可得

$$A = -\lim_{x \to +\infty}\left[\frac{x^{1+x}}{(1+x)^x} - \frac{x}{e}\right]$$

$$= \lim_{x \to +\infty} \frac{x(1+x)^x - ex^{1+x}}{e(1+x)^x}$$

$$= \lim_{x \to +\infty} x \cdot \frac{(1+x)^x - ex^x}{e(1+x)^x}$$

$$= \lim_{x \to +\infty} x \cdot \frac{\left(1+\frac{1}{x}\right)^x - e}{e\left(1+\frac{1}{x}\right)^x}$$

分子分母同时除以 x^x,以使 $\left(1+\dfrac{1}{x}\right)^x$ 出现

$$\xlongequal{x = \frac{1}{t}} \lim_{t \to 0^+} \frac{1}{e} \cdot \frac{(1+t)^{\frac{1}{t}} - e}{t \cdot (1+t)^{\frac{1}{t}}} = \frac{1}{e^2} \lim_{t \to 0^+} \frac{(1+t)^{\frac{1}{t}} - e}{t}$$

极限为 e 并提出极限号外,
与前面分母上的 e 相乘得 e^2

$$= \frac{1}{e^2} \lim_{t \to 0^+} \frac{e^{\frac{1}{t}\ln(1+t)} - e}{t} = \frac{1}{e} \lim_{t \to 0^+} \frac{e^{\frac{\ln(1+t)}{t} - 1} - 1}{t}$$

$$= \frac{1}{e} \cdot \lim_{t \to 0^+} \frac{\ln(1+t) - t}{t^2} = -\frac{1}{2e},$$

故 $f(x) = \dfrac{x^{1+x}}{(1+x)^x} - \dfrac{x}{e} - \dfrac{1}{e}$.

【注】(1) 本题的命制对计算能力提出了较高要求,提醒考生重视计算.

(2) $f(x) = (1+x)^{\frac{1}{x}}$ 在 $x > 0$ 时有以下性质:

① $f(x)$ 单调减少;② $\lim\limits_{x \to 0^+} f(x) = e$;③ $(1+x)^{\frac{1}{x}} - e \sim -\dfrac{e}{2}x(x \to 0^+)$.

$x_n = \left(1 + \dfrac{1}{n}\right)^n$ 在 $n \to \infty$ 时有以下性质:

① $\{x_n\}$ 单调增加;② $\lim\limits_{n \to \infty} x_n = e$;③ $\left(1 + \dfrac{1}{n}\right)^n - e \sim -\dfrac{e}{2} \cdot \dfrac{1}{n}$.

以上均是常用的性质,要熟悉.

例 1.2 已知 $\lim\limits_{x \to 0}\left[a \arctan \dfrac{1}{x} + (1 + |x|)^{\frac{1}{x}}\right]$ 存在,则常数 $a = $ _____.

【解】应填 $\dfrac{1 - e^2}{\pi e}$.

因为 $\lim\limits_{x \to 0}\left[a \arctan \dfrac{1}{x} + (1 + |x|)^{\frac{1}{x}}\right]$ 存在,且

$$\lim_{x \to 0^-}\left[a \arctan \frac{1}{x} + (1 + |x|)^{\frac{1}{x}}\right] = \lim_{x \to 0^-} a \arctan \frac{1}{x} + \lim_{x \to 0^-}(1-x)^{\frac{1}{x}} = -\frac{\pi}{2}a + \frac{1}{e},$$

$$\lim_{x \to 0^+}\left[a \arctan \frac{1}{x} + (1 + |x|)^{\frac{1}{x}}\right] = \lim_{x \to 0^+} a \arctan \frac{1}{x} + \lim_{x \to 0^+}(1+x)^{\frac{1}{x}} = \frac{\pi}{2}a + e,$$

所以 $-\dfrac{\pi}{2}a + \dfrac{1}{e} = \dfrac{\pi}{2}a + e$. 故 $a = \dfrac{1 - e^2}{\pi e}$.

例 1.3 设 $f(x)$ 在 $[a,b]$ 上可导,且在点 $x = a$ 处取最小值,在点 $x = b$ 处取最大值,则 ( ).

(A) $f'_+(a) \leqslant 0, f'_-(b) \leqslant 0$ (B) $f'_+(a) \leqslant 0, f'_-(b) \geqslant 0$

(C) $f'_+(a) \geqslant 0, f'_-(b) \leqslant 0$ (D) $f'_+(a) \geqslant 0, f'_-(b) \geqslant 0$

【解】应选(D).

因为 $f(a)$ 是最小值,所以 $f(x) \geqslant f(a), x \in (a,b]$,又 $f'_+(a)$ 存在,故

$$f'_+(a) = \lim_{x \to a^+} \frac{f(x) - f(a)}{x - a} \geqslant 0.$$

因为 $f(b)$ 是最大值,所以 $f(x) \leqslant f(b), x \in [a,b)$,又 $f'_-(b)$ 存在,故

$$f'_-(b) = \lim_{x \to b^-} \frac{f(x) - f(b)}{x - b} \geqslant 0.$$

应选(D).

【注】(1) 本题考查可导函数在端点处取最值的必要条件,总结如下:

设 $f(x)$ 在 $[a,b]$ 上可导,则 $f(x)$ 在 $[a,b]$ 上必存在最大(小)值,且

① 若 $f(x)$ 在 $x = a$ 处取 $[a,b]$ 上的最大(小)值,则 $f'_+(a) \leqslant 0 (\geqslant 0)$;

② 若 $f(x)$ 在 $x = b$ 处取 $[a,b]$ 上的最大(小)值,则 $f'_-(b) \geqslant 0 (\leqslant 0)$.

(2) 若 $f(x)$ 在 $[a,b]$ 上可导,且在点 $x = c \in (a,b)$ 处取最小或最大值,则必有 $f'(c) = 0$,此为费马定理.

(3) 在考研中,要习惯函数 $f(x)$ 的"升阶"或"降阶".若本题命制成 $F(x) = \int_a^x f(t) \mathrm{d}t$, $x \in [a,b]$,此谓"升阶".则 $F(x)$ 是 $f(x)$ 在 $[a,b]$ 上的一个原函数,于是

① 若 $f(x)$ 在 $[a,b]$ 上可导,且当 $f(x)$ 在 $x = a$ 处取得最大(小)值时,有 $F''_+(a) \leqslant 0 (\geqslant 0)$.

② 若 $f(x)$ 在 $[a,b]$ 上可导,且当 $f(x)$ 在 $x = b$ 处取得最大(小)值时,有 $F''_-(b) \geqslant 0 (\leqslant 0)$.

③ 若 $f(x)$ 在 $[a,b]$ 上可导,且当 $f(x)$ 在 $x = c \in (a,b)$ 处取得最大或最小值时,有 $F''(c) = 0$.

例 1.4 设 $f(x)$ 在 $x = 0$ 处连续,且 $\lim_{x \to 0} \dfrac{\mathrm{e}^{f(x)} - \cos x + \sin x}{x} = 0$,则 $f'(0) = $ _____.

【解】应填 -1.

因题设 $\lim_{x \to 0} \dfrac{\mathrm{e}^{f(x)} - \cos x + \sin x}{x} = 0$,所以

> 若 $\lim_{x \to \cdot} f(x) = A$, 则 $f(x) = A + \alpha$, 其中 $\alpha \to 0 (x \to \cdot)$

$$\frac{\mathrm{e}^{f(x)} - \cos x + \sin x}{x} = \alpha,$$

其中 $\lim_{x \to 0} \alpha = 0$,从而 $f(x) = \ln(\alpha x + \cos x - \sin x)$.

因为 $f(x)$ 在 $x = 0$ 处连续,所以

$$f(0) = \lim_{x \to 0} f(x) = \lim_{x \to 0} \ln(\alpha x + \cos x - \sin x) = 0,$$

$$f'(0) = \lim_{x \to 0} \frac{f(x) - f(0)}{x}$$

$$= \lim_{x \to 0} \frac{\ln(\alpha x + \cos x - \sin x)}{x} \qquad (*)$$

$$\left. \begin{array}{l} \end{array} \right\} \ln u \sim u - 1 (u \to 1)$$

$$= \lim_{x \to 0} \frac{\alpha x + \cos x - \sin x - 1}{x} \qquad (**)$$

$$= \lim_{x \to 0} \left(\alpha - \frac{1 - \cos x}{x} - \frac{\sin x}{x} \right)$$

$$= 0 - 0 - 1 = -1.$$

【注】$(*)$ 式不能用洛必达法则,因为不知道 α 是否可导.$(**)$ 式来自等价无穷小替换.

 **二 函数极限的计算**

即为七种未定式（"$\dfrac{0}{0}$"型，"$\dfrac{\infty}{\infty}$"型，"$\infty \cdot 0$"型，"$\infty - \infty$"型，"∞^0"型，"0^0"型，"1^∞"型）的计算.

1. 化简先行

（1）等价无穷小替换.

① 普通函数型.

当 $x \to 0$ 时，

$$\sin x \sim x, \tan x \sim x, \arcsin x \sim x, \arctan x \sim x, e^x - 1 \sim x,$$

$$\ln(1+x) \sim x, \ln(x + \sqrt{1+x^2}) \sim x, a^x - 1 = e^{x\ln a} - 1 \sim x \ln a \,(a > 0 \text{ 且 } a \neq 1),$$

$$1 - \cos x \sim \frac{1}{2}x^2, 1 - \cos^\alpha x \sim \frac{\alpha}{2}x^2, (1+x)^\alpha - 1 \sim \alpha x \,(\alpha \neq 0).$$

【注】(1) 当 $x \to 0$ 时，$\ln(x + \sqrt{1+x^2}) \sim x$.

证 由于 $\lim\limits_{x \to 0} \dfrac{\ln(x + \sqrt{1+x^2})}{x} = \lim\limits_{x \to 0} \dfrac{\dfrac{1}{\sqrt{1+x^2}}}{1} = 1$，于是当 $x \to 0$ 时，$\ln(x + \sqrt{1+x^2}) \sim x$.

(2) 当 $x \to 0$ 时，$1 - \cos^\alpha x \sim \dfrac{\alpha}{2}x^2$.

证 当 $x \to 0$ 时，$1 - \cos^\alpha x = 1 - (1 + \overbrace{\cos x - 1}^{(1+u)^\alpha - 1 \sim \alpha u,\, u \to 0})^\alpha \sim -\alpha(\cos x - 1) \sim \dfrac{\alpha}{2}x^2.$

以下 ②，③，④，⑤ 中，设所给抽象函数均为研究区间上的连续函数.

② 复合函数型.

当 $x \to 0$ 时，$f(x) \sim ax^m, g(x) \sim bx^n, ab \neq 0, m, n$ 为正整数，则 $f[g(x)] \sim ab^m x^{mn}$.

【注1】**证** 当 $x \to 0$ 时，$f[g(x)] \sim a[g(x)]^m \sim a(bx^n)^m = ab^m x^{mn}$，证毕.

如，当 $x \to 0$ 时，$\cos(e^{\frac{x^2}{2}} - 1) - 1 \sim cx^k$，则 $ck = \underline{\quad\quad}$.

解 应填 $-\dfrac{1}{2}$.

当 $x \to 0$ 时，

$$f(x) = \cos x - 1 \sim -\frac{1}{2}x^2, \quad g(x) = e^{\frac{x^2}{2}} - 1 \sim \frac{1}{2}x^2,$$

故 $f[g(x)] \sim \left(-\dfrac{1}{2}\right) \cdot \left(\dfrac{1}{2}\right)^2 \cdot x^{2\cdot2} = -\dfrac{1}{8}x^4$，于是 $c = -\dfrac{1}{8}, k = 4, ck = -\dfrac{1}{2}$.

【注2】对于命题②,若 m,n 为正实数,则要求 $x \to 0^+$,此时,该命题亦成立.

如,当 $x \to 0^+$ 时,$\mathrm{e}^{\left(\sqrt{\sin^3 x}\right)^3} - 1 \sim cx^k$,则 $ck =$ _____.

解 应填 $\dfrac{9}{2}$.

当 $x \to 0^+$ 时,$f(x) = \mathrm{e}^{x^3} - 1 \sim x^3$,$g(x) = \sqrt{\sin^3 x} \sim x^{\frac{3}{2}}$,则 $f[g(x)] \sim x^{\frac{9}{2}}$,于是

$$c = 1, \quad k = \frac{9}{2}, \quad ck = \frac{9}{2}.$$

考生若看出当 狗 $\to 0$ 时,$\cos$ 狗 $- 1 \sim -\dfrac{1}{2}$ 狗^2,$\mathrm{e}^{狗} - 1 \sim$ 狗,则能更快速地解决问题.事实上,② 是为后面的 ④ 服务的.

③ 变上限积分型.

当 $x \to 0$ 时,$f(x) \sim ax^m$,$a \neq 0$,m 为正整数,则 $\displaystyle\int_0^x f(t)\,\mathrm{d}t \sim \int_0^x at^m\,\mathrm{d}t$.

【注1】**证** $\displaystyle\lim_{x \to 0} \dfrac{\displaystyle\int_0^x f(t)\,\mathrm{d}t}{\displaystyle\int_0^x at^m\,\mathrm{d}t} \xlongequal{\text{洛必达法则}} \lim_{x \to 0} \dfrac{f(x)}{ax^m} = 1$,证毕.

如,当 $x \to 0$ 时,$\displaystyle\int_0^x (\mathrm{e}^{t^3} - 1)\,\mathrm{d}t \sim \int_0^x t^3\,\mathrm{d}t = \left. \frac{1}{4} t^4 \right|_0^x = \frac{1}{4} x^4$.

【注2】对于命题③,若 m 为正实数,则要求 $x \to 0^+$,此时,该命题亦成立.

如,当 $x \to 0^+$ 时,$\displaystyle\int_0^x \ln(1 + \sqrt{t^3})\,\mathrm{d}t \sim \int_0^x t^{\frac{3}{2}}\,\mathrm{d}t = \left. \frac{2}{5} t^{\frac{5}{2}} \right|_0^x = \frac{2}{5} x^{\frac{5}{2}}$.

④ 复合函数与变上限积分型.

当 $x \to 0$ 时,$f(x) \sim ax^m$,$g(x) \sim bx^n$,$ab \neq 0$,m,n 为正整数,则 $\displaystyle\int_0^{g(x)} f(t)\,\mathrm{d}t \sim \int_0^{bx^n} at^m\,\mathrm{d}t$.

【注1】**证** 令 $F(x) = \displaystyle\int_0^x f(t)\,\mathrm{d}t$,由 ③ 知,当 $x \to 0$ 时,$F(x) \sim \displaystyle\int_0^x at^m\,\mathrm{d}t = \frac{a}{m+1} x^{m+1}$.

又由②知当 $x \to 0$ 时,$\displaystyle\int_0^{g(x)} f(t)\,\mathrm{d}t = F[g(x)] \sim \frac{a}{m+1}(bx^n)^{m+1} = \frac{ab^{m+1}}{m+1} x^{(m+1)n} = \int_0^{bx^n} at^m\,\mathrm{d}t$.证毕.

如,当 $x \to 0$ 时,$\displaystyle\int_0^{2-2\cos x} (\mathrm{e}^{t^2} - 1)\,\mathrm{d}t \sim \int_0^{x^2} t^2\,\mathrm{d}t = \left. \frac{1}{3} t^3 \right|_0^{x^2} = \frac{1}{3} x^6$,

$\displaystyle\int_0^{x^2} (\mathrm{e}^{t^3} - 1)\,\mathrm{d}t \sim \int_0^{x^2} t^3\,\mathrm{d}t = \left. \frac{1}{4} t^4 \right|_0^{x^2} = \frac{1}{4} x^8$(此例中 $g(x) = x^2$,属于 ④ 的特殊情形).

【注2】对于命题④,若 m,n 为正实数,则要求 $x \to 0^+$,此时,该命题亦成立.

如,当 $x \to 0^+$ 时,$\displaystyle\int_0^{1-\cos x} \sqrt{\sin t^3}\,\mathrm{d}t \sim \int_0^{\frac{1}{2}x^2} t^{\frac{3}{2}}\,\mathrm{d}t = \left. \frac{2}{5} t^{\frac{5}{2}} \right|_0^{\frac{1}{2}x^2} = \frac{2}{5} \left(\frac{1}{2} \right)^{\frac{5}{2}} x^5 = \frac{\sqrt{2}}{20} x^5$.

⑤ 推广型.

若 $\lim\limits_{x\to 0}f(x)=A\neq 0,\lim\limits_{x\to 0}h(x)=0$,且在 $x\to 0$ 时,$h(x)\neq 0$,则当 $x\to 0$ 时,

$$\int_0^{h(x)}f(t)\mathrm{d}t\sim Ah(x).$$

【注】证 先看一个引理.若 $\lim\limits_{x\to 0}\dfrac{f(x)}{g(x)}=1,\lim\limits_{x\to 0}h(x)=0$,且在 $x\to 0$ 时,$h(x)\neq 0$,则

$$\lim\limits_{x\to 0}\frac{\displaystyle\int_0^{h(x)}f(t)\mathrm{d}t}{\displaystyle\int_0^{h(x)}g(t)\mathrm{d}t}=1.$$

证引理:记 $h(x)=u$,则 $\lim\limits_{x\to 0}u=0,x\to 0$ 时,$u\neq 0$.

$$\lim\limits_{x\to 0}\frac{\displaystyle\int_0^{h(x)}f(t)\mathrm{d}t}{\displaystyle\int_0^{h(x)}g(t)\mathrm{d}t}=\lim\limits_{u\to 0}\frac{\displaystyle\int_0^{u}f(t)\mathrm{d}t}{\displaystyle\int_0^{u}g(t)\mathrm{d}t}\xlongequal{\text{洛必达法则}}\lim\limits_{u\to 0}\frac{f(u)}{g(u)}=1,$$

引理证毕.

于是,当 $g(x)=A\neq 0,\lim\limits_{x\to 0}f(x)=A\neq 0$ 时,有 $\lim\limits_{x\to 0}\dfrac{\displaystyle\int_0^{h(x)}f(t)\mathrm{d}t}{\displaystyle\int_0^{h(x)}A\mathrm{d}t}=1$,即当 $x\to 0$ 时,

$\displaystyle\int_0^{h(x)}f(t)\mathrm{d}t\sim Ah(x)$,证毕.

如,$F(x)=\displaystyle\int_0^{5x}\dfrac{\sin t}{t}\mathrm{d}t,G(x)=\displaystyle\int_0^{\sin x}(1+t)^{\frac{1}{t}}\mathrm{d}t$.则当 $x\to 0$ 时,

$$F(x)\sim\int_0^{5x}1\mathrm{d}t=5x,\quad G(x)\sim\int_0^{\sin x}\mathrm{e}\mathrm{d}t=\mathrm{e}\sin x\sim \mathrm{e}x,$$

它们是同阶非等价无穷小.

⑥ 若 α,β 都是同一自变量变化过程 $x\to\bullet$ 下的无穷小量,且 $\alpha=o(\beta)(x\to\bullet)$,则

a.$\alpha+\beta\sim\beta(x\to\bullet)$;b.$\alpha+\beta$ 与 β 在 $x\to\bullet$ 时同号.

(2) 恒等变形.

恒等变形 $\begin{cases}\text{提取公因式.}\\ \text{换元}\left(x=\dfrac{1}{t}\text{ 等}\right).\\ \text{通分.}\\ u^v=\mathrm{e}^{v\ln u}.\\ \text{用公式}\begin{cases}\text{因式分解}(a^n-b^n=(a-b)\cdot(a^{n-1}+a^{n-2}b+\cdots+ab^{n-2}+b^{n-1}))\text{ 等}.\\ \text{分子有理化}(\sqrt a-\sqrt b=\dfrac{a-b}{\sqrt a+\sqrt b}\text{ 等}).\end{cases}\\ \text{用定理.}\end{cases}$

牛顿 - 莱布尼茨公式:$f(x)-f(x_0)=\displaystyle\int_{x_0}^{x}f'(t)\mathrm{d}t$

拉格朗日中值定理:$f(x)-f(x_0)=f'(\xi)(x-x_0)$

积分中值定理:$\displaystyle\int_{x_0}^{x}f(t)\mathrm{d}t=f(\xi)(x-x_0)$

泰勒公式:$f(x)=f(x_0)+f'(x_0)(x-x_0)+\dfrac{f''(x_0)}{2}(x-x_0)^2+o((x-x_0)^2)$

(3) 及时提出极限存在且不为 0 的因式.

2. 洛必达法则

$$洛必达法则\begin{cases} \lim\limits_{x\to\cdot}\dfrac{f(x)}{g(x)}=\lim\limits_{x\to\cdot}\dfrac{f'(x)}{g'(x)}. \\[4mm] \lim\limits_{x\to\cdot}\dfrac{\displaystyle\int_a^x f(t)\mathrm{d}t}{\displaystyle\int_a^x g(t)\mathrm{d}t}=\lim\limits_{x\to\cdot}\dfrac{f(x)}{g(x)}. \\[4mm] \lim\limits_{x\to\cdot}\dfrac{\displaystyle\int_a^{\varphi(x)} f(t)\mathrm{d}t}{\displaystyle\int_a^{\psi(x)} g(t)\mathrm{d}t}=\lim\limits_{x\to\cdot}\dfrac{f[\varphi(x)]\cdot\varphi'(x)}{g[\psi(x)]\cdot\psi'(x)}. \end{cases}$$

【注】考研中,使用洛必达法则要满足三个条件:(1) 当 $x\to\cdot$ 时,所求极限是"$\dfrac{0}{0}$"型或"$\dfrac{\infty}{\infty}$"型;(2) 当 $x\to\cdot$ 时,分子、分母均可导;(3) 极限结果为 $0,c(c\neq0),\infty$.

3. 泰勒公式

(1) 熟记常用公式.

$$\mathrm{e}^x=1+x+\frac{x^2}{2!}+\cdots+\frac{x^n}{n!}+\cdots=\sum_{n=0}^{\infty}\frac{x^n}{n!},$$

$$\sin x=x-\frac{1}{3!}x^3+\cdots+(-1)^n\frac{1}{(2n+1)!}x^{2n+1}+\cdots=\sum_{n=0}^{\infty}(-1)^n\frac{x^{2n+1}}{(2n+1)!},$$

$$\cos x=1-\frac{1}{2!}x^2+\cdots+(-1)^n\frac{1}{(2n)!}x^{2n}+\cdots=\sum_{n=0}^{\infty}(-1)^n\frac{x^{2n}}{(2n)!},$$

$$\ln(1+x)=x-\frac{1}{2}x^2+\cdots+(-1)^{n-1}\frac{x^n}{n}+\cdots=\sum_{n=1}^{\infty}(-1)^{n-1}\frac{x^n}{n},-1<x\leqslant1,$$

$$\frac{1}{1-x}=1+x+x^2+\cdots+x^n+\cdots=\sum_{n=0}^{\infty}x^n,\mid x\mid<1,$$

$$\frac{1}{1+x}=1-x+x^2-\cdots+(-1)^nx^n+\cdots=\sum_{n=0}^{\infty}(-1)^nx^n,\mid x\mid<1,$$

$$(1+x)^{\alpha}=1+\alpha x+\frac{\alpha(\alpha-1)}{2}x^2+o(x^2)(x\to0,\alpha\neq0),$$

$$\tan x=x+\frac{1}{3}x^3+o(x^3)(x\to0),$$

$$\arcsin x=x+\frac{1}{6}x^3+o(x^3)(x\to0),$$

$$\arctan x=x-\frac{1}{3}x^3+o(x^3)(x\to0).$$

（2）展开原则.

① $\dfrac{A}{B}$ 型,适用**"上下同阶"**原则.

具体来说,如果分母（或分子）是 x 的 k 次幂,则应把分子（或分母）展开到 x 的 k 次幂,称为**"上下同阶"**原则.

例 1.5 $\lim\limits_{x \to 0} \dfrac{\ln(1+x)\ln(1-x)+x^2}{x^4} = \underline{\qquad}$.

【解】应填 $-\dfrac{5}{12}$.

> 这样展开才能出现全部的 x^4 项
>
> 应展开至出现所有的 4 次方项,而不能只展开至出现部分 4 次方项.

原式 $= \lim\limits_{x \to 0} \dfrac{\left[x - \dfrac{1}{2}x^2 + \dfrac{1}{3}x^3 + o(x^3)\right]\left[-x - \dfrac{1}{2}x^2 - \dfrac{1}{3}x^3 + o(x^3)\right] + x^2}{x^4}$

$= \lim\limits_{x \to 0} \dfrac{-x^2 - \dfrac{1}{2}x^3 - \dfrac{1}{3}x^4 + \dfrac{1}{2}x^3 + \dfrac{1}{4}x^4 - \dfrac{1}{3}x^4 + o(x^4) + x^2}{x^4}$

$= \lim\limits_{x \to 0} \dfrac{-\dfrac{1}{3}x^4 + \dfrac{1}{4}x^4 - \dfrac{1}{3}x^4 + o(x^4)}{x^4} = -\dfrac{5}{12}$.

② $A - B$ 型,适用**"幂次最低"**原则.

具体来说,即将 A, B 分别展开到它们的系数不相等的 x 的最低次幂为止.

例 1.6 设当 $x \to 0$ 时,$f(x) = \tan x - \ln(1+x)$ 与 ax^b 等价,则 $ab = \underline{\qquad}$.

【解】应填 1.

当 $x \to 0$ 时,

> 此即为系数不相等的 x 的最低次幂

$f(x) = \tan x - \ln(1+x) = x + \boxed{0 \cdot x^2} + o(x^2) - \left[x \boxed{-\dfrac{1}{2}x^2} + o(x^2)\right]$

> 前一项展开式补上 x^2 项前的系数 0,以便与后一项展开式的 $-\dfrac{1}{2}x^2$ 对应

$= \dfrac{1}{2}x^2 + o(x^2)$,

故 $a = \dfrac{1}{2}, b = 2$,于是 $ab = 1$.

4. 无穷小比阶

$$\lim_{x \to} \dfrac{f(x)}{g(x)} \stackrel{\text{"}\frac{0}{0}\text{"}}{=\!=\!=} \begin{cases} 0, & \quad\quad\quad ① \\ c \neq 0, & \quad\quad\quad ② \\ \infty. & \quad\quad\quad ③ \end{cases}$$

① 称 $f(x)$ 是 $g(x)$ 的**高阶无穷小**.

② 称 $f(x)$ 是 $g(x)$ 的**同阶无穷小**（$c = 1$ **时称等价无穷小**）.

③ 称 $f(x)$ 是 $g(x)$ 的**低阶无穷小**.

例 1.7 当 $x \to 0$ 时，$\int_0^{x^2} (e^{t^3} - 1) \mathrm{d}t$ 是 x^7 的（　　）.

（A）等价无穷小　　　　　　　　（B）低阶无穷小

（C）高阶无穷小　　　　　　　　（D）同阶但非等价无穷小

【解】应选（C）.

法一
$$\lim_{x \to 0} \frac{\int_0^{x^2} (e^{t^3} - 1) \mathrm{d}t}{x^7} = \lim_{x \to 0} \frac{2(e^{x^6} - 1)}{7x^5} = \lim_{x \to 0} \frac{2x^6}{7x^5} = 0.$$

法二　由"二、1(1) 等价无穷小替换"的结论 ④，当 $x \to 0$ 时，$\int_0^{x^2} (e^{t^3} - 1) \mathrm{d}t \sim \int_0^{x^2} t^3 \mathrm{d}t = \frac{1}{4} t^4 \Big|_0^{x^2} = \frac{1}{4} x^8$，为 x^7 的高阶无穷小. 故选（C）.

例 1.8 设 $\tan x - \ln(1 + x) = x \sin f(x)$，其中 $|f(x)| < \frac{\pi}{2}$，则当 $x \to 0$ 时，$f(x)$ 是（　　）.

（A）比 x 高阶的无穷小量　　　　（B）比 x 低阶的无穷小量

（C）与 x 同阶但不等价的无穷小量　（D）与 x 等价的无穷小量

【解】应选（C）.

因为 $\tan x - \ln(1 + x) = x \sin f(x)$，所以

> $\tan x - \ln(1+x) \sim \frac{1}{2} x^2 (x \to 0)$ 来自例 1.6

$$\lim_{x \to 0} \frac{\sin f(x)}{x} = \lim_{x \to 0} \frac{\tan x - \ln(1+x)}{x^2} = \lim_{x \to 0} \frac{\frac{1}{2} x^2}{x^2} = \frac{1}{2},$$

即有

$$\lim_{x \to 0} \sin f(x) = 0.$$

注意到 $|f(x)| < \frac{\pi}{2}$，可知 $\lim\limits_{x \to 0} f(x) = 0$，即 $f(x)$ 是 $x \to 0$ 时的无穷小量，且 $\lim\limits_{x \to 0} \dfrac{\sin f(x)}{f(x)} = 1$，故

$$\lim_{x \to 0} \frac{f(x)}{x} = \lim_{x \to 0} \frac{\sin f(x)}{x} = \frac{1}{2},$$

即当 $x \to 0$ 时，$f(x)$ 是与 x 同阶但不等价的无穷小量，选项（C）正确.

例 1.9 当 $x \to 0$ 时，$(3 + 2\tan x)^x - 3^x$ 是 $3\sin^2 x + x^3 \cos \frac{1}{x}$ 的（　　）.

（A）高阶无穷小　　　　　　　　（B）低阶无穷小

（C）等价无穷小　　　　　　　　（D）同阶但非等价无穷小

【解】应选（D）.

> 当 $\beta = o(\alpha)$ 时，$\alpha + \beta \sim \alpha$.

由 $\lim\limits_{x \to 0} \dfrac{x^3 \cos \frac{1}{x}}{3\sin^2 x} = \frac{1}{3} \lim\limits_{x \to 0} x \cos \frac{1}{x} = 0$，知 $3\sin^2 x + x^3 \cos \frac{1}{x} \sim 3\sin^2 x \sim 3x^2 \ (x \to 0)$，故

$$\lim_{x\to 0}\frac{(3+2\tan x)^x-3^x}{3\sin^2 x+x^3\cos\frac{1}{x}}=\lim_{x\to 0}\frac{3^x\left[\left(1+\frac{2}{3}\tan x\right)^x-1\right]}{3x^2}=\lim_{x\to 0}\frac{e^{x\ln\left(1+\frac{2}{3}\tan x\right)}-1}{3x^2}$$

$$=\lim_{x\to 0}\frac{x\ln\left(1+\frac{2}{3}\tan x\right)}{3x^2}=\lim_{x\to 0}\frac{x\cdot\frac{2}{3}\tan x}{3x^2}=\frac{2}{9},$$

所以当 $x\to 0$ 时,它们为同阶但非等价无穷小,故选(D).

例 1.10　$\lim\limits_{x\to+\infty}\left(2x\int_0^x e^{-t^2}\mathrm{d}t+e^{-x^2}-\sqrt{\pi}\,x\right)=$ _____.

由于 $\int_0^{+\infty}e^{-x^2}\mathrm{d}x=\frac{\sqrt{\pi}}{2}$,

【解】应填 0.

当 $x\to+\infty$ 时,极限为 0

故分子 $\xrightarrow{x\to+\infty}0$

$$\lim_{x\to+\infty}\left(2x\int_0^x e^{-t^2}\mathrm{d}t+\boxed{e^{-x^2}}-\sqrt{\pi}\,x\right)=\lim_{x\to+\infty}x\left(2\int_0^x e^{-t^2}\mathrm{d}t-\sqrt{\pi}\right)=\lim_{x\to+\infty}\frac{2\int_0^x e^{-t^2}\mathrm{d}t-\sqrt{\pi}}{\frac{1}{x}}$$

$$\xlongequal{\text{洛必达法则}}\lim_{x\to+\infty}\frac{2e^{-x^2}}{-\frac{1}{x^2}}=-\lim_{x\to+\infty}2x^2e^{-x^2}=0.$$

例 1.11　$\lim\limits_{x\to 0}\left[\dfrac{1}{\ln(x+\sqrt{1+x^2})}-\dfrac{1}{\ln(1+x)}\right]=$ _____.

【解】应填 $-\dfrac{1}{2}$.

$$原式=\lim_{x\to 0}\frac{\ln(1+x)-\ln(x+\sqrt{1+x^2})}{\underbrace{\ln(x+\sqrt{1+x^2})}\,\underbrace{\ln(1+x)}_{\sim x}}$$

$$=\lim_{x\to 0}\frac{\ln(1+x)-\ln(x+\sqrt{1+x^2})}{x^2}$$

$$\xlongequal{(*)}\lim_{x\to 0}\frac{\frac{1}{\xi}[1+x-(x+\sqrt{1+x^2})]}{x^2}$$

$$=\lim_{x\to 0}\frac{1-\sqrt{1+x^2}}{x^2}=\lim_{x\to 0}\frac{-\frac{1}{2}x^2}{x^2}=-\frac{1}{2}.$$

【注】(*)处来自拉格朗日中值定理,即令 $f(u)=\ln u$,在 $[1+x,x+\sqrt{1+x^2}]$ 上应用拉格朗日中值定理,有 $\ln(x+\sqrt{1+x^2})-\ln(1+x)=\dfrac{1}{\xi}[(x+\sqrt{1+x^2})-(1+x)]$,其中 ξ 介于 $1+x$ 与 $x+\sqrt{1+x^2}$ 之间,显然当 $x\to 0$ 时,$1+x$ 与 $x+\sqrt{1+x^2}$ 都趋于 1,于是 $\xi\to 1$.

例 1.12　设 $f(x)=\begin{cases}e^x,&x\leqslant 0,\\x^2,&x>0,\end{cases}$ 则 $\lim\limits_{x\to 0^+}\left[\int_{-\infty}^x f(t)\mathrm{d}t\right]^{\frac{1}{x-\sin x}}=$ _____.

【解】应填 e^2. ——→ 因为 $x \to 0^+$，故有 $x > 0$. $\qquad \lim u^v \overset{"1^\infty"}{=\!=\!=\!=} e^{\lim(u-1)v}$ ——

当 $x > 0$ 时，$\int_{-\infty}^{x} f(t)\mathrm{d}t = \int_{-\infty}^{0} e^t \mathrm{d}t + \int_{0}^{x} t^2 \mathrm{d}t = 1 + \dfrac{1}{3}x^3$，于是原式 $= \lim\limits_{x \to 0^+}\left(1 + \dfrac{1}{3}x^3\right)^{\frac{1}{x - \sin x}} = e^A$，

其中 $A = \lim\limits_{x \to 0^+} \dfrac{1}{x - \sin x} \cdot \left(1 + \dfrac{1}{3}x^3 - 1\right) = \lim\limits_{x \to 0^+} \dfrac{1}{\frac{1}{6}x^3} \cdot \dfrac{1}{3}x^3 = 2$，故原式 $= e^2$.

——→ $x > 0$，故 $(-\infty, x)$ 要拆成 $(-\infty, 0)$ 与 $(0, x)$ 两段，

因为在这两段上 $f(x)$ 表达式不同.

三 函数极限的存在性

1. 具体型

若给出具体函数求极限，但极限式不满足"二、2"的注中提到的使用洛必达法则的三个条件中的任意一个：(1) 当 $x \to \cdot$ 时，所求极限是"$\dfrac{0}{0}$"型或"$\dfrac{\infty}{\infty}$"型；(2) 当 $x \to \cdot$ 时，分子、分母均可导；(3) 极限结果为 $0, c(c \neq 0), \infty$，则洛必达法则失效. 可考虑用夹逼准则：若 ① $g(x) \leqslant f(x) \leqslant h(x)$，② $\lim\limits_{x \to \cdot} g(x) = A$，$\lim\limits_{x \to \cdot} h(x) = A$，则 $\lim\limits_{x \to \cdot} f(x) = A$. 这里，① 中无须验证等号；$A$ 可为 0，$c(c \neq 0), \infty$.

例 1.13 设 $[x]$ 表示不超过 x 的最大整数，则 $\lim\limits_{x \to 0} x\left[\dfrac{10}{x}\right] = $ _____.

【解】应填 10.

当 $x \to 0$ 时，$\dfrac{10}{x} \to \infty$，对于 $[\infty]$，此时想到极限计算的利器 —— 夹逼准则（当常规求极限的方法，比如等价无穷小替换、泰勒公式、洛必达法则无法使用时，一定要能够想起这个"两边夹击"的重要方法）.

根据 $x - 1 < [x] \leqslant x$，有

$$\dfrac{10}{x} - 1 < \left[\dfrac{10}{x}\right] \leqslant \dfrac{10}{x},$$

于是当 $x > 0$ 时，$10 - x < x \cdot \left[\dfrac{10}{x}\right] \leqslant 10$；当 $x < 0$ 时，$10 - x > x \cdot \left[\dfrac{10}{x}\right] \geqslant 10$.

可见，无论 $x > 0$，还是 $x < 0$，不等式两边均趋于同一极限，故 $\lim\limits_{x \to 0} x\left[\dfrac{10}{x}\right] = 10$.

例 1.14 设函数 $f(x) = x - [x]$，其中 $[x]$ 表示不超过 x 的最大整数，则

$\lim\limits_{x \to +\infty} \dfrac{1}{x} \int_{0}^{x} f(t)\mathrm{d}t = $ _____.

【解】应填 $\dfrac{1}{2}$.

当 $x \in [0, 1)$ 时，$f(x) = x - [x] = x$，又由于
$$f(x+1) = x + 1 - [x+1] = x + 1 - ([x] + 1) = x - [x] = f(x),$$
故 $f(x)$ 是周期为 1 的周期函数，其图像如图 1-1 所示.

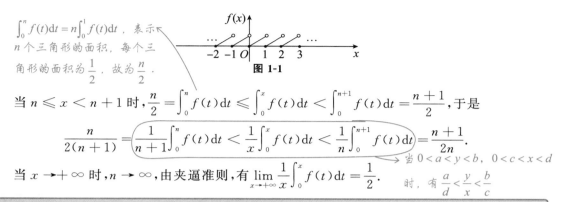

$\int_0^n f(t)dt = n\int_0^1 f(t)dt$，表示 n 个三角形的面积，每个三角形的面积为 $\dfrac{1}{2}$，故为 $\dfrac{n}{2}$。

图 1-1

当 $n \leqslant x < n+1$ 时，$\dfrac{n}{2} = \int_0^n f(t)dt \leqslant \int_0^x f(t)dt < \int_0^{n+1} f(t)dt = \dfrac{n+1}{2}$，于是

$$\dfrac{n}{2(n+1)} = \dfrac{1}{n+1}\int_0^n f(t)dt < \dfrac{1}{x}\int_0^x f(t)dt < \dfrac{1}{n}\int_0^{n+1} f(t)dt = \dfrac{n+1}{2n}.$$

当 $0 < a < y < b$，$0 < c < x < d$ 时，有 $\dfrac{a}{d} < \dfrac{y}{x} < \dfrac{b}{c}$

当 $x \to +\infty$ 时，$n \to \infty$，由夹逼准则，有 $\lim\limits_{x\to+\infty} \dfrac{1}{x}\int_0^x f(t)dt = \dfrac{1}{2}$。

【注】上面两题再次考到了取整函数的两个重要公式：
(1) $[x+n]=[x]+n$，其中 n 为正整数。
(2) $x-1 < [x] \leqslant x$。
考生要熟悉它们。

2. 抽象型

若给出抽象函数求极限，可考虑用单调有界准则：若当 $x \to +\infty$ 时，$f(x)$ 单调增加（减少）且 $f(x)$ 有上界（下界），则 $\lim\limits_{x\to+\infty} f(x)$ 存在。

例 1.15 (1) 证明：当 $x \geqslant 1$ 时，$\dfrac{1}{1+x} < \ln\left(1+\dfrac{1}{x}\right) < \dfrac{1}{x}$；

(2) 设函数 $f(x)$ 在区间 $[1,+\infty)$ 上连续可导，且

$$f'(x) = \dfrac{1}{1+f^2(x)}\left[\sqrt{\dfrac{1}{x}} - \sqrt{\ln\left(1+\dfrac{1}{x}\right)}\right],$$

证明：$\lim\limits_{x\to+\infty} f(x)$ 存在。

【证】(1) 当 $x \geqslant 1$ 时，对 $\ln t$ 在 $[x, x+1]$ 上应用拉格朗日中值定理，有

$$\ln(x+1) - \ln x = \dfrac{1}{\xi}, \quad x < \xi < x+1,$$

即

$$\dfrac{1}{1+x} < \ln\left(1+\dfrac{1}{x}\right) < \dfrac{1}{x}.$$

(2) 由 (1) 知，$\sqrt{\dfrac{1}{x}} - \sqrt{\ln\left(1+\dfrac{1}{x}\right)} > 0$，又 $\dfrac{1}{1+f^2(x)} > 0$，故 $f'(x) > 0$，于是当 $x \geqslant 1$ 时，$f(x)$ 严格单调增加，又

$$f'(x) \leqslant \sqrt{\dfrac{1}{x}} - \sqrt{\ln\left(1+\dfrac{1}{x}\right)} < \sqrt{\dfrac{1}{x}} - \sqrt{\dfrac{1}{x+1}},$$

上式两边从 1 到 x 积分，有

$$f(x) - f(1) = \int_1^x f'(t)dt \leqslant \int_1^x \left(\sqrt{\dfrac{1}{t}} - \sqrt{\dfrac{1}{t+1}}\right)dt$$

$$< \int_1^{+\infty} \left(\sqrt{\dfrac{1}{t}} - \sqrt{\dfrac{1}{t+1}}\right)dt = \left(2\sqrt{t} - 2\sqrt{t+1}\right)\Big|_1^{+\infty}$$

$$= 2\lim_{t \to +\infty}(\sqrt{t} - \sqrt{t+1}) - (2 - 2\sqrt{2})$$

$$= 2\lim_{t \to +\infty}\frac{-1}{\sqrt{t} + \sqrt{t+1}} - (2 - 2\sqrt{2})$$

$$= 2(\sqrt{2} - 1),$$

即

$$f(x) < 2(\sqrt{2} - 1) + f(1),$$

故 $f(x)$ 有上界. 由单调有界准则, 知 $\lim\limits_{x \to +\infty} f(x)$ 存在.

 四 函数极限的应用 —— 连续与间断

1. 研究位置

由于一切初等函数在其定义区间内必连续, 故只研究两类特殊的点: ① 无定义点(必为间断点), ② 分段函数的分段点(可能是连续点, 也可能是间断点).

2. 连续

(1) 内点处. 若 $\lim\limits_{x \to x_0} f(x) = f(x_0)$, 其中 $x_0 \in (a,b)$, 则称 $f(x)$ 在 $x = x_0$ 处**连续**.

(2) 端点处. 设 $x \in [a,b]$. 若 $\lim\limits_{x \to a^+} f(x) = f(a)$, 则称 $f(x)$ 在 $x = a$ 处**右连续**; 若 $\lim\limits_{x \to b^-} f(x) = f(b)$, 则称 $f(x)$ 在 $x = b$ 处**左连续**.

3. 间断

前提: $f(x)$ 在 $x = x_0$ 左、右两侧均有定义.

对于 ① $\lim\limits_{x \to x_0^+} f(x)$; ② $\lim\limits_{x \to x_0^-} f(x)$; ③ $f(x_0)$.

(1) 若 ①, ② 均存在但 ① 不等于 ②, 则 $x = x_0$ 为**跳跃间断点**.

(2) 若 ①, ② 均存在且 ① 等于 ② 但不等于 ③, 则 $x = x_0$ 为**可去间断点**.

其中(1)(2)组成**第一类间断点**.

(3) 若 ①, ② 至少有一个不存在且为无穷大, 则 $x = x_0$ 为**无穷间断点**.

(4) 若 ①, ② 不存在且振荡, 则 $x = x_0$ 为**振荡间断点**.

其中(3)(4)属于**第二类间断点**.

例 1.16 设在 $x = 0$ 的某去心邻域内 $f(x) = \dfrac{\displaystyle\int_0^3 x\sqrt{9 - x^2 t^2}\,\mathrm{d}t - 9x}{\arctan^3 x}$, 且 $f(0) = a$, 若 $f(x)$ 在 $x = 0$ 处连续, 则 $a = $ _____.

【解】 应填 $-\dfrac{3}{2}$.

$$\int_0^3 x\sqrt{9 - x^2 t^2}\,\mathrm{d}t \xlongequal{\text{令}\,xt=u} \int_0^{3x} \sqrt{9 - u^2}\,\mathrm{d}u, \text{故}$$

$$\lim_{x \to 0} f(x) = \lim_{x \to 0} \frac{\int_0^{3x} \sqrt{9 - u^2} \, du - 9x}{x^3}$$

$$\xrightarrow{\text{洛必达法则}} \lim_{x \to 0} \frac{\sqrt{9 - 9x^2} \cdot 3 - 9}{3x^2}$$

$$= 3 \lim_{x \to 0} \frac{\sqrt{1 - x^2} - 1}{x^2} = 3 \lim_{x \to 0} \frac{\frac{1}{2}(-x^2)}{x^2} = -\frac{3}{2}.$$

于是当 $a = -\dfrac{3}{2}$ 时，$\lim\limits_{x \to 0} f(x) = f(0) = -\dfrac{3}{2}$，即 $f(x)$ 在 $x = 0$ 处连续.

例 1.17 函数 $f(x) = \dfrac{(x^2 - x)|x + 1|}{e^{\frac{1}{x}} \int_1^x t|\sin t| \, dt}$ 的第一类间断点的个数为（　　）.

(A) 0 　　　　　　　(B) 1 　　　　　　　(C) 2 　　　　　　　(D) 3

【解】应选(C).

> $\int_1^{-1} t|\sin t|dt = 0$ 是考生易忽略的.

令 $g(x) = \int_1^x t|\sin t| \, dt$，则 $g(1) = 0, g(-1) = 0$. 又 $g'(x) = x|\sin x|$，故当 $x \in [0, +\infty)$ 时，$g'(x) \geqslant 0$，当 $x \in (-\infty, 0)$ 时，$g'(x) \leqslant 0$，于是 $g(x)$ 在 $(-\infty, +\infty)$ 上只有两个零点 $x = \pm 1$，故 $f(x)$ 共有三个间断点 $x = 0, \pm 1$.

在 $x = 0$ 处，

$$\lim_{x \to 0^-} f(x) = \lim_{x \to 0^-} \frac{(x - 1)|x + 1|}{\int_1^x t|\sin t| \, dt} \cdot \lim_{x \to 0^-} \frac{x}{e^{\frac{1}{x}}} = \frac{1}{\int_0^1 t|\sin t| \, dt} \lim_{x \to 0^-} \frac{x}{e^{\frac{1}{x}}},$$

其中 $\lim\limits_{x \to 0^-} \dfrac{x}{e^{\frac{1}{x}}} \xlongequal{\frac{1}{x} = t} -\lim\limits_{t \to +\infty} \dfrac{e^t}{t} = -\infty$，则 $x = 0$ 为第二类无穷间断点.

> $\lim\limits_{x \to 0^+} \dfrac{x}{e^{\frac{1}{x}}} = 0$ 可不写.

在 $x = -1$ 处，

$$\lim_{x \to -1} f(x) = \lim_{x \to -1} \frac{x^2 - x}{e^{\frac{1}{x}}} \cdot \lim_{x \to -1} \frac{|x + 1|}{\int_1^x t|\sin t| \, dt} = 2e \cdot \lim_{x \to -1} \frac{|x + 1|}{\int_1^x t|\sin t| \, dt},$$

其中

$$\lim_{x \to (-1)^+} \frac{|x + 1|}{\int_1^x t|\sin t| \, dt} = \lim_{x \to (-1)^+} \frac{x + 1}{\int_1^x t|\sin t| \, dt}$$

$$\xrightarrow{\text{洛必达法则}} \lim_{x \to (-1)^+} \frac{1}{x|\sin x|} = -\frac{1}{\sin 1},$$

同理可得 $\lim\limits_{x \to (-1)^-} \dfrac{|x + 1|}{\int_1^x t|\sin t| \, dt} = \dfrac{1}{\sin 1}$，则 $x = -1$ 为第一类跳跃间断点.

在 $x = 1$ 处，

$$\lim_{x \to 1} f(x) = \lim_{x \to 1} \frac{x|x + 1|}{e^{\frac{1}{x}}} \cdot \lim_{x \to 1} \frac{x - 1}{\int_1^x t|\sin t| \, dt} = \frac{2}{e} \lim_{x \to 1} \frac{x - 1}{\int_1^x t|\sin t| \, dt}$$

$$\xlongequal{\text{洛必达法则}} \frac{2}{\mathrm{e}} \lim_{x \to 1} \frac{1}{x \mid \sin x \mid} = \frac{2}{\mathrm{e} \cdot \sin 1},$$

则 $x = 1$ 为第一类可去间断点.

综上，函数 $f(x) = \dfrac{(x^2 - x) \mid x + 1 \mid}{\mathrm{e}^{\frac{1}{x}} \displaystyle\int_1^x t \mid \sin t \mid \mathrm{d}t}$ 的第一类间断点的个数为 2，应选(C).

【注】事实上，由第 8 讲"一④"的结论，因 $t \mid \sin t \mid$ 为奇函数，故 $g(x) = \displaystyle\int_1^x t \mid \sin t \mid \mathrm{d}t$ 为偶函数，只需研究 $x \geqslant 0$ 时的性态即可，也就是 $g(-1) = g(1)$，$g(x)$ 在 $x = 0$ 左右两侧单调性相反.

第2讲 数列极限

数列极限的定义及使用
- 定义
- 使用
  - 是常数
  - 唯一性
  - 有界性
  - 保号性
  - 收敛的充要条件

数列极限的存在性与计算
- 归结原则
- 直接计算法
- 定义法("先斩后奏")
- 单调有界准则
  - 证什么
  - 怎么证
    - 用已知不等式
    - 题设给出条件来推证
- 夹逼准则
  - 证什么
  - 怎么证
    - 用基本放缩方法
    - 题设给出条件来推证
- 综合题总结
  - 用导数综合
  - 用积分综合
  - 用中值定理综合
  - 用方程(列)综合
  - 用区间(列)综合
  - 用极限综合

 一 数列极限的定义及使用

1. 定义

$\lim\limits_{n\to\infty} x_n = A \Leftrightarrow \forall \varepsilon > 0, \exists N > 0,$ 当 $n > N$ 时,有 $|x_n - A| < \varepsilon$.

2. 使用

当 $\lim_{n\to\infty}x_n$ 存在时,

① **(是常数)** 常记 $\lim_{n\to\infty}x_n=A$,A 是个常数.

② **(唯一性)** A 唯一.

③ **(有界性)** $\{x_n\}$ 有界,即 $\exists M>0$,使 $|x_n|\leqslant M$.

④ **(保号性)** 若 $A>0$,则 $n\to\infty$ 时,$x_n>0$;若 $n\to\infty$ 时,$x_n\geqslant 0$,则 $A\geqslant 0$.

⑤ **(收敛的充要条件)** 所有子列 $\{x_{n_k}\}$ 均收敛于 A.

例 2.1 已知 $a_n=\sqrt[n]{n}-\dfrac{(-1)^n}{n}(n=1,2,\cdots)$,则 $\{a_n\}$( ).

(A) 有最大值,有最小值   (B) 有最大值,没有最小值

(C) 没有最大值,有最小值   (D) 没有最大值,没有最小值

【解】 应选(A).

因 $\lim_{n\to\infty}a_n=1$,$a_1=2>1$,$a_2=\sqrt{2}-\dfrac{1}{2}<1$. 由于 $\lim_{n\to\infty}(a_n-a_1)<0$,则 $\exists N_1>0$,当 $n>N_1$

时,$a_n<a_1$. 由于 $\lim_{n\to\infty}(a_n-a_2)>0$,则 $\exists N_2>0$,当 $n>N_2$ 时,$a_n>a_2$. 取 $N=\max\{N_1,N_2\}$,

当 $n>N$ 时,a_n 不可能是最大、最小值,而前有限项必存在最大、最小值.

【注】(1) 最值是比较出来的.

(2) 此题用保号性说明了 $n>N$ 后的项没有资格参与比较,故前有限项必有最大、最小值.

例 2.2 设正项数列 $\{x_n\}$ 满足

$$x_{n+1}+\frac{1}{x_n}<2(n=1,2,\cdots),$$

证明 $\lim_{n\to\infty}x_n$ 存在,并计算其值.

【证】 由于 $x_n>0(n=1,2,\cdots)$,且   →基本不等式 $\sqrt{ab}\leqslant\dfrac{a+b}{2},a,b>0$

$$\sqrt{\frac{x_{n+1}}{x_n}}\leqslant\frac{1}{2}\left(x_{n+1}+\frac{1}{x_n}\right)<1(n=1,2,\cdots),\qquad(*)$$

则 $x_{n+1}<x_n$,即 $\{x_n\}$ 单调减少有下界,所以由单调有界准则知,$\lim_{n\to\infty}x_n$ 存在,记为 A,则 $A\geqslant 0$.

如果 $A=0$,则令 $n\to\infty$,对题设

$$x_{n+1}+\frac{1}{x_n}<2(n=1,2,\cdots)$$

两边取极限 $+\infty\leqslant 2$,矛盾,所以 $A>0$.

令 $n\to\infty$ 对($*$)式取极限得

$$\frac{1}{2}\left(A+\frac{1}{A}\right)=1,$$

即 $A=1$. 所以 $\lim_{n\to\infty}x_n=1$.

1. 归结原则

设 $f(x)$ 在 $\mathring{U}(x_0,\delta)$ 内有定义,则 $\lim\limits_{x\to x_0}f(x)=A$ 存在 $\Leftrightarrow$ 对任何 $\mathring{U}(x_0,\delta)$ 内以 x_0 为极限的数列 $\{x_n\}(x_n\neq x_0)$,极限 $\lim\limits_{n\to\infty}f(x_n)=A$ 存在.

常考的是:若 $\lim\limits_{x\to x_0}f(x)=A$,则当 $\{x_n\}$ 以 x_0 为极限,且 $x_n\neq x_0$ 时,有 $\lim\limits_{n\to\infty}f(x_n)=A$.

如:① 当 $x\to 0$ 时,取 $x_n=\dfrac{1}{n}$,即若 $\lim\limits_{x\to 0}f(x)=A$,则 $\lim\limits_{n\to\infty}f\left(\dfrac{1}{n}\right)=A$.

② 当 $x\to +\infty$ 时,取 $x_n=n$,即若 $\lim\limits_{x\to +\infty}f(x)=A$,则 $\lim\limits_{n\to\infty}f(n)=A$.

③ 当 $x_n\to a$,且 $x_n\neq a$ 时,若 $\lim\limits_{x\to a}f(x)=A$,则 $\lim\limits_{n\to\infty}f(x_n)=A$.

例 2.3 $\lim\limits_{n\to\infty}\sqrt{n}(\sqrt[n]{n}-1)=$ _____.

【解】应填 0.

当 $x\to +\infty$ 时,$\sqrt[x]{x}-1=\mathrm{e}^{\frac{1}{x}\ln x}-1\sim\dfrac{1}{x}\ln x$,于是

$$\lim_{x\to +\infty}\sqrt{x}(\sqrt[x]{x}-1)=\lim_{x\to +\infty}\sqrt{x}\cdot\dfrac{1}{x}\ln x=\lim_{x\to +\infty}\dfrac{1}{\sqrt{x}}\ln x$$

$$\xrightarrow{\text{令}\sqrt{x}=t}\lim_{t\to +\infty}\dfrac{2\ln t}{t}\xrightarrow{\text{洛必达法则}}2\lim_{t\to +\infty}\dfrac{1}{t}=0.$$

由归结原则,$\lim\limits_{n\to\infty}\sqrt{n}(\sqrt[n]{n}-1)=0$.

→ 上述常考的②

2. 直接计算法

例 2.4 已知 $\dfrac{a'_n(x)}{\cos x}=\sum\limits_{k=1}^{n}(k+1)\sin^k x,x\in\left[0,\dfrac{\pi}{2}\right),a_n(0)=0$,则 $\lim\limits_{n\to\infty}a_n(1)=$ _____.

【解】 应填 $\dfrac{\sin^2 1}{1-\sin 1}$.

由于 $a'_n(x)=\cos x\cdot\sum\limits_{k=1}^{n}(k+1)\sin^k x$,故

$$a_n(1)-a_n(0)=\int_0^1 a'_n(x)\mathrm{d}x=\int_0^1[2\sin x+3\sin^2 x+\cdots+(n+1)\sin^n x]\mathrm{d}(\sin x)$$

$$=(\sin^2 x+\sin^3 x+\cdots+\sin^{n+1}x)\Big|_0^1=\sin^2 1+\sin^3 1+\cdots+\sin^{n+1}1$$

$$=\sin^2 1(1+\sin 1+\cdots+\sin^{n-1}1)=\sin^2 1\cdot\dfrac{1-\sin^n 1}{1-\sin 1}.$$

由 $0 < \sin 1 < 1$，$a_n(1) = \dfrac{\sin^2 1}{1 - \sin 1} \cdot (1 - \sin^n 1)$，两边取极限，得 $\lim\limits_{n \to \infty} a_n(1) = \dfrac{\sin^2 1}{1 - \sin 1}$.

3. 定义法（"先斩后奏"）

构造 $|x_n - a|$，证 $|x_n - a| \to 0 (n \to \infty) \Rightarrow \lim\limits_{n \to \infty} x_n = a$.

例 2.5 设 $f(x)$ 满足

① $a \leqslant f(x) \leqslant b$，$x \in [a, b]$；

② 对任给的 $x, y \in [a, b]$，有 $|f(x) - f(y)| \leqslant \dfrac{1}{2} |x - y|$.

又 $\{x_n\}$ 满足 $a \leqslant x_1 \leqslant b$，$x_{n+1} = \dfrac{1}{2}[x_n + f(x_n)]$.

(1) 证明 $f(x) = x$ 在 $[a, b]$ 上有唯一解 c；

(2) 证明 $\lim\limits_{n \to \infty} x_n = c$.

【证】(1) 先证 $f(x)$ 的连续性. $\forall x, x_0 \in [a, b]$，有 $0 \leqslant |f(x) - f(x_0)| \leqslant \dfrac{1}{2} |x - x_0|$，又

$$\lim_{x \to x_0} \frac{1}{2} |x - x_0| = 0,$$

故由夹逼准则知 $\lim\limits_{x \to x_0} |f(x) - f(x_0)| = 0$，即 $\lim\limits_{x \to x_0} f(x) = f(x_0)$，即 $f(x)$ 在 $[a, b]$ 上连续.

$\longrightarrow \lim\limits_{x \to *} |f(x)| = 0 \Leftrightarrow \lim\limits_{x \to *} f(x) = 0$

再证 c 的存在性. 令 $F(x) = f(x) - x$，$x \in [a, b]$，则 $F(a) = f(a) - a \geqslant 0$，$F(b) = f(b) - b \leqslant 0$.

当 $F(a) = 0$ 时，可取 $c = a$；

当 $F(b) = 0$ 时，可取 $c = b$；

当 $F(a)F(b) \neq 0$ 时，即 $F(a)F(b) < 0$，由零点定理知，存在 $c \in (a, b)$，使得 $F(c) = 0$.

最后证 c 的唯一性. 若 c 不唯一，设 $d \in [a, b]$，且 $d \neq c$，使得 $F(d) = 0$，则由题设有

$$|f(c) - f(d)| \leqslant \frac{1}{2} |c - d|,$$

但 $f(c) = c$，$f(d) = d$，即 $|f(c) - f(d)| = |c - d|$，矛盾，于是 c 唯一.

(2) $$x_{n+1} - c = \frac{1}{2}[x_n + f(x_n)] - \frac{1}{2}[c + f(c)]$$

$$= \frac{1}{2}(x_n - c) + \frac{1}{2}[f(x_n) - f(c)],$$

从而 $$|x_{n+1} - c| \leqslant \frac{1}{2} |x_n - c| + \frac{1}{2} |f(x_n) - f(c)|$$

$$\leqslant \frac{1}{2} |x_n - c| + \frac{1}{2} \cdot \frac{1}{2} |x_n - c|$$

$$= \frac{3}{4} |x_n - c|,$$

故

$$0 \leqslant |x_{n+1} - c| \leqslant \frac{3}{4} |x_n - c| \leqslant \left(\frac{3}{4}\right)^2 |x_{n-1} - c| \leqslant \cdots \leqslant \left(\frac{3}{4}\right)^n |x_1 - c|.$$

而 $\forall x_1 \in [a, b]$，都有 $\lim\limits_{n\to\infty} \left(\frac{3}{4}\right)^n |x_1 - c| = 0$，故由夹逼准则，有 $\lim\limits_{n\to\infty} x_n = c$.

4. 单调有界准则

若 $\{x_n\}$ 单调增加（减少）且有上界（下界），则 $\lim\limits_{n\to\infty} x_n = a$（存在）.

(1) 证什么.

① 单调是证：x_{n+1} 与 x_n 的大小关系.

② 有界是证：$\exists M > 0$，使得 $|x_n| \leqslant M$.

(2) 怎么证.

主要有两种证法.

① 用已知不等式.

a. $\forall x \geqslant 0, \sin x \leqslant x$，如考 $x_{n+1} = \sin x_n \leqslant x_n$，$\{x_n\}$ 单调减少；

b. $\forall x, e^x \geqslant x + 1$，如考 $x_{n+1} = e^{x_n} - 1 \geqslant x_n$，$\{x_n\}$ 单调增加；

c. $\forall x > 0, x - 1 \geqslant \ln x$，如考 $x_{n+1} = \ln x_n + 1 \leqslant x_n$，$\{x_n\}$ 单调减少；

d. $a, b > 0, \sqrt{ab} \leqslant \dfrac{a+b}{2}$，如考 $x_{n+1} = \sqrt{x_n(3 - x_n)} \leqslant \dfrac{x_n + 3 - x_n}{2} = \dfrac{3}{2}$，$\{x_n\}$ 有上界.

② 题设给出条件来推证.

例 2.6 设数列 $\{x_n\}$ 满足 $0 < x_n < \dfrac{\pi}{2}$，$\cos x_{n+1} - x_{n+1} = \cos x_n$，$n = 1, 2, \cdots$.

(1) 证明 $\lim\limits_{n\to\infty} x_n$ 存在并求其值；

(2) 计算 $\lim\limits_{n\to\infty} \dfrac{x_{n+1}}{x_n^2}$.

(1) 【证】$\cos x_{n+1} - \cos x_n = x_{n+1} > 0$，且 $0 < x_n < \dfrac{\pi}{2}$，故有 $0 < x_{n+1} < x_n$，于是 $\{x_n\}$ 单调减少且有下界，$\lim\limits_{n\to\infty} x_n \overset{存在}{\underset{记为}{=}} a$. 在 $\cos x_{n+1} - x_{n+1} = \cos x_n$ 两边取极限，有 $\cos a - a = \cos a$，得 $a = 0$. 于是 $\lim\limits_{n\to\infty} x_n = 0$.

(2) 【解】$\lim\limits_{n\to\infty} \dfrac{x_{n+1}}{x_n^2} = \lim\limits_{n\to\infty} \underbrace{\dfrac{1 - \cos x_n}{x_n^2}}_{\sim \frac{1}{2} x_n^2} \cdot \dfrac{x_{n+1}}{1 - \cos x_n} = \dfrac{1}{2} \lim\limits_{n\to\infty} \dfrac{x_{n+1}}{1 - \cos x_{n+1} + x_{n+1}} = \dfrac{1}{2}$.

> 【注】这种命题将函数的具体性质与抽象理论相结合，较好地考查了考生的数学水平，还可进一步发挥：
>
> (1) 将单通项 x_n 改成双通项 a_n 与 b_n.
>
> 设 $0 < a_n < \dfrac{\pi}{2}$，$0 < b_n < \dfrac{\pi}{2}$，$\cos a_n - a_n = \cos b_n$，且 $\lim\limits_{n\to\infty} b_n = 0$，则由 $\cos a_n - \cos b_n = a_n > 0$，知 $0 < a_n < b_n$，由夹逼准则，得 $\lim\limits_{n\to\infty} a_n = 0$，且

$$\lim_{n\to\infty}\frac{a_n}{b_n^2}=\lim_{n\to\infty}\frac{1-\cos b_n}{b_n^2}\cdot\frac{a_n}{1-\cos b_n}=\frac{1}{2}\lim_{n\to\infty}\frac{a_n}{1-\cos a_n+a_n}=\frac{1}{2}.$$

与上述例题如出一辙.

（2）将函数 $\cos x$ 改成 e^x.

设 $x_n>0$，$e^{x_n}-x_n=e^{x_{n+1}}$（或更具迷惑性地写成 $\ln(e^{x_n}-x_n)=x_{n+1}$），则由 $e^{x_n}-e^{x_{n+1}}=x_n>0$，知 $x_n>x_{n+1}>0$，$\lim_{n\to\infty}x_n\overset{存在}{\underset{记为}{=}}a$，于是有 $e^a-e^a=a=0$，得 $\lim_{n\to\infty}x_n=0$，且

$$\lim_{n\to\infty}\frac{x_n^2}{x_{n+1}}=\lim_{n\to\infty}\frac{x_n^2}{\ln(e^{x_n}-x_n)}=\lim_{n\to\infty}\frac{x_n^2}{e^{x_n}-x_n-1}=\lim_{n\to\infty}\frac{x_n^2}{\frac{1}{2}x_n^2}=2.$$

$$e^x=1+x+\frac{x^2}{2}+o(x^2)$$

$$e^x-x-1\sim\frac{1}{2}x^2\,(x\to0)$$

例 2.7 设 $x_1=1$，$x_n=\int_0^1\min\{x,x_{n-1}\}\mathrm{d}x$，$n=2,3,\cdots$，证明 $\lim_{n\to\infty}x_n$ 存在，并求其值.

【证】$x_2=\int_0^1\min\{x,x_1\}\mathrm{d}x=\int_0^1\min\{x,1\}\mathrm{d}x=\int_0^1 x\,\mathrm{d}x=\frac{1}{2}$，故 $0<x_2<1$.

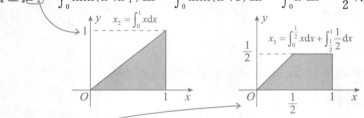

$$x_3=\int_0^1\min\{x,x_2\}\mathrm{d}x=\int_0^{\frac{1}{2}}\min\left\{x,\frac{1}{2}\right\}\mathrm{d}x+\int_{\frac{1}{2}}^1\min\left\{x,\frac{1}{2}\right\}\mathrm{d}x$$

$$=\int_0^{\frac{1}{2}}x\,\mathrm{d}x+\int_{\frac{1}{2}}^1\frac{1}{2}\mathrm{d}x=\frac{3}{8},$$

故 $0<x_3<1$. 设 $x_{n-1}\in(0,1)$，则

$$x_n=\int_0^1\min\{x,x_{n-1}\}\mathrm{d}x$$

$$=\int_0^{x_{n-1}}\min\{x,x_{n-1}\}\mathrm{d}x+\int_{x_{n-1}}^1\min\{x,x_{n-1}\}\mathrm{d}x$$

$$=\int_0^{x_{n-1}}x\,\mathrm{d}x+\int_{x_{n-1}}^1 x_{n-1}\mathrm{d}x$$

$$=\frac{x_{n-1}^2}{2}+x_{n-1}(1-x_{n-1})=x_{n-1}-\frac{x_{n-1}^2}{2},$$

所以 $0<x_n<1$，$\{x_n\}$ 有界. 且 $x_n=x_{n-1}-\dfrac{x_{n-1}^2}{2}<x_{n-1}$，$\{x_n\}$ 单调减少，由单调有界准则知，

$$\frac{x_{n-1}^2}{2}>0\Rightarrow x_{n-1}-\frac{x_{n-1}^2}{2}<1;x_{n-1}>x_{n-1}^2>\frac{x_{n-1}^2}{2}\Rightarrow x_{n-1}-\frac{x_{n-1}^2}{2}>0$$

其极限存在.

记 $\lim\limits_{n\to\infty}x_n=A$,则有 $A=A-\dfrac{A^2}{2}$,解得 $A=0$,即 $\lim\limits_{n\to\infty}x_n=0$.

【注】本题计算 x_3 是为了使读者容易理解,事实上,由第一数学归纳法,x_3 的计算可以不写.

例 2.8 (1)证明方程 $x=2\ln(1+x)$ 在 $(0,+\infty)$ 内有唯一实根 ξ;

(2)对于(1)中的 ξ,任取 $x_1>\xi$,定义 $x_{n+1}=2\ln(1+x_n)$,$n=1,2,\cdots$,证明 $\lim\limits_{n\to\infty}x_n$ 存在,并求其值.

【证】(1)令 $F(x)=x-2\ln(1+x)$,$x>0$,则

$$F'(x)=1-\frac{2}{1+x}=\frac{x-1}{1+x},$$

令 $F'(x)=0$,得 $x=1$ 是唯一驻点,且当 $0<x<1$ 时,$F'(x)<0$;当 $x>1$ 时,$F'(x)>0$.

又

$$F(0)=0,F(1)=1-2\ln 2<0,$$

$$\lim_{x\to+\infty}[x-2\ln(1+x)]=+\infty>0,$$

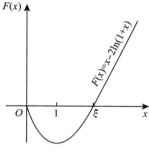

图 2-1

如图 2-1 所示,所以 $F(x)$ 在 $(0,1)$ 内无零点,在 $(1,+\infty)$ 内有唯一零点 ξ,故原方程在 $(0,+\infty)$ 内有唯一实根 ξ.

(2)由 $x_1>\xi$,$F(x_1)>F(\xi)=0$,即

$$x_1>2\ln(1+x_1)=x_2>2\ln(1+\xi)=\xi,$$

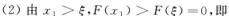

即 $x_1>x_2>\xi$.

假设 $x_{n-1}>x_n>\xi$ 成立,则有

$$x_n>2\ln(1+x_n)=x_{n+1}>2\ln(1+\xi)=\xi,$$

即 $x_n>x_{n+1}>\xi$. 于是 $\{x_n\}$ 单调减少且有下界 ξ. 　$x_n>\xi$,故 $2\ln(1+x_n)>2\ln(1+\xi)$

故 $\lim\limits_{n\to\infty}x_n$ 存在,记为 a,在 $x_{n+1}=2\ln(1+x_n)$ 两边取极限,有 $a=2\ln(1+a)$,由(1)可知 $a=\xi$.

【注】读者可画出如图 2-2 所示的情形,加深理解.

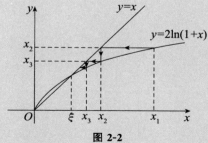

图 2-2

例 2.9 设 $f_n(x) = \cos x + \cos^2 x + \cdots + \cos^n x \, (n = 1, 2, \cdots)$.

(1) 证明：对于每个 n，方程 $f_n(x) = 1$ 在 $\left[0, \dfrac{\pi}{3}\right)$ 内有且仅有一个实根 x_n；

(2) 证明 $\lim\limits_{n \to \infty} x_n$ 存在，并求其值.

【证】(1) 设函数 $F_n(x) = f_n(x) - 1 \, (n = 1, 2, \cdots)$，则

$$F_n(0) = n - 1 \geqslant 0,$$

$$F_n\left(\frac{\pi}{3}\right) = \frac{\cos\dfrac{\pi}{3}\left(1 - \cos^n\dfrac{\pi}{3}\right)}{1 - \cos\dfrac{\pi}{3}} - 1 < \frac{\cos\dfrac{\pi}{3}}{1 - \cos\dfrac{\pi}{3}} - 1 = 0.$$

方程列 $\{f_n(x) = 1\}$：
$f_1(x) = 1$，其根为 x_1；
$f_2(x) = 1$，其根为 x_2；
……
$f_n(x) = 1$，其根为 x_n；
……
这些根成为数列 $\{x_n\}$.

所以由零点定理知，$F_n(x)$ 在 $\left[0, \dfrac{\pi}{3}\right)$ 内至少有一个零点. 又因为

$$F_n'(x) = -\sin x \left(1 + 2\cos x + \cdots + n\cos^{n-1} x\right) < 0, \, x \in \left(0, \frac{\pi}{3}\right),$$

所以 $F_n(x)$ 在 $\left[0, \dfrac{\pi}{3}\right)$ 内严格单调减少，从而 $F_n(x)$ 在 $\left[0, \dfrac{\pi}{3}\right)$ 内有且仅有一个零点，即对于每个 n，方程 $f_n(x) = 1$ 在 $\left[0, \dfrac{\pi}{3}\right)$ 内有且仅有一个实根 x_n.

(2) 由 (1) 可知，显然 $x_1 = 0, x_2 \in \left(0, \dfrac{\pi}{3}\right)$. 由于 x_n 是方程 $f_n(x) = 1$ 在 $\left[0, \dfrac{\pi}{3}\right)$ 内的实根，则 $F_n(x_n) = 0$，且当 $n \geqslant 2$ 时，有

$$F_n(x_{n-1}) = \cos x_{n-1} + \cos^2 x_{n-1} + \cdots + \cos^n x_{n-1} - 1$$
$$= \cos^n x_{n-1} + \underbrace{F_{n-1}(x_{n-1})}_{=0} = \cos^n x_{n-1} > 0.$$

由 (1) 可知 $F_n(x)$ 在 $\left[0, \dfrac{\pi}{3}\right)$ 内严格单调减少，从而 $x_{n-1} < x_n$，即 $\{x_n\}$ 是单调增加数列，又

由于 $0 \leqslant x_n < \dfrac{\pi}{3}$，所以 $\{x_n\}$ 收敛. 记 $\lim\limits_{n \to \infty} x_n = a$.

记常数 $q = \cos x_2$，$0 < q < 1$，故 $\lim\limits_{n \to \infty} \cos^n x_2 = \lim\limits_{n \to \infty} q^n = 0$.

注意到 $0 < x_2 < x_n < \dfrac{\pi}{3} \, (n > 2)$，所以 $0 < \cos x_n < \boxed{\cos x_2} < 1$，于是由夹逼准则，有

$\lim\limits_{n \to \infty} \cos^n x_n = 0$，且 $a \in \left(0, \dfrac{\pi}{3}\right]$. 又 $0 < x_2 < x_n < \dfrac{\pi}{3} \Rightarrow 0 < x_2 \leqslant \lim\limits_{n \to \infty} x_n \leqslant \dfrac{\pi}{3} \Rightarrow 0 < a \leqslant \dfrac{\pi}{3}$

$$1 = f_n(x_n) = \cos x_n + \cos^2 x_n + \cdots + \cos^n x_n = \frac{\cos x_n (1 - \cos^n x_n)}{1 - \cos x_n},$$

令 $n \to \infty$，得

$$1 = \frac{\cos a}{1 - \cos a},$$

解得 $\cos a = \dfrac{1}{2}$，因此 $a = \dfrac{\pi}{3}$，即

$$\lim_{n \to \infty} x_n = \frac{\pi}{3}.$$

【注】当 $0 < q < 1$ 且 q 为常数时，必有 $\lim\limits_{n\to\infty} q^n = 0$. 若 q 不是常数，即使 $0 < q < 1$，也未必有 $\lim\limits_{n\to\infty} q^n = 0$，如 $q = 1 - \dfrac{1}{n}$，则 $\lim\limits_{n\to\infty}\left(1 - \dfrac{1}{n}\right)^n = \mathrm{e}^{\lim\limits_{n\to\infty} n \cdot \left(-\frac{1}{n}\right)} = \mathrm{e}^{-1} \neq 0$.

例 2.10 (1) 证明方程 $\tan x = x$ 在 $\left(n\pi, n\pi + \dfrac{\pi}{2}\right)$ 内存在实根 ξ_n，$n = 1, 2, 3, \cdots$；

(2) 求极限 $\lim\limits_{n\to\infty}(\xi_{n+1} - \xi_n)$.

(1)【证】令 $f(x) = \tan x - x$，$x \in \left[n\pi, n\pi + \dfrac{\pi}{2}\right)$，

$n = 1, 2, 3, \cdots$，$y = \tan x$ 的图像如图 2-3 所示. 因

$$f(n\pi) = \tan n\pi - n\pi = -n\pi < 0,$$
$$\lim_{x \to \left(n\pi + \frac{\pi}{2}\right)^-}(\tan x - x) = +\infty > 0,$$

区间列 $\left(n\pi, n\pi + \dfrac{\pi}{2}\right)$：在 $\left(\pi, \pi + \dfrac{\pi}{2}\right)$ 内的根为 ξ_1；在 $\left(2\pi, 2\pi + \dfrac{\pi}{2}\right)$ 内的根为 ξ_2；……；在 $\left(n\pi, n\pi + \dfrac{\pi}{2}\right)$ 内的根为 ξ_n；……. 这些根成为数列 $\{\xi_n\}$.

故存在 $x_n \in \left(n\pi, n\pi + \dfrac{\pi}{2}\right)$，使得 $f(x_n) > 0$. 由零点定理知，存在

$$\xi_n \in (n\pi, x_n) \subset \left(n\pi, n\pi + \dfrac{\pi}{2}\right),$$

使得 $f(\xi_n) = 0$.

(2)【解】当 $n \to \infty$ 时，由于 $\xi_n \in \left(n\pi, n\pi + \dfrac{\pi}{2}\right)$，则 $\lim\limits_{n\to\infty}\xi_n = +\infty$，且 $\dfrac{\pi}{2} < \xi_{n+1} - \xi_n < \dfrac{3}{2}\pi$，有界，又

$$\tan(\xi_{n+1} - \xi_n) = \frac{\tan\xi_{n+1} - \tan\xi_n}{1 + \tan\xi_{n+1} \cdot \tan\xi_n}$$

$$\xlongequal{\text{由}(1)} \frac{\xi_{n+1} - \xi_n}{1 + \xi_{n+1} \cdot \xi_n},$$

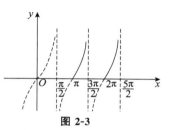

由 $a < y < b, c < x < d \Rightarrow a - d < y - x < b - c$，于是，当 $(n+1)\pi < \xi_{n+1} < (n+1)\pi + \dfrac{\pi}{2}$，$n\pi < \xi_n < n\pi + \dfrac{\pi}{2}$ 时，有 $\dfrac{\pi}{2} = (n+1)\pi - \left(n\pi + \dfrac{\pi}{2}\right) < \xi_{n+1} - \xi_n < (n+1)\pi + \dfrac{\pi}{2} - n\pi = \dfrac{3}{2}\pi$.

故 $\lim\limits_{n\to\infty}\tan(\xi_{n+1} - \xi_n) = \lim\limits_{n\to\infty}\dfrac{\xi_{n+1} - \xi_n}{1 + \xi_{n+1}\xi_n} = 0$，从而 $\lim\limits_{n\to\infty}(\xi_{n+1} - \xi_n) = \pi$.

5. 夹逼准则

$\xi_{n+1} - \xi_n$ 有界，$\dfrac{1}{1 + \xi_{n+1}\xi_n} \to 0$，有界乘无穷小仍是无穷小.

若 ① $y_n \leqslant x_n \leqslant z_n$；② $\lim\limits_{n\to\infty} y_n = a$，$\lim\limits_{n\to\infty} z_n = a$，则 $\lim\limits_{n\to\infty} x_n = a$. 这里 ① 中无须验证等号；② 中 a 可为 $0, c(c \neq 0)$ 或 ∞.

(1) 证什么.
① 对 x_n 放缩：$y_n \leqslant x_n \leqslant z_n$.
② 取极限.

(2) 怎么证.
主要有两种证法：
① 用基本放缩方法.
$$\begin{cases} n \cdot u_{\min} \leqslant u_1 + u_2 + \cdots + u_n \leqslant n \cdot u_{\max}, \\ \text{当 } u_i \geqslant 0 \text{ 时，} 1 \cdot u_{\max} \leqslant u_1 + u_2 + \cdots + u_n \leqslant n \cdot u_{\max}. \end{cases}$$

② 题设给出条件来推证.

例 2.11 (1) 当 $0 < x < \dfrac{\pi}{2}$ 时,证明 $\sin x > \dfrac{2}{\pi}x$;

(2) 设数列 $\{x_n\}$,$\{y_n\}$ 满足 $x_{n+1} = \sin x_n$,$y_{n+1} = y_n^2$,$n = 1,2,3,\cdots$,$x_1 = y_1 = \dfrac{1}{2}$,当 $n \to \infty$ 时,证明 y_n 是比 x_n 高阶的无穷小量.

【证】(1) 设 $f(x) = \sin x - \dfrac{2x}{\pi}$,$x \in \left(0, \dfrac{\pi}{2}\right)$,则

$$f'(x) = \cos x - \dfrac{2}{\pi},\quad f''(x) = -\sin x < 0,$$

所以曲线 $f(x) = \sin x - \dfrac{2x}{\pi}$ 在 $\left(0, \dfrac{\pi}{2}\right)$ 内是凸的,又 $f(0) = f\left(\dfrac{\pi}{2}\right) = 0$,所以 $f(x) = \sin x - \dfrac{2x}{\pi} > 0$,即

$$\sin x > \dfrac{2x}{\pi}.$$

(2) 首先,$x_{n+1} = \sin x_n < x_n$,$x_n > 0$,由单调有界准则,知 $\lim\limits_{n \to \infty} x_n \overset{\text{存在}}{\underset{\text{记为}}{=}} a$,于是 $a = \sin a$,得 $a = 0$.

$y_{n+1} = y_n^2 < y_n$,$0 < y_n \leqslant \dfrac{1}{2} < 1$,由单调有界准则,知 $\lim\limits_{n \to \infty} y_n \overset{\text{存在}}{\underset{\text{记为}}{=}} b$,于是 $b = b^2$,得 $b = 0$. (因保号性,舍去 $b = 1$)

又由(1),当 $0 < x < \dfrac{\pi}{2}$ 时,有 $\sin x > \dfrac{2}{\pi}x$,且 $y_{n+1} = y_n^2 = y_n \cdot y_n \leqslant \dfrac{1}{2} y_n$,于是

$$0 < \dfrac{y_{n+1}}{x_{n+1}} = \dfrac{y_n^2}{\sin x_n} < \dfrac{\dfrac{1}{2} y_n}{\dfrac{2x_n}{\pi}} = \dfrac{\pi}{4} \cdot \dfrac{y_n}{x_n} < \left(\dfrac{\pi}{4}\right)^2 \cdot \dfrac{y_{n-1}}{x_{n-1}} < \cdots < \left(\dfrac{\pi}{4}\right)^n \cdot \dfrac{y_1}{x_1} = \left(\dfrac{\pi}{4}\right)^n.$$

又 $\lim\limits_{n \to \infty} \left(\dfrac{\pi}{4}\right)^n = 0$,由夹逼准则,有 $\lim\limits_{n \to \infty} \dfrac{y_{n+1}}{x_{n+1}} = 0$,故 y_n 是比 x_n 高阶的无穷小量.

考生应熟悉 $a_{n+1} < k a_n < k^2 a_{n-1} < \cdots < k^n a_1$ 这种连续放缩方法(压缩映射)

6. 综合题总结

数列极限的存在性与计算问题可与很多经典知识综合,故常作为压轴题出现在试卷中,考生应多作总结,看看这些综合的点在哪里,打通它们,建立知识结构,便有思路了,比如可作如下总结.

① 用导数综合.

② 用积分综合.

③ 用中值定理综合.

④ 用方程(列)综合.

⑤ 用区间(列)综合.

⑥ 用极限综合.

第3讲 一元函数微分学的概念

知识结构

导数定义(导数在一点的问题) $\left\{\begin{array}{l}\text{分段函数(或含绝对值函数)在分段点} \\ \text{抽象函数在一点} \left\{\begin{array}{l}\text{特指点 } x_0 \\ \text{泛指点 } x\end{array}\right. \\ \text{四则运算中的特殊点} \left\{\begin{array}{l}\text{太复杂的函数} \left\{\begin{array}{l}f = f_1 + f_2 \\ f = f_1 \cdot f_2 \cdot \cdots \cdot f_n\end{array}\right. \\ \text{求导公式无定义的点}\end{array}\right.\end{array}\right.$

微分 $\left\{\begin{array}{l}\text{定义} \\ \text{可微的充要条件} \\ \text{一阶微分形式的不变性}\end{array}\right.$

一 导数定义(导数在一点的问题)

$$f'(x_0) = \lim_{\Delta x \to 0} \frac{f(x_0 + \Delta x) - f(x_0)}{\Delta x} = \lim_{x \to x_0} \frac{f(x) - f(x_0)}{x - x_0}.$$

【注】(1) $f'(x_0) = \dfrac{\mathrm{d}f}{\mathrm{d}x}\bigg|_{x = x_0}$ 是指 f 对 x 在 x_0 处的(瞬时)变化率.

(2) 左导数 $\quad f'_-(x_0) = \lim\limits_{\Delta x \to 0^-} \dfrac{f(x_0 + \Delta x) - f(x_0)}{\Delta x}$;

右导数 $\quad f'_+(x_0) = \lim\limits_{\Delta x \to 0^+} \dfrac{f(x_0 + \Delta x) - f(x_0)}{\Delta x}$.

$\quad f'(x_0)$ 存在 $\Leftrightarrow f'_-(x_0) = f'_+(x_0) = A$(常数).

(3) 高阶导数 $\quad f^{(n)}(x_0) = \lim\limits_{x \to x_0} \dfrac{f^{(n-1)}(x) - f^{(n-1)}(x_0)}{x - x_0}$ $(n \geqslant 3)$.

① 分段函数(或含绝对值函数)在分段点.

② 抽象函数在一点 $\left\{\begin{array}{l}\text{特指点 } x_0, \\ \text{泛指点 } x.\end{array}\right.$

③ 四则运算中的特殊点 $\left\{\begin{array}{l}\text{太复杂的函数} \left\{\begin{array}{l}f = f_1 + f_2, \\ f = f_1 \cdot f_2 \cdot \cdots \cdot f_n,\end{array}\right. \\ \text{求导公式无定义的点.}\end{array}\right.$

例 3.1 设函数 $f(x)$ 在区间 $(-1,1)$ 内有定义,且 $\lim\limits_{x\to 0}f(x)=0$,则( ).

(A) 当 $\lim\limits_{x\to 0}\dfrac{f(x)}{\sqrt{|x|}}=0$ 时,$f(x)$ 在 $x=0$ 处可导

(B) 当 $\lim\limits_{x\to 0}\dfrac{f(x)}{x^2}=0$ 时,$f(x)$ 在 $x=0$ 处可导

(C) 当 $f(x)$ 在 $x=0$ 处可导时,$\lim\limits_{x\to 0}\dfrac{f(x)}{\sqrt{|x|}}=0$

(D) 当 $f(x)$ 在 $x=0$ 处可导时,$\lim\limits_{x\to 0}\dfrac{f(x)}{x^2}=0$

【解】应选(C).

当 $f(x)$ 在 $x=0$ 处可导时,$f(x)$ 在 $x=0$ 处连续,$f(0)=\lim\limits_{x\to 0}f(x)=0$,且 $\lim\limits_{x\to 0}\dfrac{f(x)-f(0)}{x}=\lim\limits_{x\to 0}\dfrac{f(x)}{x}$ 存在,设为 a,则有

$$\lim_{x\to 0}\frac{f(x)}{\sqrt{|x|}}=\lim_{x\to 0}\frac{f(x)}{x}\cdot\frac{x}{\sqrt{|x|}}=\lim_{x\to 0}\frac{f(x)}{x}\cdot\lim_{x\to 0}\frac{x}{\sqrt{|x|}}=a\cdot 0=0.$$

对于(A),(B),可取反例 $f(x)=\begin{cases}x^3, & x\neq 0,\\ 1, & x=0.\end{cases}$ 对于(D),可取反例 $f(x)=x$.

例 3.2 已知函数 $f(x)=\begin{cases}x, & x\leqslant 0,\\ \dfrac{1}{n}, & \dfrac{1}{n+1}<x\leqslant\dfrac{1}{n},n=1,2,\cdots,\end{cases}$ 则( ).

(A) $x=0$ 是 $f(x)$ 的第一类间断点   (B) $x=0$ 是 $f(x)$ 的第二类间断点

(C) $f(x)$ 在 $x=0$ 处连续但不可导   (D) $f(x)$ 在 $x=0$ 处可导

【解】应选(D).

$f'_-(0)=\lim\limits_{x\to 0^-}\dfrac{f(x)-f(0)}{x-0}=\lim\limits_{x\to 0^-}\dfrac{x}{x}=1$,这是容易的.但对于 $f'_+(0)=\lim\limits_{x\to 0^+}\dfrac{f(x)-f(0)}{x-0}$,这是不易的.由题设,当 $\dfrac{1}{n+1}<x\leqslant\dfrac{1}{n}$ 时,$f(x)=\dfrac{1}{n}$,故

$$1\leqslant\frac{f(x)}{x}<\frac{n+1}{n}.$$

当 $x\to 0^+$ 时,$n\to\infty$,$\lim\limits_{n\to\infty}\dfrac{n+1}{n}=1$,由夹逼准则知 $\lim\limits_{x\to 0^+}\dfrac{f(x)}{x}=1$,即 $f'_+(0)=1$.

综上,$f'(0)=f'_-(0)=f'_+(0)=1$.应选(D).

例 3.3 设 $f(x)$ 在 x_0 处可导,则下列命题错误的是( ).

(A) 当 $f(x_0)>0$ 时,$|f(x)|$ 在 x_0 处也可导

(B) 当 $f(x_0)<0$ 时,$|f(x)|$ 在 x_0 处也可导

(C) 当 $f(x_0)=0$,且 $f'(x_0)=0$ 时,$|f(x)|$ 在 x_0 处不可导

(D) 当 $f(x_0)=0$,且 $f'(x_0)\neq 0$ 时,$|f(x)|$ 在 x_0 处不可导

【解】应选(C).

记 $\varphi(x)=|f(x)|$，因为 $f(x)$ 在 x_0 处可导，所以 $f(x)$ 在 x_0 处必连续，即

$$\lim_{x\to x_0}f(x)=f(x_0).$$

当 $f(x_0)>0$ 时，根据极限的保号性，当 $x\to x_0$ 时，有 $f(x)>0$，即 $\lim\limits_{x\to x_0}|f(x)|=\lim\limits_{x\to x_0}f(x)$，此时

$$\varphi'(x_0)=\lim_{x\to x_0}\frac{\varphi(x)-\varphi(x_0)}{x-x_0}=\lim_{x\to x_0}\frac{|f(x)|-|f(x_0)|}{x-x_0}=\lim_{x\to x_0}\frac{f(x)-f(x_0)}{x-x_0}=f'(x_0),$$

(A) 正确.

当 $f(x_0)<0$ 时，同理可得 $\lim\limits_{x\to x_0}|f(x)|=-\lim\limits_{x\to x_0}f(x)$，此时

$$\varphi'(x_0)=\lim_{x\to x_0}\frac{\varphi(x)-\varphi(x_0)}{x-x_0}=\lim_{x\to x_0}\frac{|f(x)|-|f(x_0)|}{x-x_0}=\lim_{x\to x_0}\frac{-f(x)+f(x_0)}{x-x_0}=-f'(x_0),$$

(B) 正确.

当 $f(x_0)=0$ 时，有 $f'(x_0)=\lim\limits_{x\to x_0}\dfrac{f(x)}{x-x_0}$，此时

$$\varphi'_+(x_0)=\lim_{x\to x_0^+}\frac{\varphi(x)-\varphi(x_0)}{x-x_0}=\lim_{x\to x_0^+}\frac{|f(x)|}{x-x_0}=\lim_{x\to x_0^+}\left|\frac{f(x)}{x-x_0}\right|=|f'(x_0)|,$$

$$\varphi'_-(x_0)=\lim_{x\to x_0^-}\frac{\varphi(x)-\varphi(x_0)}{x-x_0}=\lim_{x\to x_0^-}\frac{|f(x)|}{x-x_0}=-\lim_{x\to x_0^-}\left|\frac{f(x)}{x-x_0}\right|=-|f'(x_0)|.$$

若 $f'(x_0)=0$，则 $\varphi'_+(x_0)=\varphi'_-(x_0)=0$，此时 $\varphi(x)=|f(x)|$ 在 x_0 处可导，且导数为 0. 若 $f'(x_0)\neq0$，则 $\varphi'_+(x_0)\neq\varphi'_-(x_0)$，此时 $\varphi(x)=|f(x)|$ 在 x_0 处不可导.

综上，选(C).

例 3.4 若函数 $f(x)=|\ln x-ax|$ 有两个不可导点，求常数 a 的取值范围.

【解】令 $g(x)=\ln x-ax$，则 $g'(x)=\dfrac{1}{x}-a$，$g''(x)=-\dfrac{1}{x^2}$，由例 3.3 的(D)可知，函数 $f(x)=|\ln x-ax|$ 的不可导点即为使 $g(x)=0$ 且 $g'(x)\neq0$ 的点.

当 $a\leqslant0$ 时，$g'(x)=\dfrac{1}{x}-a>0(x>0)$，函数 $g(x)$ 在其定义域 $(0,+\infty)$ 上单调增加. 又 $g(0^+)=-\infty$，$g(+\infty)=+\infty$，故当 $a\leqslant0$ 时，函数 $g(x)$ 只有一个零点.

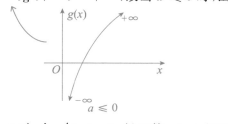
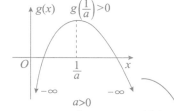

当 $a>0$ 时，令 $g'(x)=0$，得函数 $g(x)$ 的唯一驻点 $x=\dfrac{1}{a}$. 因为 $g''\left(\dfrac{1}{a}\right)=-a^2<0$，所以 $g\left(\dfrac{1}{a}\right)=-\ln a-1$ 是函数 $g(x)$ 的最大值. 由于 $g(0^+)=-\infty$，$g(+\infty)=-\infty$，因此当最大值

$g\left(\dfrac{1}{a}\right)=-\ln a-1>0$,即 $0<a<\mathrm{e}^{-1}$ 时,函数 $g(x)$ 有两个零点,设为 $x_1\in\left(0,\dfrac{1}{a}\right)$,$x_2\in\left(\dfrac{1}{a},+\infty\right)$,显然 $g'(x_1)\neq0$,$g'(x_2)\neq0$.因此,当 $0<a<\mathrm{e}^{-1}$ 时,函数 $f(x)=|\ln x-ax|$ 有两个不可导点.

例 3.5 设 $f(x)=(\mathrm{e}^x-1)(\mathrm{e}^{2x}-2)\cdots(\mathrm{e}^{10x}-10)+\arcsin\dfrac{x}{\sqrt{x^2-2x+2}}$,则 $f'(0)=$
_____.

【解】应填 $-9!+\dfrac{\sqrt{2}}{2}$.

令
$$u(x)=(\mathrm{e}^x-1)(\mathrm{e}^{2x}-2)\cdots(\mathrm{e}^{10x}-10),$$
$$g(x)=(\mathrm{e}^{2x}-2)\cdots(\mathrm{e}^{10x}-10),$$
$$v(x)=\arcsin\dfrac{x}{\sqrt{x^2-2x+2}},$$

则　　$u(x)=(\mathrm{e}^x-1)g(x)$,$u'(x)=\mathrm{e}^x g(x)+(\mathrm{e}^x-1)g'(x)$,$u'(0)=g(0)=-9!$.

又　　$v'(0)=\lim\limits_{x\to0}\dfrac{\arcsin\dfrac{x}{\sqrt{x^2-2x+2}}-0}{x}=\lim\limits_{x\to0}\dfrac{1}{\sqrt{x^2-2x+2}}=\dfrac{1}{\sqrt{2}}$,

所以
$$f'(0)=u'(0)+v'(0)=-9!+\dfrac{\sqrt{2}}{2}.$$

例 3.6 已知 $f(x)=\sqrt[3]{x^2}\sin x$,则 $f'(x)=$ _____.

【解】应填 $\begin{cases}\dfrac{2}{3\sqrt[3]{x}}\sin x+\sqrt[3]{x^2}\cos x,&x\neq0,\\0,&x=0.\end{cases}$

当 $x\neq0$ 时,$f'(x)=\dfrac{2}{3\sqrt[3]{x}}\sin x+\sqrt[3]{x^2}\cos x$.当 $x=0$ 时,

$$f'(0)=\lim\limits_{x\to0}\dfrac{f(x)-f(0)}{x-0}=\lim\limits_{x\to0}\sqrt[3]{x^2}\cdot\dfrac{\sin x}{x}=0.$$

所以　　　$f'(x)=\begin{cases}\dfrac{2}{3\sqrt[3]{x}}\sin x+\sqrt[3]{x^2}\cos x,&x\neq0,\\0,&x=0.\end{cases}$

【注】若 $f'(x)=(\sqrt[3]{x^2}\sin x)'=\dfrac{2}{3\sqrt[3]{x}}\sin x+\sqrt[3]{x^2}\cos x$,由于该式在 $x=0$ 处无定义,得出 $f'(0)$ 不存在,这无疑是错误的.错误产生于 $\sqrt[3]{x^2}$ 在 $x=0$ 处不可导,所以乘积的求导法则不适用.这也说明,即使不是分段函数,有时也要用定义求导,而且表达式中部分式子在某点不可导,但整体表达式在该点也可能可导.

（1）定义.

设函数 $y=f(x)$ 在点 x 的某邻域内有定义,若对应于自变量的增量 Δx,函数的增量 Δy 可以表示为 $\Delta y=A\Delta x+o(\Delta x)$,其中 A 与 Δx 无关,则称函数 $y=f(x)$ 在点 x 处可微,并把 $A\Delta x$ 称为 $y=f(x)$ 在点 x 处相应于自变量增量 Δx 的**微分**,记作 $\mathrm{d}y$ 或 $\mathrm{d}[f(x)]$,即 $\mathrm{d}y=A\Delta x$.

（2）可微的充要条件.

函数 $y=f(x)$ 在点 x 处可微的充分必要条件是 $f(x)$ 在点 x 处可导. 此时 $A=f'(x)$,即 $\mathrm{d}y=f'(x)\mathrm{d}x$.

（3）一阶微分形式的不变性.

设 $y=f(u)$ 可微,则微分 $\mathrm{d}y=f'(u)\mathrm{d}u$,其中 u 不论是自变量还是中间变量,微分形式保持不变.

> 【注】$\mathrm{d}(x^n)=nx^{n-1}\mathrm{d}x$ 叫幂的微分;$\mathrm{d}x^n=(\mathrm{d}x)^n$ 叫微分的幂.

例 3.7　设函数 $y=f(x)$ 在任意点 x 处的增量 $\Delta y=\dfrac{y\Delta x}{x+\sqrt{x^2+y^2}}+o(\Delta x)$,且 $f(0)=1$,则 $y=f(x)$ 在点 $x=0$ 处的微分 $\mathrm{d}y=(\qquad)$.

（A）0　　　　　　　（B）$\mathrm{d}x$　　　　　　　（C）$2\mathrm{d}x$　　　　　　　（D）$3\mathrm{d}x$

【解】应选（B）.

由 $\Delta y=\dfrac{y\Delta x}{x+\sqrt{x^2+y^2}}+o(\Delta x)$,知 $y'=\dfrac{y}{x+\sqrt{x^2+y^2}}$,又 $f(0)=1$,可得 $y'(0)=1$,进而

$\mathrm{d}y\Big|_{x=0}=y'(0)\mathrm{d}x=\mathrm{d}x$,应选（B）.

例 3.8　$\displaystyle\lim_{x\to 0}\dfrac{\mathrm{d}\left(\dfrac{\sin x}{x}\right)}{\mathrm{d}(x^2)}=\underline{\qquad}$.

【解】应填 $-\dfrac{1}{6}$.

$$
\begin{aligned}
\lim_{x\to 0}\frac{\mathrm{d}\left(\dfrac{\sin x}{x}\right)}{\mathrm{d}(x^2)}
&=\lim_{x\to 0}\frac{x\cos x-\sin x}{2x^3}\\
&=\lim_{x\to 0}\frac{\cos x(x-\tan x)}{2x^3}\\
&=-\frac{1}{6}.
\end{aligned}
$$

第4讲 一元函数微分学的计算

知识结构

基本求导公式

复合函数求导

隐函数求导

反函数求导

分段函数求导（含绝对值） { 在分段点用导数定义求导（定义法）
在非分段点用导数公式求导（公式法）

对数求导法

幂指函数求导法

参数方程确定的函数求导

高阶导数 { 归纳法
莱布尼茨公式
泰勒展开式

 **基本求导公式**

以下求导公式均在其定义域上进行.

① $(x^k)' = kx^{k-1}$ （k 为任意实数）.

② $(\ln|x|)' = \dfrac{1}{x}$.

③ $(e^x)' = e^x$；$(a^x)' = a^x \ln a, a > 0, a \neq 1$.

④ $(\sin x)' = \cos x$；$(\cos x)' = -\sin x$；

$(\tan x)' = \sec^2 x$；$(\cot x)' = -\csc^2 x$；

$(\sec x)' = \sec x \tan x$；$(\csc x)' = -\csc x \cot x$；

$(\ln|\cos x|)' = -\tan x$；$(\ln|\sin x|)' = \cot x$；

$(\ln|\sec x + \tan x|)' = \sec x$；$(\ln|\csc x - \cot x|)' = \csc x$.

⑤ $(\arctan x)' = \dfrac{1}{1+x^2}$；$(\operatorname{arccot} x)' = -\dfrac{1}{1+x^2}$.

⑥ $(\arcsin x)' = \dfrac{1}{\sqrt{1-x^2}}$；$(\arccos x)' = -\dfrac{1}{\sqrt{1-x^2}}$.

⑦ $\left[\ln(x + \sqrt{x^2+a^2})\right]' = \dfrac{1}{\sqrt{x^2+a^2}}$，常见 $a=1$；

$(\ln|x + \sqrt{x^2-a^2}|)' = \dfrac{1}{\sqrt{x^2-a^2}}$，常见 $a=1$.

二 复合函数求导

设 $u = g(x)$ 在点 x 处可导，$y = f(u)$ 在点 $u = g(x)$ 处可导，则
$$\{f[g(x)]\}' = f'[g(x)]g'(x).$$

【注】$\{f[g(x)]\}' = \dfrac{\mathrm{d}\{f[g(x)]\}}{\mathrm{d}x}$，而 $f'[g(x)] = \dfrac{\mathrm{d}\{f[g(x)]\}}{\mathrm{d}[g(x)]}$，要看清楚求导符号的位置，不要弄错了.

例 4.1 $f(x)$ 与 $g(x)$ 的图像如图 4-1 所示，设 $u(x) = f[g(x)]$，则 $u'(1) = $ _____.

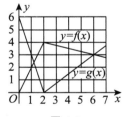

图 4-1

【解】应填 $\dfrac{3}{4}$.

由 $u'(x) = f'[g(x)] \cdot g'(x)$，有 $u'(1) = f'[g(1)] \cdot g'(1)$，其中
$$g(1) = 3,\ g'(1) = \frac{0-6}{2-0} = -3,\ f'(3) = \frac{3-4}{6-2} = -\frac{1}{4},$$

故
$$u'(1) = f'(3) \cdot g'(1) = -\frac{1}{4} \cdot (-3) = \frac{3}{4}.$$

三 隐函数求导

设函数 $y = y(x)$ 是由方程 $F(x, y) = 0$ 确定的可导函数,则有三种方法可求出导数.

法一 方程 $F(x, y) = 0$ 两边对自变量 x 求导(注意 $y = y(x)$,即将 y 看作中间变量),得到一个关于 y' 的方程,解该方程便可求出 y'.

法二 由复合函数求导公式可得

$$d\{f[g(x)]\} = f'[g(x)]g'(x)dx. \qquad (*)$$

$(*)$ 式就是**微分形式的不变性** —— 无论 u 是中间变量还是自变量,$dy = f'(u)du$ 都成立.

【注】有时会用到二元函数全微分形式的不变性:设 $z = f(u, v)$,$u = u(x, y)$,$v = v(x, y)$,如果 $f(u, v)$,$u(x, y)$,$v(x, y)$ 分别有连续偏导数,则复合函数 $z = f(u, v)$ 在 (x, y) 处的全微分仍可表示为 $dz = \dfrac{\partial z}{\partial u}du + \dfrac{\partial z}{\partial v}dv$,即无论 u, v 是自变量还是中间变量此式总成立. 如 $z = xy^2$,则 $dz = \dfrac{\partial z}{\partial x}dx + \dfrac{\partial z}{\partial y}dy = y^2 dx + 2xy dy$.

法三 由隐函数存在定理可得 $\dfrac{dy}{dx} = -\dfrac{F'_x}{F'_y}$.

例 4.2 设函数 $y = y(x)$ 由方程 $x^y = y^x + \cos x^3$ 所确定,则 $\dfrac{dy}{dx} = $ _____.

【解】应填 $-\dfrac{yx^{y-1} - y^x \ln y + 3x^2 \sin x^3}{x^y \ln x - xy^{x-1}}$.

令
$$F(x, y) = x^y - y^x - \cos x^3,$$

则
$$\frac{dy}{dx} = -\frac{F'_x}{F'_y} = -\frac{yx^{y-1} - y^x \ln y + 3x^2 \sin x^3}{x^y \ln x - xy^{x-1}}$$

由 $F[x, y(x)] = 0$,两边对 x 求导,有 $F'_x + F'_y \cdot \dfrac{dy}{dx} = 0$,解得 $\dfrac{dy}{dx} = -\dfrac{F'_x}{F'_y}$,此即公式法.

【注】用上面公式法求导时,x, y 视为独立的自变量,即计算 F'_x 时 y 为常数,计算 F'_y 时 x 为常数.

例 4.3 设函数 $y = y(x)$ 由方程 $\cos(x^2 + y^2) + e^x - xy^2 = 0$ 所确定,则 $dy = $ _____.

【解】应填 $\dfrac{e^x - y^2 - 2x \sin(x^2 + y^2)}{2y[x + \sin(x^2 + y^2)]}dx$.

法一 将原方程两边直接对 x 求导数,注意 y 是 x 的函数,解方程求出 y' 即可.

$$-(2x + 2y \cdot y')\sin(x^2 + y^2) + e^x - y^2 - x \cdot 2y \cdot y' = 0,$$

得
$$y' = \frac{e^x - y^2 - 2x \sin(x^2 + y^2)}{2y[x + \sin(x^2 + y^2)]},$$

故
$$dy = \frac{e^x - y^2 - 2x \sin(x^2 + y^2)}{2y[x + \sin(x^2 + y^2)]}dx.$$

法二　将方程 $\cos(x^2+y^2)+e^x-xy^2=0$ 两边同时求微分,得

$$-(2x\,dx+2y\,dy)\sin(x^2+y^2)+e^x\,dx-y^2\,dx-2xy\,dy=0,$$

故

$$dy=\frac{e^x-y^2-2x\sin(x^2+y^2)}{2y[x+\sin(x^2+y^2)]}dx.$$

法三　公式法.

令 $F(x,y)=\cos(x^2+y^2)+e^x-xy^2$,则

$$\frac{dy}{dx}=-\frac{F'_x}{F'_y}=\frac{e^x-y^2-2x\sin(x^2+y^2)}{2y[x+\sin(x^2+y^2)]},$$

故

$$dy=\frac{e^x-y^2-2x\sin(x^2+y^2)}{2y[x+\sin(x^2+y^2)]}dx.$$

例 4.4　设 $y=y(x)$ 是由方程 $\displaystyle\int_0^y e^{-t^2}\,dt=2y-\ln(1+x)$ 所确定的二阶可导函数,且 $y(0)=0$,则 $y''\Big|_{x=0}=$ _____.

【解】应填 -1.

对方程 $\displaystyle\int_0^y e^{-t^2}\,dt=2y-\ln(1+x)$ 两边关于 x 连续求导两次,得

$$e^{-y^2}y'=2y'-\frac{1}{1+x},$$

$$-2ye^{-y^2}(y')^2+e^{-y^2}y''=2y''+\frac{1}{(1+x)^2}.$$

将 $x=0,y=0$ 代入上式,得 $y''\Big|_{x=0}=-1$.

四　反函数求导

设单调函数 $y=f(x)$ 可导,且 $f'(x)\neq 0$,则存在反函数 $x=\varphi(y)$,且 $\dfrac{dx}{dy}=\dfrac{1}{\dfrac{dy}{dx}}$,即

$$\varphi'(y)=\frac{1}{f'(x)}.$$

在 $y=f(x)$ 二阶可导的情况下,记 $f'(x)=y'_x,\varphi'(y)=x'_y(x'_y\neq 0)$,则有

$$y'_x=\frac{dy}{dx}=\frac{1}{\dfrac{dx}{dy}}=\frac{1}{x'_y},\quad y''_{xx}=\frac{d^2y}{dx^2}=\frac{d\left(\dfrac{dy}{dx}\right)}{dx}=\frac{d\left(\dfrac{1}{x'_y}\right)}{dx}=\frac{d\left(\dfrac{1}{x'_y}\right)}{dy}\cdot\frac{1}{x'_y}=\frac{-x''_{yy}}{(x'_y)^3}.$$

反过来,则有

$$x'_y=\frac{1}{y'_x},\quad x''_{yy}=\frac{-y''_{xx}}{(y'_x)^3}.$$

例 4.5　设 $y=f(x)=x\displaystyle\int_0^2 e^{-(xt)^2}\,dt+x^2$,其在 $x=0$ 的某邻域内与 $x=g(y)$ 互为反函数,

则 $g''(0) = \underline{\qquad}$.

【解】应填 $-\dfrac{1}{4}$.

由

$$x\int_0^2 e^{-(xt)^2}\,dt \xrightarrow{\text{令 } xt = u} \int_0^{2x} e^{-u^2}\,du,$$

得

$$f(x) = \int_0^{2x} e^{-u^2}\,du + x^2,$$

于是 $f'(x) = 2e^{-4x^2} + 2x$，$f''(x) = -16x\,e^{-4x^2} + 2$，$f'(0) = 2$，$f''(0) = 2$，且 $f(0) = 0$，故

$$g''(0) = \dfrac{-f''(0)}{[f'(0)]^3} = -\dfrac{1}{4}.$$

五 分段函数求导(含绝对值)

(1) 在分段点用导数定义求导(定义法).

(2) 在非分段点用导数公式求导(公式法).

例 4.6 已知函数 $f(x)$ 连续且 $\lim\limits_{x\to 0}\dfrac{f(x)}{x} = 1$，$g(x) = \int_0^1 f(xt)\,dt$，求 $g'(x)$ 并证明 $g'(x)$ 在 $x = 0$ 处连续.

【解】由 $\lim\limits_{x\to 0}\dfrac{f(x)}{x} = 1$，知 $\lim\limits_{x\to 0} f(x) = 0$，又 $f(x)$ 在 $x = 0$ 处连续，所以 $f(0) = 0$，从而

$$g(0) = \int_0^1 f(0)\,dt = 0.$$

当 $x \neq 0$ 时，令 $u = xt$，则

$$g(x) = \dfrac{1}{x}\int_0^x f(u)\,du.$$

故

$$g(x) = \begin{cases} \dfrac{1}{x}\displaystyle\int_0^x f(u)\,du, & x \neq 0, \\[3mm] 0, & x = 0. \end{cases}$$

于是
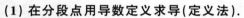
$$g'(0) = \lim_{x\to 0}\dfrac{g(x) - g(0)}{x - 0} = \lim_{x\to 0}\dfrac{\displaystyle\int_0^x f(u)\,du}{x^2} = \lim_{x\to 0}\dfrac{f(x)}{2x} = \dfrac{1}{2}.$$

当 $x \neq 0$ 时，$g'(x) = \dfrac{f(x)}{x} - \dfrac{1}{x^2}\displaystyle\int_0^x f(u)\,du.$
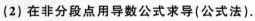

故

$$g'(x) = \begin{cases} \dfrac{f(x)}{x} - \dfrac{1}{x^2}\displaystyle\int_0^x f(u)\,du, & x \neq 0, \\[4mm] \dfrac{1}{2}, & x = 0. \end{cases}$$

因为

$$\lim_{x\to 0} g'(x) = \lim_{x\to 0}\left[\dfrac{f(x)}{x} - \dfrac{1}{x^2}\int_0^x f(u)\,du\right] = \dfrac{1}{2} = g'(0),$$

所以 $g'(x)$ 在 $x=0$ 处连续.

六 对数求导法

对于多项相乘、相除、开方、乘方的式子,一般先取对数再求导.设 $y=f(x)$ $(y\neq 0)$,则

① 等式两边加绝对值符号后取对数,得 $\ln|y|=\ln|f(x)|$;

② 两边对自变量 x 求导(同样注意 $y=f(x)$,即将 y 看作中间变量),得

$$\frac{1}{y}y'=[\ln|f(x)|]'\Rightarrow y'=y[\ln|f(x)|]'.$$

例 4.7 求 $f(x)=x^x(1-x)^{1-x}$ 在 $(0,1)$ 内的最小值.

【解】取对数,得

$$\ln f(x)=x\ln x+(1-x)\ln(1-x),$$

则

$$[\ln f(x)]'=\frac{1}{f(x)}f'(x)=\ln x+1-\ln(1-x)-(1-x)\cdot\frac{1}{1-x}$$

$$=\ln x-\ln(1-x)=\ln\frac{x}{1-x},$$

于是

$$f'(x)=f(x)\ln\frac{x}{1-x}.$$

令 $f'(x)=0$,得 $x=\frac{1}{2}$,当 $0<x<\frac{1}{2}$ 时,$f'(x)<0$;当 $\frac{1}{2}<x<1$ 时,$f'(x)>0$. 故 $f(x)$ 在 $\left(0,\frac{1}{2}\right]$ 内单调减少,在 $\left[\frac{1}{2},1\right)$ 内单调增加,$x=\frac{1}{2}$ 为最小值点,且

$$f_{\min}(x)=f\left(\frac{1}{2}\right)=\left(\frac{1}{2}\right)^{\frac{1}{2}}\left(1-\frac{1}{2}\right)^{1-\frac{1}{2}}=\frac{1}{2}.$$

七 幂指函数求导法

对于 $u(x)^{v(x)}(u(x)>0,u(x)\not\equiv 1)$,除了用上面的对数求导法外,还可以先化成指数函数

$$u(x)^{v(x)}=e^{v(x)\ln u(x)},$$

然后对 x 求导,得

$$[u(x)^{v(x)}]'=[e^{v(x)\ln u(x)}]'=u(x)^{v(x)}\left[v'(x)\ln u(x)+v(x)\cdot\frac{u'(x)}{u(x)}\right].$$

例 4.8 已知函数 $f(x)=\begin{cases}x^{2x}, & x>0,\\ xe^x+1, & x\leqslant 0,\end{cases}$ 则 $f'(x)=$_____.

【解】应填 $\begin{cases}2x^{2x}(\ln x+1), & x>0,\\ e^x(x+1), & x<0.\end{cases}$

当 $x > 0$ 时,$f'(x) = (x^{2x})' = (\mathrm{e}^{2x\ln x})' = 2x^{2x}(\ln x + 1)$;当 $x < 0$ 时,$f'(x) = \mathrm{e}^x(x + 1)$.

因为 $\lim\limits_{x \to 0^+} \dfrac{x^{2x} - 1}{x} = \lim\limits_{x \to 0^+} \dfrac{\mathrm{e}^{2x\ln x} - 1}{x} = \lim\limits_{x \to 0^+} \dfrac{2x\ln x}{x} = -\infty$,所以 $f'(0)$ 不存在.

综上,
$$f'(x) = \begin{cases} 2x^{2x}(\ln x + 1), & x > 0, \\ \mathrm{e}^x(x + 1), & x < 0. \end{cases}$$

八 参数方程确定的函数求导

设函数 $y = y(x)$ 由参数方程 $\begin{cases} x = \varphi(t), \\ y = \psi(t) \end{cases}$ 确定,且 $\varphi(t),\psi(t)$ 均二阶可导,$\varphi'(t) \neq 0$,其中 t 是参数,则

$$\frac{\mathrm{d}y}{\mathrm{d}x} = \frac{\mathrm{d}y/\mathrm{d}t}{\mathrm{d}x/\mathrm{d}t} = \frac{\psi'(t)}{\varphi'(t)}, \frac{\mathrm{d}^2 y}{\mathrm{d}x^2} = \frac{\mathrm{d}\left(\frac{\mathrm{d}y}{\mathrm{d}x}\right)}{\mathrm{d}x} = \frac{\mathrm{d}\left(\frac{\mathrm{d}y}{\mathrm{d}x}\right)/\mathrm{d}t}{\mathrm{d}x/\mathrm{d}t} = \frac{\psi''(t)\varphi'(t) - \psi'(t)\varphi''(t)}{[\varphi'(t)]^3}.$$

例 4.9 设函数 $y = y(x)$ 由参数方程 $\begin{cases} x = x(t), \\ y = \displaystyle\int_0^{t^2} \ln(1 + u)\,\mathrm{d}u \end{cases}$ 确定,其中 $x(t)$ 是初值问题

$\begin{cases} \dfrac{\mathrm{d}x}{\mathrm{d}t} - 2t\mathrm{e}^{-x} = 0, \\ x\Big|_{t=0} = 0 \end{cases}$ 的解,求 $\dfrac{\mathrm{d}^2 y}{\mathrm{d}x^2}$.

【解】 由 $\dfrac{\mathrm{d}x}{\mathrm{d}t} - 2t\mathrm{e}^{-x} = 0$ 得 $\mathrm{e}^x \mathrm{d}x = 2t\,\mathrm{d}t$,两端积分并由条件 $x\Big|_{t=0} = 0$,得 $\mathrm{e}^x = 1 + t^2$,即
$$x = \ln(1 + t^2).$$

$$\frac{\mathrm{d}y}{\mathrm{d}x} = \frac{\dfrac{\mathrm{d}y}{\mathrm{d}t}}{\dfrac{\mathrm{d}x}{\mathrm{d}t}} = \frac{\ln(1 + t^2) \cdot 2t}{\dfrac{2t}{1 + t^2}} = (1 + t^2)\ln(1 + t^2),$$

$$\frac{\mathrm{d}^2 y}{\mathrm{d}x^2} = \frac{\mathrm{d}}{\mathrm{d}x}\left(\frac{\mathrm{d}y}{\mathrm{d}x}\right) = \frac{\dfrac{\mathrm{d}}{\mathrm{d}t}\big[(1 + t^2)\ln(1 + t^2)\big]}{\dfrac{\mathrm{d}x}{\mathrm{d}t}} = \frac{2t\ln(1 + t^2) + 2t}{\dfrac{2t}{1 + t^2}} = (1 + t^2)[\ln(1 + t^2) + 1].$$

九 高阶导数

(1) 归纳法.

比如,设 $y = 2^x$,则 $y' = 2^x \ln 2$,$y'' = 2^x(\ln 2)^2$,$\cdots$,得出通式
$$y^{(n)} = 2^x(\ln 2)^n, n = 0, 1, 2, \cdots.$$

例 4.10 已知函数 $f(x)$ 具有任意阶导数,且 $f'(x) = [f(x)]^3$,则当 n 为大于 1 的整数

时，$f(x)$ 的 n 阶导数 $f^{(n)}(x) = $ _____ .

【解】应填 $(2n-1)!! [f(x)]^{2n+1}$.
$$f'(x) = [f(x)]^3, f''(x) = 3[f(x)]^2 f'(x) = 3[f(x)]^5,$$
$$f'''(x) = 3 \cdot 5 [f(x)]^4 f'(x) = 3 \cdot 5 [f(x)]^7,$$
$$f^{(4)}(x) = 3 \cdot 5 \cdot 7 [f(x)]^6 f'(x) = 3 \cdot 5 \cdot 7 [f(x)]^9,$$

由归纳法易知，$f^{(n)}(x) = (2n-1)!! \ [f(x)]^{2n+1}$.

【注】这里 $(2n-1)!! = 1 \cdot 3 \cdot 5 \cdot 7 \cdot \cdots \cdot (2n-1)$.

例 4.11 已知函数 $f(x) = \dfrac{x^2}{1-x^2}$，则 $f^{(n)}(x) = $ _____ $(n=1,2,3,\cdots)$.

【解】应填 $\dfrac{n!}{2} \left[\dfrac{1}{(1-x)^{n+1}} + \dfrac{(-1)^n}{(1+x)^{n+1}} \right]$.

$$f(x) = \frac{x^2 - 1 + 1}{1 - x^2} = -1 + \frac{1}{1-x^2} = -1 + \frac{1}{2} \left(\frac{1}{1-x} + \frac{1}{1+x} \right).$$

又 $\quad \left(\dfrac{1}{1-x} \right)' = \dfrac{1}{(1-x)^2}, \left(\dfrac{1}{1-x} \right)'' = \dfrac{2}{(1-x)^3}, \left(\dfrac{1}{1-x} \right)''' = \dfrac{3 \times 2}{(1-x)^4},$

$$\cdots\cdots$$

于是得到 $\left(\dfrac{1}{1-x} \right)^{(n)} = \dfrac{n!}{(1-x)^{n+1}}$，同理得到 $\left(\dfrac{1}{1+x} \right)^{(n)} = \dfrac{(-1)^n n!}{(1+x)^{n+1}}$.

因此 $\qquad f^{(n)}(x) = \dfrac{n!}{2} \left[\dfrac{1}{(1-x)^{n+1}} + \dfrac{(-1)^n}{(1+x)^{n+1}} \right]$.

【注】常用高阶导数（n 为正整数）：$(e^{ax+b})^{(n)} = a^n e^{ax+b}$；
$[\sin(ax+b)]^{(n)} = a^n \sin\left(ax+b+\dfrac{n\pi}{2}\right)$；$[\cos(ax+b)]^{(n)} = a^n \cos\left(ax+b+\dfrac{n\pi}{2}\right)$；
$[\ln(ax+b)]^{(n)} = (-1)^{n-1} a^n \dfrac{(n-1)!}{(ax+b)^n}$；$\left(\dfrac{1}{ax+b}\right)^{(n)} = (-1)^n a^n \dfrac{n!}{(ax+b)^{n+1}}$.

例 4.12 设 $f(x,y) = \dfrac{y}{y-x}$，n 为大于 1 的整数，则 $\dfrac{\partial^n f}{\partial x^n}\bigg|_{(2,1)} = $ _____ .

【解】应填 $(-1)^{n+1} \cdot n!$.

视 y 为常数，则

$$\left(\frac{1}{x}\right)^{(n)} = (-1)^n \cdot \frac{n!}{x^{n+1}}$$

$$\frac{\partial^n f}{\partial x^n} = (-y) \cdot \left(\frac{1}{x-y}\right)^{(n)}_x = (-y) \cdot (-1)^n \cdot \frac{n!}{(x-y)^{n+1}},$$

故

$$\frac{\partial^n f}{\partial x^n}\bigg|_{(2,1)} = (-1) \cdot (-1)^n \cdot n! = (-1)^{n+1} \cdot n! .$$

(2) 莱布尼茨公式.

设 $u = u(x), v = v(x)$ 均 n 阶可导，则

$$(u \pm v)^{(n)} = u^{(n)} \pm v^{(n)},$$

$$(uv)^{(n)} = u^{(n)}v + C_n^1 u^{(n-1)}v' + C_n^2 u^{(n-2)}v'' + \cdots + C_n^k u^{(n-k)}v^{(k)} + \cdots + C_n^{n-1}u'v^{(n-1)} + uv^{(n)}$$

$$= \sum_{k=0}^{n} C_n^k u^{(n-k)}v^{(k)}. \qquad (*)$$

$(*)$ 式就是乘积的高阶导数的**莱布尼茨公式**,其中 $u^{(0)} = u, v^{(0)} = v$.

【注】① 见到求两个函数乘积的高阶导数,一般用莱布尼茨公式即可,有时要结合"(1) 归纳法"中的通式;对于一个函数求高阶导数较困难时,若能转化成两个函数的乘积形式,亦可用莱布尼茨公式.

② 若 n 不太大,其系数 $C_n^0, C_n^1, C_n^2, \cdots, C_n^{n-1}, C_n^n$ 的记忆方法可按下述"三角形":

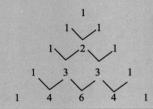

例 4.13 设 $f(x) = (x^3 - 1)^n$,则 $f^{(n)}(1) = $ _____.

【解】应填 $3^n n!$.

$f(x) = (x^3 - 1)^n = (x-1)^n (x^2 + x + 1)^n$. 由莱布尼茨公式,得

$$f^{(n)}(x) = \sum_{k=0}^{n} C_n^k [(x-1)^n]^{(k)} [(x^2 + x + 1)^n]^{(n-k)},$$

故 $f^{(n)}(1) = C_n^0 (x-1)^n [(x^2 + x + 1)^n]^{(n)} \Big|_{x=1} + C_n^1 [(x-1)^n]' [(x^2 + x + 1)^n]^{(n-1)} \Big|_{x=1} + \cdots +$

$C_n^{n-1} \underset{\longrightarrow [(x-1)^n]^{(n-1)} = n!(x-1)}{[(x-1)^n]^{(n-1)}} [(x^2 + x + 1)^n]' \Big|_{x=1} + C_n^n \underset{\longrightarrow [(x-1)^n]^{(n)} = n!}{[(x-1)^n]^{(n)}} (x^2 + x + 1)^n \Big|_{x=1}$

$= 3^n n!.$

【注】多项式 $P_n = (x - x_0)^n$ 的求导规律应当清楚,即 $P_n^{(n-1)} = n!(x - x_0)$,而 $P_n^{(n)} = n!$.

(3) 泰勒展开式.

① 任何一个无穷阶可导的函数都可写成

抽象展开

$$y = f(x) = \sum_{n=0}^{\infty} \frac{f^{(n)}(x_0)}{n!}(x - x_0)^n,$$

或者 *具体展开*

$$y = f(x) = \sum_{n=0}^{\infty} \frac{f^{(n)}(0)}{n!}x^n.$$

② 题目给出一个具体的无穷阶可导函数 $y = f(x)$,可以通过已知公式展开成幂级数. 这些已知公式为

$$e^x = \sum_{n=0}^{\infty} \frac{x^n}{n!} = 1 + x + \frac{x^2}{2!} + \cdots + \frac{x^n}{n!} + \cdots, \quad -\infty < x < +\infty.$$

$$\frac{1}{1+x} = \sum_{n=0}^{\infty} (-1)^n x^n = 1 - x + x^2 - x^3 + \cdots + (-1)^n x^n + \cdots, \quad -1 < x < 1.$$

$$\frac{1}{1-x} = \sum_{n=0}^{\infty} x^n = 1 + x + x^2 + \cdots + x^n + \cdots, -1 < x < 1.$$

$$\ln(1+x) = \sum_{n=1}^{\infty} (-1)^{n-1} \frac{x^n}{n} = x - \frac{x^2}{2} + \frac{x^3}{3} - \frac{x^4}{4} + \cdots + (-1)^{n-1} \frac{x^n}{n} + \cdots, -1 < x \leqslant 1.$$

$$\sin x = \sum_{n=0}^{\infty} (-1)^n \frac{x^{2n+1}}{(2n+1)!}$$

$$= x - \frac{x^3}{3!} + \frac{x^5}{5!} - \frac{x^7}{7!} + \cdots + (-1)^n \frac{x^{2n+1}}{(2n+1)!} + \cdots, -\infty < x < +\infty.$$

$$\cos x = \sum_{n=0}^{\infty} (-1)^n \frac{x^{2n}}{(2n)!}$$

$$= 1 - \frac{x^2}{2!} + \frac{x^4}{4!} - \frac{x^6}{6!} + \cdots + (-1)^n \frac{x^{2n}}{(2n)!} + \cdots, -\infty < x < +\infty.$$

$$(1+x)^\alpha = 1 + \alpha x + \frac{\alpha(\alpha-1)}{2!} x^2 + \cdots + \frac{\alpha(\alpha-1)\cdots(\alpha-n+1)}{n!} x^n + \cdots,$$

$$\begin{cases} x \in (-1,1), & \alpha \leqslant -1, \\ x \in (-1,1], & -1 < \alpha < 0, \\ x \in [-1,1], & \alpha > 0, \alpha \notin \mathbf{N}_+, \\ x \in \mathbf{R}, & \alpha \in \mathbf{N}_+. \end{cases}$$

$$\tan x = x + \frac{1}{3} x^3 + \cdots.$$

$$\arcsin x = x + \frac{1}{6} x^3 + \cdots.$$

$$\arctan x = x - \frac{1}{3} x^3 + \cdots.$$

由唯一性,比较系数

③ 函数泰勒展开式的唯一性:无论 $f(x)$ 由何种方法展开,其泰勒展开式具有唯一性. 于是我们可以通过比较 ①,② 中公式的系数,获得 $f^{(n)}(x_0)$ 或者 $f^{(n)}(0)$.

例 4.14 设函数 $f(x) = \dfrac{1+x+x^2}{1-x+x^2}$,则 $f^{(4)}(0) = $ _____.

【解】应填 -48.

$$f(x) = \frac{1+x+x^2}{1-x+x^2} = 1 + \frac{2x}{1-x+x^2} = 1 + 2x \cdot \frac{1+x}{1+x^3}$$

具体展开 ←
$$= 1 + 2x(1+x)[1 - x^3 + o(x^3)]$$ $\dfrac{1}{1+x^3} = 1 - x^3 + o(x^3)$
$$= 1 + 2x + 2x^2 - 2x^4 + o(x^4) \quad (x \to 0).$$

又 $f(x) = \displaystyle\sum_{n=0}^{\infty} \frac{f^{(n)}(0)}{n!} x^n$,由泰勒展开式的唯一性,有 $\dfrac{f^{(4)}(0)}{4!} x^4 = -2x^4$,故

抽象展开 ←
$$f^{(4)}(0) = -2 \cdot 4! = -48.$$

第5讲
一元函数微分学的应用（一）
——几何应用

$$
研究对象\begin{cases}
"祖孙三代"\begin{cases}
f(x)\begin{cases}具体\\抽象\\f_n(x)（函数族）\\f_1 \cdot f_2 \cdot \cdots \cdot f_n\end{cases}\\
f'(x),\dfrac{\mathrm{d}[f(x)]}{\mathrm{d}(x^2)},f^{(n)}(x)\\
\displaystyle\int_a^x f(t)\mathrm{d}t
\end{cases}\\
用极限定义函数\quad —— f(x)=\lim_{n\to\infty}g(n,x)\ 或\ f(x)=\lim_{t\to x}g(t,x)\\
分段函数（含绝对值）\\
参数方程\begin{cases}x=x(t),y=y(t)\\x=r(\theta)\cos\theta,y=r(\theta)\sin\theta\end{cases}\\
隐函数\ F(x,y)=0\\
微分方程的解\ y=y(x)\\
偏微分方程的解\ f(x,y)\\
级数的和函数\ S(x)=\sum a_n x^n（仅数学一、数学三）
\end{cases}
$$

$$
研究内容\begin{cases}
切线、法线、截距\\
极值、单调性\begin{cases}单调性的判别\\一阶可导点是极值点的必要条件\\判别极值的第一充分条件\\判别极值的第二充分条件\\判别极值的第三充分条件\end{cases}\\
拐点、凹凸性\begin{cases}凹凸性的定义\\拐点定义\\凹凸性与拐点的判别\begin{cases}判别凹凸性的充分条件\\二阶可导点是拐点的必要条件\\判别拐点的第一充分条件\\判别拐点的第二充分条件\\判别拐点的第三充分条件\end{cases}\end{cases}
\end{cases}
$$

$$研究内容 \begin{cases} 极值点与拐点的重要结论 \\ 渐近线 \begin{cases} 铅直渐近线 \\ 水平渐近线 \\ 斜渐近线 \end{cases} \\ 最值（值域） \begin{cases} 求区间[a,b]上连续函数的最大值和最小值 \\ 求区间(a,b)内连续函数的最值或者取值范围 \end{cases} \\ 曲率与曲率半径（仅数学一、数学二） \end{cases}$$

 **研究对象**

1."祖孙三代"

$$① f(x) \begin{cases} 具体， \\ 抽象， \\ f_n(x)（函数族）， \\ f_1 \cdot f_2 \cdots f_n. \end{cases}$$

$$② f'(x), \frac{\mathrm{d}[f(x)]}{\mathrm{d}(x^2)}, f^{(n)}(x).$$

$$③ \int_a^x f(t)\mathrm{d}t.$$

2. 用极限定义函数

$$f(x) = \lim_{n \to \infty} g(n,x) \ \text{或} \ f(x) = \lim_{t \to x} g(t,x).$$

3. 分段函数（含绝对值）

4. 参数方程

$$① \begin{cases} x = x(t), \\ y = y(t). \end{cases}$$

$$② \begin{cases} x = r(\theta)\cos\theta, \\ y = r(\theta)\sin\theta. \end{cases}$$

5. 隐函数 $F(x,y) = 0$

6. 微分方程的解 $y = y(x)$

7. 偏微分方程的解 $f(x,y)$

8. 级数的和函数 $S(x) = \sum a_n x^n$（仅数学一、数学三）

二 **研究内容**

1. 切线、法线、截距

设 $y = y(x)$ 可导且 $y'(x) \neq 0$，则相关结论见下表.

	切线	法线
斜率	$y'(x)$	$-\dfrac{1}{y'(x)}$
x 轴上的截距	$x - \dfrac{y}{y'(x)}$	$x + yy'(x)$
y 轴上的截距	$y - xy'(x)$	$y + \dfrac{x}{y'(x)}$
方程	$Y - y = y'(x)(X - x)$	$Y - y = -\dfrac{1}{y'(x)}(X - x)$

例 5.1 曲线 $\sin xy + \ln(y - x) = x$ 在点 $(0,1)$ 处的切线方程为 _____.

【解】应填 $y = x + 1$.

令 $f(x, y) = \sin xy + \ln(y - x) - x$，则

$$f'_x(0,1) = \left(y \cos xy + \frac{-1}{y - x} - 1 \right) \Big|_{(0,1)} = -1,$$

$$f'_y(0,1) = \left(x \cos xy + \frac{1}{y - x} \right) \Big|_{(0,1)} = 1.$$

于是，$y' \Big|_{(0,1)} = -\dfrac{f'_x(0,1)}{f'_y(0,1)} = 1$，故所求切线方程为 $y = x + 1$.

例 5.2 曲线 $\begin{cases} x = \displaystyle\int_0^{1-t} e^{-u^2} \, du, \\ y = t^2 \ln(2 - t^2) \end{cases}$ 在点 $(0,0)$ 处的切线方程为 _____.

【解】应填 $2x - y = 0$.

点 $(0,0)$ 对应于 $t = 1$. 因为

$$\frac{dy}{dt} \Big|_{t=1} = \left[2t \ln(2 - t^2) + t^2 \cdot \frac{-2t}{2 - t^2} \right] \Big|_{t=1} = -2,$$

$$\frac{dx}{dt} \Big|_{t=1} = -e^{-(1-t)^2} \Big|_{t=1} = -1,$$

所以切线斜率为

$$k = \frac{dy}{dx} \Big|_{t=1} = \frac{\dfrac{dy}{dt}}{\dfrac{dx}{dt}} \Big|_{t=1} = 2,$$

故所求切线方程为 $y = 2x$，即 $2x - y = 0$.

例 5.3 曲线 $r = 1 + \cos\theta$ 在点 $\left(1 + \dfrac{\sqrt{2}}{2}, \dfrac{\pi}{4}\right)$ 处的直角坐标系下的切线方程为_____.

【解】应填 $y = (1 - \sqrt{2})x + 1 + \dfrac{\sqrt{2}}{2}$.

$$\begin{cases} x = r\cos\theta = \cos\theta + \cos^2\theta, \\ y = r\sin\theta = \sin\theta + \sin\theta\cos\theta, \end{cases}$$

$$\frac{\mathrm{d}y}{\mathrm{d}x}\bigg|_{\theta=\frac{\pi}{4}} = \frac{\mathrm{d}y/\mathrm{d}\theta}{\mathrm{d}x/\mathrm{d}\theta}\bigg|_{\theta=\frac{\pi}{4}} = \frac{\cos\theta + \cos 2\theta}{-\sin\theta - \sin 2\theta}\bigg|_{\theta=\frac{\pi}{4}} = 1 - \sqrt{2},$$

且 $x\big|_{\theta=\frac{\pi}{4}} = \dfrac{\sqrt{2}}{2} + \dfrac{1}{2}$，$y\big|_{\theta=\frac{\pi}{4}} = \dfrac{\sqrt{2}}{2} + \dfrac{1}{2}$，则切点为 $\left(\dfrac{\sqrt{2}}{2} + \dfrac{1}{2}, \dfrac{\sqrt{2}}{2} + \dfrac{1}{2}\right)$，于是得切线方程为

$$y - \frac{\sqrt{2}}{2} - \frac{1}{2} = (1 - \sqrt{2})\left(x - \frac{\sqrt{2}}{2} - \frac{1}{2}\right),$$

整理得

$$y = (1 - \sqrt{2})x + 1 + \frac{\sqrt{2}}{2}.$$

例 5.4 设 $y = \tan^n x$ 在 $x = \dfrac{\pi}{4}$ 处的切线在 x 轴上的截距为 x_n，则 $\lim\limits_{n\to\infty} y(x_n) = $_____.

【解】应填 e^{-1}.

先求 $y = \tan^n x$ 在点 $M\left(\dfrac{\pi}{4}, 1\right)$ 处的切线方程，由

$$y'\left(\frac{\pi}{4}\right) = n\tan^{n-1}x \cdot \sec^2 x\bigg|_{x=\frac{\pi}{4}} = 2n,$$

得切线方程

$$y - 1 = 2n\left(x - \frac{\pi}{4}\right).$$

在 x 轴上的截距为 $x_n = \dfrac{\pi}{4} - \dfrac{1}{2n}$，故

$$\lim_{n\to\infty} y(x_n) = \lim_{n\to\infty} \tan^n\left(\frac{\pi}{4} - \frac{1}{2n}\right) \xlongequal{1^\infty} \mathrm{e}^A,$$

其中

$$A = \lim_{n\to\infty} n\left[\tan\left(\frac{\pi}{4} - \frac{1}{2n}\right) - 1\right] = \lim_{n\to\infty} \frac{\tan\left(\dfrac{\pi}{4} - \dfrac{1}{2n}\right) - \tan\dfrac{\pi}{4}}{\dfrac{1}{n}}$$

$$= -\frac{1}{2}(\tan x)'\bigg|_{x=\frac{\pi}{4}} = -\frac{1}{2} \cdot \frac{1}{\cos^2 x}\bigg|_{x=\frac{\pi}{4}} = -1.$$

故原极限 $= \mathrm{e}^{-1}$.

2. 极值、单调性

对于函数 $f(x)$，若存在点 x_0 的某个邻域，使得在该邻域内任意一点 x，均有

$$f(x) \leqslant f(x_0) \quad (\text{或 } f(x) \geqslant f(x_0))$$

成立，则称点 x_0 为 $f(x)$ 的**极大值点**（或**极小值点**），$f(x_0)$ 为 $f(x)$ 的**极大值**（或**极小值**）.

(1) 单调性的判别.

设函数 $y=f(x)$ 在 $[a,b]$ 上连续,在 (a,b) 内可导.

① 如果在 (a,b) 内 $f'(x) \geqslant 0$,且等号仅在有限多个点处成立,那么函数 $y=f(x)$ 在 $[a,b]$ 上单调增加;

② 如果在 (a,b) 内 $f'(x) \leqslant 0$,且等号仅在有限多个点处成立,那么函数 $y=f(x)$ 在 $[a,b]$ 上单调减少.

(2) 一阶可导点是极值点的必要条件.

设 $f(x)$ 在 $x=x_0$ 处可导,且在点 x_0 处取得极值,则必有 $f'(x_0)=0$.

(3) 判别极值的第一充分条件.

设 $f(x)$ 在 $x=x_0$ 处连续,且在 x_0 的某去心邻域 $\mathring{U}(x_0,\delta)$ 内可导.

① 若 $x \in (x_0-\delta,x_0)$ 时,$f'(x)<0$,而 $x \in (x_0,x_0+\delta)$ 时,$f'(x)>0$,则 $f(x)$ 在 $x=x_0$ 处取得**极小值**;

② 若 $x \in (x_0-\delta,x_0)$ 时,$f'(x)>0$,而 $x \in (x_0,x_0+\delta)$ 时,$f'(x)<0$,则 $f(x)$ 在 $x=x_0$ 处取得**极大值**;

③ 若 $f'(x)$ 在 $(x_0-\delta,x_0)$ 和 $(x_0,x_0+\delta)$ 内不变号,则点 x_0 不是极值点.

(4) 判别极值的第二充分条件.

设 $f(x)$ 在 $x=x_0$ 处二阶可导,且 $f'(x_0)=0,f''(x_0) \neq 0$.

① 若 $f''(x_0)<0$,则 $f(x)$ 在 x_0 处取得**极大值**;

② 若 $f''(x_0)>0$,则 $f(x)$ 在 x_0 处取得**极小值**.

上述第二充分条件可以推广为第三充分条件.

(5) 判别极值的第三充分条件.

设 $f(x)$ 在 $x=x_0$ 处 n 阶可导,且 $f^{(m)}(x_0)=0(m=1,2,\cdots,n-1),f^{(n)}(x_0) \neq 0(n \geqslant 2)$,则

① 当 n 为偶数且 $f^{(n)}(x_0)<0$ 时,$f(x)$ 在 x_0 处取得**极大值**;

② 当 n 为偶数且 $f^{(n)}(x_0)>0$ 时,$f(x)$ 在 x_0 处取得**极小值**.

例 5.5 设 $f(x)=\lim\limits_{n \to \infty} n\left[\left(1+\dfrac{x}{n}\right)^n-\mathrm{e}^x\right]$,求 $f(x)$ 的极值.

【解】 先考虑 $\lim\limits_{t \to +\infty} t\left[\left(1+\dfrac{x}{t}\right)^t-\mathrm{e}^x\right]$. 令 $r=\dfrac{1}{t}$,则

$$\lim_{t \to +\infty} t\left[\left(1+\frac{x}{t}\right)^t-\mathrm{e}^x\right] = \lim_{r \to 0^+} \frac{(1+rx)^{\frac{1}{r}}-\mathrm{e}^x}{r} = \mathrm{e}^x \lim_{r \to 0^+} \frac{\mathrm{e}^{\frac{1}{r}\ln(1+rx)-x}-1}{r}$$

$$= \mathrm{e}^x \lim_{r \to 0^+} \frac{\ln(1+rx)-rx}{r^2} = \mathrm{e}^x \lim_{r \to 0^+} \frac{\dfrac{x}{1+rx}-x}{2r} = x\mathrm{e}^x \lim_{r \to 0^+} \frac{-rx}{2r(1+rx)}$$

$$= -\frac{x^2}{2}\mathrm{e}^x,$$

故 $f(x)=-\dfrac{x^2}{2}\mathrm{e}^x$. 又 $f'(x)=-\left(\dfrac{x^2}{2}+x\right)\mathrm{e}^x$,令 $f'(x)=0$,得 $x=0$ 或 $x=-2$.

又由于 $f''(x)=-\left(\dfrac{x^2}{2}+2x+1\right)\mathrm{e}^x,f''(0)=-1<0,f''(-2)=\mathrm{e}^{-2}>0$,从而函数 $f(x)$

的极大值为 $f(0)=0$，极小值为 $f(-2)=-2\mathrm{e}^{-2}$.

例 5.6 设函数 $f(x)=\int_0^x \dfrac{(t+3)(t^2-1)}{\mathrm{e}^{t^2}\sqrt{1+t^4}}\mathrm{d}t$，则 $f(x)$（　　）.

(A) 有 1 个极大值点，2 个极小值点　　　(B) 有 2 个极大值点，1 个极小值点

(C) 有 3 个极大值点，没有极小值点　　　(D) 有 3 个极小值点，没有极大值点

【解】应选(A).

对 x 求导，可得 $f'(x)=\dfrac{(x+3)(x^2-1)}{\mathrm{e}^{x^2}\sqrt{1+x^4}}$，令 $f'(x)=0$，得 $f'(x)$ 的 3 个零点 $x_1=-3$，$x_2=-1$，$x_3=1$，即为 $f(x)$ 的 3 个驻点.

当 x 从点 $x_1=-3$ 的左侧邻域经过 x_1 到其右侧邻域时，$f'(x)$ 由负变正，故点 $x_1=-3$ 为 $f(x)$ 的极小值点；

当 x 从点 $x_2=-1$ 的左侧邻域经过 x_2 到其右侧邻域时，$f'(x)$ 由正变负，故点 $x_2=-1$ 为 $f(x)$ 的极大值点；

当 x 从点 $x_3=1$ 的左侧邻域经过 x_3 到其右侧邻域时，$f'(x)$ 由负变正，故点 $x_3=1$ 为 $f(x)$ 的极小值点.

综上所述，$f(x)$ 有 1 个极大值点，2 个极小值点，选(A).

3. 拐点、凹凸性

(1) 凹凸性的定义.

定义 1 设函数 $f(x)$ 在区间 I 上连续. 如果对 I 上任意不同两点 x_1，x_2，恒有

$$f\left(\frac{x_1+x_2}{2}\right)<\frac{f(x_1)+f(x_2)}{2},$$

则称 $y=f(x)$ 在 I 上的**图形是凹的**，如图 5-1(a) 所示；如果恒有

$$f\left(\frac{x_1+x_2}{2}\right)>\frac{f(x_1)+f(x_2)}{2},$$

则称 $y=f(x)$ 在 I 上的**图形是凸的**，如图 5-1(b) 所示.

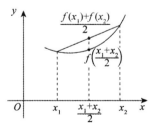

图形上任意弧段位于弦的下方

$$\frac{f(x_1)+f(x_2)}{2}>f\left(\frac{x_1+x_2}{2}\right)$$

(a)

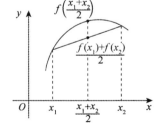

图形上任意弧段位于弦的上方

$$\frac{f(x_1)+f(x_2)}{2}<f\left(\frac{x_1+x_2}{2}\right)$$

(b)

图 5-1

【注】事实上,当图形为 $\underset{(凸)}{凹}$ 时,可以将 $f\left(\dfrac{1}{2}x_1+\dfrac{1}{2}x_2\right)\underset{(>)}{\leqslant}\dfrac{1}{2}f(x_1)+\dfrac{1}{2}f(x_2)$ 更一般地写为

$$f(\lambda_1 x_1+\lambda_2 x_2)\underset{(>)}{\leqslant}\lambda_1 f(x_1)+\lambda_2 f(x_2),\text{其中 } 0<\lambda_1,\lambda_2<1,\lambda_1+\lambda_2=1.$$

定义 2 设 $f(x)$ 在 $[a,b]$ 上连续,在 (a,b) 内可导,若对 (a,b) 内的任意 x 及 $x_0(x\neq x_0)$,均有

$$f(x_0)+f'(x_0)(x-x_0)\underset{(>)}{\leqslant}f(x),\qquad (*)$$

则称 $f(x)$ 在 $[a,b]$ 上是 $\underset{(凸)}{凹}$ 的.

【注】**(几何意义)** $y=f(x_0)+f'(x_0)(x-x_0)$ 是曲线 $y=f(x)$ 在点 $(x_0,f(x_0))$ 处的切线方程,因此($*$)式的几何意义如图 5-2 所示:若曲线 $y=f(x)(a<x<b)$ 在任意点处的切线(除该点外)总在曲线的下方(上方),则该曲线是凹(凸)的.

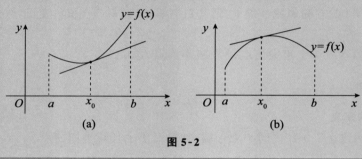

图 5-2

(2) 拐点定义.

连续曲线的凹弧与凸弧的分界点称为该曲线的**拐点**.

(3) 凹凸性与拐点的判别.

① 判别凹凸性的充分条件.

设函数 $f(x)$ 在 I 上二阶可导.

a.若在 I 上 $f''(x)>0$,则 $f(x)$ 在 I 上的**图形是凹的**;

b.若在 I 上 $f''(x)<0$,则 $f(x)$ 在 I 上的**图形是凸的**.

② 二阶可导点是拐点的必要条件.

设 $f''(x_0)$ 存在,且点 $(x_0,f(x_0))$ 为曲线上的拐点,则 $f''(x_0)=0$.

【注】事实上,若点 $(x_0,f(x_0))$ 为曲线 $y=f(x)$ 上的拐点,则只有以下两种情况:

(1)$f''(x_0)=0$,如 $y=x^3$ 在 $(0,0)$ 处的情形,如图 5-3(a) 所示.

(2)$f''(x_0)$ 不存在,如 $y=\sqrt[3]{x}$ 在 $(0,0)$ 处的情形,如图 5-3(b) 所示.

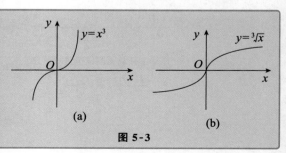

图 5-3

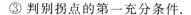

③ 判别拐点的第一充分条件.

设 $f(x)$ 在点 $x=x_0$ 处连续,在点 $x=x_0$ 的某去心邻域 $\mathring{U}(x_0,\delta)$ 内二阶导数存在,且在该点的左右邻域内 $f''(x)$ 变号(无论是由正变负,还是由负变正),则点 $(x_0,f(x_0))$ 为曲线上的**拐点**.

④ 判别拐点的第二充分条件.

设 $f(x)$ 在 $x=x_0$ 处三阶可导,且 $f''(x_0)=0$,$f'''(x_0)\neq 0$,则 $(x_0,f(x_0))$ 为曲线上的**拐点**.

⑤ 判别拐点的第三充分条件.

设 $f(x)$ 在 x_0 处 n 阶可导,且 $f^{(m)}(x_0)=0(m=2,\cdots,n-1)$,$f^{(n)}(x_0)\neq 0(n\geqslant 3)$,则当 n 为奇数时,$(x_0,f(x_0))$ 为曲线上的**拐点**.

例 5.7 设 $f(x)$,$g(x)$ 二阶可导,$y=f'(x)$ 与 $y=g''(x)$ 在 $[a,b]$ 上的图形分别如图 5-4(a),(b) 所示,曲线 $y=f(x)$ 和曲线 $y=g(x)$ 的拐点个数分别为 m,n,则（　　　）.

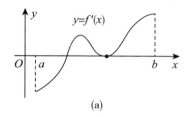
(a)

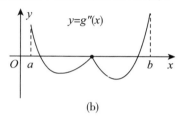
(b)

图 5-4

(A)$m=2$,$n=2$ (B)$m=2$,$n=3$

(C)$m=3$,$n=2$ (D)$m=3$,$n=3$

【解】应选(A).

由于 $f(x)$,$g(x)$ 二阶可导,则在拐点处有 $f''(x)=0$,$g''(x)=0$,且在点 x 处左、右两侧邻域二阶导数变号.由此可知,如图 5-5(a) 所示,在点 x_1 处,$f''(x_1)=0$,且 $f''(x)$ 在点 x_1 处左、右两侧邻域变号($f'(x)$ 单调性相反);同理,点 x_2 亦满足,故 $m=2$.

如图 5-5(b) 所示,在点 x_3 处,$g''(x_3)=0$,且在点 x_3 处左、右两侧邻域 $g''(x)$ 变号;同理,点 x_4 亦满足.在点 x_5 处虽有 $g''(x_5)=0$,但点 x_5 左、右两侧邻域 $g''(x)$ 不变号,故不是拐点,故 $n=2$.

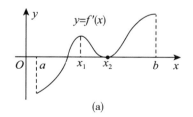
(a)

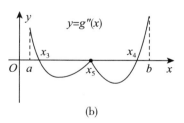
(b)

图 5-5

例 5.8 设 $f(x)=\begin{cases}\dfrac{x^2}{4}+x^4\sin\dfrac{1}{x}, & x\neq 0,\\ 0, & x=0,\end{cases}$ 则（　　　）.

(A)$f''(0)>0$ 且 $f(x)$ 在 $x=0$ 的某邻域内的图形是凹的

(B) $f''(0) < 0$ 且 $f(x)$ 在 $x = 0$ 的某邻域内的图形是凸的

(C) $f''(0) > 0$ 但 $f(x)$ 在 $x = 0$ 的任意邻域内的图形均无凹凸性

(D) $f''(0) < 0$ 但 $f(x)$ 在 $x = 0$ 的任意邻域内的图形均无凹凸性

【解】应选(C).

$$f'(x) = \begin{cases} \dfrac{x}{2} + 4x^3 \sin\dfrac{1}{x} - x^2\cos\dfrac{1}{x}, & x \neq 0, \\ 0, & x = 0, \end{cases}$$

$$f''(x) = \begin{cases} \dfrac{1}{2} - \sin\dfrac{1}{x} + 12x^2\sin\dfrac{1}{x} - 6x\cos\dfrac{1}{x}, & x \neq 0, \\ \dfrac{1}{2}, & x = 0, \end{cases}$$

满足 $f''(0) = \dfrac{1}{2} > 0$，但由于 $\lim\limits_{x \to 0}\left(12x^2\sin\dfrac{1}{x} - 6x\cos\dfrac{1}{x}\right) = 0$，所以在 $x = 0$ 的较小去心邻域内，

$f''(x)$ 与 $\dfrac{1}{2} - \sin\dfrac{1}{x}$ 的符号一致(有正也有负). 例如，取点 $x_n = \dfrac{1}{n\pi + \dfrac{\pi}{2}}$，则当 n 为奇数时，由

$\dfrac{1}{2} - \sin\dfrac{1}{x_n} = \dfrac{3}{2}$，可知 $f''(x_n) > 0$；当 n 为偶数时，由 $\dfrac{1}{2} - \sin\dfrac{1}{x_n} = -\dfrac{1}{2}$，可知 $f''(x_n) < 0$. 因此 $f(x)$ 在 $x = 0$ 的任意邻域内的图形均不存在凹凸性. 应选(C).

例 5.9 设函数 $f(x)$ 在 $x = x_0$ 处有二阶导数，则(　　).

(A) 当 $f(x)$ 在 x_0 的某邻域内单调增加时，$f'(x_0) > 0$

(B) 当 $f'(x_0) > 0$ 时，$f(x)$ 在 x_0 的某邻域内单调增加

(C) 当曲线 $f(x)$ 在 x_0 的某邻域内是凹的时，$f''(x_0) > 0$

(D) 当 $f''(x_0) > 0$ 时，$f(x)$ 在 x_0 的某邻域内的图形是凹的

【解】应选(B).

对于选项(A)，取 $f(x) = x^3$，$x_0 = 0$，则 $f(x)$ 在 $x = x_0$ 的某邻域内单调增加，但 $f'(x_0) = 0$，排除(A)；

对于选项(B)，由于 $f(x)$ 在 $x = x_0$ 处有二阶导数，故 $f(x)$ 在 $x = x_0$ 处一阶导数连续，即 $\lim\limits_{x \to x_0} f'(x) = f'(x_0) > 0$. 由局部保号性知，存在 $\delta > 0$，当 $x \in U(x_0, \delta)$ 时，有 $f'(x) > 0$，于是，$f(x)$ 在 x_0 的某邻域内单调增加，选择(B)；

对于选项(C)，取 $f(x) = x^4$，$x_0 = 0$，则曲线 $f(x)$ 在 $x = x_0$ 的某邻域内是凹的，但 $f''(x_0) = 0$，排除(C)；

对于选项(D)，例 5.8 已经给出了反例，排除(D).

4. 极值点与拐点的重要结论

以下结论均可直接使用，不必证明.

① 曲线的可导点不同时为极值点和拐点. 不可导点可同时为极值点和拐点.

② 设多项式函数 $f(x) = (x - a)^n g(x) (n > 1)$，且 $g(a) \neq 0$，则当 n 为偶数时，$x = a$ 是

$f(x)$ 的极值点；当 n 为奇数时，点 $(a,0)$ 是 $f(x)$ 的拐点.

③ 设多项式函数 $f(x)=(x-a_1)^{n_1}(x-a_2)^{n_2}\cdots(x-a_k)^{n_k}$，其中 n_i 是正整数，a_i 是实数且 a_i 两两不等，$i=1,2,\cdots,k$.

记 k_1 为 $n_i=1$ 的个数，k_2 为 $n_i>1$ 且 n_i 为偶数的个数，k_3 为 $n_i>1$ 且 n_i 为奇数的个数，则 $f(x)$ 的极值点个数为 $k_1+2k_2+k_3-1$，拐点个数为 $k_1+2k_2+3k_3-2$.

例 5.10 设 $f(x)=|x(1-x)|$，则（　　　）.

(A) $x=0$ 是 $f(x)$ 的极值点，但点 $(0,0)$ 不是曲线 $y=f(x)$ 的拐点

(B) $x=0$ 不是 $f(x)$ 的极值点，但点 $(0,0)$ 是曲线 $y=f(x)$ 的拐点

(C) $x=0$ 是 $f(x)$ 的极值点，且点 $(0,0)$ 是曲线 $y=f(x)$ 的拐点

(D) $x=0$ 不是 $f(x)$ 的极值点，且点 $(0,0)$ 不是曲线 $y=f(x)$ 的拐点

【解】应选 (C).

因为 $f(x)=|x(1-x)|\geqslant 0,f(0)=0$，所以 $x=0$ 是极值点，因而选项 (B) 与 (D) 不正确，而在点 $x=0$ 的邻域内：

当 $x<0$ 时，$f(x)=-x(1-x)=x^2-x,f'(x)=2x-1,f''(x)=2>0$；

当 $x>0$ 时，$f(x)=x(1-x)=x-x^2,f'(x)=1-2x,f''(x)=-2<0$.

所以点 $(0,0)$ 是曲线 $y=f(x)$ 的拐点. 选项 (C) 正确.

【注】 由例 5.10 可看出，不可导点可同时为极值点和拐点.

例 5.11 设 $f(x)$ 与 $h(x)$ 在 $x=x_0$ 的某邻域内可导，$F(x)=\int_{x_0}^{x}f(t)\mathrm{d}t,H(x)=\int_{x_0}^{x}h(t)\mathrm{d}t$，又设 $f(x_0)h(x_0)<0,G(x)=F(x)H(x)$，则（　　　）.

(A) $x=x_0$ 是 $G(x)$ 的极大值点，$(x_0,G(x_0))$ 是 $G(x)$ 的拐点

(B) $x=x_0$ 是 $G(x)$ 的极小值点，$(x_0,G(x_0))$ 是 $G(x)$ 的拐点

(C) $x=x_0$ 是 $G(x)$ 的极大值点，$(x_0,G(x_0))$ 不是 $G(x)$ 的拐点

(D) $x=x_0$ 是 $G(x)$ 的极小值点，$(x_0,G(x_0))$ 不是 $G(x)$ 的拐点

【解】应选 (C).

$$G(x)=F(x)H(x),G'(x)=F'(x)H(x)+F(x)H'(x),G'(x_0)=0.$$
$$G''(x)=F''(x)H(x)+2F'(x)H'(x)+F(x)H''(x),$$
$$G''(x_0)=2F'(x_0)H'(x_0)=2f(x_0)h(x_0)<0.$$

故 $x=x_0$ 是 $G(x)$ 的极大值点. 由"二 4.①"结论知，曲线的可导点不同时为极值点和拐点，故 $(x_0,G(x_0))$ 不是 $G(x)$ 的拐点. 故选 (C).

例 5.12 曲线 $y=(x-1)(x-2)^2(x-3)^3(x-4)^4$ 的一个拐点是（　　　）.

(A) $(1,0)$ 　　　　 (B) $(2,0)$ 　　　　 (C) $(3,0)$ 　　　　 (D) $(4,0)$

【解】应选 (C).

令 $\quad y=f(x)=(x-3)^3(x-1)(x-2)^2(x-4)^4=(x-3)^3 g(x)$，

显然 $g(3)\neq 0$，且 $n=3$ 是奇数，由"二 4.②"可知，点 $(3,0)$ 是 $f(x)$ 的一个拐点，故选 (C).

【注】(1) 由"二 4.③"可知, $k_1=1,k_2=2,k_3=1$, 故 $y=f(x)$ 的拐点个数为 $1+2\times2+3\times1-2=6$.

(2) 本题的常规解法是: 因为 $x=3$ 是方程 $(x-1)(x-2)^2(x-3)^3(x-4)^4=0$ 的三重根, 所以它是方程 $y''=0$ 的单根, 从而函数 $y=(x-1)(x-2)^2(x-3)^3(x-4)^4$ 的二阶导数在点 $x=3$ 的两侧附近改变正负号, 故点 $(3,0)$ 是曲线 $y=(x-1)(x-2)^2(x-3)^3(x-4)^4$ 的一个拐点.

例 5.13 曲线 $f(x)=(x-1)^2(x-3)^3$ 的拐点个数为(　　).

(A)0　　　　　　(B)1　　　　　　(C)2　　　　　　(D)3

【解】应选(D).

由"二 4.③"可知, $k_1=0,k_2=1,k_3=1$, 则拐点个数为 $k_1+2k_2+3k_3-2=3$.

【注】(1) 本题的常规解法是: 由
$$f'(x)=2(x-1)(x-3)^3+3(x-1)^2(x-3)^2$$
$$=(x-1)(x-3)^2(5x-9),$$

易知 $f''(x)$ 中必含一次因式 $x-3$. 另由 $f'(1)=f'\left(\dfrac{9}{5}\right)=f'(3)=0$, 知必存在 $x_1\in\left(1,\dfrac{9}{5}\right),x_2\in\left(\dfrac{9}{5},3\right)$, 使得 $f''(x_1)=f''(x_2)=0$, 故可令
$$f''(x)=k(x-x_1)(x-x_2)(x-3),$$

其中 k 是不为 0 的常数. 由于 $f''(x)$ 在 $x=x_1,x=x_2,x=3$ 两侧都异号, 因此该曲线共有 3 个拐点.

(2) 曲线 $y=(x-1)^2(x-3)^2$ 的极值点个数与拐点个数分别为(　　).

(A)3,2　　　　　(B)2,3　　　　　(C)3,4　　　　　(D)4,3

解　应选(A).

由"二 4.③"可知, $k_1=0,k_2=2,k_3=0$, 于是极值点个数为 $0+2\times2+0-1=3$, 拐点个数为 $0+2\times2+3\times0-2=2$. 可直接得出答案.

5. 渐近线

(1) 铅直渐近线.

若 $\lim\limits_{x\to x_0^+}f(x)=\infty$(或 $\lim\limits_{x\to x_0^-}f(x)=\infty$), 则 $x=x_0$ 为一条铅直渐近线.

【注】此处的 x_0 一般是函数的无定义点或定义区间的端点.

(2) 水平渐近线.

若 $\lim\limits_{x\to+\infty}f(x)=y_1$, 则 $y=y_1$ 为一条水平渐近线;

若 $\lim\limits_{x\to-\infty}f(x)=y_2$, 则 $y=y_2$ 为一条水平渐近线;

若 $\lim\limits_{x \to +\infty} f(x) = \lim\limits_{x \to -\infty} f(x) = y_0$，则 $y = y_0$ 为一条水平渐近线.

（3）斜渐近线.

若 $\lim\limits_{x \to +\infty} \dfrac{f(x)}{x} = k_1 \neq 0$，$\lim\limits_{x \to +\infty} [f(x) - k_1 x] = b_1$，则 $y = k_1 x + b_1$ 是曲线 $y = f(x)$ 的一条斜渐近线；

若 $\lim\limits_{x \to -\infty} \dfrac{f(x)}{x} = k_2 \neq 0$，$\lim\limits_{x \to -\infty} [f(x) - k_2 x] = b_2$，则 $y = k_2 x + b_2$ 是曲线 $y = f(x)$ 的一条斜渐近线；

若 $\lim\limits_{x \to +\infty} \dfrac{f(x)}{x} = \lim\limits_{x \to -\infty} \dfrac{f(x)}{x} = k \neq 0$，$\lim\limits_{x \to +\infty} [f(x) - kx] = \lim\limits_{x \to -\infty} [f(x) - kx] = b$，则 $y = kx + b$ 是曲线 $y = f(x)$ 的一条斜渐近线.

例 5.14 设 $f(x)$ 在 $(0, +\infty)$ 内可导，且 $f(1) = 1$，$2xf'(x) + f(x) + 3x = 0$，求曲线 $y = f(x)$ 的渐近线.

【解】 由 $2xf'(x) + f(x) + 3x = 0$，得一阶线性微分方程 $f'(x) + \dfrac{1}{2x} f(x) = -\dfrac{3}{2}$，解得

$$f(x) = e^{-\int \frac{1}{2x} dx} \left[\int \left(-\frac{3}{2} \right) e^{\int \frac{1}{2x} dx} dx + C \right] = \frac{1}{\sqrt{x}} \left(-x^{\frac{3}{2}} + C \right),$$

又 $f(1) = 1$，则 $C = 2$. 故

$$f(x) = \frac{2 - x^{\frac{3}{2}}}{\sqrt{x}}.$$

因为 $\lim\limits_{x \to 0^+} f(x) = \lim\limits_{x \to 0^+} \dfrac{2 - x^{\frac{3}{2}}}{\sqrt{x}} = +\infty$，故 $x = 0$ 是曲线 $y = f(x)$ 的一条铅直渐近线；又

$$\lim\limits_{x \to +\infty} \frac{f(x)}{x} = \lim\limits_{x \to +\infty} \frac{\dfrac{2 - x^{\frac{3}{2}}}{\sqrt{x}}}{x} = \lim\limits_{x \to +\infty} \frac{2 - x^{\frac{3}{2}}}{x\sqrt{x}} = -1,$$

$$\lim\limits_{x \to +\infty} [f(x) - (-x)] = \lim\limits_{x \to +\infty} \left(\frac{2 - x^{\frac{3}{2}}}{\sqrt{x}} + x \right) = \lim\limits_{x \to +\infty} \frac{2 - x^{\frac{3}{2}} + x^{\frac{3}{2}}}{\sqrt{x}} = 0,$$

故 $y = -x$ 是曲线 $y = f(x)$ 的一条斜渐近线.

6. 最值（值域）

（1）求区间 $[a, b]$ 上连续函数 $f(x)$ 的最大值 M 和最小值 m.

① 求出 $f(x)$ 在 (a, b) 内的可疑点 —— 驻点与不可导点，并求出这些可疑点处的函数值；

② 求出端点处的函数值 $f(a)$ 和 $f(b)$；

③ 比较以上所求得的所有函数值，其中最大者为 $f(x)$ 在 $[a, b]$ 上的最大值 M，最小者为 $f(x)$ 在 $[a, b]$ 上的最小值 m.

【注】有时这类问题也可命制为"求连续函数 $f(x)$ 在区间 $[a,b]$ 上的值域 $[m,M]$".

(2) 求区间 (a,b) 内连续函数 $f(x)$ 的最值或者取值范围.

① 求出 $f(x)$ 在 (a,b) 内的可疑点——驻点与不可导点,并求出这些可疑点处的函数值;

② 求 (a,b) 两端的单侧极限:若 a,b 为有限常数,则求 $\lim\limits_{x\to a^+}f(x)$ 与 $\lim\limits_{x\to b^-}f(x)$;若 a 为 $-\infty$,则求 $\lim\limits_{x\to-\infty}f(x)$;若 b 为 $+\infty$,则求 $\lim\limits_{x\to+\infty}f(x)$.记以上所求左端极限为 A,右端极限为 B;

③ 比较①,②所得结果,确定最值或取值范围.

【注】(1) 这类问题有时没有最大值、最小值.

(2) **重要结论**. 若 $f(x)$ 在 (a,b) 内可导且 $x=x_0\in(a,b)$ 是 $f(x)$ 在 (a,b) 内的唯一极值点且为极大(小)值点,则 $x=x_0$ 也是 $f(x)$ 在 (a,b) 内的最大(小)值点.

例 5.15 设 $f'(x)$ 在区间 $[0,4]$ 上连续,曲线 $y=f'(x)$ 与直线 $x=0,x=4,y=0$ 围成如图 5-6 所示的三个区域,其面积分别为 $S_1=3,S_2=4,S_3=2$,且 $f(0)=1$,则 $f(x)$ 在 $[0,4]$ 上的最大值与最小值分别为(   ).

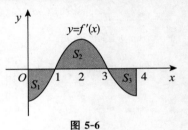

图 5-6

(A)$2,-3$　　　　(B)$4,-3$

(C)$2,-2$　　　　(D)$4,-2$

【解】应选(C).

由图 5-6 可知,$f'(1)=f'(3)=0$,即函数 $f(x)$ 在区间 $(0,4)$ 内有两个驻点 $x=1$ 和 $x=3$,故 $f(x)$ 在 $[0,4]$ 上的最大值和最小值只能在 $f(0),f(1),f(3),f(4)$ 中取得.

由 $f(0)=1$,有

$$f(1)=f(0)+\int_0^1 f'(x)\,\mathrm{d}x=1+(-3)=-2,$$

$$f(3)=f(1)+\int_1^3 f'(x)\,\mathrm{d}x=-2+4=2,$$

$$f(4)=f(3)+\int_3^4 f'(x)\,\mathrm{d}x=2+(-2)=0.$$

故最大值为 $f(3)=2$,最小值为 $f(1)=-2$,应选(C).

例 5.16 设 $y=y(x)$ 满足 $y'+y=\mathrm{e}^{-x}\cos x$,且 $y(0)=0$,求 $y(x^2)$ 的值域.

【解】$y=\mathrm{e}^{-\int\mathrm{d}x}\left(\int\mathrm{e}^{\int\mathrm{d}x}\mathrm{e}^{-x}\cos x\,\mathrm{d}x+C\right)=\mathrm{e}^{-x}(\sin x+C)$,由 $y(0)=0$,知 $C=0$,故 $y(x)=\mathrm{e}^{-x}\sin x$.于是 $y(x^2)=\mathrm{e}^{-x^2}\sin x^2$,其在 $(-\infty,+\infty)$ 内连续,且为偶函数.令 $x^2=t$,$g(t)=\mathrm{e}^{-t}\sin t\,(t\geqslant0)$,则 $g(t)$ 的值域与 $y(x^2)$ 的值域相同.

因为 $g'(t)=\mathrm{e}^{-t}(\cos t-\sin t)$,故 $g(t)$ 的驻点为 $t_k=k\pi+\dfrac{\pi}{4}(k=0,1,2,\cdots)$,于是

$$g(t_k)=\mathrm{e}^{-\left(k\pi+\frac{\pi}{4}\right)}\sin\left(k\pi+\frac{\pi}{4}\right)=(-1)^k\cdot\frac{\sqrt{2}}{2}\cdot\mathrm{e}^{-\left(k\pi+\frac{\pi}{4}\right)},$$

其中 $g(t_0),g(t_2),g(t_4),\cdots$ 为正数，最大值为 $g(t_0)=\dfrac{\sqrt{2}}{2}e^{-\frac{\pi}{4}}$；$g(t_1),g(t_3),\cdots$ 为负数，最小值

为 $g(t_1)=-\dfrac{\sqrt{2}}{2}e^{-\frac{5}{4}\pi}$.

故 $g(t)$ 的值域为 $\left[-\dfrac{\sqrt{2}}{2}e^{-\frac{5}{4}\pi},\dfrac{\sqrt{2}}{2}e^{-\frac{\pi}{4}}\right]$，从而函数 $y(x^2)$ 的值域为 $\left[-\dfrac{\sqrt{2}}{2}e^{-\frac{5}{4}\pi},\dfrac{\sqrt{2}}{2}e^{-\frac{\pi}{4}}\right]$.

【注】定义在某区间上的连续函数 $y(x)$，若有最大值 M 和最小值 m，则 $y(x)$ 的值域是 $[m,M]$.

7. 曲率与曲率半径（仅数学一、数学二）

曲率 $k=\dfrac{|y''|}{[1+(y')^2]^{\frac{3}{2}}}$，曲率半径 $R=\dfrac{1}{k}$.

例 5.17 设 $y=f(x)$ 是由方程 $\displaystyle\int_0^y e^{-t^2}\mathrm{d}t=2y-\ln(1+x)$ 所确定的二阶可导函数，则曲线 $y=f(x)$ 在点 $(0,0)$ 处的曲率半径为 _____.

【解】应填 $2\sqrt{2}$.

由例 4.4 知 $f'(0)=y'\big|_{x=0}=1,f''(0)=y''\big|_{x=0}=-1$.

故曲率 $k=\dfrac{|y''|}{[1+(y')^2]^{\frac{3}{2}}}=\dfrac{1}{2\sqrt{2}}$，曲率半径 $R=\dfrac{1}{k}=2\sqrt{2}$.

第6讲

一元函数微分学的应用（二）

——中值定理、微分等式与微分不等式

知识结构

中值定理
- 确定区间
- 确定辅助函数
  - 简单情形
  - 复杂情形
- 确定使用的定理
  - 零点定理
  - 介值定理
  - 费马定理
  - 罗尔定理
  - 拉格朗日中值定理
  - 泰勒公式
  - 柯西中值定理
- 常见的关键点总结

微分等式问题（方程的根、函数的零点）
- 理论依据
- 考法

微分不等式问题
- 用单调性
- 用最值
- 用凹凸性
- 用拉格朗日中值定理
- 用柯西中值定理
- 用带有拉格朗日余项的泰勒公式

 中值定理

设 $f(x)$ 在 $[a,b]$ 上连续，则

定理1 （有界与最值定理）$m \leqslant f(x) \leqslant M$，其中 m,M 分别为 $f(x)$ 在 $[a,b]$

上的最小值与最大值.

定理 2 （介值定理）当 $m \leqslant \mu \leqslant M$ 时,存在 $\xi \in [a,b]$,使得 $f(\xi) = \mu$.

定理 3 （平均值定理）当 $a < x_1 < x_2 < \cdots < x_n < b$ 时,在 $[x_1, x_n]$ 上至少存在一点 ξ,使得

$$f(\xi) = \frac{f(x_1) + f(x_2) + \cdots + f(x_n)}{n}.$$

定理 4 （零点定理）当 $f(a) \cdot f(b) < 0$ 时,存在 $\xi \in (a,b)$,使得 $f(\xi) = 0$.

定理 5 （费马定理）设 $f(x)$ 在点 x_0 处满足 $\begin{cases} ① \text{可导}, \\ ② \text{取极值}, \end{cases}$ 则 $f'(x_0) = 0$.

定理 6 （罗尔定理）设 $f(x)$ 满足 $\begin{cases} ① [a,b] \text{上连续}, \\ ② (a,b) \text{内可导}, \\ ③ f(a) = f(b), \end{cases}$ 则存在 $\xi \in (a,b)$,使得 $f'(\xi) = 0$.

定理 7 （拉格朗日中值定理）设 $f(x)$ 满足 $\begin{cases} ① [a,b] \text{上连续}, \\ ② (a,b) \text{内可导}, \end{cases}$ 则存在 $\xi \in (a,b)$,使得

$$f(b) - f(a) = f'(\xi)(b-a),$$

或者写成

$$f'(\xi) = \frac{f(b) - f(a)}{b - a}.$$

> **【注】** 若 $\xi \in (a,b)$,令 $\theta = \dfrac{\xi - a}{b - a}$,则 $\xi = a + \theta(b-a), 0 < \theta < 1$,于是拉格朗日中值定理的变体形式为
> $$f(b) - f(a) = f'[a + \theta(b-a)](b-a).$$

定理 8 （柯西中值定理）设 $f(x), g(x)$ 满足 $\begin{cases} ① [a,b] \text{上连续}, \\ ② (a,b) \text{内可导}, \\ ③ g'(x) \neq 0, \end{cases}$ 则存在 $\xi \in (a,b)$,使得

$$\frac{f(b) - f(a)}{g(b) - g(a)} = \frac{f'(\xi)}{g'(\xi)}.$$

定理 9 （泰勒公式）

(1) 带拉格朗日余项的 n 阶泰勒公式. → 此公式适用于区间 $[a,b]$,常在证明题中使用,如证不等式、中值等式等.

设函数 $f(x)$ 在含有点 x_0 的区间 (a,b) 内有 $n+1$ 阶导数,则对于 $x \in [a,b]$,有

$$f(x) = f(x_0) + f'(x_0)(x - x_0) + \cdots + \frac{1}{n!} f^{(n)}(x_0)(x - x_0)^n + \frac{f^{(n+1)}(\xi)}{(n+1)!}(x - x_0)^{n+1},$$

其中 ξ 介于 x, x_0 之间.

> **【注】** 泰勒公式（一阶为例）的变体形式为
> $$f(x) = f(x_0) + f'(x_0)(x - x_0) + \frac{f''[x_0 + \theta(x - x_0)]}{2}(x - x_0)^2 \ (x \neq x_0), 0 < \theta < 1.$$

(2) 带佩亚诺余项的 n 阶泰勒公式. → 此公式仅适用于点 $x=x_0$ 及其邻域,常用于研究点 $x=x_0$ 处的某些结论,如求极限、判定无穷小的阶数、判定极值等.

设 $f(x)$ 在点 x_0 处 n 阶可导,则存在 x_0 的一个邻域,对于该邻域中的任一点 x,有

$$f(x) = f(x_0) + f'(x_0)(x - x_0) + \frac{1}{2!} f''(x_0)(x - x_0)^2 + \cdots + \frac{1}{n!} f^{(n)}(x_0)(x - x_0)^n +$$

$o((x-x_0)^n).$

定理 10 （积分中值定理）设 $f(x)$ 在 $[a,b]$ 上连续,则存在 $\xi \in (a,b)$,使得

$$\int_a^b f(x)\mathrm{d}x = f(\xi)(b-a).$$

> $\to \xi \in [a,b]$ 也成立

【注】 "推广的积分中值定理":

设 $f(x),g(x)$ 在 $[a,b]$ 上连续,且 $g(x)$ 在 $[a,b]$ 上不变号,则存在 $\xi \in (a,b)$,使得

$$\int_a^b f(x)g(x)\mathrm{d}x = f(\xi)\int_a^b g(x)\mathrm{d}x.$$

> $\to \xi \in [a,b]$ 也成立

证 若 $g(x) \equiv 0$,结论显然成立;

若 $g(x) \not\equiv 0$,由于 $g(x)$ 在 $[a,b]$ 上不变号,不妨设 $g(x) > 0$.令

$$F(x) = \int_a^x f(t)g(t)\mathrm{d}t,\ G(x) = \int_a^x g(t)\mathrm{d}t,$$

在 $[a,b]$ 上应用柯西中值定理,有 $\dfrac{F(b)-F(a)}{G(b)-G(a)} = \dfrac{F'(\xi)}{G'(\xi)}$,即

$$\frac{\int_a^b f(x)g(x)\mathrm{d}x - 0}{\int_a^b g(x)\mathrm{d}x - 0} = \frac{f(\xi)g(\xi)}{g(\xi)},$$

$$\int_a^b f(x)g(x)\mathrm{d}x = f(\xi)\int_a^b g(x)\mathrm{d}x,\ \xi \in (a,b),$$

其中 $\int_a^b g(x)\mathrm{d}x > 0$.同理可得 $g(x) < 0$ 时也成立,得证.

以下所讲内容均应满足诸定理成立的条件,这均为命题者所考虑,为突出重点,所有条件均默认成立.

1. 确定区间

在数轴上标出所有可能用到的点,确定区间.

2. 确定辅助函数

(1) 简单情形: 题设 $f(x)$ 即为辅助函数(研究对象).

(2) 复杂情形.

① 乘积求导公式 $(uv)' = u'v + uv'$ 的逆用.

a. $[f(x)f(x)]' = [f^2(x)]' = 2f(x) \cdot f'(x).$

见到 $f(x)f'(x)$,令 $F(x) = f^2(x).$

b. $[f(x) \cdot f'(x)]' = [f'(x)]^2 + f(x)f''(x).$

见到 $[f'(x)]^2 + f(x)f''(x)$,令 $F(x) = f(x)f'(x).$

c. $[f(x)\mathrm{e}^{\varphi(x)}]' = f'(x)\mathrm{e}^{\varphi(x)} + f(x)\mathrm{e}^{\varphi(x)} \cdot \varphi'(x) = [f'(x) + f(x)\varphi'(x)]\mathrm{e}^{\varphi(x)}.$

见到 $f'(x) + f(x)\varphi'(x)$,令 $F(x) = f(x)\mathrm{e}^{\varphi(x)}.$

【注】常考以下情形.

(1) $\varphi(x)=x \Rightarrow$ 见到 $f'(x)+f(x)$, 令 $F(x)=f(x)\mathrm{e}^x$.

(2) $\varphi(x)=-x \Rightarrow$ 见到 $f'(x)-f(x)$, 令 $F(x)=f(x)\mathrm{e}^{-x}$.

(3) $\varphi(x)=kx \Rightarrow$ 见到 $f'(x)+kf(x)$, 令 $F(x)=f(x)\mathrm{e}^{kx}$.

(4) $(uv)''=u''v+2u'v'+uv''$ 亦有可能考到.

② 商的求导公式 $\left(\dfrac{u}{v}\right)'=\dfrac{u'v-uv'}{v^2}$ 的逆用.

a. $\left[\dfrac{f(x)}{x}\right]'=\dfrac{f'(x)x-f(x)}{x^2}$.

见到 $f'(x)x-f(x), x \neq 0$, 令 $F(x)=\dfrac{f(x)}{x}$.

b. $\left[\dfrac{f'(x)}{f(x)}\right]'=\dfrac{f''(x)f(x)-[f'(x)]^2}{f^2(x)}$.

见到 $f''(x)f(x)-[f'(x)]^2, f(x) \neq 0$, 令 $F(x)=\dfrac{f'(x)}{f(x)}$.

c. $[\ln f(x)]'=\dfrac{f'(x)}{f(x)}$, 故 $[\ln f(x)]''=\left[\dfrac{f'(x)}{f(x)}\right]'=\dfrac{f''(x)f(x)-[f'(x)]^2}{f^2(x)}$.

见到 $f''(x)f(x)-[f'(x)]^2, f(x) \neq 0$, 亦可考虑令 $F(x)=\ln f(x)$.

③ 见到 "$\int_a^b f(x)\mathrm{d}x$" 或 "$f(x)$ 在 $[a,b]$ 上连续", 可令 $F(x)=\int_a^x f(t)\mathrm{d}t$.

④ 题设给出 "$F(x)$" 或 "$F(a)$", 亦可作为提示, 令 $F(x)$ 为辅助函数.

3. 确定使用的定理

(1) 零点定理.

常用于找 $f(c)=0$（由 $f(a)>0, f(b)<0$, 则 $f(c)=0$）.

(2) 介值定理.

常用于找 $f(c)=\mu$（由 $f(a)=A, f(b)=B, A<\mu<B$, 则 $f(c)=\mu$）.

(3) 费马定理.

常用于证 $f'(\xi)=0$（若 $f(x)$ 在区间 I 上有最值点 ξ, 并且此最值点 ξ 不是区间 I 的端点而是 I 内部的点, 那么点 ξ 必是 $f(x)$ 的一个极值点, 且当在点 ξ 处可导时, 由费马定理, 有 $f'(\xi)=0$）.

(4) 罗尔定理.

常用于

① 证 $F'(\xi)=0$.

② 证 $F^{(n)}(\xi)=0, n \geqslant 2$.

(5) 拉格朗日中值定理.

常用于

① 题设中有 f 与 f' 的关系或 "$f(b)-f(a)$".

② 证 $F'(\xi) >$ （或 $<$）0.

③ 证 $F^{(n)}(\xi) >$ （或 $<$）$0, n \geqslant 2$.

④ 证 $F[f'(\eta), f'(\tau)] = 0$.

⑤ $f'(x)$ 的正负可考到单调性.

(6) 泰勒公式.

常用于

① 题设中有 f 与 $f^{(n)}$ 的关系，$n \geqslant 2$.

② 证 $F^{(n)}(\xi) >$（$<$ 或 $=$）$0, n \geqslant 2$.

③ $f''(x)$ 的正负可考到凹凸性.

(7) 柯西中值定理.

常用于

① 两个具体函数所满足的式子.

② 一个具体函数与一个抽象函数所满足的式子.

③ 与拉格朗日中值定理综合.

4. 常见的关键点总结

(1) 用题设告之，如 $f(a) = 0, f''(x) > 0$ 等.

(2) 用极限（连续、可导、保号性，算极限）.

① 若 $f(x)$ 在 $x = x_0$ 处连续且 $\lim\limits_{x \to x_0} \dfrac{f(x)}{x - x_0} = A$，则 $f(x_0) = 0, f'(x_0) = A$.

② 若 $\lim\limits_{x \to x_0^+} \dfrac{f(x)}{x - x_0} < 0$，则 $\exists \delta > 0$，使得 $\forall x \in (x_0, x_0 + \delta)$ 时，有 $f(x) < 0$.

③ 考虑等式两边取极限.

(3) 用零点、介值定理.

① 若 $f(a) > 0, f(b) < 0 \Rightarrow f(c) = 0$.

② 若 $f(a) = A, f(b) = B \Rightarrow f(c) = \mu, A < \mu < B$.

(4) 用积分（中值定理、保号性、原函数定义，算积分）.

① 如 $\int_a^b f(x)dx = A$，则 $f(\xi) = \dfrac{\int_a^b f(x)dx}{b-a} = \dfrac{A}{b-a}$.

② 保号性：a. 若 $f(x) \geqslant 0$ 且不恒等于零，$a < b$，则 $\int_a^b f(x)dx > 0$.

b. 若 $f(x) \geqslant g(x)$，且不恒等，$a < b$，则 $\int_a^b f(x)dx > \int_a^b g(x)dx$.

③ $F(x) = \int_a^x f(t)dt$.

④ 考虑等式两边算积分.

(5) 用费马定理.

可导极值点处 $\Rightarrow f'(x_0) = 0$.

（6）用奇偶性质.

$f(x)$ 是奇函数且在原点有定义 $\Rightarrow f(0)=0$.

$f(x)$ 是可导的偶函数 $\Rightarrow f'(0)=0$.

（7）用几何条件.

①$f(x)$ 与 $g(x)$ 交于点 a,则 $F(a)=f(a)-g(a)=0$.

②$f(x)$ 与 $g(x)$ 在点 a 处有公切线,则 $F'(a)=f'(a)-g'(a)=0$.

③$f(x)$ 与 $g(x)$ 存在相等的最大值.

（8）用行列式条件.

如 $f(x)=\begin{vmatrix} 1 & x & 4 \\ 2 & x+1 & 7 \\ 3 & 3x & 9 \end{vmatrix}$,则 $f(1)=0$.

例 6.1 设函数 $f(x)=x\displaystyle\int_1^0 \mathrm{e}^{-x^2t^2}\mathrm{d}t$,则当 $0<a<x<b$ 时,有（　　　）.

(A)$xf(x)>af(a)$　　　　　　(B)$bf(b)>xf(x)$

(C)$xf(a)>af(x)$　　　　　　(D)$xf(b)>bf(x)$

【解】应选(D).

由

$$f(x)=\int_1^0 \mathrm{e}^{-(xt)^2}\mathrm{d}(xt) \xrightarrow{\text{令 } xt=u} \int_x^0 \mathrm{e}^{-u^2}\mathrm{d}u,$$

得 $f(0)=0,f'(x)=-\mathrm{e}^{-x^2},f''(x)=2x\mathrm{e}^{-x^2}$,当 $x>0$ 时,有

$$f(x)<0,f'(x)<0,f''(x)>0.$$

于是,令 $g(x)=xf(x),x>0$,则 $g'(x)=f(x)+xf'(x)<0,g(x)$ 单调减少,故 $g(b)<g(x)<g(a)$,即 $bf(b)<xf(x)<af(a)$,选项(A),(B) 错误.

再令 $h(x)=\dfrac{f(x)}{x},x>0$,则

$$h'(x)=\frac{xf'(x)-f(x)}{x^2}$$

拉格朗日中值定理

$$=\frac{xf'(x)-[f(x)-f(0)]}{x^2}=\frac{xf'(x)-f'(\xi)\cdot x}{x^2}$$

$$=\frac{f'(x)-f'(\xi)}{x},$$

其中 $0<\xi<x$.由 $f''(x)>0$,知 $f'(x)$ 单调增加,$f'(x)>f'(\xi)$,则 $h'(x)>0,h(x)$ 单调增加,故 $h(a)<h(x)<h(b)$,即 $\dfrac{f(a)}{a}<\dfrac{f(x)}{x}<\dfrac{f(b)}{b}$,也即 $af(x)>xf(a),xf(b)>bf(x)$,选项(C) 错误,选(D).

例 6.2 设 $f(x)$ 在 $[0,a]$ 上可导,且 $f'(x)\geqslant b>0$,则对于命题

① 当 $f\left(\dfrac{a}{4}\right)\geqslant 0$ 时,$|f(x)|\geqslant\dfrac{ab}{2},x\in\left(\dfrac{3a}{4},a\right)$;

② 当 $f\left(\dfrac{3a}{4}\right)\leqslant 0$ 时,$|f(x)|\geqslant\dfrac{ab}{2},x\in\left(0,\dfrac{a}{4}\right)$.

下列说法正确的是(　　).

(A)① 正确,② 不正确　　　　　　(B)① 不正确,② 正确

(C)①② 均正确　　　　　　　　　(D)①② 均不正确

【解】应选(C).

由拉格朗日中值定理,有

$$f\left(\frac{3a}{4}\right)-f\left(\frac{a}{4}\right)=f'(\xi)\cdot\left(\frac{3a}{4}-\frac{a}{4}\right)=\frac{a}{2}f'(\xi)\geqslant\frac{ab}{2},\frac{a}{4}<\xi<\frac{3a}{4},$$

故 $f\left(\frac{3a}{4}\right)\geqslant\frac{ab}{2}+f\left(\frac{a}{4}\right)$. 当 $f\left(\frac{a}{4}\right)\geqslant0$ 时, $f\left(\frac{3a}{4}\right)\geqslant\frac{ab}{2}$,又 $f'(x)\geqslant b>0,f(x)$ 单调增加,于是当 $x\in\left(\frac{3a}{4},a\right)$ 时, $|f(x)|=f(x)\geqslant f\left(\frac{3a}{4}\right)\geqslant\frac{ab}{2}$.

又 $f\left(\frac{a}{4}\right)\leqslant f\left(\frac{3a}{4}\right)-\frac{ab}{2}$,当 $f\left(\frac{3a}{4}\right)\leqslant0$ 时, $f\left(\frac{a}{4}\right)\leqslant-\frac{ab}{2}$,又 $f(x)$ 单调增加,于是当 $x\in\left(0,\frac{a}{4}\right)$ 时, $f(x)\leqslant f\left(\frac{a}{4}\right)\leqslant-\frac{ab}{2}$,即 $|f(x)|\geqslant\frac{ab}{2}$.

例 6.3 设函数 $f(x)$ 在 $[0,1]$ 上二阶可导,且 $\int_0^1 f(x)\mathrm{d}x=0$,则(　　).

(A) 当 $f'(x)<0$ 时, $f\left(\frac{1}{2}\right)<0$　　　　(B) 当 $f''(x)<0$ 时, $f\left(\frac{1}{2}\right)<0$

(C) 当 $f'(x)>0$ 时, $f\left(\frac{1}{2}\right)<0$　　　　(D) 当 $f''(x)>0$ 时, $f\left(\frac{1}{2}\right)<0$

【解】应选(D).

可从几何上直接得出 $\int_0^{2x_0}(x-x_0)\mathrm{d}x=0$.

$f(x)$ 在 $[0,1]$ 上二阶可导,则由带拉格朗日余项的泰勒公式有

$$f(x)=f\left(\frac{1}{2}\right)+f'\left(\frac{1}{2}\right)\left(x-\frac{1}{2}\right)+\frac{1}{2}f''(\xi)\left(x-\frac{1}{2}\right)^2,$$

其中 ξ 介于 x 与 $\frac{1}{2}$ 之间. 又在 $[0,1]$ 上取积分得

$$\int_0^1 f(x)\mathrm{d}x=\int_0^1 f\left(\frac{1}{2}\right)\mathrm{d}x+\int_0^1 f'\left(\frac{1}{2}\right)\left(x-\frac{1}{2}\right)\mathrm{d}x+\frac{1}{2}\int_0^1 f''(\xi)\left(x-\frac{1}{2}\right)^2\mathrm{d}x,$$

$$0=f\left(\frac{1}{2}\right)+f'\left(\frac{1}{2}\right)\cdot\frac{1}{2}\left(x-\frac{1}{2}\right)^2\bigg|_0^1+\frac{1}{2}\int_0^1 f''(\xi)\left(x-\frac{1}{2}\right)^2\mathrm{d}x,$$

$$f\left(\frac{1}{2}\right)=-\frac{1}{2}\int_0^1 f''(\xi)\left(x-\frac{1}{2}\right)^2\mathrm{d}x.$$

$f''(\xi)$ 不能提至积分号外,因为此处的 ξ 与 x 有关,是 $\xi=\xi(x)$,不是常数

故当 $f''(x)>0$ 时,有 $f''(\xi)>0$,则 $f\left(\frac{1}{2}\right)<0$. 因此选(D).

由积分保号性, $\int_0^1 f''(\xi)\left(x-\frac{1}{2}\right)^2\mathrm{d}x>0$

例 6.4 设 $f(x)$ 在 $[2,4]$ 上一阶可导且 $f'(x)\geqslant M>0,f(2)>0$.证明:

(1) 对任意的 $x\in[3,4]$,均有 $f(x)>M$;

(2) 存在 $\xi\in(3,4)$,使得 $f(\xi)>M\cdot\dfrac{\mathrm{e}^{\xi-3}}{\mathrm{e}-1}$.

【证】(1) 在$[2,3]$上对$f(x)$应用拉格朗日中值定理,有
$$f(3) - f(2) = f'(\eta) \geqslant M > 0,$$
其中$\eta \in (2,3)$. 又$f(2) > 0$,故
$$f(3) = f(2) + f'(\eta) > M.$$
又在$[2,4]$上$f'(x) > 0$,$f(x)$单调增加,于是对任意的$x \in [3,4]$,均有$f(x) > M$.

(2) 令$F(x) = \int_3^x f(t)\mathrm{d}t$,$G(x) = \mathrm{e}^x$,在$[3,4]$上对$F(x)$,$G(x)$应用柯西中值定理,有
$$\frac{F(4) - F(3)}{G(4) - G(3)} = \frac{F'(\xi)}{G'(\xi)}, \xi \in (3,4),$$
即
$$\frac{\int_3^4 f(x)\mathrm{d}x}{\mathrm{e}^3(\mathrm{e}-1)} = \frac{f(\xi)}{\mathrm{e}^\xi}, \xi \in (3,4).$$
又由(1),
$$\int_3^4 f(x)\mathrm{d}x > \int_3^4 M\mathrm{d}x = M,$$
故$\dfrac{f(\xi)}{\mathrm{e}^\xi} > \dfrac{M}{\mathrm{e}^3(\mathrm{e}-1)}$,即$f(\xi) > M \cdot \dfrac{\mathrm{e}^{\xi-3}}{\mathrm{e}-1}$.

【注】$\xi \in (3,4)$,故$\dfrac{\mathrm{e}^{\xi-3}}{\mathrm{e}-1}$与1的大小关系不确定,不能简单认为(1)成立则(2)必成立.

例 6.5　设函数$f(x)$在区间$[0,2]$上具有三阶导数,$f(0) = 0$,$f(2) = 2$,且
$$\lim_{x \to 1} \frac{f(x) - 1}{\ln x} = 1,$$
证明:至少存在一点$\xi \in (0,2)$,使得$f'''(\xi) = 0$.

【证】由$\lim\limits_{x \to 1} \dfrac{f(x) - 1}{\ln x} = 1$,得$\lim\limits_{x \to 1}[f(x) - 1] = \lim\limits_{x \to 1} \dfrac{f(x) - 1}{\ln x} \cdot \ln x = 0$,故$\lim\limits_{x \to 1} f(x) = 1$.

又$f(x)$在$x = 1$处连续,得$f(1) = \lim\limits_{x \to 1} f(x) = 1$,且
$$f'(1) = \lim_{x \to 1} \frac{f(x) - f(1)}{x - 1} = \lim_{x \to 1} \frac{f(x) - 1}{\boxed{\ln x}} = 1. \qquad \longrightarrow \ln x \sim x - 1(x \to 1)$$

由于函数$f(x)$在$[0,2]$上具有三阶导数,故由拉格朗日中值定理知,存在$x_1 \in (0,1)$,$x_2 \in (1,2)$,使得
$$f'(x_1) = \frac{f(1) - f(0)}{1 - 0} = \frac{1 - 0}{1 - 0} = 1, f'(x_2) = \frac{f(2) - f(1)}{2 - 1} = \frac{2 - 1}{2 - 1} = 1.$$

由罗尔定理知,存在$\xi_1 \in (x_1, 1)$,$\xi_2 \in (1, x_2)$,使得$f''(\xi_1) = f''(\xi_2) = 0$.再由罗尔定理知,存在$\xi \in (\xi_1, \xi_2) \subset (0,2)$,使得$f'''(\xi) = 0$.

例 6.6　设函数$f(x)$在$[-2,2]$上二阶可导且$|f(x)| \leqslant 1$,又

$$\frac{1}{2}[f'(0)]^2+[f(0)]^3>\frac{3}{2},$$

证明:存在 $\xi\in(-2,2)$,使得 $f''(\xi)+3[f(\xi)]^2=0$.

> 由题设 $\frac{1}{2}[f'(0)]^2+[f(0)]^3>\frac{3}{2}$. 可
>
> 考虑令 $F(x)=\frac{1}{2}[f'(x)]^2+[f(x)]^3$

【证】构造函数 $F(x)=\frac{1}{2}[f'(x)]^2+[f(x)]^3$,则需证存在 $\xi\in(-2,2)$,使得 $F'(\xi)=0$,$f'(\xi)\ne0$.

根据拉格朗日中值定理,存在 $\alpha\in(-2,0)$,使得

$$|f'(\alpha)|=\frac{|f(0)-f(-2)|}{0-(-2)}\leqslant\frac{|f(0)|+|f(-2)|}{2}\leqslant\frac{1+1}{2}=1.$$

于是,$F(\alpha)=\frac{1}{2}[f'(\alpha)]^2+[f(\alpha)]^3\leqslant\frac{1}{2}+1=\frac{3}{2}$.

同理,存在 $\beta\in(0,2)$,使得 $|f'(\beta)|=\frac{|f(2)-f(0)|}{2}\leqslant1$.

于是,$F(\beta)=\frac{1}{2}[f'(\beta)]^2+[f(\beta)]^3\leqslant\frac{1}{2}+1=\frac{3}{2}$.

因为 $F(x)$ 在 $[\alpha,\beta]$ 上连续,所以 $F(x)$ 在 $[\alpha,\beta]$ 上必存在最大值. 又 $F(0)=\frac{1}{2}[f'(0)]^2+$ $[f(0)]^3>\frac{3}{2}$,可见 $F(x)$ 在 $[\alpha,\beta]$ 上的最大值必在 (α,β) 内某点 $\xi(\xi\in(\alpha,\beta)\subset(-2,2))$ 处取到,故由费马定理知,$F'(\xi)=0$,即 $f'(\xi)\{f''(\xi)+3[f(\xi)]^2\}=0$.但 $f'(\xi)\ne0$,否则 $F(\xi)=$ $[f(\xi)]^3>\frac{3}{2}$,与 $|f(x)|\leqslant1$ 矛盾.因此,$f''(\xi)+3[f(\xi)]^2=0$.

例6.7 设 $f(x)=\int_0^x e^{t^2}\mathrm{d}t,x>0$.

(1) 证明:$\int_0^x e^{t^2}\mathrm{d}t=xf'[x\cdot\theta(x)]$,且 $\theta(x)$ 唯一,其中 $0<\theta(x)<1$;

(2) 求 $\lim\limits_{x\to0^+}\theta(x)$.

(1)【证】对 $f(x)$ 在 $[0,x]$ 上用拉格朗日中值定理,有

$$f(x)-f(0)=f'[x\cdot\theta(x)]\cdot x,0<\theta(x)<1,$$

即

$$\int_0^x e^{t^2}\mathrm{d}t=xf'[x\cdot\theta(x)],0<\theta(x)<1.$$

若另有 $\theta^*(x)$,使得 $f(x)-f(0)=f'[x\cdot\theta^*(x)]x(0<\theta^*(x)<1)$,则

$$f'[x\cdot\theta(x)]x-f'[x\cdot\theta^*(x)]x=f''(\xi)x[\theta(x)-\theta^*(x)]x=0,$$

其中 ξ 介于 $x\cdot\theta(x)$ 与 $x\cdot\theta^*(x)$ 之间,而 $f''(x)>0,x>0$,故 $\theta(x)=\theta^*(x)$.证毕.

(2)【解】由(1)知,$\int_0^x e^{t^2}\mathrm{d}t=x\cdot e^{[x\cdot\theta(x)]^2}(0<\theta(x)<1)$,解得

$$\theta(x)=\frac{1}{x}\cdot\sqrt{\ln\frac{\int_0^x e^{t^2}\mathrm{d}t}{x}},$$

$$\ln\frac{\int_0^x e^{t^2}dt}{x} = \ln\left(1 + \frac{\int_0^x e^{t^2}dt}{x} - 1\right) \sim \frac{\int_0^x e^{t^2}dt}{x} - 1 = \frac{\int_0^x e^{t^2}dt - x}{x}(x \to 0^+)$$

故
$$\lim_{x \to 0^+}\theta(x) = \lim_{x \to 0^+}\frac{1}{x} \cdot \sqrt{\frac{\int_0^x e^{t^2}dt - x}{x}} = \lim_{x \to 0^+}\sqrt{\frac{\int_0^x e^{t^2}dt - x}{x^3}}$$

$$= \sqrt{\lim_{x \to 0^+}\frac{\int_0^x e^{t^2}dt - x}{x^3}} = \sqrt{\lim_{x \to 0^+}\frac{e^{x^2} - 1}{3x^2}} = \frac{\sqrt{3}}{3}.$$

例 6.8 设函数 $f(x)$ 在区间 $[0,1]$ 上连续，且 $a = \int_0^1 f(x)dx \neq 0$，证明：在区间 $(0,1)$ 内至少存在不同的两点 ξ_1, ξ_2，使得

$$\frac{1}{f(\xi_1)} + \frac{1}{f(\xi_2)} = \frac{2}{a}.$$

【证】令 $F(x) = \frac{1}{a}\int_0^x f(t)dt, x \in [0,1]$，则 $F(x)$ 在 $[0,1]$ 上连续，在 $(0,1)$ 内可导，

$F(0) = 0, F(1) = 1$. 由连续函数的介值定理知，至少存在一点 $\xi \in (0,1)$，使得 $F(\xi) = \frac{1}{2}$，即

$$\frac{1}{a}\int_0^\xi f(t)dt = \frac{1}{2}, \xi \in (0,1).$$

由拉格朗日中值定理知，存在 $\xi_1 \in (0,\xi)$ 及 $\xi_2 \in (\xi,1)$，使得

$$F'(\xi_1) = \frac{F(\xi) - F(0)}{\xi - 0} = \frac{\frac{1}{2} - 0}{\xi} = \frac{1}{2\xi},$$

$$F'(\xi_2) = \frac{F(1) - F(\xi)}{1 - \xi} = \frac{1 - \frac{1}{2}}{1 - \xi} = \frac{1}{2(1 - \xi)}.$$

由于 $F'(x) = \frac{1}{a}f(x)$，因此

$$\frac{1}{f(\xi_1)} + \frac{1}{f(\xi_2)} = \frac{1}{aF'(\xi_1)} + \frac{1}{aF'(\xi_2)}$$

$$= \frac{1}{a}[2\xi + 2(1 - \xi)]$$

$$= \frac{2}{a}.$$

例 6.9 设函数 $f(x) = \arctan x$. 若 $f(x) = xf'(\xi)$，则 $\lim_{x \to 0}\frac{\xi^2}{x^2} = ($ $)$.

(A)1   (B) $\frac{2}{3}$ (C) $\frac{1}{2}$ (D) $\frac{1}{3}$

【解】应选(D).

因为 $f'(x) = \frac{1}{1 + x^2}$，且 $f(x) = xf'(\xi)$，所以当 $x \neq 0$ 时，可知 $f'(\xi) = \frac{1}{1 + \xi^2} = \frac{f(x)}{x} =$

$\dfrac{\arctan x}{x}$，从而 $\xi^2 = \dfrac{x - \arctan x}{\arctan x}$．又当 $x \to 0$ 时，$\arctan x = x - \dfrac{1}{3}x^3 + o(x^3)$，故

$$\lim_{x \to 0} \dfrac{\xi^2}{x^2} = \lim_{x \to 0} \dfrac{x - \arctan x}{x^2 \arctan x} = \lim_{x \to 0} \dfrac{x - \left[x - \dfrac{1}{3}x^3 + o(x^3)\right]}{x^3} = \dfrac{1}{3}.$$

二 微分等式问题（方程的根、函数的零点）

1. 理论依据

(1) 零点定理及其推广.

设 $f(x)$ 在 $[a,b]$ 上连续，且 $f(a)f(b) < 0$，则 $f(x) = 0$ 在 (a,b) 内至少有一个根.

【注】推广的零点定理：若 $f(x)$ 在 (a,b) 内连续，$\lim\limits_{x \to a^+} f(x) = \alpha$，$\lim\limits_{x \to b^-} f(x) = \beta$，且 $\alpha \cdot \beta < 0$，则 $f(x) = 0$ 在 (a,b) 内至少有一个根，这里 a,b,α,β 可以是有限数，也可以是无穷大.

(2) 用导数工具研究函数性态.

(3) 罗尔原话（罗尔定理的推论）.

若 $f^{(n)}(x) = 0$ 至多有 k 个根，则 $f(x) = 0$ 至多有 $k + n$ 个根.

(4) 实系数奇次方程 $x^{2n+1} + a_1 x^{2n} + \cdots + a_{2n} x + a_{2n+1} = 0$ **至少有一个实根.**

2. 考法

(1) 证明恒等式.

(2) 函数的零点个数（方程根的个数、曲线交点的个数）.

① 至少几个. ② 至多几个. ③ 恰有几个.

【注】常含参数讨论.

(1) 导数中不含参数，即辅助函数 $f'(x)$ 中不含参数，于是研究函数性态的过程中不讨论参数，结果中讨论参数，即根据参数的取值不同，研究曲线与 x 轴的位置关系.

(2) 导数中含参数，即辅助函数 $f'(x)$ 中含参数，于是研究函数性态的过程中讨论参数，即根据参数的取值不同，研究曲线不同的性态，从而确定其与 x 轴的交点个数.

(3) 方程（列）问题（见第 2 讲）.

(4) 区间（列）问题（见第 2 讲）.

例 6.10 （1）证明：$\arcsin \sqrt{x} + \arcsin \sqrt{1-x} = \dfrac{\pi}{2}$；

（2）计算 $\displaystyle\int_0^1 \dfrac{\arcsin \sqrt{x}}{\sqrt{1 - x(1-x)}} \mathrm{d}x$．

（1）【证】记 $f(x) = \arcsin \sqrt{x} + \arcsin \sqrt{1-x}$，则

$$f'(x) = \frac{1}{\sqrt{1-x}} \cdot \frac{1}{2\sqrt{x}} + \frac{1}{\sqrt{1-(1-x)}} \cdot \frac{-1}{2\sqrt{1-x}} = 0,$$

即 $f(x)$ 恒为常数,又 $f(0) = \frac{\pi}{2}$,故 $f(x) = \arcsin\sqrt{x} + \arcsin\sqrt{1-x} = \frac{\pi}{2}$.

(2)【解】令 $x = 1 - t$,则

$$\int_0^1 \frac{\arcsin\sqrt{x}}{\sqrt{1-x(1-x)}}\mathrm{d}x = -\int_1^0 \frac{\arcsin\sqrt{1-t}}{\sqrt{1-t(1-t)}}\mathrm{d}t = \int_0^1 \frac{\arcsin\sqrt{1-t}}{\sqrt{1-t(1-t)}}\mathrm{d}t,$$

所以

$$\begin{aligned}
原式 &= \frac{1}{2}\int_0^1 \frac{\arcsin\sqrt{x} + \arcsin\sqrt{1-x}}{\sqrt{1-x(1-x)}}\mathrm{d}x \\
&= \frac{\pi}{4}\int_0^1 \frac{1}{\sqrt{1-x(1-x)}}\mathrm{d}x \\
&= \frac{\pi}{4}\int_0^1 \frac{1}{\sqrt{\frac{3}{4}+\left(x-\frac{1}{2}\right)^2}}\mathrm{d}x \qquad \int \frac{1}{\sqrt{a^2+x^2}}\mathrm{d}x = \ln(x+\sqrt{a^2+x^2})+C \\
&= \frac{\pi}{4}\ln\left[\left(x-\frac{1}{2}\right)+\sqrt{\frac{3}{4}+\left(x-\frac{1}{2}\right)^2}\right]\Bigg|_0^1 = \frac{\pi}{4}\ln 3.
\end{aligned}$$

例 6.11 若方程 $x^x(1-x)^{1-x} = k$ 在区间 $(0,1)$ 内有且仅有两个不同的实根,求 k 的取值范围.

【解】令 $f(x) = x^x(1-x)^{1-x}, 0 < x < 1$,则由例 4.7 可知,$f(x)$ 在 $\left(0, \frac{1}{2}\right]$ 上单调减少,在 $\left[\frac{1}{2}, 1\right)$ 上单调增加,$x = \frac{1}{2}$ 为最小值点,且

$$f_{\min}(x) = f\left(\frac{1}{2}\right) = \left(\frac{1}{2}\right)^{\frac{1}{2}}\left(1-\frac{1}{2}\right)^{1-\frac{1}{2}} = \frac{1}{2}.$$

又 $\lim\limits_{x\to 0^+} f(x) = \lim\limits_{x\to 0^+} x^x(1-x)^{1-x} = \lim\limits_{x\to 0^+} x^x = 1, \lim\limits_{x\to 1^-} f(x) = \lim\limits_{x\to 1^-} x^x(1-x)^{1-x} = \lim\limits_{x\to 1^-}(1-x)^{1-x} = 1,$

可直接记住此结论.

$y=k$

为明确端点处取值的情况,此处必须求极限.

则由介值定理知,当 $\frac{1}{2} < k < 1$ 时,方程在区间 $\left(0, \frac{1}{2}\right)$ 与 $\left(\frac{1}{2}, 1\right)$ 内各有一个实根,即在区间 $(0,1)$ 内有且仅有两个不同的实根.

例 6.12 求方程 $k\arctan x - x = 0$ 的不同实根的个数,其中 k 为参数.

【解】令 $f(x) = k\arctan x - x$,则 $f(x)$ 是 $(-\infty, +\infty)$ 内的奇函数,且 $f(0) = 0, f'(x) = \frac{k-1-x^2}{1+x^2}.$

当 $k-1 \leqslant 0$，即 $k \leqslant 1$ 时，$f'(x) < 0 (x \neq 0)$，$f(x)$ 在区间 $(-\infty, +\infty)$ 内单调减少，方程 $f(x) = 0$ 只有一个实根 $x = 0$.

当 $k-1 > 0$，即 $k > 1$ 时，在区间 $(0, \sqrt{k-1})$ 内，$f'(x) > 0$，$f(x)$ 单调增加，在区间 $(\sqrt{k-1}, +\infty)$ 内，$f'(x) < 0$，$f(x)$ 单调减少，所以 $f(\sqrt{k-1})$ 是 $f(x)$ 在 $(0, +\infty)$ 内的最大值，从而 $f(\sqrt{k-1}) > f(0) = 0$. 又因为 $\lim\limits_{x \to +\infty} f(x) = -\infty$，所以由连续函数的零点定理知，存在 $\xi \in (\sqrt{k-1}, +\infty)$，使得 $f(\xi) = 0$.

由 $f(x)$ 是奇函数及其单调性可知，当 $k > 1$ 时，方程 $f(x) = 0$ 有 3 个不同的实根

$$x = -\xi, \quad x = 0, \quad x = \xi, \quad \xi \in (\sqrt{k-1}, +\infty).$$

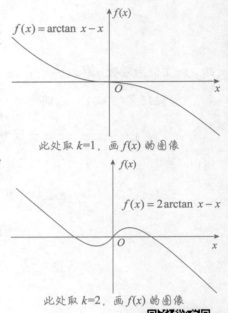

此处取 $k=1$，画 $f(x)$ 的图像

此处取 $k=2$，画 $f(x)$ 的图像

三 微分不等式问题

1. 用单调性

(1) 若 $\lim\limits_{x \to a^+} F(x) \geqslant 0$，且当 $x \in (a, b)$ 时 $F'(x) \geqslant 0$，则在 (a, b) 内 $F(x) \geqslant 0$.

【注】(1) 若在 $x = a$ 处 $F(x)$ 右连续，则可用 $F(a)$ 代替 $\lim\limits_{x \to a^+} F(x)$.

(2) 若当 $x \in (a, b)$ 时，$F'(x) > 0$，则在 (a, b) 内 $F(x) > 0$.

(2) 若 $\lim\limits_{x \to b^-} F(x) \geqslant 0$，且当 $x \in (a, b)$ 时 $F'(x) \leqslant 0$，则在 (a, b) 内 $F(x) \geqslant 0$.

【注】(1) 若在 $x = b$ 处 $F(x)$ 左连续，则可用 $F(b)$ 代替 $\lim\limits_{x \to b^-} F(x)$.

(2) 若当 $x \in (a, b)$ 时，$F'(x) < 0$，则在 (a, b) 内 $F(x) > 0$.

上面讲的区间 (a, b) 既可以是有限区间，也可以是无穷区间.

2. 用最值

如果在 (a, b) 内 $F(x)$ 有最小值 m，则在 (a, b) 内 $F(x) \geqslant m$. 且除这些最小值点外，均有 $F(x) > m$.

对于最大值 M，有类似的结论.

3. 用凹凸性

如果 $\forall x \in I, F''(x) \geqslant 0$，则

① $\forall x_1, x_2 \in I$,有

$$\frac{F(x_1) + F(x_2)}{2} \geqslant F\left(\frac{x_1 + x_2}{2}\right).$$

② $\forall x_1, x_2 \in I$,对 $\forall \lambda_1, \lambda_2 \in (0,1)$,且 $\lambda_1 + \lambda_2 = 1$,有

$$\lambda_1 F(x_1) + \lambda_2 F(x_2) \geqslant F(\lambda_1 x_1 + \lambda_2 x_2).$$

③ $\forall x, x_0 \in I$,且 $x \neq x_0$,有 $F(x) > F(x_0) + F'(x_0)(x - x_0)$.

如果 $\forall x \in I, F''(x) \leqslant 0$,则有与上面所述相反的不等式.

4. 用拉格朗日中值定理

如果所给题中的 $F(x)$ 在区间 $[a, b]$ 上满足拉格朗日中值定理的条件,并设当 $x \in (a, b)$ 时 $F'(x) \geqslant A$(或 $\leqslant A$),则有

$$F(b) - F(a) \geqslant A(b-a) \text{(或 } F(b) - F(a) \leqslant A(b-a)).$$

5. 用柯西中值定理

如果所给题中的 $F(x)$ 与 $G(x)$ 在区间 $[a, b]$ 上满足柯西中值定理的条件,并设当 $x \in (a, b)$ 时 $\frac{F'(x)}{G'(x)} \geqslant A$(或 $\leqslant A$),则有

$$\frac{F(b) - F(a)}{G(b) - G(a)} \geqslant A \text{(或 } \leqslant A).$$

6. 用带有拉格朗日余项的泰勒公式

如果所给条件为(或能推导出)$F''(x)$ 存在且大于 0(或小于 0),那么常想到使用带有拉格朗日余项的泰勒公式来证明,将 $F(x)$ 在适当的 $x = x_0$ 处展开,

$$F(x) = F(x_0) + F'(x_0)(x - x_0) + \frac{1}{2} F''(\xi)(x - x_0)^2 (\xi \text{ 介于 } x \text{ 与 } x_0 \text{ 之间}),$$

于是有 $F(x) \geqslant$(或 $\leqslant$)$F(x_0) + F'(x_0)(x - x_0)$.

例 6.13 设 $f(x) = \left(1 - \dfrac{a}{x}\right)^x$,其中 $x > a > 0$.

(1)求 $f(x)$ 的水平渐近线;

(2)证明:$\mathrm{e}^a f(x) < 1$.

(1)【解】由于 $x > 0$,故只研究 $x \to +\infty$ 时的情形.

$$\lim_{x \to +\infty} f(x) = \lim_{x \to +\infty} \left(1 - \frac{a}{x}\right)^x = \mathrm{e}^{\lim\limits_{x \to +\infty} x \ln\left(1 - \frac{a}{x}\right)} = \mathrm{e}^{\lim\limits_{x \to +\infty} x \cdot \left(-\frac{a}{x}\right)} = \mathrm{e}^{-a},$$

故 $y = \mathrm{e}^{-a}$ 为 $f(x)$ 的水平渐近线.

(2)【证】$f(x) = \mathrm{e}^{x \ln\left(1 - \frac{a}{x}\right)}$,$x > a > 0$,其中

$$x \ln\left(1 - \frac{a}{x}\right) = x \ln \frac{x - a}{x} = x[\ln(x - a) - \ln x],$$

故

$$f'(x) = \left(1 - \frac{a}{x}\right)^x \cdot \left[\ln(x - a) - \ln x + \frac{x}{x - a} - 1\right]$$

$$= \left(1 - \frac{a}{x}\right)^x \left[\ln(x-a) - \ln x + \frac{a}{x-a}\right], \qquad (*)$$

由拉格朗日中值定理,有

$$\ln(x-a) - \ln x = \frac{1}{\xi} \cdot (-a), x-a < \xi < x,$$

即 $\frac{1}{\xi} < \frac{1}{x-a}$,于是 $\frac{1}{\xi}(-a) > -\frac{a}{x-a}$.

因此($*$)式大于 0,即 $f'(x) > 0$,$f(x)$ 严格单调增加,因 $f(x)$ 的水平渐近线为 $y = e^{-a}$,故 $f(x) < e^{-a}$,即 $e^a f(x) < 1$,证毕.

例 6.14 证明:当 $0 < x < 1$ 时,$\dfrac{x}{2(1+\cos x)} < \dfrac{\ln(1+x)}{1+\cos x} < \dfrac{2x}{1+\sin x}$.

【证】令 $f(x) = \dfrac{x}{2} - \ln(1+x), x \in [0,1]$,则

$$f'(x) = \frac{1}{2} - \frac{1}{1+x} = \frac{x-1}{2(1+x)} < 0, x \in (0,1).$$

又 $f(0) = 0$,故 $\dfrac{x}{2} < \ln(1+x)$($x \in (0,1)$),又因为 $x \in (0,1), 1+\cos x > 0$,则

$$\frac{x}{2(1+\cos x)} < \frac{\ln(1+x)}{1+\cos x}.$$

现比较 $\dfrac{\ln(1+x)}{1+\cos x}$ 和 $\dfrac{2x}{1+\sin x}$.当 $x \in (0,1)$ 时,$\cos \dfrac{x}{2} > \sin \dfrac{x}{2}$,则

$$\left(2\cos \frac{x}{2}\right)^2 > \left(\cos \frac{x}{2} + \sin \frac{x}{2}\right)^2,$$

即

$$4\cos^2 \frac{x}{2} > 1 + \sin x,$$

故

$$2(1+\cos x) > 1 + \sin x,$$

因此

$$\frac{1}{2(1+\cos x)} < \frac{1}{1+\sin x},$$

又

$$\ln(1+x) < x, x \in (0,1),$$

则

$$\frac{\ln(1+x)}{1+\cos x} < \frac{2x}{1+\sin x}.$$

证毕.

例 6.15 已知 $f(x)$ 为二阶可导的正值函数,$f(0) = f'(0) = 1$,$f(x)f''(x) \geqslant [f'(x)]^2$,则(   ).

(A)$f(2) \leqslant e^2 \leqslant \sqrt{f(1)f(3)}$ \qquad (B)$e^2 \leqslant f(2) \leqslant \sqrt{f(1)f(3)}$

(C)$\sqrt{f(1)f(3)} \leqslant e^2 \leqslant f(2)$ \qquad (D)$\sqrt{f(1)f(3)} \leqslant f(2) \leqslant e^2$

【解】应选(B).

令 $g(x) = \ln f(x)$,则

$$g'(x) = \frac{f'(x)}{f(x)}, \quad g''(x) = \frac{f(x)f''(x) - [f'(x)]^2}{[f(x)]^2} \geq 0,$$

故由带拉格朗日余项的泰勒公式,有

$$g(x) = g(0) + g'(0)x + \frac{g''(\xi)}{2}x^2$$

$$= \ln f(0) + \frac{f'(0)}{f(0)}x + \frac{g''(\xi)}{2}x^2$$

$$= x + \frac{g''(\xi)}{2}x^2 \geq x,$$

> 第二种解法：因为 $g''(x) \geq 0$，且 $g(x)$ 在 $(0, g(0))$ 处的切线为 $y - g(0) = g'(0)(x-0)$，即 $y = x$，根据本讲"三3③"的结论，也可得 $g(x) \geq x$．

其中 ξ 介于 $0, x$ 之间,即 $f(x) \geq \mathrm{e}^x$, $f(2) \geq \mathrm{e}^2$.

又由于 $g''(x) \geq 0$,有 $\dfrac{g(x_1) + g(x_2)}{2} \geq g\left(\dfrac{x_1 + x_2}{2}\right)$,即

$$f(x_1)f(x_2) \geq f^2\left(\frac{x_1 + x_2}{2}\right), \quad x_1, x_2 \in (-\infty, +\infty).$$

令 $x_1 = 1, x_2 = 3$,有 $f(1)f(3) \geq f^2\left(\dfrac{1+3}{2}\right) = f^2(2)$,即 $f(2) \leq \sqrt{f(1)f(3)}$. 于是 $\mathrm{e}^2 \leq f(2) \leq \sqrt{f(1)f(3)}$,选(B).

第7讲
一元函数微分学的应用（三）
——物理应用与经济应用

知识结构

物理应用（仅数学一、数学二）——以"A 对 B 的变化率"为核心写 $\dfrac{\mathrm{d}A}{\mathrm{d}B}$ 的表达式

经济应用（仅数学三）

经济学中常见的函数
- 需求函数
- 供给函数
- 成本函数
- 收益（入）函数
- 利润函数

边际函数与边际分析
- 边际成本
- 边际收益
- 边际利润

弹性函数与弹性分析
- 需求的价格弹性
- 供给的价格弹性
- 收益的价格弹性

 物理应用（仅数学一、数学二）

以"A 对 B 的变化率"为核心，写出 $\dfrac{\mathrm{d}A}{\mathrm{d}B}$ 的表达式，并依题意进行计算即可，常与相关变化率综合考查.

例 7.1 一容器的内表面是由曲线 $x = y + \sin y\left(0 \leqslant y \leqslant \dfrac{\pi}{2}\right)$

（单位：m）绕 y 轴旋转一周所得的旋转面（见图7-1）. 现以 $\dfrac{\pi}{16}$ $\mathrm{m^3/s}$ 的速率往容器中加水，则当水面高度为 $\dfrac{\pi}{4}$ m 时，水面上升的速率为 _____.

【解】应填 $\dfrac{1}{(\pi + 2\sqrt{2})^2}$ m/s.

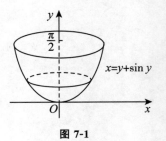

图 7-1

设加水 t s 时水面的高度为 y m，则此时水的体积为

$$V = \pi \int_0^y x^2(u)\,\mathrm{d}u = \pi \int_0^y (u + \sin u)^2\,\mathrm{d}u,$$

故

$$\frac{\mathrm{d}V}{\mathrm{d}t} = \frac{\mathrm{d}V}{\mathrm{d}y} \cdot \frac{\mathrm{d}y}{\mathrm{d}t} = \pi(y + \sin y)^2 \frac{\mathrm{d}y}{\mathrm{d}t},$$

又 $\dfrac{\mathrm{d}V}{\mathrm{d}t} = \dfrac{\pi}{16}$ m³/s，于是

$$\frac{\mathrm{d}y}{\mathrm{d}t} = \frac{1}{(y + \sin y)^2} \cdot \frac{1}{16},$$

故

$$\left.\frac{\mathrm{d}y}{\mathrm{d}t}\right|_{y=\frac{\pi}{4}} = \frac{1}{\left(\dfrac{\pi}{4} + \dfrac{\sqrt{2}}{2}\right)^2 \cdot 16} = \frac{1}{(\pi + 2\sqrt{2})^2} \ (\mathrm{m/s}).$$

二 经济应用（仅数学三）

1. 经济学中常见的函数

（1）需求函数.

设某产品的需求量为 Q，价格为 p，则 $Q = Q(p)$ 称为**需求函数**，且 Q 一般为单调减少函数.

（2）供给函数.

设某产品的供给量为 q，价格为 p，则 $q = q(p)$ 称为**供给函数**，且 q 一般为单调增加函数.

（3）成本函数.

设生产产品的总投入为 C，它由固定成本 C_1（常量）和可变成本 $C_2(Q)$ 两部分组成，其中 Q 表示产量. 成本函数为 $C = C(Q) = C_1 + C_2(Q)$. 称 $\dfrac{C}{Q}$ 为**平均成本**，记为 $\overline{C}$ 或 AC，即

$$AC = \overline{C} = \frac{C}{Q} = \frac{C_1}{Q} + \frac{C_2(Q)}{Q}.$$

（4）收益（入）函数.

设产品售出后所得的收益为 R，则

$$R = R(Q) = pQ,$$

其中 p 是价格，Q 是销售量.

（5）利润函数.

设收益扣除成本后的利润为 L，则

$$L = L(Q) = R(Q) - C(Q),$$

其中 Q 为销售量.

2. 边际函数与边际分析

在经济学中，若函数 $f(x)$ 可导，则称 $f'(x)$ 为 $f(x)$ 的**边际函数**. $f'(x_0)$ 称为 $f(x)$ 在 x_0

点的**边际值**,用边际函数来分析经济量的变化叫**边际分析**.

由 $\Delta y \approx \mathrm{d}y$,即 $f(x_0 + \Delta x) - f(x_0) \approx f'(x_0)\Delta x$,取 $\Delta x = 1$,得 $f(x_0 + 1) - f(x_0) \approx f'(x_0)$.

于是,边际值 $f'(x_0)$ 被解释为在 x_0 点,当 x 改变一个单位时,函数 $f(x)$ 近似(实际问题中,经常略去"近似"二字)改变 $|f'(x_0)|$ 个单位. $f'(x_0)$ 的符号反映自变量的改变与因变量的改变是同向还是反向.

(1) 边际成本.

设总成本函数为 $C = C(Q)$(Q 为产量),则**边际成本函数**(记为 MC)为 $MC = C'(Q)$.

(2) 边际收益.

设总收益函数为 $R = R(Q)$(Q 为销售量),则**边际收益函数**(记为 MR)为 $MR = R'(Q)$.

(3) 边际利润.

设利润函数为 $L = L(Q)$(Q 为销售量),则**边际利润函数**(记为 ML)为 $ML = L'(Q)$.

3. 弹性函数与弹性分析

在经济学中,把因变量对自变量变化的反应的灵敏度,称为**弹性**或**弹性系数**. 设函数 $y = f(x)$ 可导,称

$$\eta = \lim_{\Delta x \to 0} \frac{\Delta y}{y} \Big/ \frac{\Delta x}{x} = \frac{x}{y} y' = \frac{x}{f(x)} f'(x)$$

为函数 $y = f(x)$ 的**弹性函数**,称

$$\eta \Big|_{x = x_0} = \frac{x_0}{f(x_0)} f'(x_0)$$

为函数 $f(x)$ 在 x_0 处的**(点)弹性**.

$\eta \Big|_{x = x_0}$ 表示在 x_0 处,当自变量 x 改变 1% 时,因变量 y 将改变 $\left| \eta \Big|_{x = x_0} \right| \% = \left| \frac{x_0}{f(x_0)} f'(x_0) \right| \%$. 其符号反映自变量 x 与因变量 y 的改变是同向还是反向.

用弹性函数来分析经济量的变化叫**弹性分析**.

(1) 需求的价格弹性.

$$\eta_d = \frac{EQ}{Ep} = \frac{p}{Q} \frac{\mathrm{d}Q}{\mathrm{d}p} = \frac{p}{Q(p)} Q'(p).$$

一般地,需求函数单调减少,故 $Q'(p) < 0$,从而 $\eta_d < 0$.

其经济意义:当价格为 p 时,若提价(降价)1%,则需求量将减少(增加)$|\eta_d|\%$.

【注】若题设要求 $\eta_d > 0$,则取 $\eta_d = -\dfrac{p}{Q(p)} Q'(p)$.

(2) 供给的价格弹性.

$$\eta_s = \frac{Eq}{Ep} = \frac{p}{q} \frac{\mathrm{d}q}{\mathrm{d}p} = \frac{p}{q(p)} q'(p).$$

一般地,供给函数单调增加,故 $q'(p) > 0$,从而 $\eta_s > 0$.

其经济意义：当价格为 p 时，若提价（降价）1%，则供给量将增加（减少）$\eta_s\%$.

（3）收益的价格弹性.

$$\eta_r = \frac{ER}{Ep} = \frac{p}{R}\frac{dR}{dp} = \frac{p}{R(p)}R'(p).$$

一般地，收益函数单调增加，故 $R'(p) > 0$，从而 $\eta_r > 0$.

其经济意义：当价格为 p 时，若提价（降价）1%，则收益将增加（减少）$\eta_r\%$.

例 7.2 设生产某商品的固定成本为 $60\ 000$ 元，可变成本为 20 元／件，价格函数为 $p = 60 - \frac{Q}{1\ 000}$（$p$ 是单价，单位：元；Q 是销量，单位：件）.已知产销平衡，求：

（1）该商品的边际利润函数；

（2）当 $p = 50$ 元时的边际利润，并解释其经济意义；

（3）使得利润最大的单价 p.

【解】（1）成本函数 $C(Q) = 60\ 000 + 20Q$，收益函数 $R(Q) = pQ = 60Q - \frac{Q^2}{1\ 000}$，利润函数 $L(Q) = R(Q) - C(Q) = -\frac{Q^2}{1\ 000} + 40Q - 60\ 000$，故该商品的边际利润函数 $L'(Q) = -\frac{Q}{500} + 40$.

（2）当 $p = 50$ 元时，销量 $Q = 10\ 000$（件），$L'(10\ 000) = 20$（元）.

其经济意义：销售第 $10\ 001$ 件商品所得的利润为 20 元.

（3）令 $L'(Q) = -\frac{Q}{500} + 40 = 0$，得 $Q = 20\ 000$（件），且 $L''(20\ 000) < 0$，故当 $Q = 20\ 000$ 件时利润最大，此时 $p = 40$（元）.

例 7.3 设某商品需求量 Q 是价格 p 的单调减少函数：$Q = Q(p)$，其中需求弹性 $\eta = \frac{2p^2}{192 - p^2} > 0$.

（1）设 $R = R(p)$ 为总收益函数，证明 $\frac{dR}{dp} = Q(1 - \eta)$；

（2）求当 $p = 6$ 时，总收益对价格的弹性，并说明其经济意义.

（1）**【证】** 由题设得 $R(p) = pQ(p)$.两边对 p 求导，得

$$\frac{dR}{dp} = Q + p\frac{dQ}{dp} = Q\left(1 + \frac{p}{Q}\frac{dQ}{dp}\right) = Q(1 - \eta).$$

（2）**【解】** $\frac{ER}{Ep} = \frac{p}{R}\frac{dR}{dp} = \frac{p}{pQ}Q(1-\eta) = 1 - \eta = 1 - \frac{2p^2}{192 - p^2} = \frac{192 - 3p^2}{192 - p^2}$.

$$\left.\frac{ER}{Ep}\right|_{p=6} = \frac{192 - 3\times 6^2}{192 - 6^2} = \frac{7}{13} \approx 0.54.$$

其经济意义：当 $p = 6$ 时，若价格上涨 1%，则总收益将增加 0.54%.

例 7.4 以 p_A, p_B 分别表示 A, B 两种商品的价格，设商品 A 的需求函数为

$$Q_A = 500 - p_A^2 - p_A p_B + 2p_B^2,$$

则当 $p_A = 10, p_B = 20$ 时,商品 A 的需求量对自身价格的弹性 $\eta_{AA}(\eta_{AA} > 0)$ 为_____.

【解】应填 0.4.

根据弹性的定义,有

$$\eta_{AA} = -\frac{p_A}{Q_A} \cdot \frac{\partial Q_A}{\partial p_A} = -\frac{p_A}{Q_A} \cdot (-2p_A - p_B) = \frac{p_A(2p_A + p_B)}{500 - p_A^2 - p_A p_B + 2p_B^2},$$

故当 $p_A = 10, p_B = 20$ 时,$\eta_{AA} = 0.4$.

第8讲 一元函数积分学的概念与性质

$\begin{cases} \text{"祖孙三代"}\left(\int_a^x f(t)\mathrm{d}t, f(x), f'(x)\right) \text{的奇偶性、周期性} \quad\text{---}\quad \int_a^x f(t)\mathrm{d}t, f(x), f'(x) \text{ 的 7 条关系} \\[2em] \text{积分比大小} \begin{cases} \text{用公式或几何意义} \\ \text{用保号性} \begin{cases} \text{看正负} \\ \text{作差} \end{cases} \end{cases} \\[3em] \text{定积分定义} \begin{cases} \text{基本形(能凑成} \dfrac{i}{n}\text{)} \begin{cases} \lim\limits_{n\to\infty}\sum\limits_{i=1}^{n} f\left(0+\dfrac{1-0}{n}i\right)\dfrac{1-0}{n} = \int_0^1 f(x)\mathrm{d}x \\ \lim\limits_{n\to\infty}\sum\limits_{i=0}^{n-1} f\left(0+\dfrac{1-0}{n}i\right)\dfrac{1-0}{n} = \int_0^1 f(x)\mathrm{d}x \end{cases} \\[3em] \text{放缩形(凑不成} \dfrac{i}{n}\text{)} \begin{cases} \text{夹逼准则} \\ \text{放缩后再凑} \dfrac{i}{n} \end{cases} \\[2em] \text{变量形} \text{---} \lim\limits_{n\to\infty}\sum\limits_{i=1}^{n} f\left(0+\dfrac{x-0}{n}i\right)\dfrac{x-0}{n} = \int_0^x f(t)\mathrm{d}t \end{cases} \\[4em] \text{反常积分的判敛} \begin{cases} \text{概念} \\ \text{判别} \end{cases} \end{cases}$

一 "祖孙三代" $\left(\int_a^x f(t)\mathrm{d}t, f(x), f'(x)\right)$ 的奇偶性、周期性

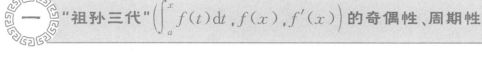

① $f(x)$ 为可导的奇函数 $\Rightarrow f'(x)$ 为偶函数.

② $f(x)$ 为可导的偶函数 $\Rightarrow f'(x)$ 为奇函数.

③ $f(x)$ 是可导的且以 T 为周期的周期函数 $\Rightarrow f'(x)$ 是以 T 为周期的周期函数.

④ $f(x)$ 为可积的奇函数 $\Rightarrow \begin{cases} \int_0^x f(t)\mathrm{d}t \text{ 为偶函数,} \\ \int_a^x f(t)\mathrm{d}t \text{ 为偶函数}(a\neq 0). \end{cases}$

【注】(1) 若 $f(x)$ 连续,则 $\int_a^x f(t)\mathrm{d}t + C$ 也是偶函数,故 $f(x)$ 的全体原函数均为偶函数.

（2）只需要被积函数可积，即可有变限积分的相关性质.只有被积函数连续时，才谈原函数的相关性质，以下同.

⑤ $f(x)$ 为可积的偶函数 $\Rightarrow$ $\begin{cases} \int_0^x f(t)\mathrm{d}t \text{ 为奇函数,} \\ \int_a^x f(t)\mathrm{d}t(a \neq 0) \begin{cases} \text{为奇函数,若} \int_a^x f(t)\mathrm{d}t = \int_0^x f(t)\mathrm{d}t, \\ \text{为非奇非偶函数,若} \int_a^x f(t)\mathrm{d}t \neq \int_0^x f(t)\mathrm{d}t. \end{cases} \end{cases}$

【注】若 $f(x)$ 连续，则 $f(x)$ 的全体原函数中，只有 $\int_0^x f(t)\mathrm{d}t$ 是奇函数.

⑥ $f(x)$ 是可积的且以 T 为周期的周期函数，则 $\int_0^x f(t)\mathrm{d}t$ 是以 T 为周期的周期函数 $\Leftrightarrow \int_0^T f(x)\mathrm{d}x = 0.$

【注】 $\int_a^x f(t)\mathrm{d}t = \int_0^x f(t)\mathrm{d}t + \int_a^0 f(t)\mathrm{d}t$ 亦是以 T 为周期的周期函数 $(a \neq 0)$.

⑦ $f(x)$ 是可积的且以 T 为周期的周期函数 $\Rightarrow \int_0^T f(x)\mathrm{d}x = \int_a^{a+T} f(x)\mathrm{d}x$ ，a 为任意常数.

例 8.1 已知函数 $f(x) = e^{\sin x} + e^{-\sin x}$ ，则 $f'''(2\pi) = $ _____.

【解】应填 0.

因为 $f(x)$ 为偶函数，则 $f'''(x)$ 为奇函数，故 $f'''(0) = 0$ ，又因为 $f(x)$ 以 2π 为周期，故

$$f'''(2\pi) = f'''(0) = 0.$$

例 8.2 设 $f(t)$ 为连续函数，a 是常数，则下述命题正确的是（ ）.

(A) 若 $f(t)$ 为奇函数，则 $\int_a^x \mathrm{d}y \int_0^y f(t)\mathrm{d}t$ 是 x 的奇函数

(B) 若 $f(t)$ 为偶函数，则 $\int_0^x \mathrm{d}y \int_a^y f(t)\mathrm{d}t$ 是 x 的奇函数

(C) 若 $f(t)$ 为奇函数，则 $\int_0^x \mathrm{d}y \int_y^x f(t)\mathrm{d}t$ 是 x 的奇函数

(D) 若 $f(t)$ 为偶函数，则 $\int_0^x \mathrm{d}y \int_0^x f(t)\mathrm{d}t$ 是 x 的奇函数

【解】应选（C）.

设 $F(t)$ 是 $f(t)$ 的一个原函数.对于（C），若 $f(t)$ 是奇函数，则 $f(t)$ 的任一原函数都是偶函数，所以 $F(t)$ 是偶函数.

$$\int_0^x \mathrm{d}y \int_y^x f(t)\mathrm{d}t = \int_0^x [F(x) - F(y)]\mathrm{d}y = xF(x) - \int_0^x F(y)\mathrm{d}y,$$

因为 $F(x)$ 为偶函数，所以 $xF(x)$ 为 x 的奇函数，$\int_0^x F(y)\mathrm{d}y$ 也是 x 的奇函数，所以 $\int_0^x \mathrm{d}y \int_y^x f(t)\mathrm{d}t$

为 x 的奇函数,(C) 正确.

关于选项(A),(B),(D) 为什么不正确,解释如下.

对于(A),$f(t)$ 为奇函数,则 $F(y) = \int_0^y f(t)\mathrm{d}t$ 是 y 的偶函数,但 $\int_a^x F(y)\mathrm{d}y$ 不一定是 x 的奇函数;

对于(B),$f(t)$ 为偶函数,则 $F(y) = \int_a^y f(t)\mathrm{d}t$ 不一定是 y 的奇函数,不再有继续研究的资格了;

对于(D),$f(t)$ 为偶函数,则 $F(x) = \int_0^x f(t)\mathrm{d}t$ 为 x 的奇函数,$\int_0^x F(x)\mathrm{d}y = xF(x)$ 为 x 的偶函数.

例 8.3 设一阶线性齐次微分方程 $y' + p(x)y = 0$ 的系数 $p(x)$ 是以 T 为周期的连续函数,则"该方程的非零解以 T 为周期"是"$\int_0^T p(x)\mathrm{d}x = 0$"的( ).

(A) 充分非必要条件　　　　　(B) 必要非充分条件

(C) 充分必要条件　　　　　　(D) 既非充分也非必要条件

【解】应选(C).

$y' + p(x)y = 0$ 的非零解为 $y = Ce^{-\int p(x)\mathrm{d}x} = Ce^{-\int_0^x p(t)\mathrm{d}t}$,其中 C 是任意非零常数,于是 y 以 T 为周期 $\Leftrightarrow Ce^{-\int_0^x p(t)\mathrm{d}t}$ 以 T 为周期 $\Leftrightarrow \int_0^x p(t)\mathrm{d}t$ 以 T 为周期 $\Leftrightarrow \int_0^T p(x)\mathrm{d}x = 0$.

→ 由本讲的"一⑥"可得

二 积分比大小

1. 用公式或几何意义

设 $F(x)$ 是 $f(x)$ 的一个原函数,则

① $\int_a^b f(x)\mathrm{d}x = F(b) - F(a)$.

② $\int_{x_0}^x f'(t)\mathrm{d}t = f(x) - f(x_0)$.

③ $\int_{-a}^a f(x)\mathrm{d}x = \begin{cases} 2\int_0^a f(x)\mathrm{d}x, & f(x) = f(-x), \\ 0, & f(x) = -f(-x). \end{cases}$

2. 用保号性

① 看正负. 如 $|x| \geqslant 0$;当 $x \in [\pi, 2\pi]$ 时,$\sin x \leqslant 0$ 等.

② 作差. $I_1 - I_2$,再换元(常用 $x = \pi \pm t, x = \dfrac{\pi}{2} \pm t$).

读者应熟记下列常用诱导公式.

① $\sin(\pi \pm t) = \mp \sin t$.

② $\cos(\pi \pm t) = -\cos t$.

③ $\sin\left(\dfrac{\pi}{2} \pm t\right) = \cos t$.

④ $\cos\left(\dfrac{\pi}{2} \pm t\right) = \mp \sin t$.

例 8.4 已知 $I_1 = \displaystyle\int_0^1 \dfrac{x}{2(1+\cos x)}\mathrm{d}x$，$I_2 = \displaystyle\int_0^1 \dfrac{\ln(1+x)}{1+\cos x}\mathrm{d}x$，$I_3 = \displaystyle\int_0^1 \dfrac{2x}{1+\sin x}\mathrm{d}x$，

则（　　）.

(A) $I_1 < I_2 < I_3$ (B) $I_2 < I_1 < I_3$

(C) $I_1 < I_3 < I_2$ (D) $I_3 < I_2 < I_1$

【解】应选（A）.

由例 6.14 得，$I_1 < I_2 < I_3$. 故选（A）.

例 8.5 设 $I_k = \displaystyle\int_0^{k\pi} \mathrm{e}^{x^2} \sin x\, \mathrm{d}x\ (k=1,2,3)$，则（　　）.

(A) $I_1 < I_2 < I_3$ (B) $I_3 < I_2 < I_1$

(C) $I_2 < I_3 < I_1$ (D) $I_2 < I_1 < I_3$

【解】应选（D）.

首先，由 $I_2 = I_1 + \displaystyle\int_\pi^{2\pi} \mathrm{e}^{x^2}\sin x\, \mathrm{d}x$ 及 $\displaystyle\int_\pi^{2\pi} \mathrm{e}^{x^2}\sin x\, \mathrm{d}x < 0$，可得 $I_2 < I_1$.

其次，$I_3 = I_1 + \displaystyle\int_\pi^{3\pi} \mathrm{e}^{x^2}\sin x\, \mathrm{d}x$，其中

$$
\begin{aligned}
\int_\pi^{3\pi} \mathrm{e}^{x^2}\sin x\, \mathrm{d}x &= \int_\pi^{2\pi} \mathrm{e}^{x^2}\sin x\, \mathrm{d}x + \underline{\int_{2\pi}^{3\pi} \mathrm{e}^{x^2}\sin x\, \mathrm{d}x} \quad \small{令\, x=y+\pi} \\
&= \int_\pi^{2\pi} \mathrm{e}^{x^2}\sin x\, \mathrm{d}x + \int_\pi^{2\pi} \mathrm{e}^{(y+\pi)^2} \underline{\sin(y+\pi)}\mathrm{d}y \\
&\qquad\qquad\qquad\qquad\qquad\qquad \small{\sin(y+\pi) = -\sin y} \\
&= \int_\pi^{2\pi} \left[\mathrm{e}^{x^2} - \mathrm{e}^{(x+\pi)^2}\right]\sin x\, \mathrm{d}x > 0,
\end{aligned}
$$

故 $I_3 > I_1$，从而 $I_2 < I_1 < I_3$，故选（D）.

【注】作为选择题，可用几何意义，大致画出 $y = \mathrm{e}^{x^2}\sin x$ 在 $[0,3\pi]$ 上的图像，如图 8-1 所示. 其中 $0 < S_1 < S_2 < S_3$，则

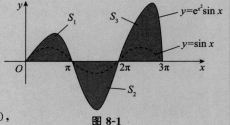

图 8-1

$$I_1 = \int_0^\pi \mathrm{e}^{x^2}\sin x\, \mathrm{d}x = S_1 > 0,$$

$$I_2 = \int_0^{2\pi} \mathrm{e}^{x^2}\sin x\, \mathrm{d}x = S_1 + (-S_2) = S_1 - S_2 < 0,$$

$$I_3 = \int_0^{3\pi} \mathrm{e}^{x^2}\sin x\, \mathrm{d}x = S_1 + (-S_2) + S_3 = S_1 + (S_3 - S_2) > S_1 > 0.$$

综上所述，$I_2 < I_1 < I_3$，故选（D）.

有一类数列和的极限计算,可用定积分定义来处理.

1. 基本形(能凑成 $\dfrac{i}{n}$)

若数列通项中含下面四种形式:

① $\dfrac{i}{n}$;

② $n+i(an+bi, ab \neq 0)$;

③ n^2+i^2;

④ n^2+ni.

则能凑成 $\dfrac{i}{n}$,比如

① $n+i = n\left(1+\dfrac{i}{n}\right)$;

② $n^2+i^2 = n^2\left[1+\left(\dfrac{i}{n}\right)^2\right]$;

③ $n^2+ni = n^2\left(1+\dfrac{i}{n}\right)$.

于是可直接用定积分定义

$$\lim_{n \to \infty}\sum_{i=1}^{n} f\left(0+\frac{1-0}{n}i\right)\frac{1-0}{n} = \int_0^1 f(x)\,dx,$$

或

$$\lim_{n \to \infty}\sum_{i=0}^{n-1} f\left(0+\frac{1-0}{n}i\right)\frac{1-0}{n} = \int_0^1 f(x)\,dx.$$

如 $\lim_{n \to \infty}\left(\dfrac{1}{2n+3}+\dfrac{1}{2n+6}+\cdots+\dfrac{1}{2n+3n}\right)$

$= \lim_{n \to \infty}\sum_{i=1}^{n}\dfrac{1}{2n+3i} = \lim_{n \to \infty}\sum_{i=1}^{n}\dfrac{1}{2+3\frac{i}{n}} \cdot \dfrac{1}{n}$

$= \int_0^1 \dfrac{1}{2+3x}\,dx = \dfrac{1}{3}(\ln 5 - \ln 2)$.

如 $\lim_{n \to \infty}\sum_{i=1}^{n}\dfrac{n}{n^2+i^2} = \lim_{n \to \infty}\sum_{i=1}^{n}\dfrac{1}{1+\left(\frac{i}{n}\right)^2} \cdot \dfrac{1}{n}$

$= \int_0^1 \dfrac{1}{1+x^2}\,dx = \arctan x \Big|_0^1 = \dfrac{\pi}{4}$.

2. 放缩形(凑不成 $\dfrac{i}{n}$)

如 $\lim_{n \to \infty}\left(\dfrac{n}{n^2+1}+\dfrac{n}{n^2+2}+\cdots+\dfrac{n}{n^2+n}\right) = \lim_{n \to \infty}\sum_{i=1}^{n}\dfrac{n}{n^2+i}$.

有 $\boxed{\dfrac{n^2}{n^2+n}} < \sum_{i=1}^{n}\dfrac{n}{n^2+i} < \boxed{\dfrac{n^2}{n^2+1}}$, 从而 $\lim_{n \to \infty}\sum_{i=1}^{n}\dfrac{n}{n^2+i} = 1$.

极限为 1   极限为 1

(1) 夹逼准则.

如通项中含 n^2+i,则凑不成 $\dfrac{i}{n}$,这时考虑对通项放缩,用夹逼准则.

(2) 放缩后再凑 $\dfrac{i}{n}$.

如通项中含 $\dfrac{i^2+1}{n^2}$,虽凑不成 $\dfrac{i}{n}$,但放缩为 $\left(\dfrac{i}{n}\right)^2 < \dfrac{i^2+1}{n^2} < \left(\dfrac{i+1}{n}\right)^2$,则可凑成 $\dfrac{i}{n}$.

3. 变量形

若通项中含 $\dfrac{x}{n}i$,则考虑下面的式子:

$$\lim_{n \to \infty} \sum_{i=1}^{n} f\left(0 + \frac{x-0}{n}i\right)\frac{x-0}{n} = \int_0^x f(t)\,\mathrm{d}t.$$

例 8.6 设 $f(x) = x^2, f[\varphi(x)] = -x^2 + 2x + 3$ 且 $\varphi(x) \geqslant 0$，则

$$\lim_{n \to \infty} \frac{1}{n^3} \sum_{i=1}^{n} i^2(n-i) \cdot \frac{1}{n + \varphi(x)} = (\qquad).$$

(A) $\dfrac{1}{12}$ (B) $\dfrac{1}{6}$ (C) $\dfrac{1}{3}$ (D) $\dfrac{2}{3}$

【解】应选（A）.

由题设，$f[\varphi(x)] = \varphi^2(x) = -x^2 + 2x + 3$，且 $\varphi(x) \geqslant 0$，则

$$\varphi(x) = \sqrt{-x^2 + 2x + 3},$$

其中 $-x^2 + 2x + 3 \geqslant 0$，即 $(x-3)(x+1) \leqslant 0$，解得 $-1 \leqslant x \leqslant 3$，此为 $\varphi(x)$ 的定义域.

又 $(-x^2 + 2x + 3)' = -2x + 2 \xrightarrow{\text{令}} 0$，解得 $x = 1$，故当 $-1 \leqslant x < 1$ 时，导数大于 0；当 $1 < x \leqslant 3$ 时，导数小于 0. 所以 $\varphi(1) = 2$ 为最大值，$\varphi(-1) = \varphi(3) = 0$ 为最小值，即 $[0,2]$ 为 $\varphi(x)$ 的值域.

又

$$\sum_{i=1}^{n} \left(\frac{i}{n}\right)^2 \left(1 - \frac{i}{n}\right)\frac{1}{n+2} \leqslant \frac{1}{n^3}\sum_{i=1}^{n} i^2(n-i) \cdot \frac{1}{n+\varphi(x)} \leqslant \sum_{i=1}^{n}\left(\frac{i}{n}\right)^2\left(1 - \frac{i}{n}\right)\frac{1}{n},$$

且

$$\lim_{n\to\infty}\sum_{i=1}^{n}\left(\frac{i}{n}\right)^2\left(1-\frac{i}{n}\right)\frac{1}{n} = \int_0^1 x^2(1-x)\,\mathrm{d}x = \frac{1}{12},$$

$$\lim_{n\to\infty}\frac{n}{n+2}\cdot\sum_{i=1}^{n}\left(\frac{i}{n}\right)^2\left(1-\frac{i}{n}\right)\frac{1}{n} = 1 \cdot \int_0^1 x^2(1-x)\,\mathrm{d}x = \frac{1}{12},$$

故由夹逼准则得，$\lim\limits_{n\to\infty}\dfrac{1}{n^3}\sum\limits_{i=1}^{n} i^2(n-i) \cdot \dfrac{1}{n+\varphi(x)} = \dfrac{1}{12}$，选（A）.

例 8.7 设 $f(x) = \begin{cases} \lim\limits_{n\to\infty}\dfrac{1}{n}\left(1 + \cos\dfrac{x}{n} + \cos\dfrac{2x}{n} + \cdots + \cos\dfrac{n-1}{n}x\right), & x > 0, \\ a, & x = 0, \\ f(-x), & x < 0 \end{cases}$

连续，则 $a = $ _____.

【解】应填 1.

当 $x > 0$ 时，

$$f(x) = \lim_{n\to\infty}\frac{1}{n}\sum_{i=0}^{n-1}\cos\frac{x}{n}i = \lim_{n\to\infty}\frac{1}{x}\sum_{i=0}^{n-1}\cos\frac{x}{n}i \cdot \frac{x}{n}$$

$$= \frac{1}{x}\int_0^x \cos t\,\mathrm{d}t = \frac{1}{x}\sin t\,\Big|_0^x = \frac{\sin x}{x};$$

当 $x < 0$ 时，$f(x) = f(-x) = \dfrac{\sin(-x)}{-x} = \dfrac{\sin x}{x}$.

综上所述，$f(x) = \begin{cases} \dfrac{\sin x}{x}, & x \neq 0, \\ a, & x = 0. \end{cases}$ 故由 $f(x)$ 连续，得 $a = \lim\limits_{x \to 0} \dfrac{\sin x}{x} = 1$.

例 8.8 $\lim\limits_{n \to \infty}\left[\dfrac{n}{n^2+1} + \dfrac{n}{n^2+1+1} + \dfrac{n}{n^2+1+2^2} + \cdots + \dfrac{n}{n^2+1+(n-1)^2}\right] = \underline{\qquad}$.

【解】应填 $\dfrac{\pi}{4}$.

$$\text{原式} = \lim_{n \to \infty} \sum_{i=0}^{n-1} \frac{n}{n^2+1+i^2} = \lim_{n \to \infty} \sum_{i=0}^{n-1} \frac{1}{1 + \dfrac{i^2+1}{n^2}} \cdot \frac{1}{n},$$

因为 $\dfrac{i^2}{n^2} < \dfrac{i^2+1}{n^2} < \dfrac{(i+1)^2}{n^2}$，所以 $\dfrac{1}{1 + \dfrac{(i+1)^2}{n^2}} < \dfrac{1}{1 + \dfrac{i^2+1}{n^2}} < \dfrac{1}{1 + \dfrac{i^2}{n^2}}$，从而

$$\sum_{i=0}^{n-1} \frac{1}{1 + \dfrac{(i+1)^2}{n^2}} \cdot \frac{1}{n} < \sum_{i=0}^{n-1} \frac{1}{1 + \dfrac{i^2+1}{n^2}} \cdot \frac{1}{n} < \sum_{i=0}^{n-1} \frac{1}{1 + \dfrac{i^2}{n^2}} \cdot \frac{1}{n},$$

其中

$$\lim_{n \to \infty} \sum_{i=0}^{n-1} \frac{1}{1 + \dfrac{(i+1)^2}{n^2}} \cdot \frac{1}{n} = \lim_{n \to \infty} \sum_{i=1}^{n} \frac{1}{1 + \dfrac{i^2}{n^2}} \cdot \frac{1}{n} = \int_0^1 \frac{\mathrm{d}x}{1+x^2} = \frac{\pi}{4},$$

$$\lim_{n \to \infty} \sum_{i=0}^{n-1} \frac{1}{1 + \dfrac{i^2}{n^2}} \cdot \frac{1}{n} = \int_0^1 \frac{\mathrm{d}x}{1+x^2} = \frac{\pi}{4}.$$

故 $\lim\limits_{n \to \infty} \sum\limits_{i=0}^{n-1} \dfrac{1}{1 + \dfrac{i^2+1}{n^2}} \cdot \dfrac{1}{n} = \dfrac{\pi}{4}$，即原式 $= \dfrac{\pi}{4}$.

四 反常积分的判敛

1. 概念

① $\displaystyle\int_a^{+\infty} f(x)\mathrm{d}x$ 叫无穷区间上的反常积分.

② $\displaystyle\int_a^b f(x)\mathrm{d}x$，其中 $\lim\limits_{x \to a^+} f(x) = \infty$，$a$ 叫瑕点，此积分叫**无界函数的反常积分**.

2. 判别

① 判别时要求每个积分有且仅有一个奇点. $\longrightarrow +\infty, -\infty, \text{瑕点，统称为奇点.}$

② 尺度 $\begin{cases} \displaystyle\int_0^1 \dfrac{1}{x^p}\mathrm{d}x \begin{cases} 0 < p < 1 \text{ 时，收敛,} \\ p \geqslant 1 \text{ 时，发散,} \end{cases} \\ \displaystyle\int_1^{+\infty} \dfrac{1}{x^p}\mathrm{d}x \begin{cases} p > 1 \text{ 时，收敛,} \\ p \leqslant 1 \text{ 时，发散.} \end{cases} \end{cases}$

③ 比较判别法.

比较准则 I 设函数 $f(x),g(x)$ 在区间 $[a,+\infty)$ 上连续,且 $0 \leqslant f(x) \leqslant g(x) (a \leqslant x < +\infty)$,则

a. 当 $\int_a^{+\infty} g(x)\mathrm{d}x$ 收敛时,$\int_a^{+\infty} f(x)\mathrm{d}x$ 收敛;

b. 当 $\int_a^{+\infty} f(x)\mathrm{d}x$ 发散时,$\int_a^{+\infty} g(x)\mathrm{d}x$ 发散.

比较准则 II 设函数 $f(x),g(x)$ 在区间 $[a,+\infty)$ 上连续,且 $f(x) \geqslant 0, g(x) > 0$,$\lim\limits_{x \to +\infty} \dfrac{f(x)}{g(x)} = \lambda$(有限或 ∞),则

a. 当 $\lambda \neq 0$ 时,$\int_a^{+\infty} f(x)\mathrm{d}x$ 与 $\int_a^{+\infty} g(x)\mathrm{d}x$ 有相同的敛散性;

b. 当 $\lambda = 0$ 时,若 $\int_a^{+\infty} g(x)\mathrm{d}x$ 收敛,则 $\int_a^{+\infty} f(x)\mathrm{d}x$ 也收敛;

c. 当 $\lambda = \infty$ 时,若 $\int_a^{+\infty} g(x)\mathrm{d}x$ 发散,则 $\int_a^{+\infty} f(x)\mathrm{d}x$ 也发散.

【注】无界函数的反常积分有类似的准则.

例 8.9 若反常积分 $\int_1^{+\infty} \left(\mathrm{e}^{-\cos\frac{1}{x}} - \mathrm{e}^{-1} \right) x^k \mathrm{d}x$ 收敛,则 k 的取值范围是_____.

【解】应填 $k < 1$.

盯着 $x \to +\infty$ 看,由 $\mathrm{e}^{-\cos\frac{1}{x}} - \mathrm{e}^{-1} = \mathrm{e}^{-1}\left(\mathrm{e}^{-\cos\frac{1}{x}+1} - 1 \right)$,知当 $x \to +\infty$ 时,

$$\mathrm{e}^{-\cos\frac{1}{x}+1} - 1 \sim 1 - \cos\frac{1}{x} \sim \frac{1}{2} \cdot \frac{1}{x^2},$$

即原反常积分与 $\int_1^{+\infty} \dfrac{1}{x^{2-k}}\mathrm{d}x$ 同敛散,故当 $2-k > 1$,即 $k < 1$ 时,原反常积分收敛.

例 8.10 已知 $\alpha > 0$,则对于反常积分 $\int_0^1 \dfrac{\ln x}{x^\alpha}\mathrm{d}x$ 的敛散性的判别,正确的是( ).

(A) 当 $\alpha \geqslant 1$ 时,积分收敛
(B) 当 $\alpha < 1$ 时,积分收敛
(C) 敛散性与 α 的取值无关,必收敛
(D) 敛散性与 α 的取值无关,必发散

【解】应选(B).

当 $\alpha < 1$ 时,取充分小的正数 ε,使得 $\alpha + \varepsilon < 1$,由于 $\lim\limits_{x \to 0^+} \dfrac{\frac{\ln x}{x^\alpha}}{\frac{1}{x^{\alpha+\varepsilon}}}$ 是比较判别法

$$\lim_{x \to 0^+} x^{\alpha+\varepsilon} \frac{\ln x}{x^\alpha} = \lim_{x \to 0^+} x^\varepsilon \ln x = \lim_{x \to 0^+} \frac{\ln x}{x^{-\varepsilon}} = \lim_{x \to 0^+} \frac{\frac{1}{x}}{-\varepsilon x^{-\varepsilon-1}} = \lim_{x \to 0^+} \left(-\frac{1}{\varepsilon} x^\varepsilon \right) = 0,$$

故当 $x \to 0^+$ 时,$\dfrac{1}{x^{\alpha+\varepsilon}}$ 是比 $\dfrac{\ln x}{x^\alpha}$ 高阶的无穷大量,因为当 $\alpha + \varepsilon < 1$ 时,$\int_0^1 \dfrac{1}{x^{\alpha+\varepsilon}}\mathrm{d}x$ 收敛,于是 $\int_0^1 \dfrac{\ln x}{x^\alpha}\mathrm{d}x$ 收敛,选项(B)正确;

当 $\alpha \geqslant 1$ 时,由于 $\lim\limits_{x\to 0^+} x^\alpha \dfrac{\ln x}{x^\alpha} = \infty$,故当 $x\to 0^+$ 时,$\dfrac{1}{x^\alpha}$ 是比 $\dfrac{\ln x}{x^\alpha}$ 低阶的无穷大量,因为当

$\alpha \geqslant 1$ 时,$\displaystyle\int_0^1 \dfrac{1}{x^\alpha}\mathrm{d}x$ 发散,于是 $\displaystyle\int_0^1 \dfrac{\ln x}{x^\alpha}\mathrm{d}x$ 发散. $\longrightarrow$ $\lim\limits_{x\to 0^+}\dfrac{\frac{\ln x}{x^\alpha}}{\frac{1}{x^\alpha}}$ 是比较判别法

例 8.11 设 p 为常数,若反常积分 $\displaystyle\int_0^1 \dfrac{\ln x}{x^p(1-x)^{1-p}}\mathrm{d}x$ 收敛,则 p 的取值范围是( ).

(A)$(-1,1)$ (B)$(-1,2)$ (C)$(-\infty,1)$ (D)$(-\infty,2)$

【解】应选(A).

原反常积分可写为 $\displaystyle\int_0^{\frac{1}{2}} \dfrac{\ln x}{x^p(1-x)^{1-p}}\mathrm{d}x + \int_{\frac{1}{2}}^1 \dfrac{\ln x}{x^p(1-x)^{1-p}}\mathrm{d}x$. 对任意 $\varepsilon > 0$,有

$$\lim_{x\to 0^+} \frac{\dfrac{\ln x}{x^p(1-x)^{1-p}}}{\dfrac{1}{x^{p+\varepsilon}}} = \lim_{x\to 0^+} x^\varepsilon \cdot \ln x = 0.$$

$\longrightarrow$ 由于 $\lim\limits_{x\to 0^+}(1-x)^{1-p}=1$,故可对比 例 8.10 中的 $\dfrac{\ln x}{x^\alpha}$.

若 $\displaystyle\int_0^{\frac{1}{2}} \dfrac{1}{x^{p+\varepsilon}}\mathrm{d}x$ 收敛,即 $p < 1$,则 $\displaystyle\int_0^{\frac{1}{2}} \dfrac{\ln x}{x^p(1-x)^{1-p}}\mathrm{d}x$ 也收敛.

由 $\lim\limits_{x\to 1^-} \dfrac{\dfrac{\ln x}{x^p(1-x)^{1-p}}}{\dfrac{1}{(1-x)^{-p}}} = -1 \neq 0$,知若 $\displaystyle\int_{\frac{1}{2}}^1 \dfrac{1}{(1-x)^{-p}}\mathrm{d}x$ 收敛,即 $p > -1$,则 $\displaystyle\int_{\frac{1}{2}}^1 \dfrac{\ln x}{x^p(1-x)^{1-p}}\mathrm{d}x$

也收敛.故选(A).

例 8.12 已知 $\displaystyle\int_1^{+\infty} \left[\dfrac{2x^3+ax+1}{x(x+2)} - (2x-4)\right]\mathrm{d}x = b$,$a,b$ 为常数,则 $ab = $ _____.

【解】应填 $-4\ln 3$.

$$b = \int_1^{+\infty} \frac{(a+8)x+1}{x(x+2)}\mathrm{d}x,$$

若 $a+8 \neq 0$,则由 $\lim\limits_{x\to +\infty} \dfrac{\dfrac{(a+8)x+1}{x(x+2)}}{\dfrac{1}{x}} = a+8$,知 $\displaystyle\int_1^{+\infty} \dfrac{(a+8)x+1}{x(x+2)}\mathrm{d}x$ 发散,与题设矛盾,故

$a = -8$,于是

$$b = \int_1^{+\infty} \frac{1}{x(x+2)}\mathrm{d}x$$
$$= \frac{1}{2}\int_1^{+\infty}\left(\frac{1}{x} - \frac{1}{x+2}\right)\mathrm{d}x$$
$$= \frac{1}{2}\ln\frac{x}{x+2}\Big|_1^{+\infty} = \frac{1}{2}\cdot\left(-\ln\frac{1}{3}\right) = \frac{1}{2}\ln 3,$$

所以 $ab = -4\ln 3$.

第9讲
一元函数积分学的计算

知识结构

基本积分公式

不定积分的计算 ── 凑微分法
　　　　　　　　 换元法
　　　　　　　　 分部积分法
　　　　　　　　 有理函数的积分 ── 定义
　　　　　　　　　　　　　　　　　 思想
　　　　　　　　　　　　　　　　　 方法

定积分的计算 ── 对称区间上的积分问题
　　　　　　　 周期性下的积分问题
　　　　　　　 区间再现下的积分问题
　　　　　　　 华里士公式
　　　　　　　 定积分分部积分法中的"升阶""降阶"问题
　　　　　　　 分段函数的定积分

变限积分的计算 ── 求分段函数的变限积分
　　　　　　　　 直接求导型
　　　　　　　　 换元求导型
　　　　　　　　 拆分求导型
　　　　　　　　 换序型

反常积分的计算

一 基本积分公式

$$① \int x^k \mathrm{d}x = \frac{1}{k+1} x^{k+1} + C, k \neq -1; \begin{cases} \int \dfrac{1}{x^2} \mathrm{d}x = -\dfrac{1}{x} + C, \\ \int \dfrac{1}{\sqrt{x}} \mathrm{d}x = 2\sqrt{x} + C. \end{cases}$$

② $\displaystyle\int \frac{1}{x}\mathrm{d}x = \ln \mid x \mid + C.$

③ $\displaystyle\int \mathrm{e}^x\,\mathrm{d}x = \mathrm{e}^x + C;\int a^x\,\mathrm{d}x = \frac{a^x}{\ln a} + C, a > 0\ \text{且}\ a \neq 1.$

④ $\displaystyle\int \sin x\mathrm{d}x = -\cos x + C;\int \cos x\mathrm{d}x = \sin x + C;$

$\displaystyle\int \tan x\mathrm{d}x = -\ln \mid \cos x \mid + C;\int \cot x\mathrm{d}x = \ln \mid \sin x \mid + C;$

$\displaystyle\int \frac{\mathrm{d}x}{\cos x} = \int \sec x\mathrm{d}x = \ln \mid \sec x + \tan x \mid + C;$

$\displaystyle\int \frac{\mathrm{d}x}{\sin x} = \int \csc x\mathrm{d}x = \ln \mid \csc x - \cot x \mid + C;$

$\displaystyle\int \sec^2 x\mathrm{d}x = \tan x + C;\int \csc^2 x\mathrm{d}x = -\cot x + C;$

$\displaystyle\int \sec x \tan x\mathrm{d}x = \sec x + C;\int \csc x \cot x\mathrm{d}x = -\csc x + C.$

⑤ $\begin{cases}\displaystyle\int \frac{1}{1+x^2}\mathrm{d}x = \arctan x + C,\\[3mm]\displaystyle\int \frac{1}{a^2+x^2}\mathrm{d}x = \frac{1}{a}\arctan \frac{x}{a} + C(a > 0).\end{cases}$

⑥ $\begin{cases}\displaystyle\int \frac{1}{\sqrt{1-x^2}}\mathrm{d}x = \arcsin x + C,\\[3mm]\displaystyle\int \frac{1}{\sqrt{a^2-x^2}}\mathrm{d}x = \arcsin \frac{x}{a} + C(a > 0).\end{cases}$

⑦ $\begin{cases}\displaystyle\int \frac{1}{\sqrt{x^2+a^2}}\mathrm{d}x = \ln(x + \sqrt{x^2+a^2}) + C(\text{常见}\ a = 1),\\[3mm]\displaystyle\int \frac{1}{\sqrt{x^2-a^2}}\mathrm{d}x = \ln \mid x + \sqrt{x^2-a^2} \mid + C(\mid x \mid > \mid a \mid > 0).\end{cases}$

⑧ $\begin{cases}\displaystyle\int \frac{\mathrm{d}x}{(x+a)(x+b)} = \frac{1}{b-a}\ln \left|\frac{x+a}{x+b}\right| + C(a \neq b),\\[3mm]\displaystyle\int \frac{1}{x^2-a^2}\mathrm{d}x = \frac{1}{2a}\ln \left|\frac{x-a}{x+a}\right| + C\left(\int \frac{1}{a^2-x^2}\mathrm{d}x = \frac{1}{2a}\ln \left|\frac{x+a}{x-a}\right| + C\right).\end{cases}$

⑨ $\displaystyle\int \sqrt{a^2-x^2}\,\mathrm{d}x = \frac{a^2}{2}\arcsin \frac{x}{a} + \frac{x}{2}\sqrt{a^2-x^2} + C(a > \mid x \mid \geqslant 0).$

⑩ $\displaystyle\int \sin^2 x\mathrm{d}x = \frac{x}{2} - \frac{\sin 2x}{4} + C\left(\sin^2 x = \frac{1-\cos 2x}{2}\right);$

$\displaystyle\int \cos^2 x\mathrm{d}x = \frac{x}{2} + \frac{\sin 2x}{4} + C\left(\cos^2 x = \frac{1+\cos 2x}{2}\right);$

$\displaystyle\int \tan^2 x\mathrm{d}x = \tan x - x + C(\tan^2 x = \sec^2 x - 1);$

$$\int \cot^2 x \, \mathrm{d}x = -\cot x - x + C \, (\cot^2 x = \csc^2 x - 1).$$

二 不定积分的计算

1. 凑微分法

$$\int f[g(x)]g'(x)\mathrm{d}x = \int f[g(x)]\mathrm{d}[g(x)] \xrightarrow{g(x)=u} \int f(u)\mathrm{d}u.$$

【注】常用的凑微分公式：

① 由于 $x\mathrm{d}x = \dfrac{1}{2}\mathrm{d}(x^2)$，故 $\displaystyle\int xf(x^2)\mathrm{d}x = \dfrac{1}{2}\int f(x^2)\mathrm{d}(x^2) = \dfrac{1}{2}\int f(u)\mathrm{d}u.$

② 由于 $\sqrt{x}\,\mathrm{d}x = \dfrac{2}{3}\mathrm{d}\left(x^{\frac{3}{2}}\right)$，故 $\displaystyle\int \sqrt{x}\,f\left(x^{\frac{3}{2}}\right)\mathrm{d}x = \dfrac{2}{3}\int f\left(x^{\frac{3}{2}}\right)\mathrm{d}\left(x^{\frac{3}{2}}\right) = \dfrac{2}{3}\int f(u)\mathrm{d}u.$

③ 由于 $\dfrac{\mathrm{d}x}{\sqrt{x}} = 2\mathrm{d}(\sqrt{x})$，故 $\displaystyle\int \dfrac{f(\sqrt{x})}{\sqrt{x}}\mathrm{d}x = 2\int f(\sqrt{x})\mathrm{d}(\sqrt{x}) = 2\int f(u)\mathrm{d}u.$

④ 由于 $\dfrac{\mathrm{d}x}{x^2} = \mathrm{d}\left(-\dfrac{1}{x}\right)$，故 $\displaystyle\int \dfrac{f\left(-\dfrac{1}{x}\right)}{x^2}\mathrm{d}x = \int f\left(-\dfrac{1}{x}\right)\mathrm{d}\left(-\dfrac{1}{x}\right) = \int f(u)\mathrm{d}u.$

⑤ 由于 $\dfrac{1}{x}\mathrm{d}x = \mathrm{d}(\ln x)\,(x>0)$，故 $\displaystyle\int \dfrac{f(\ln x)}{x}\mathrm{d}x = \int f(\ln x)\mathrm{d}(\ln x) = \int f(u)\mathrm{d}u.$

⑥ 由于 $\mathrm{e}^x\mathrm{d}x = \mathrm{d}(\mathrm{e}^x)$，故 $\displaystyle\int \mathrm{e}^x f(\mathrm{e}^x)\mathrm{d}x = \int f(\mathrm{e}^x)\mathrm{d}(\mathrm{e}^x) = \int f(u)\mathrm{d}u.$

⑦ 由于 $a^x\mathrm{d}x = \dfrac{1}{\ln a}\mathrm{d}(a^x)$，$a>0$ 且 $a\neq 1$，故

$$\int a^x f(a^x)\mathrm{d}x = \dfrac{1}{\ln a}\int f(a^x)\mathrm{d}(a^x) = \dfrac{1}{\ln a}\int f(u)\mathrm{d}(u).$$

⑧ 由于 $\sin x\mathrm{d}x = \mathrm{d}(-\cos x)$，故

$$\int \sin x f(-\cos x)\mathrm{d}x = \int f(-\cos x)\mathrm{d}(-\cos x) = \int f(u)\mathrm{d}u.$$

⑨ 由于 $\cos x\mathrm{d}x = \mathrm{d}(\sin x)$，故 $\displaystyle\int \cos x f(\sin x)\mathrm{d}x = \int f(\sin x)\mathrm{d}(\sin x) = \int f(u)\mathrm{d}u.$

⑩ 由于 $\dfrac{\mathrm{d}x}{\cos^2 x} = \sec^2 x\mathrm{d}x = \mathrm{d}(\tan x)$，故 $\displaystyle\int \dfrac{f(\tan x)}{\cos^2 x}\mathrm{d}x = \int f(\tan x)\mathrm{d}(\tan x) = \int f(u)\mathrm{d}u.$

⑪ 由于 $\dfrac{\mathrm{d}x}{\sin^2 x} = \csc^2 x\mathrm{d}x = \mathrm{d}(-\cot x)$，故

$$\int \dfrac{f(-\cot x)}{\sin^2 x}\mathrm{d}x = \int f(-\cot x)\mathrm{d}(-\cot x) = \int f(u)\mathrm{d}u.$$

⑫ 由于 $\dfrac{1}{1+x^2}\mathrm{d}x = \mathrm{d}(\arctan x)$，故

$$\int \frac{f(\arctan x)}{1+x^2}\mathrm{d}x = \int f(\arctan x)\mathrm{d}(\arctan x) = \int f(u)\mathrm{d}u.$$

⑬ 由于 $\dfrac{1}{\sqrt{1-x^2}}\mathrm{d}x = \mathrm{d}(\arcsin x)$，故

$$\int \frac{f(\arcsin x)}{\sqrt{1-x^2}}\mathrm{d}x = \int f(\arcsin x)\mathrm{d}(\arcsin x) = \int f(u)\mathrm{d}u.$$

例 9.1 $\displaystyle\int \frac{x\ln x}{(x^2-1)^{\frac{3}{2}}}\mathrm{d}x = $ _____.

【解】应填 $-\dfrac{\ln x}{\sqrt{x^2-1}} - \arcsin \dfrac{1}{x} + C.$

$$\int \frac{x\ln x}{(x^2-1)^{\frac{3}{2}}}\mathrm{d}x$$

$$= \int \ln x \,\mathrm{d}\left(-\frac{1}{\sqrt{x^2-1}}\right) = -\frac{\ln x}{\sqrt{x^2-1}} + \int \frac{1}{x\sqrt{x^2-1}}\mathrm{d}x$$

$$= -\frac{\ln x}{\sqrt{x^2-1}} - \int \frac{1}{\sqrt{1-\left(\frac{1}{x}\right)^2}}\mathrm{d}\left(\frac{1}{x}\right) = -\frac{\ln x}{\sqrt{x^2-1}} - \arcsin \frac{1}{x} + C.$$

例 9.2 $\displaystyle\int \mathrm{e}^{r^2(\sin\theta+\cos\theta)^2} r^2(\cos^2\theta - \sin^2\theta)\mathrm{d}\theta = $ _____.

【解】应填 $\dfrac{1}{2}\mathrm{e}^{r^2(\sin\theta+\cos\theta)^2} + C.$

由于

$$\frac{\mathrm{d}[r^2(\sin\theta+\cos\theta)^2]}{\mathrm{d}\theta} = r^2 \cdot 2(\sin\theta+\cos\theta)(\cos\theta-\sin\theta)$$

$$= 2r^2(\cos^2\theta - \sin^2\theta),$$

即 $\mathrm{d}[r^2(\sin\theta+\cos\theta)^2] = 2r^2(\cos^2\theta - \sin^2\theta)\mathrm{d}\theta.$ 于是

$$原式 = \frac{1}{2}\int \mathrm{e}^{r^2(\sin\theta+\cos\theta)^2} \cdot 2r^2(\cos^2\theta - \sin^2\theta)\mathrm{d}\theta$$

$$= \frac{1}{2}\int \mathrm{e}^{r^2(\sin\theta+\cos\theta)^2} \mathrm{d}[r^2(\sin\theta+\cos\theta)^2]$$

$$= \frac{1}{2}\mathrm{e}^{r^2(\sin\theta+\cos\theta)^2} + C.$$

2. 换元法

$$\int f(x)\mathrm{d}x \xlongequal{x=g(u)} \int f[g(u)]\mathrm{d}[g(u)] = \int f[g(u)]g'(u)\mathrm{d}u.$$

【注】(1)$x=g(u)$ 是单调可导函数,且不要忘记计算完后用反函数 $u=g^{-1}(x)$ 回代.

(2)常用换元方法:

① **三角函数代换**——当被积函数含有如下根式时,可作三角代换,这里 $a>0$.

$$\begin{cases} \sqrt{a^2-x^2} \xrightarrow{\text{令}} x=a\sin t, & |t|<\dfrac{\pi}{2}, \\[2mm] \sqrt{a^2+x^2} \xrightarrow{\text{令}} x=a\tan t, & |t|<\dfrac{\pi}{2}, \\[2mm] \sqrt{x^2-a^2} \xrightarrow{\text{令}} x=a\sec t, & \begin{cases} \text{若 } x>0,\text{则 } 0<t<\dfrac{\pi}{2}, \\[2mm] \text{若 } x<0,\text{则 } \dfrac{\pi}{2}<t<\pi. \end{cases} \end{cases}$$

② **恒等变形后作三角函数代换**——当被积函数中含有根式 $\sqrt{ax^2+bx+c}$ 时,可先化为以下三种形式 $\sqrt{\varphi^2(x)+k^2}$,$\sqrt{\varphi^2(x)-k^2}$,$\sqrt{k^2-\varphi^2(x)}$,再作三角函数代换.

③ **根式代换**——当被积函数中含有 $\sqrt[n]{ax+b}$,$\sqrt{\dfrac{ax+b}{cx+d}}$,$\sqrt{ae^{bx}+c}$ 等根式时,一般令根式 $\sqrt{*}=t$(因为很难通过根号内换元的办法凑成平方,所以根号无法去掉).对既含有 $\sqrt[n]{ax+b}$,也含有 $\sqrt[m]{ax+b}$ 的函数,一般取 m,n 的最小公倍数 l,令 $\sqrt[l]{ax+b}=t$.

④ **倒代换**——当被积函数中分母的幂次比分子高两次及两次以上时,可作倒代换,令 $x=\dfrac{1}{t}$.

⑤ **复杂函数的直接代换**——当被积函数中含有 a^x,e^x,$\ln x$,$\arcsin x$,$\arctan x$ 等时,可考虑直接令复杂函数等于 t,值得指出的是,当 $\ln x$,$\arcsin x$,$\arctan x$ 与 $P_n(x)$ 或 e^{ax} 作乘、除时(其中 $P_n(x)$ 为 x 的 n 次多项式),优先考虑分部积分法.

例 9.3 计算不定积分 $\displaystyle\int \ln\left(1+\sqrt{\dfrac{1+x}{x}}\right)\mathrm{d}x\ (x>0)$.

令 $\dfrac{1}{(t^2-1)(t+1)}=\dfrac{A}{t-1}+\dfrac{B}{t+1}+\dfrac{D}{(t+1)^2}$,通分后代特值 $t=1$,$t=-1$,$t=0$,分别得 $A=\dfrac{1}{4}$,$D=-\dfrac{1}{2}$,$B=-\dfrac{1}{4}$.

【解】令 $\sqrt{\dfrac{1+x}{x}}=t$,则 $x=\dfrac{1}{t^2-1}$,于是

$$\int \ln\left(1+\sqrt{\dfrac{1+x}{x}}\right)\mathrm{d}x = \int \ln(1+t)\,\mathrm{d}\left(\dfrac{1}{t^2-1}\right) = \dfrac{\ln(1+t)}{t^2-1} - \int \dfrac{1}{t^2-1}\cdot\dfrac{1}{t+1}\mathrm{d}t.$$

又

$$\int \dfrac{1}{(t^2-1)(t+1)}\mathrm{d}t = \dfrac{1}{4}\int\left[\dfrac{1}{t-1}-\dfrac{1}{t+1}-\dfrac{2}{(t+1)^2}\right]\mathrm{d}t$$

$$= \dfrac{1}{4}\ln(t-1)-\dfrac{1}{4}\ln(t+1)+\dfrac{1}{2(t+1)}+C_1,$$

所以

$$\int \ln\left(1 + \sqrt{\frac{1+x}{x}}\right) \mathrm{d}x = \frac{\ln(1+t)}{t^2 - 1} + \frac{1}{4}\ln\frac{t+1}{t-1} - \frac{1}{2(t+1)} + C$$

$$= x\ln\left(1 + \sqrt{\frac{1+x}{x}}\right) + \frac{1}{2}\ln(\sqrt{1+x} + \sqrt{x}) - \frac{\sqrt{x}}{2(\sqrt{1+x} + \sqrt{x})} + C.$$

例 9.4 $\int \dfrac{\mathrm{d}x}{(2x^2 + 1)\sqrt{x^2 + 1}} = $ _____.

【解】应填 $\arctan \dfrac{x}{\sqrt{1+x^2}} + C.$

令 $x = \tan u$，则 $\mathrm{d}x = \sec^2 u\,\mathrm{d}u.$

$$原式 = \int \frac{\mathrm{d}u}{\cos u \cdot (2\tan^2 u + 1)} = \int \frac{\cos u\,\mathrm{d}u}{2\sin^2 u + \cos^2 u}$$

$$= \int \frac{\mathrm{d}(\sin u)}{1 + \sin^2 u} = \arctan(\sin u) + C$$

$$= \arctan \frac{x}{\sqrt{1+x^2}} + C.$$

例 9.5 求不定积分 $\displaystyle\int \dfrac{1}{\sqrt{\mathrm{e}^x + 1} + \sqrt{\mathrm{e}^x - 1}}\mathrm{d}x.$

【解】令 $\mathrm{e}^x = t$，则 $x = \ln t, \mathrm{d}x = \dfrac{1}{t}\mathrm{d}t$，于是

$$原式 = \int \frac{1}{\sqrt{t+1} + \sqrt{t-1}} \cdot \frac{1}{t}\mathrm{d}t = \int \frac{\sqrt{t+1} - \sqrt{t-1}}{2} \cdot \frac{1}{t}\mathrm{d}t = \frac{1}{2}\int \frac{\sqrt{t+1} - \sqrt{t-1}}{t}\mathrm{d}t.$$

对 $\dfrac{1}{2}\displaystyle\int \dfrac{\sqrt{t+1}}{t}\mathrm{d}t$，令 $\sqrt{t+1} = u$，则

$$\frac{1}{2}\int \frac{\sqrt{t+1}}{t}\mathrm{d}t = \frac{1}{2}\int \frac{u}{u^2 - 1} \cdot 2u\,\mathrm{d}u = \int \frac{u^2}{u^2 - 1}\mathrm{d}u$$

$$= \int \frac{u^2 - 1 + 1}{u^2 - 1}\mathrm{d}u = u + \frac{1}{2}\ln\left|\frac{u-1}{u+1}\right| + C_1$$

$$= \sqrt{\mathrm{e}^x + 1} + \frac{1}{2}\ln\frac{\sqrt{\mathrm{e}^x + 1} - 1}{\sqrt{\mathrm{e}^x + 1} + 1} + C_1.$$

对 $\dfrac{1}{2}\displaystyle\int \dfrac{\sqrt{t-1}}{t}\mathrm{d}t$，令 $\sqrt{t-1} = v$，同理有 $\dfrac{1}{2}\displaystyle\int \dfrac{\sqrt{t-1}}{t}\mathrm{d}t = \sqrt{\mathrm{e}^x - 1} - \arctan\sqrt{\mathrm{e}^x - 1} + C_2.$ 于是

$$原式 = \sqrt{\mathrm{e}^x + 1} + \frac{1}{2}\ln\frac{\sqrt{\mathrm{e}^x + 1} - 1}{\sqrt{\mathrm{e}^x + 1} + 1} - \sqrt{\mathrm{e}^x - 1} + \arctan\sqrt{\mathrm{e}^x - 1} + C.$$

3. 分部积分法

$$\int u\,\mathrm{d}v = uv - \int v\,\mathrm{d}u.$$

例 9.6 $\displaystyle\int e^x\left(\frac{1-x}{1+x^2}\right)^2 dx=$ _____.

【解】应填 $\dfrac{e^x}{1+x^2}+C$.

$$\int e^x\left(\frac{1-x}{1+x^2}\right)^2 dx$$

$$=\int e^x\cdot\frac{1+x^2-2x}{(1+x^2)^2}dx=\int e^x\cdot\frac{1}{1+x^2}dx-\int e^x\cdot\frac{2x}{(1+x^2)^2}dx$$

$$=\int\frac{e^x}{1+x^2}dx+\int e^x d\left(\frac{1}{1+x^2}\right)=\int\frac{e^x}{1+x^2}dx+\frac{e^x}{1+x^2}-\int\frac{e^x}{1+x^2}dx$$

$$=\frac{e^x}{1+x^2}+C.$$

【注】分部积分法可能创造出积分再现或积分抵消的情形, 是积分中常见的情形.

例 9.7 设 n 为非负整数, 则 $\displaystyle\int_0^1 x^2\ln^n x dx=$ _____.

【解】应填 $\dfrac{(-1)^n}{3^{n+1}}n!$.

记

$$a_n=\int_0^1 x^2\ln^n x\, dx=\int_0^1\ln^n x\, d\left(\frac{1}{3}x^3\right)$$

$$=\frac{1}{3}x^3\ln^n x\,\Big|_0^1-\int_0^1\frac{1}{3}x^3\cdot n\ln^{n-1}x\cdot\frac{1}{x}dx$$

$\displaystyle\lim_{x\to 0^+}x^\alpha\ln^\beta x=0,\forall\alpha,\beta>0.$

$$=-\frac{n}{3}\int_0^1 x^2\ln^{n-1}x dx=-\frac{n}{3}a_{n-1}, n=1,2,\cdots,$$

于是 $a_n=-\dfrac{n}{3}a_{n-1}=\left(-\dfrac{n}{3}\right)\left(-\dfrac{n-1}{3}\right)a_{n-2}=\cdots=\left(-\dfrac{n}{3}\right)\left(-\dfrac{n-1}{3}\right)\cdots\left(-\dfrac{1}{3}\right)a_0$, 又 $a_0=$ $\displaystyle\int_0^1 x^2 dx=\dfrac{1}{3}$, 故 $a_n=\dfrac{(-1)^n}{3^{n+1}}n!$.

例 9.8 设 n 为正整数, 则 $\displaystyle\int_0^\pi x^2\cos nx dx=$ _____.

【解】应填$(-1)^n \dfrac{2\pi}{n^2}$.

$$\int_0^\pi x^2 \cos nx \, dx = \int_0^\pi x^2 \, d\left(\frac{\sin nx}{n}\right) = \frac{1}{n} x^2 \cdot \sin nx \Big|_0^\pi - \frac{2}{n} \int_0^\pi x \sin nx \, dx$$

$$= -\frac{2}{n} \int_0^\pi x \, d\left(-\frac{\cos nx}{n}\right) = -\frac{2}{n}\left[x \cdot \left(-\frac{\cos nx}{n}\right) \Big|_0^\pi + \frac{1}{n} \int_0^\pi \cos nx \, dx\right]$$

$$= \frac{2\pi}{n^2}(-1)^n - \frac{2}{n^2} \int_0^\pi \cos nx \, dx$$

$$= \frac{2\pi}{n^2}(-1)^n - \frac{2}{n^2} \cdot \frac{\sin nx}{n} \Big|_0^\pi$$

$$= (-1)^n \frac{2\pi}{n^2}.$$

【注】亦可用如下表格法:

x^2	$2x$	2	0
$\cos nx$	$\dfrac{1}{n}\sin nx$	$-\dfrac{1}{n^2}\cos nx$	$-\dfrac{1}{n^3}\sin nx$

则

$$\int_0^\pi x^2 \cos nx \, dx = x^2 \cdot \frac{1}{n}\sin nx \Big|_0^\pi + 2x \cdot \frac{1}{n^2}\cos nx \Big|_0^\pi - 2 \cdot \frac{1}{n^3}\sin nx \Big|_0^\pi = (-1)^n \frac{2\pi}{n^2}.$$

例 9.9　设 $a_n = \displaystyle\int_0^{2\pi} e^{-x} \sin nx \, dx$，$n = 1,2,\cdots$.

(1) 求 a_n 的表达式;

(2) 计算 $\displaystyle\lim_{n\to\infty}\left(\frac{na_n}{1-e^{-2\pi}}\right)^{n^2}$.

【解】(1) 由表格法:

e^{-x}	$-e^{-x}$	e^{-x}
$\sin nx$	$-\dfrac{1}{n}\cos nx$	$-\dfrac{1}{n^2}\sin nx$

得

$$\int e^{-x} \sin nx \, dx = -\frac{e^{-x}}{n}\cos nx - \frac{e^{-x}}{n^2}\sin nx - \frac{1}{n^2}\int e^{-x} \sin nx \, dx,$$

于是

$$\int e^{-x} \sin nx \, dx \xlongequal{(*)} -\frac{ne^{-x}}{1+n^2}\left(\cos nx + \frac{1}{n}\sin nx\right) + C.$$

$$a_n = \int_0^{2\pi} e^{-x} \sin nx \, dx = -\frac{ne^{-x}}{1+n^2}\left(\cos nx + \frac{1}{n}\sin nx\right)\Big|_0^{2\pi}$$

$$= -\frac{n}{1+n^2}e^{-2\pi} + \frac{n}{1+n^2} = \frac{n}{1+n^2}(1-e^{-2\pi}).$$

(2) $\lim\limits_{n\to\infty}\left(\dfrac{na_n}{1-\mathrm{e}^{-2\pi}}\right)^{n^2}=\lim\limits_{n\to\infty}\left(\dfrac{n^2}{1+n^2}\right)^{n^2}=\mathrm{e}^{\lim\limits_{n\to\infty}n^2\cdot\frac{n^2-1-n^2}{1+n^2}}=\mathrm{e}^{-1}.$

【注】（＊）处亦可直接套用如下公式：

① $\displaystyle\int \mathrm{e}^{ax}\sin bx\,\mathrm{d}x=\dfrac{\begin{vmatrix}(\mathrm{e}^{ax})' & (\sin bx)' \\ \mathrm{e}^{ax} & \sin bx\end{vmatrix}}{a^2+b^2}+C=\dfrac{a\,\mathrm{e}^{ax}\sin bx-b\,\mathrm{e}^{ax}\cos bx}{a^2+b^2}+C;$

② $\displaystyle\int \mathrm{e}^{ax}\cos bx\,\mathrm{d}x=\dfrac{\begin{vmatrix}(\mathrm{e}^{ax})' & (\cos bx)' \\ \mathrm{e}^{ax} & \cos bx\end{vmatrix}}{a^2+b^2}+C=\dfrac{a\,\mathrm{e}^{ax}\cos bx+b\,\mathrm{e}^{ax}\sin bx}{a^2+b^2}+C.$

于是有 $\displaystyle\int \mathrm{e}^{-x}\sin nx\,\mathrm{d}x=\dfrac{-\mathrm{e}^{-x}\sin nx-n\,\mathrm{e}^{-x}\cos nx}{(-1)^2+n^2}+C.$

---

4. 有理函数的积分

(1) 定义.

形如 $\displaystyle\int\dfrac{P_n(x)}{Q_m(x)}\mathrm{d}x\,(n<m)$ 的积分称为**有理函数的积分**,其中 $P_n(x),Q_m(x)$ 分别是 x 的 n 次多项式和 m 次多项式.

(2) 思想.

若 $Q_m(x)$ 在实数域内可因式分解,则因式分解后再把 $\dfrac{P_n(x)}{Q_m(x)}$ 拆成若干项最简有理分式之和.

(3) 方法.

① $Q_m(x)$ 的一次单因式 $(ax+b)$ 产生一项 $\dfrac{A}{ax+b}$.

② $Q_m(x)$ 的 k 重一次因式 $(ax+b)^k$ 产生 k 项,分别为 $\dfrac{A_1}{ax+b},\dfrac{A_2}{(ax+b)^2},\cdots,\dfrac{A_k}{(ax+b)^k}$.

③ $Q_m(x)$ 的二次单因式 px^2+qx+r 产生一项 $\dfrac{Ax+B}{px^2+qx+r}$.

④ $Q_m(x)$ 的 k 重二次因式 $(px^2+qx+r)^k$ 产生 k 项,分别为

$$\dfrac{A_1x+B_1}{px^2+qx+r},\dfrac{A_2x+B_2}{(px^2+qx+r)^2},\cdots,\dfrac{A_kx+B_k}{(px^2+qx+r)^k}.$$

$q^2-4pr<0$

例 9.10 求 $\displaystyle\int\dfrac{x+2}{(2x+1)(x^2+x+1)}\mathrm{d}x.$

【解】设 $\dfrac{x+2}{(2x+1)(x^2+x+1)}=\dfrac{A}{2x+1}+\dfrac{Bx+D}{x^2+x+1}$,通分后可得

$$x+2=A(x^2+x+1)+(Bx+D)(2x+1),$$

代特值 $x=-\dfrac{1}{2},x=0,x=1$,得 $A=2,D=0,B=-1$,故

$$原式 = \int \left(\frac{2}{2x+1} - \frac{x}{x^2+x+1} \right) dx$$

$$= \ln|2x+1| - \int \frac{x}{x^2+x+1} dx$$

已是最简有理分式，请注意看接下来的积分方法.

$$= \ln|2x+1| - \frac{1}{2} \int \frac{(2x+1)-1}{x^2+x+1} dx$$

分子凑为"k（分母）'＋常数".

$$= \ln|2x+1| - \frac{1}{2} \int \frac{d(x^2+x+1)}{x^2+x+1} + \frac{1}{2} \int \frac{dx}{\left(x+\frac{1}{2}\right)^2 + \left(\frac{\sqrt{3}}{2}\right)^2}$$

$$= \ln|2x+1| - \frac{1}{2}\ln(x^2+x+1) + \frac{1}{\sqrt{3}}\arctan\frac{2x+1}{\sqrt{3}} + C.$$

三 定积分的计算

1. 对称区间上的积分问题

若函数 $f(x)$ 在对称区间 $[-a,a]$ $(a>0)$ 上连续,则

(1) 当 $f(x)$ 为奇函数时, $\int_{-a}^{a} f(x)dx = 0$;

(2) 当 $f(x)$ 为偶函数时, $\int_{-a}^{a} f(x)dx = 2\int_{0}^{a} f(x)dx.$

【注】① 上述两式常称为"偶倍奇零".

② 常考"通过平移后"实现"偶倍奇零".

(3) $\int_{-a}^{a} f(x)dx = \int_{0}^{a} [f(x)+f(-x)]dx.$

【注】上述结论的证明:

$$\int_{-a}^{a} f(x)dx = \frac{1}{2} \int_{-a}^{a} [f(x)+f(-x)]dx \qquad \text{偶函数}$$

$$= \frac{1}{2} \cdot 2 \int_{0}^{a} [f(x)+f(-x)]dx$$

$$= \int_{0}^{a} [f(x)+f(-x)]dx.$$

例 9.11 $I = \int_{-\frac{\pi}{2}}^{\frac{\pi}{2}} \frac{\sin^4 x}{1+e^{-x}} dx = \underline{\qquad}.$

【解】应填 $\dfrac{3\pi}{16}$.

注意到积分区间关于原点对称,则

$$I = \int_{0}^{\frac{\pi}{2}} \left[\frac{\sin^4 x}{1+e^{-x}} + \frac{\sin^4(-x)}{1+e^{-(-x)}} \right] dx = \int_{0}^{\frac{\pi}{2}} \sin^4 x \, dx = \frac{3}{4} \cdot \frac{1}{2} \cdot \frac{\pi}{2} = \frac{3\pi}{16}.$$

2. 周期性下的积分问题

设 $f(x)$ 是以 T 为周期的连续函数,即 $f(x+T)=f(x)$,则 $\int_a^{a+T} f(x)\mathrm{d}x = \int_0^T f(x)\mathrm{d}x$. 更一般地,有 $\int_a^{a+nT} f(x)\mathrm{d}x = n\int_0^T f(x)\mathrm{d}x$.

例 9.12 $\int_{\frac{\pi}{4}}^{\frac{5\pi}{4}} (1+\cos^2 x)\mathrm{d}x = $ _____.

【解】应填 $\dfrac{3\pi}{2}$.

$$\int_{\frac{\pi}{4}}^{\frac{5\pi}{4}} (1+\cos^2 x)\mathrm{d}x = \int_{\frac{\pi}{4}}^{\frac{5\pi}{4}} 1\mathrm{d}x + \int_{\frac{\pi}{4}}^{\frac{5\pi}{4}} \cos^2 x\mathrm{d}x = \pi + \int_{-\frac{\pi}{2}}^{\frac{\pi}{2}} \cos^2 x\mathrm{d}x$$

$$= \pi + 2\int_0^{\frac{\pi}{2}} \cos^2 x\mathrm{d}x = \pi + 2\times\frac{1}{2}\times\frac{\pi}{2} = \frac{3\pi}{2}.$$

例 9.13 函数 $F(x) = \int_x^{x+2\pi} f(t)\mathrm{d}t$,其中 $f(t) = \mathrm{e}^{\sin^2 t}(1+\sin^2 t)\cos 2t$,则 $F(x)$( ).

(A) 为正常数   (B) 为负常数   (C) 恒为零   (D) 不是常数

【解】应选(B).

由于被积函数连续且以 π 为周期(2π 也是周期),故 $F(x)=F(0)=\int_0^{2\pi} f(t)\mathrm{d}t = 2\int_0^{\pi} f(t)\mathrm{d}t$,即 $F(x)$ 为常数. 由于被积函数是变号的,为确定积分值的符号,可通过分部积分转化为被积函数定号的情形,即

$$2\int_0^{\pi} f(t)\mathrm{d}t = \int_0^{\pi} \mathrm{e}^{\sin^2 t}(1+\sin^2 t)\mathrm{d}(\sin 2t)$$

$$= \mathrm{e}^{\sin^2 t}(1+\sin^2 t)\sin 2t \Big|_0^{\pi} - \int_0^{\pi} \sin 2t\,\mathrm{d}\big[\mathrm{e}^{\sin^2 t}(1+\sin^2 t)\big]$$

$$= -\int_0^{\pi} \sin^2 2t\,\mathrm{e}^{\sin^2 t}(2+\sin^2 t)\mathrm{d}t < 0,$$

故 $F(x)$ 为负常数.

3. 区间再现下的积分问题

设以下抽象函数均为连续函数.

$$\int_a^b f(x)\mathrm{d}x = \int_a^b f(a+b-x)\mathrm{d}x. \tag{1}$$

$$\int_a^b f(x)\mathrm{d}x = \frac{1}{2}\int_a^b [f(x)+f(a+b-x)]\mathrm{d}x. \tag{2}$$

$$\int_a^b f(x)\mathrm{d}x = \int_a^{\frac{a+b}{2}} [f(x)+f(a+b-x)]\mathrm{d}x. \tag{3}$$

【注】①(1) 的证明:令 $x=a+b-t$,则

$$\int_a^b f(x)\mathrm{d}x = \int_b^a f(a+b-t)(-\mathrm{d}t) = \int_a^b f(a+b-t)\mathrm{d}t = \int_a^b f(a+b-x)\mathrm{d}x.$$

此结论称为**区间再现公式**.

② 由上述结论,等式两边相加,再除以2,有公式(2):

$$\int_a^b f(x)\mathrm{d}x = \frac{1}{2}\int_a^b [f(x)+f(a+b-x)]\mathrm{d}x.$$

③ 令 $F(x)=f(x)+f(a+b-x)$,则 $F(a+b-x)=f(a+b-x)+f(x)=F(x)$,故 $F(x)$ 以 $x=\dfrac{a+b}{2}$ 为对称轴,故又有公式

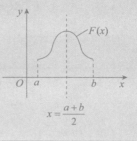

(3):$\displaystyle\int_a^b f(x)\mathrm{d}x = \int_a^{\frac{a+b}{2}}[f(x)+f(a+b-x)]\mathrm{d}x.$

$$\int_0^\pi x f(\sin x)\mathrm{d}x = \frac{\pi}{2}\int_0^\pi f(\sin x)\mathrm{d}x. \tag{4}$$

【注】由"公式(2)",有

$$\int_0^\pi x f(\sin x)\mathrm{d}x = \frac{1}{2}\int_0^\pi \{x f(\sin x)+(\pi-x)f[\sin(\pi-x)]\}\mathrm{d}x$$

$$= \frac{1}{2}\int_0^\pi [x f(\sin x)+\pi f(\sin x)-x f(\sin x)]\mathrm{d}x$$

$$= \frac{\pi}{2}\int_0^\pi f(\sin x)\mathrm{d}x.$$

$$\int_0^\pi x f(\sin x)\mathrm{d}x = \pi\int_0^{\frac{\pi}{2}} f(\sin x)\mathrm{d}x. \tag{5}$$

【注】由"公式(3)",有

$$\int_0^\pi x f(\sin x)\mathrm{d}x = \int_0^{\frac{\pi}{2}} \{x f(\sin x)+(\pi-x)f[\sin(\pi-x)]\}\mathrm{d}x$$

$$= \int_0^{\frac{\pi}{2}} [x f(\sin x)+\pi f(\sin x)-x f(\sin x)]\mathrm{d}x$$

$$= \pi\int_0^{\frac{\pi}{2}} f(\sin x)\mathrm{d}x.$$

$$\int_0^{\frac{\pi}{2}} f(\sin x)\mathrm{d}x = \int_0^{\frac{\pi}{2}} f(\cos x)\mathrm{d}x. \tag{6}$$

【注】由"公式(1)",有

$$\int_0^{\frac{\pi}{2}} f(\sin x)\mathrm{d}x = \int_0^{\frac{\pi}{2}} f\left[\sin\left(\frac{\pi}{2}-x\right)\right]\mathrm{d}x$$

$$= \int_0^{\frac{\pi}{2}} f(\cos x)\mathrm{d}x.$$

$$\int_0^{\frac{\pi}{2}} f(\sin x,\cos x)\mathrm{d}x = \int_0^{\frac{\pi}{2}} f(\cos x,\sin x)\mathrm{d}x. \tag{7}$$

【注】由"公式(1)",有

$$\int_0^{\frac{\pi}{2}} f(\sin x, \cos x) dx = \int_0^{\frac{\pi}{2}} f\left[\sin\left(\frac{\pi}{2}-x\right), \cos\left(\frac{\pi}{2}-x\right)\right] dx$$

$$= \int_0^{\frac{\pi}{2}} f(\cos x, \sin x) dx.$$

例 9.14 $I = \int_0^1 \frac{\ln(1+x)}{1+x^2} dx = \underline{\quad\quad}.$

【解】应填 $\frac{\pi}{8}\ln 2$.

令 $x = \tan t$,则

$$I = \int_0^{\frac{\pi}{4}} \ln(1+\tan t) dt \xrightarrow{\ \diamondsuit u = \frac{\pi}{4}-t\ } \int_0^{\frac{\pi}{4}} \ln\left[1+\tan\left(\frac{\pi}{4}-u\right)\right] du$$

$$= \int_0^{\frac{\pi}{4}} \ln\left(1+\frac{1-\tan u}{1+\tan u}\right) du = \int_0^{\frac{\pi}{4}} \ln\frac{2}{1+\tan u} du$$

$$= \frac{\pi}{4}\ln 2 - I,$$

得 $I = \frac{\pi}{8}\ln 2$.

例 9.15 $\int_0^{\pi} x\sqrt{\cos^2 x - \cos^4 x}\, dx = \underline{\quad\quad}.$

【解】应填 $\frac{\pi}{2}$.

$$\int_0^{\pi} x\sqrt{\cos^2 x - \cos^4 x}\, dx = \int_0^{\pi} x\sqrt{\cos^2 x \cdot (1-\cos^2 x)}\, dx$$

$$= \int_0^{\pi} x\sqrt{(1-\sin^2 x)\cdot \sin^2 x}\, dx$$

$\int_0^{\pi} x f(\sin x) dx = \pi\int_0^{\frac{\pi}{2}} f(\sin x) dx$ $\leftarrow$ $= \pi\int_0^{\frac{\pi}{2}} \sqrt{(1-\sin^2 x)\cdot \sin^2 x}\, dx$

$$= \pi\int_0^{\frac{\pi}{2}} \cos x \cdot \sin x\, dx = \pi \cdot \frac{1}{2}\sin^2 x\Big|_0^{\frac{\pi}{2}} = \frac{\pi}{2}.$$

4. 华里士公式

$$\int_0^{\frac{\pi}{2}} \sin^n x\, dx = \int_0^{\frac{\pi}{2}} \cos^n x\, dx$$

$$= \begin{cases} \dfrac{n-1}{n} \cdot \dfrac{n-3}{n-2} \cdot \cdots \cdot \dfrac{2}{3} \cdot 1, & n \text{ 为大于 } 1 \text{ 的奇数,} \\ \dfrac{n-1}{n} \cdot \dfrac{n-3}{n-2} \cdot \cdots \cdot \dfrac{1}{2} \cdot \dfrac{\pi}{2}, & n \text{ 为正偶数.} \end{cases} \tag{8}$$

$$\int_0^\pi \sin^n x \, \mathrm{d}x = \begin{cases} 2 \cdot \dfrac{n-1}{n} \cdot \dfrac{n-3}{n-2} \cdot \cdots \cdot \dfrac{2}{3} \cdot 1, & n \text{ 为大于 1 的奇数,} \\[2mm] 2 \cdot \dfrac{n-1}{n} \cdot \dfrac{n-3}{n-2} \cdot \cdots \cdot \dfrac{1}{2} \cdot \dfrac{\pi}{2}, & n \text{ 为正偶数.} \end{cases} \tag{9}$$

$$\int_0^\pi \cos^n x \, \mathrm{d}x = \begin{cases} 0, & n \text{ 为正奇数,} \\[2mm] 2 \cdot \dfrac{n-1}{n} \cdot \dfrac{n-3}{n-2} \cdot \cdots \cdot \dfrac{1}{2} \cdot \dfrac{\pi}{2}, & n \text{ 为正偶数.} \end{cases} \tag{10}$$

$$\int_0^{2\pi} \cos^n x \, \mathrm{d}x = \int_0^{2\pi} \sin^n x \, \mathrm{d}x = \begin{cases} 0, & n \text{ 为正奇数,} \\[2mm] 4 \cdot \dfrac{n-1}{n} \cdot \dfrac{n-3}{n-2} \cdot \cdots \cdot \dfrac{1}{2} \cdot \dfrac{\pi}{2}, & n \text{ 为正偶数.} \end{cases} \tag{11}$$

例 9.16 设 $f(x)$ 为连续函数,$\int_0^{\frac{\pi}{4}} f(2x)\mathrm{d}x - f(x) = \cos^4 x$,则 $\int_0^{\frac{\pi}{2}} f(x)\mathrm{d}x = \underline{\qquad}$.

【解】应填 $\dfrac{3\pi}{4(\pi-4)}$.

$$\int_0^{\frac{\pi}{2}} f(x)\mathrm{d}x = \int_0^{\frac{\pi}{2}} \left[f(x) + \cos^4 x \right] \mathrm{d}x - \int_0^{\frac{\pi}{2}} \cos^4 x \, \mathrm{d}x$$

$$= \int_0^{\frac{\pi}{2}} \left[\int_0^{\frac{\pi}{4}} f(2x)\mathrm{d}x \right] \mathrm{d}x - \frac{3}{4} \cdot \frac{1}{2} \cdot \frac{\pi}{2}$$

$$\xrightarrow[2\mathrm{d}x = \mathrm{d}t]{\text{令 } 2x = t} \int_0^{\frac{\pi}{2}} \left[\underline{\frac{1}{2} \int_0^{\frac{\pi}{2}} f(t)\mathrm{d}t} \right] \mathrm{d}x - \frac{3\pi}{16} \qquad \swarrow 常数$$

$$= \frac{1}{2} \int_0^{\frac{\pi}{2}} f(t)\mathrm{d}t \cdot \int_0^{\frac{\pi}{2}} \mathrm{d}x - \frac{3\pi}{16}$$

$$= \frac{\pi}{4} \int_0^{\frac{\pi}{2}} f(t)\mathrm{d}t - \frac{3\pi}{16},$$

故 $\displaystyle \int_0^{\frac{\pi}{2}} f(x)\mathrm{d}x = \dfrac{-\dfrac{3\pi}{16}}{1 - \dfrac{\pi}{4}} = \dfrac{3\pi}{4(\pi-4)}$.

例 9.17 设数列 $\{a_n\}$ 的通项 $a_n = \displaystyle\int_0^{+\infty} \dfrac{\mathrm{d}x}{(1+x^2)^n}$,$n = 2, 3, \cdots$,计算 $\displaystyle\lim_{n \to \infty} \left(\dfrac{a_{n+1}}{a_n} \right)^{\ln(1+\mathrm{e}^{2n})}$.

【解】$a_n = \displaystyle\int_0^{+\infty} \dfrac{\mathrm{d}x}{(1+x^2)^n} \xrightarrow{\text{令 } x = \tan t} \int_0^{\frac{\pi}{2}} \dfrac{\sec^2 t}{(\sec^2 t)^n} \mathrm{d}t = \int_0^{\frac{\pi}{2}} \cos^{2n-2} t \, \mathrm{d}t.$

$$\frac{a_{n+1}}{a_n} = \frac{\displaystyle\int_0^{\frac{\pi}{2}} \cos^{2n} t \, \mathrm{d}t}{\displaystyle\int_0^{\frac{\pi}{2}} \cos^{2n-2} t \, \mathrm{d}t} = \frac{(2n-1)!!}{(2n)!!} \cdot \frac{\pi}{2} \cdot \frac{(2n-2)!!}{(2n-3)!!} \cdot \frac{2}{\pi} = \frac{2n-1}{2n},$$

于是

$$\lim_{n \to \infty} \left(\frac{a_{n+1}}{a_n} \right)^{\ln(1+\mathrm{e}^{2n})} = \lim_{n \to \infty} \left(1 - \frac{1}{2n} \right)^{\ln(1+\mathrm{e}^{2n})}$$

$$= \mathrm{e}^{\displaystyle\lim_{n \to \infty} \ln(1+\mathrm{e}^{2n}) \cdot \left(-\frac{1}{2n}\right)} = \mathrm{e}^{\displaystyle\lim_{n \to \infty} \frac{\ln(1+\mathrm{e}^{2n})}{\ln \mathrm{e}^{2n}} \cdot \ln \mathrm{e}^{2n} \cdot \left(-\frac{1}{2n}\right)}$$

$$= e^{\lim\limits_{n \to \infty} 2n \cdot \left(-\frac{1}{2n}\right)} = e^{-1}.$$

5. 定积分分部积分法中的"升阶""降阶"问题

例 9.18 设 $f(x) = \lim\limits_{t \to \infty} t^2 \sin \dfrac{x}{t} \cdot \left[g\left(2x + \dfrac{1}{t}\right) - g(2x) \right]$，且 $g(x)$ 的一个原函数为 $\ln(x+1)$，求 $\int_0^1 f(x)\,dx$.

【解】由题设知，$f(x) = \lim\limits_{t \to \infty} \dfrac{\sin \frac{x}{t}}{\frac{x}{t}} \cdot x \cdot \dfrac{g\left(2x + \frac{1}{t}\right) - g(2x)}{\frac{1}{t}}$，由于

$$\lim_{t \to \infty} \frac{\sin \frac{x}{t}}{\frac{x}{t}} = 1, \quad \lim_{t \to \infty} \frac{g\left(2x + \frac{1}{t}\right) - g(2x)}{\frac{1}{t}} = g'(2x),$$

故 $f(x) = xg'(2x)$，则

$$\int_0^1 f(x)\,dx = \int_0^1 xg'(2x)\,dx \xlongequal{\text{令} 2x = t} \int_0^2 \frac{t}{2} g'(t) \cdot \frac{1}{2}\,dt = \frac{1}{4} \int_0^2 x\,d[g(x)]$$

$$= \frac{1}{4}\left[xg(x) \Big|_0^2 - \int_0^2 g(x)\,dx \right] = \frac{1}{4}\left[x \cdot \frac{1}{1+x} - \ln(x+1) \right] \Big|_0^2$$

$$= \frac{1}{4}\left(\frac{2}{3} - \ln 3 \right) = \frac{1}{6} - \frac{1}{4}\ln 3.$$

【注】仔细观察解题过程便可发现，已知的是 $\int g(x)\,dx$，而起点是 $g'(x)$，要用分部积分法，将 $g'(x)$ 变为 $g(x)$，再变为 $\int g(x)\,dx$，这叫"降阶".

例 9.19 设 $f(x) = \int_0^x e^{-t^2+2t}\,dt$，求 $\int_0^1 (x-1)^2 f(x)\,dx$.

【解】由题设知，$f(0) = 0, f'(x) = e^{-x^2+2x}$，则

$$\int_0^1 (x-1)^2 f(x)\,dx = \frac{1}{3}(x-1)^3 f(x) \Big|_0^1 - \frac{1}{3}\int_0^1 (x-1)^3 f'(x)\,dx$$

$$= -\frac{1}{3}\int_0^1 (x-1)^3 e^{-x^2+2x}\,dx = -\frac{1}{6}\int_0^1 (x-1)^2 e^{-(x-1)^2+1}\,d[(x-1)^2]$$

$$\xlongequal{\text{令} t = (x-1)^2} -\frac{e}{6}\int_1^0 t e^{-t}\,dt$$

$$= \frac{1}{6}(e-2).$$

【注】知道了 $f'(x)$ 的表达式，便想到用分部积分法，使得 $\int_0^1 (x-1)^2 f(x)\,dx$ 中的 $f(x)$ 作为 u（求导）的身份，出现 $f'(x)$，这叫"升阶".

6. 分段函数的定积分

例 9.20 设 $f(x) = \begin{cases} e^{-x}, & x \geqslant 0, \\ 1+x^2, & x < 0, \end{cases}$ 则 $\displaystyle\int_{-2}^{2} f(x-1)\mathrm{d}x = \underline{\hspace{2cm}}$.

【解】应填 $13 - e^{-1}$.

在积分中作变量代换，令 $x - 1 = t$，有

$$\int_{-2}^{2} f(x-1)\mathrm{d}x = \int_{-3}^{1} f(t)\mathrm{d}t = \int_{-3}^{0} f(t)\mathrm{d}t + \int_{0}^{1} f(t)\mathrm{d}t$$

$$= \int_{-3}^{0}(1+t^2)\mathrm{d}t + \int_{0}^{1} e^{-t}\mathrm{d}t$$

$$= \left(t + \frac{t^3}{3}\right)\Big|_{-3}^{0} - e^{-t}\Big|_{0}^{1} = 13 - e^{-1}.$$

例 9.21 $\displaystyle\int_{0}^{\ln 4}\left[e^x\right]\mathrm{d}x = \underline{\hspace{2cm}}$. ($[e^x]$ 表示不超过 e^x 的最大整数)

【解】应填 $5\ln 2 - \ln 3$.

当 $0 \leqslant x \leqslant \ln 4$ 时，有 $1 \leqslant e^x \leqslant 4$，以 $e^x = 1, 2, 3, 4$ 来划分 $[0, \ln 4]$，则

$$原式 = \int_{0}^{\ln 2}\left[e^x\right]\mathrm{d}x + \int_{\ln 2}^{\ln 3}\left[e^x\right]\mathrm{d}x + \int_{\ln 3}^{\ln 4}\left[e^x\right]\mathrm{d}x$$

$$= \int_{0}^{\ln 2} 1\mathrm{d}x + \int_{\ln 2}^{\ln 3} 2\mathrm{d}x + \int_{\ln 3}^{\ln 4} 3\mathrm{d}x$$

$$= \ln 2 + 2(\ln 3 - \ln 2) + 3(\ln 4 - \ln 3)$$

$$= 5\ln 2 - \ln 3.$$

四 变限积分的计算

1. 求分段函数的变限积分

例 9.22 设 $f(x) = \begin{cases} 2x + \dfrac{3}{2}x^2, & -1 \leqslant x < 0, \\ \dfrac{x e^x}{(e^x+1)^2}, & 0 \leqslant x \leqslant 1, \end{cases}$ 求函数 $F(x) = \displaystyle\int_{-1}^{x} f(t)\mathrm{d}t$ 的表达式.

【解】当 $x \in [-1, 0)$ 时，

$$F(x) = \int_{-1}^{x} f(t)\mathrm{d}t = \int_{-1}^{x}\left(2t + \frac{3}{2}t^2\right)\mathrm{d}t = \left(t^2 + \frac{1}{2}t^3\right)\Big|_{-1}^{x} = \frac{1}{2}x^3 + x^2 - \frac{1}{2};$$

当 $x \in [0, 1]$ 时，

$$F(x) = \int_{-1}^{x} f(t)\mathrm{d}t = \int_{-1}^{0} f(t)\mathrm{d}t + \int_{0}^{x} f(t)\mathrm{d}t = \left(t^2 + \frac{1}{2}t^3\right)\Big|_{-1}^{0} + \int_{0}^{x}\frac{t e^t}{(e^t+1)^2}\mathrm{d}t$$

$$= -\frac{1}{2} + \int_{0}^{x}(-t)\mathrm{d}\left(\frac{1}{e^t+1}\right) = -\frac{1}{2} - \frac{t}{e^t+1}\Big|_{0}^{x} + \int_{0}^{x}\frac{\mathrm{d}t}{e^t+1}$$

$$= -\frac{1}{2} - \frac{x}{e^x + 1} + \int_0^x \frac{d(e^t)}{e^t(e^t + 1)} = -\frac{1}{2} - \frac{x}{e^x + 1} + \int_0^x \left(\frac{1}{e^t} - \frac{1}{e^t + 1} \right) d(e^t)$$

$$= -\frac{1}{2} - \frac{x}{e^x + 1} + \ln \frac{e^t}{e^t + 1} \Big|_0^x = -\frac{1}{2} - \frac{x}{e^x + 1} + \ln \frac{e^x}{e^x + 1} - \ln \frac{1}{2},$$

所以
$$F(x) = \begin{cases} \dfrac{x^3}{2} + x^2 - \dfrac{1}{2}, & -1 \leqslant x < 0, \\[3mm] \ln \dfrac{e^x}{e^x + 1} - \dfrac{x}{e^x + 1} + \ln 2 - \dfrac{1}{2}, & 0 \leqslant x \leqslant 1. \end{cases}$$

2. 直接求导型

可直接用下述求导公式（Ⅰ），（Ⅱ）求导的积分称为**直接求导型**.

（Ⅰ）$\left[\displaystyle\int_a^{\varphi(x)} f(t) dt \right]_x' = f[\varphi(x)] \cdot \varphi'(x).$

（Ⅱ）$\left[\displaystyle\int_{\varphi_1(x)}^{\varphi_2(x)} f(t) dt \right]_x' = f[\varphi_2(x)] \cdot \varphi_2'(x) - f[\varphi_1(x)] \varphi_1'(x).$

例 9.23 设函数 $f(x)$ 在 $[0, +\infty)$ 内可导，$f(0) = 0$，且其反函数为 $g(x)$. 若 $\displaystyle\int_0^{f(x)} g(t) dt = x^2 e^x$，求 $f(x)$.

【解】等式两边对 x 求导，得 $g[f(x)] f'(x) = 2x e^x + x^2 e^x$，而 $g[f(x)] = x$，故
$$x f'(x) = 2x e^x + x^2 e^x.$$

当 $x \neq 0$ 时，$f'(x) = 2e^x + x e^x$，两边对 x 积分得 $f(x) = (x + 1) e^x + C.$

由于 $f(x)$ 在 $x = 0$ 处右连续，故由
$$0 = f(0) = \lim_{x \to 0^+} f(x) = \lim_{x \to 0^+} [(x + 1) e^x + C],$$

得 $C = -1$，因此 $f(x) = (x + 1) e^x - 1 (x \geqslant 0).$

【注】部分考生对 $g[f(x)] = x$ 这一反函数的基本性质不熟悉，导致后续无法化简；积分方程往往都是通过求导转化为微分方程再去求解. 另外，本题利用初始条件确定 C 的值的过程值得体会.

3. 换元求导型

先用换元法处理，再用求导公式（Ⅰ），（Ⅱ）求导的积分称为**换元求导型**.

例 9.24 设 $f(x)$ 在 $[0, +\infty)$ 内可导，$f(0) = 0$，其反函数为 $g(x)$. 若
$$\int_x^{x + f(x)} g(t - x) dt = x^2 \ln(1 + x),$$

求 $f(x)$.

【解】令 $t - x = u$，则 $dt = du$，于是
$$\int_x^{x + f(x)} g(t - x) dt = \int_0^{f(x)} g(u) du = x^2 \ln(1 + x).$$

将等式 $\int_0^{f(x)} g(u)\mathrm{d}u = x^2\ln(1+x)$ 两边对 x 求导,同时注意到 $g[f(x)] = x$,于是有

$$xf'(x) = 2x\ln(1+x) + \frac{x^2}{1+x}.$$

当 $x \neq 0$ 时,有 $f'(x) = 2\ln(1+x) + \frac{x}{1+x}$,两边对 x 积分得

$$f(x) = \int\left[2\ln(1+x) + \frac{x}{1+x}\right]\mathrm{d}x$$
$$= 2[\ln(1+x) + x\ln(1+x) - x] + x - \ln(1+x) + C$$
$$= \ln(1+x) + 2x\ln(1+x) - x + C.$$

可知 $\lim\limits_{x \to 0^+} f(x) = C$,由于 $f(x)$ 在 $x = 0$ 处右连续,又 $f(0) = 0$,解得 $C = 0$,于是

$$f(x) = \ln(1+x) + 2x\ln(1+x) - x \quad (x \geq 0).$$

例 9.25 设 $f(x)$ 在 $(-\infty, +\infty)$ 内非负连续,且

$$\int_0^x tf(x^2)f(x^2 - t^2)\mathrm{d}t = \sin^2(x^2),$$

求 $f(x)$ 在 $[0, \pi]$ 上的平均值.

【解】令 $x^2 - t^2 = u$,则

$$\int_0^x tf(x^2)f(x^2 - t^2)\mathrm{d}t = f(x^2)\left[-\frac{1}{2}\int_{x^2}^0 f(u)\mathrm{d}u\right]$$
$$= \frac{1}{2}f(x^2)\int_0^{x^2} f(u)\mathrm{d}u,$$

于是有 $f(x^2)\int_0^{x^2} f(u)\mathrm{d}u = 2\sin^2(x^2)$,再令 $x^2 = v$,有

$$f(v)\int_0^v f(u)\mathrm{d}u = 2\sin^2 v.$$

又令 $F(v) = \int_0^v f(u)\mathrm{d}u$,于是

$$F(v)F'(v) = 2\sin^2 v,$$

上式在 $[0, \pi]$ 上对 v 作积分,有

$$\int_0^\pi F(v)F'(v)\mathrm{d}v = \int_0^\pi F(v)\mathrm{d}[F(v)] = \frac{1}{2}F^2(v)\Big|_0^\pi = 2\int_0^\pi \sin^2 v\,\mathrm{d}v = \pi,$$

故 $F(\pi) = \sqrt{2\pi}$,则 $f(x)$ 在 $[0, \pi]$ 上的平均值为 $\frac{1}{\pi}\int_0^\pi f(x)\mathrm{d}x = \sqrt{\frac{2}{\pi}}$.

【注】(1) 连续函数 $f(x)$ 的一个原函数表达形式常写为 $F(x) = \int_0^x f(u)\mathrm{d}u$,考生须熟知. 见到 $f(x)\int_0^x f(u)\mathrm{d}u$,一般令 $F(x) = \int_0^x f(u)\mathrm{d}u$,这样便有 $F'(x) = f(x)$,即得 $F'(x)F(x)$,于是 $\int F'(x)F(x)\mathrm{d}x = \int F(x)\mathrm{d}[F(x)] = \frac{1}{2}F^2(x) + C$,此思路非常重要.

(2) 平均值是考研重点.

4. 拆分求导型

需先拆分区间化成若干个积分,再用求导公式(Ⅰ),(Ⅱ)求导的积分(往往带绝对值)称为**拆分求导型**.

例 9.26 设 $|x| \leqslant 1$,求积分 $I(x) = \int_{-1}^{1} |t-x| e^{2t} dt$ 的最大值.

【解】 由题设知,$I(x) = \int_{-1}^{1} |t-x| e^{2t} dt$

$$= \int_{-1}^{x} (x-t) e^{2t} dt + \int_{x}^{1} (t-x) e^{2t} dt$$

$$= x \int_{-1}^{x} e^{2t} dt - \int_{-1}^{x} t e^{2t} dt + \int_{x}^{1} t e^{2t} dt - x \int_{x}^{1} e^{2t} dt ,$$

> 积分变量 t 与求导变量 x 的取值在同一区间, 不需要分情况讨论.
>
> -1 x 1
>
> -1 t 1

$$I'(x) = \int_{-1}^{x} e^{2t} dt + x e^{2x} - x e^{2x} - x e^{2x} - \int_{x}^{1} e^{2t} dt + x e^{2x} = \int_{-1}^{x} e^{2t} dt - \int_{x}^{1} e^{2t} dt$$

$$= e^{2x} - \frac{1}{2}(e^2 + e^{-2}) \xlongequal{\text{令}} 0 ,$$

得 $x = \frac{1}{2} \ln \frac{e^2 + e^{-2}}{2}$ 为唯一驻点,$I''(x) = 2e^{2x} > 0$,故 $x = \frac{1}{2} \ln \frac{e^2 + e^{-2}}{2}$ 为 $I(x)$ 在 $[-1,1]$ 上的最小值,最大值只能在端点 $x = -1, x = 1$ 处取得.又

$$I(-1) = \frac{3}{4} e^2 + \frac{1}{4} e^{-2}, I(1) = \frac{1}{4} e^2 - \frac{5}{4} e^{-2},$$

所以 $I_{\max} = I(-1) = \frac{3}{4} e^2 + \frac{1}{4} e^{-2}$.

例 9.27 设函数 $f(x) = \int_{0}^{1} |t^2 - x^2| dt \ (x > 0)$,求 $f'(x)$,并求 $f(x)$ 的最小值.

【解】 当 $0 < x \leqslant 1$ 时,$f(x) = \int_{0}^{x} |t^2 - x^2| dt + \int_{x}^{1} |t^2 - x^2| dt$

$$= \int_{0}^{x} (x^2 - t^2) dt + \int_{x}^{1} (t^2 - x^2) dt = \frac{4}{3} x^3 - x^2 + \frac{1}{3} ;$$

当 $x > 1$ 时, $\qquad f(x) = \int_{0}^{1} (x^2 - t^2) dt = x^2 - \frac{1}{3}$.

> 积分变量 t 与求导变量 x 的取值不在同一区间, 需要分情况讨论.
>
> 0 t 1
>
> 0 x $+\infty$

所以 $\qquad f(x) = \begin{cases} \dfrac{4}{3} x^3 - x^2 + \dfrac{1}{3}, & 0 < x \leqslant 1, \\ x^2 - \dfrac{1}{3}, & x > 1, \end{cases}$

而 $\qquad f'_{-}(1) = \lim\limits_{x \to 1^-} \dfrac{\frac{4}{3} x^3 - x^2 + \frac{1}{3} - \frac{2}{3}}{x - 1} = 2, f'_{+}(1) = \lim\limits_{x \to 1^+} \dfrac{x^2 - \frac{1}{3} - \frac{2}{3}}{x - 1} = 2,$

故 $\qquad f'(x) = \begin{cases} 4x^2 - 2x, & 0 < x \leqslant 1, \\ 2x, & x > 1. \end{cases}$

由 $f'(x) = 0$ 得唯一驻点 $x = \frac{1}{2}$,又 $f''\left(\frac{1}{2}\right) > 0$,从而 $x = \frac{1}{2}$ 为 $f(x)$ 的最小值点,最小值

为 $f\left(\dfrac{1}{2}\right) = \dfrac{1}{4}$.

5. 换序型

积分是一种累次积分（即先算里面一层积分,再算外面一层积分）,一般里面一层积分不易处理,故化为二重积分再交换积分次序,称这种类型的积分为**换序型**.

例 9.28 极限 $\lim\limits_{t\to 0^+}\dfrac{1}{t^5}\int_0^t \mathrm{d}y \int_y^t \dfrac{\sin(xy)^2}{x}\mathrm{d}x = $ _____ .

【解】应填 $\dfrac{1}{15}$.

将二重积分交换积分次序,得

$$\int_0^t \mathrm{d}y \int_y^t \frac{\sin(xy)^2}{x}\mathrm{d}x = \int_0^t \frac{1}{x}\mathrm{d}x \int_0^x \sin(xy)^2\mathrm{d}y.$$

记 $\displaystyle\int_0^x \sin(xy)^2\mathrm{d}y = f(x)$,则

$$原极限 = \lim_{t\to 0^+}\frac{\displaystyle\int_0^t \frac{1}{x}f(x)\mathrm{d}x}{t^5} = \lim_{t\to 0^+}\frac{\dfrac{1}{t}f(t)}{5t^4} \quad ty = u$$

$$= \lim_{t\to 0^+}\frac{f(t)}{5t^5} = \lim_{t\to 0^+}\frac{\displaystyle\int_0^t \sin(ty)^2\mathrm{d}y}{5t^5} = \lim_{t\to 0^+}\frac{\dfrac{1}{t}\displaystyle\int_0^{t^2}\sin u^2\mathrm{d}u}{5t^5}$$

$$= \lim_{t\to 0^+}\frac{\displaystyle\int_0^{t^2}\sin u^2\mathrm{d}u}{5t^6} = \lim_{t\to 0^+}\frac{\sin t^4 \cdot 2t}{30t^5} = \frac{1}{15}.$$

五 反常积分的计算

在收敛的条件下.

① $\displaystyle\int_a^{+\infty}f(x)\mathrm{d}x = F(+\infty) - F(a)$,其中 $F(+\infty)$ 是指 $\lim\limits_{x\to+\infty}F(x)$.

② 若 a 为瑕点,则 $\displaystyle\int_a^b f(x)\mathrm{d}x = F(b) - F(a)$,其中 $F(a)$ 是指 $\lim\limits_{x\to a^+}F(x)$.

③ 换元后,有可能实现反常积分与定积分的相互转化.

例 9.29 求 $\displaystyle\int_0^1 \dfrac{x^2\arcsin x}{\sqrt{1-x^2}}\mathrm{d}x$.

【解】由于 $\lim\limits_{x\to 1^-}\dfrac{x^2\arcsin x}{\sqrt{1-x^2}} = +\infty$,故 $\displaystyle\int_0^1 \dfrac{x^2\arcsin x}{\sqrt{1-x^2}}\mathrm{d}x$ 是反常积分.

令 $\arcsin x = t$,则 $x = \sin t$, $t \in \left[0, \dfrac{\pi}{2}\right)$,则

换元，将反常积分转化为定积分.

$$\int_0^1 \frac{x^2 \arcsin x}{\sqrt{1-x^2}} \mathrm{d}x = \int_0^{\frac{\pi}{2}} \frac{t \sin^2 t}{\cos t} \cos t \, \mathrm{d}t = \int_0^{\frac{\pi}{2}} t \sin^2 t \, \mathrm{d}t$$

$$= \int_0^{\frac{\pi}{2}} \left(\frac{t}{2} - \frac{t \cos 2t}{2} \right) \mathrm{d}t = \frac{t^2}{4} \Big|_0^{\frac{\pi}{2}} - \frac{1}{4} \int_0^{\frac{\pi}{2}} t \, \mathrm{d}(\sin 2t)$$

$$= \frac{\pi^2}{16} - \frac{t \sin 2t}{4} \Big|_0^{\frac{\pi}{2}} + \frac{1}{4} \int_0^{\frac{\pi}{2}} \sin 2t \, \mathrm{d}t = \frac{\pi^2}{16} - \frac{1}{8} \cos 2t \Big|_0^{\frac{\pi}{2}} = \frac{\pi^2}{16} + \frac{1}{4}.$$

例 9.30 求 $\displaystyle\int_0^{+\infty} \frac{(1+2t^2)t^2}{(1+t^2)^3} \mathrm{d}t$.

【解】令 $t = \tan u$，则

$$\text{原式} = \int_0^{\frac{\pi}{2}} \frac{(\sec^2 u + \tan^2 u)\tan^2 u}{\sec^6 u} \mathrm{d}(\tan u)$$

$$= \int_0^{\frac{\pi}{2}} \frac{\sec^2 u \tan^2 u + \tan^4 u}{\sec^4 u} \mathrm{d}u$$

$$= \int_0^{\frac{\pi}{2}} (\sin^2 u + \sin^4 u) \mathrm{d}u$$

$$= \frac{1}{2} \cdot \frac{\pi}{2} + \frac{3}{4} \cdot \frac{1}{2} \cdot \frac{\pi}{2}$$

$$= \frac{7\pi}{16}.$$

第10讲
一元函数积分学的应用（一）
——几何应用

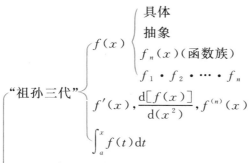

"祖孙三代"
$$f(x)\begin{cases}具体\\抽象\\f_n(x)（函数族）\\f_1 \cdot f_2 \cdots f_n\end{cases}$$

$$f'(x),\dfrac{\mathrm{d}[f(x)]}{\mathrm{d}(x^2)},f^{(n)}(x)$$

$$\int_a^x f(t)\mathrm{d}t$$

研究对象

用极限定义函数——$f(x)=\lim\limits_{n\to\infty}g(n,x)$ 或 $f(x)=\lim\limits_{t\to x}g(t,x)$

分段函数（含绝对值）

参数方程 $\begin{cases}x=x(t),y=y(t)\\x=r(\theta)\cos\theta,y=r(\theta)\sin\theta\end{cases}$

隐函数 $F(x,y)=0$

微分方程的解 $y=y(x)$

偏微分方程的解 $f(x,y)$

级数的和函数 $S(x)=\sum a_n x^n$（仅数学一、数学三）

研究内容

面积

旋转体体积

平均值

平面曲线的弧长（仅数学一、数学二）

旋转曲面的面积（侧面积）（仅数学一、数学二）

"平面上的曲边梯形"的形心坐标公式（仅数学一、数学二）

平行截面面积为已知的立体体积（仅数学一、数学二）

一 研究对象

1. "祖孙三代"

① $f(x)$ $\begin{cases} 具体, \\ 抽象, \\ f_n(x)(函数族), \\ f_1 \cdot f_2 \cdots f_n. \end{cases}$

② $f'(x), \dfrac{\mathrm{d}[f(x)]}{\mathrm{d}(x^2)}, f^{(n)}(x).$

③ $\displaystyle\int_a^x f(t)\,\mathrm{d}t.$

2. 用极限定义函数

$$f(x) = \lim_{n \to \infty} g(n, x) \ \text{或}\ f(x) = \lim_{t \to x} g(t, x).$$

3. 分段函数(含绝对值)

4. 参数方程

① $\begin{cases} x = x(t), \\ y = y(t). \end{cases}$

② $\begin{cases} x = r(\theta)\cos\theta, \\ y = r(\theta)\sin\theta. \end{cases}$

5. 隐函数 $F(x, y) = 0$

6. 微分方程的解 $y = y(x)$

7. 偏微分方程的解 $f(x, y)$

8. 级数的和函数 $S(x) = \sum a_n x^n$（仅数学一、数学三）

二 研究内容

(1) 面积.

① 直角坐标系下的面积公式（见图 10-1）：$S = \displaystyle\int_a^b |f(x) - g(x)|\,\mathrm{d}x.$

② 极坐标系下的面积公式（见图 10-2）：$S = \int_{\alpha}^{\beta} \frac{1}{2} \mid r_2^2(\theta) - r_1^2(\theta) \mid \mathrm{d}\theta$.

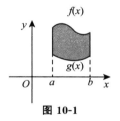

图 10-1

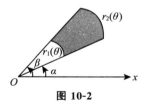

图 10-2

例 10.1 曲线 $r = 1 + \cos\theta$ 与其在点 $\left(1 + \frac{\sqrt{2}}{2}, \frac{\pi}{4}\right)$ 处的切线及 x 轴所围图形面积为 _____.

【解】应填 $\frac{3}{8}(3 + \sqrt{2}) - \frac{3}{16}\pi$.

由例 5.3 可知，曲线 $r = 1 + \cos\theta$ 在点 $\left(1 + \frac{\sqrt{2}}{2}, \frac{\pi}{4}\right)$ 处的直角坐标系下的切线方程为 $y = (1 - \sqrt{2})x + 1 + \frac{\sqrt{2}}{2}$，切点为 $B\left(\frac{\sqrt{2}}{2} + \frac{1}{2}, \frac{\sqrt{2}}{2} + \frac{1}{2}\right)$，则所围图形如图 10-3 所示. 可知所求图形面积等于大三角形面积减去小曲边三角形面积. 接下来在两种坐标系下分别计算 $S_大$（见图 10-4），$S_小$（见图 10-5）.

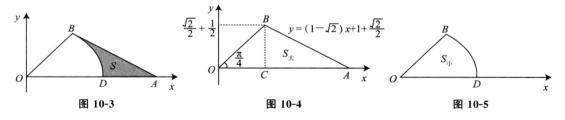

图 10-3   图 10-4   图 10-5

如图 10-4 所示，切线方程中令 $y = 0$，得 $x = 2 + \frac{3\sqrt{2}}{2}$，即 A 点坐标为 $\left(2 + \frac{3\sqrt{2}}{2}, 0\right)$，而 B 点坐标为 $\left(\frac{\sqrt{2}}{2} + \frac{1}{2}, \frac{\sqrt{2}}{2} + \frac{1}{2}\right)$，作 BC 垂直于 x 轴交于点 C，故

$$S_大 = \frac{1}{2} \cdot \mid OA \mid \cdot \mid BC \mid$$

$$= \frac{1}{2}\left(2 + \frac{3\sqrt{2}}{2}\right)\left(\frac{\sqrt{2}}{2} + \frac{1}{2}\right)$$

$$= \frac{10 + 7\sqrt{2}}{8}.$$

如图 10-5 所示，可得

$$S_小 = \frac{1}{2}\int_0^{\frac{\pi}{4}} r^2 \mathrm{d}\theta = \frac{1}{2}\int_0^{\frac{\pi}{4}} (1 + \cos\theta)^2 \mathrm{d}\theta$$

$$= \frac{1}{2}\int_0^{\frac{\pi}{4}}(1+2\cos\theta+\cos^2\theta)\,d\theta$$

$$= \frac{1}{2}\int_0^{\frac{\pi}{4}}d\theta + \int_0^{\frac{\pi}{4}}\cos\theta\,d\theta + \frac{1}{2}\int_0^{\frac{\pi}{4}}\cos^2\theta\,d\theta$$

$$= \frac{1}{2}\cdot\frac{\pi}{4} + \sin\theta\Big|_0^{\frac{\pi}{4}} + \left(\frac{1}{4}\theta+\frac{1}{8}\sin 2\theta\right)\Big|_0^{\frac{\pi}{4}}$$

$$= \frac{1}{8} + \frac{\sqrt{2}}{2} + \frac{3}{16}\pi.$$

故 $S = S_{大} - S_{小} = \frac{3}{8}(3+\sqrt{2}) - \frac{3}{16}\pi.$

例 10.2 当 $x \geqslant 0$ 时,在曲线 $y = e^{-2x}$ 上面作一个台阶曲线,台阶的宽度皆为 1(见图 10-6).则图中无穷多个阴影部分的面积之和 $S =$ _____.

【解】应填 $\frac{e^2+1}{2(e^2-1)}$.

区间 $[k,k+1](k=0,1,2,\cdots)$ 上的阴影面积为

$$e^{-2k} - \int_k^{k+1}e^{-2x}\,dx = e^{-2k} + \frac{1}{2}e^{-2x}\Big|_k^{k+1} = e^{-2k} + \frac{1}{2}e^{-2k-2} - \frac{1}{2}e^{-2k} = \left(\frac{1}{2}+\frac{1}{2e^2}\right)e^{-2k},$$

而 $\sum_{k=0}^{\infty}e^{-2k} = \frac{1}{1-e^{-2}}$,故 $S = \left(\frac{1}{2}+\frac{1}{2e^2}\right)\frac{1}{1-e^{-2}} = \frac{e^2+1}{2e^2}\cdot\frac{e^2}{e^2-1} = \frac{e^2+1}{2(e^2-1)}.$

(2) 旋转体体积.

① 平面曲线绕定直线旋转.

设平面曲线 $L: y = f(x), a \leqslant x \leqslant b$,且 $f(x)$ 可导.

定直线 $L_0: Ax+By+C=0$,且过 L_0 的任一条垂线与 L 至多有一个交点,如图 10-7 所示,则 L 绕 L_0 旋转一周所得旋转体体积为

$$V = \frac{\pi}{(A^2+B^2)^{\frac{3}{2}}}\int_a^b[Ax+Bf(x)+C]^2|Af'(x)-B|\,dx. \tag{a}$$

特别地,若 $A=C=0, B\neq 0$,则 L_0 为 $y=0$(x 轴),如图 10-8 所示,L 绕 L_0 旋转一周所得旋转体体积为

$$V = \pi\int_a^b f^2(x)\,dx. \tag{b}$$

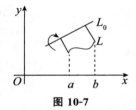

图 10-7

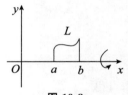

图 10-8

② 平面曲边梯形绕坐标轴旋转.

设平面曲边梯形 $D = \{(x,y) \mid 0 \leqslant y \leqslant f(x), 0 \leqslant a \leqslant x \leqslant b\}$，且 $f(x)$ 连续，如图 10-9 所示，则 D 绕 y 轴旋转一周所得旋转体体积为

$$V = 2\pi \int_a^b x \mid f(x) \mid \mathrm{d}x. \tag{c}$$

事实上，① 的公式（b）就是 D 绕 x 轴旋转的情形，不重复写了.

③ 平面图形 $D = \{(r,\theta) \mid 0 \leqslant r \leqslant r(\theta), \theta \in [\alpha,\beta] \subset [0,\pi]\}$，如图 10-10 所示，则 D 绕极轴旋转一周所得旋转体体积为

$$V = \frac{2}{3}\pi \int_\alpha^\beta r^3(\theta) \sin\theta \mathrm{d}\theta. \tag{d}$$

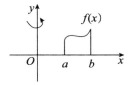

图 10-9

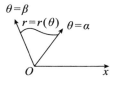

图 10-10

【注】上述公式（a），（b），（c），（d）均可直接使用，不必证明.

例 10.3　曲线 $y = \mathrm{e}^x (0 \leqslant x \leqslant 1)$ 绕直线 $y = x$ 旋转一周所得的旋转体的体积 $V = $ _____.

【解】应填 $\dfrac{\pi}{2\sqrt{2}} \left[\dfrac{1}{3}(\mathrm{e}-1)^3 + \mathrm{e}^2 - \dfrac{14}{3} \right]$.

如图 10-11 所示，L 为 $y = \mathrm{e}^x (0 \leqslant x \leqslant 1)$，$L_0$ 为 $y = x$，即 $x - y = 0$，故 $A = 1, B = -1, C = 0$. 于是由公式（a），有

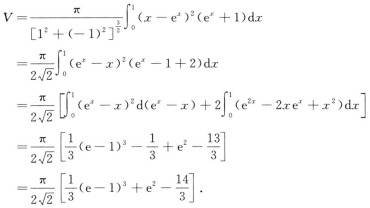

图 10-11

$$V = \frac{\pi}{[1^2 + (-1)^2]^{\frac{3}{2}}} \int_0^1 (x - \mathrm{e}^x)^2 (\mathrm{e}^x + 1) \mathrm{d}x$$

$$= \frac{\pi}{2\sqrt{2}} \int_0^1 (\mathrm{e}^x - x)^2 (\mathrm{e}^x - 1 + 2) \mathrm{d}x$$

$$= \frac{\pi}{2\sqrt{2}} \left[\int_0^1 (\mathrm{e}^x - x)^2 \mathrm{d}(\mathrm{e}^x - x) + 2\int_0^1 (\mathrm{e}^{2x} - 2x\mathrm{e}^x + x^2) \mathrm{d}x \right]$$

$$= \frac{\pi}{2\sqrt{2}} \left[\frac{1}{3}(\mathrm{e}-1)^3 - \frac{1}{3} + \mathrm{e}^2 - \frac{13}{3} \right]$$

$$= \frac{\pi}{2\sqrt{2}} \left[\frac{1}{3}(\mathrm{e}-1)^3 + \mathrm{e}^2 - \frac{14}{3} \right].$$

例 10.4　已知函数 $f(x,y)$ 满足 $\dfrac{\partial f(x,y)}{\partial y} = 2(y+1)$，且

$$f(y,y) = (y+1)^2 - (2-y)\ln y,$$

求曲线 $f(x,y) = 0$ 所围图形绕直线 $y = -1$ 旋转一周所得旋转体的体积.

【解】由 $\dfrac{\partial f(x,y)}{\partial y} = 2(y+1)$，得

$$f(x,y) = (y+1)^2 + \underline{g(x)}.$$

> 注意积分后不是加上任意常数 C，而是加上关于 x 的任意函数 $g(x)$

又 $f(y,y) = (y+1)^2 - (2-y)\ln y$，得

$$g(y) = -(2-y)\ln y,$$

因此

$$f(x,y) = (y+1)^2 - (2-x)\ln x.$$

于是，曲线 $f(x,y)=0$ 的方程为

$$(y+1)^2 = (2-x)\ln x \;(1 \leqslant x \leqslant 2).$$

其所围图形绕直线 $y=-1$ 旋转一周所得旋转体的体积为

$$V = \pi\int_1^2 (y+1)^2 \,\mathrm{d}x = \pi\int_1^2 (2-x)\ln x\,\mathrm{d}x$$

> 由 $(2-x)\ln x \geqslant 0$ 可得.

$$= \pi\left[-\frac{1}{2}(2-x)^2\ln x + \frac{1}{4}x^2 - 2x + 2\ln x \right]\Bigg|_1^2 = \left(2\ln 2 - \frac{5}{4}\right)\pi.$$

【注】求体积也可这样做：

$L: y = f(x)$ 满足 $[f(x)+1]^2 = (2-x)\ln x, 1 \leqslant x \leqslant 2$. $L_0: y = -1$，即 $0 \cdot x + 1 \cdot y + 1 = 0$，故 $A = 0, B = C = 1$，则由公式(a)，有

$$V = \frac{\pi}{1}\int_1^2 [f(x)+1]^2 \,\mathrm{d}x.$$

其余过程同上解.

例 10.5 设函数 $y = f(x)$ 满足微分方程 $y' + y = \dfrac{\mathrm{e}^{-x}\cos x}{2\sqrt{\sin x}}$，且 $f(\pi) = 0$，求曲线 $y = f(x)(x \geqslant 0)$ 绕 x 轴旋转一周所得旋转体的体积.

【解】解题干给的一阶线性微分方程，有

$$y = \mathrm{e}^{-\int p\,\mathrm{d}x}\left(\int \mathrm{e}^{\int p\,\mathrm{d}x} q\,\mathrm{d}x + C\right)$$

$$= \mathrm{e}^{-x}\left(\int \mathrm{e}^x \frac{\mathrm{e}^{-x}\cos x}{2\sqrt{\sin x}}\,\mathrm{d}x + C\right) = \mathrm{e}^{-x}\left(\int \frac{\cos x}{2\sqrt{\sin x}}\,\mathrm{d}x + C\right)$$

$$= \mathrm{e}^{-x}\left[\int \frac{\mathrm{d}(\sin x)}{2\sqrt{\sin x}} + C\right] = \mathrm{e}^{-x}(\sqrt{\sin x} + C),$$

又 $f(\pi) = \mathrm{e}^{-\pi} \cdot C = 0$，故 $C = 0$，得

$$f(x) = \mathrm{e}^{-x}\sqrt{\sin x} \;(x \geqslant 0).$$

故旋转体体积为

$$V = \sum_{n=0}^{\infty} \pi\int_{2n\pi}^{(2n+1)\pi} \mathrm{e}^{-2x}\sin x\,\mathrm{d}x = \sum_{n=0}^{\infty} \pi \left| \begin{matrix} (\mathrm{e}^{-2x})' & (\sin x)' \\ \mathrm{e}^{-2x} & \sin x \end{matrix} \right| \frac{}{(-2)^2 + 1^2}\Bigg|_{2n\pi}^{(2n+1)\pi}$$

$$= \frac{\pi}{5} \sum_{n=0}^{\infty} (-2\sin x - \cos x) \mathrm{e}^{-2x} \Big|_{2n\pi}^{(2n+1)\pi} = \frac{\pi}{5} \sum_{n=0}^{\infty} (\mathrm{e}^{-4n\pi} \cdot \mathrm{e}^{-2\pi} + \mathrm{e}^{-4n\pi})$$

$$= \frac{\pi(1 + \mathrm{e}^{-2\pi})}{5} \sum_{n=0}^{\infty} \mathrm{e}^{-4n\pi} = \frac{\pi(1 + \mathrm{e}^{-2\pi})}{5} \cdot \frac{1}{1 - \mathrm{e}^{-4\pi}} = \frac{\pi}{5(1 - \mathrm{e}^{-2\pi})}.$$

例 10.6 曲线 $y = \sqrt{x}$ 与 $y = x$ 所围平面有界区域绕直线 $y = x$ 旋转一周所得旋转体的体积为 _____.

【解】应填 $\frac{\sqrt{2}}{60}\pi$.

$L: y = \sqrt{x}, 0 \leqslant x \leqslant 1. L_0: y = x$，即 $x - y = 0$，故 $A = 1, B = -1, C = 0$. 于是由公式(a)，有

$$V = \frac{\pi}{[1^2 + (-1)^2]^{\frac{3}{2}}} \int_0^1 (x - \sqrt{x})^2 \left| \frac{1}{2\sqrt{x}} - (-1) \right| \mathrm{d}x$$

$$= \frac{\pi}{2\sqrt{2}} \int_0^1 (x - \sqrt{x})^2 \cdot \left(\frac{1}{2\sqrt{x}} + 1 \right) \mathrm{d}x$$

$$= \frac{\pi}{2\sqrt{2}} \int_0^1 \left(x^2 - \frac{3}{2} x^{\frac{3}{2}} + \frac{\sqrt{x}}{2} \right) \mathrm{d}x$$

$$= \frac{\sqrt{2}}{60} \pi.$$

例 10.7 心形线 $r = 2(1 + \cos\theta)$ 和 $\theta = 0, \theta = \frac{\pi}{2}$ 围成的图形绕极轴旋转一周所成旋转体的体积 $V = ($ $)$.

(A)20π (B)40π (C)80π (D)160π

【解】应选(A).

法一 由题设得所围平面图形如图 10-12 所示，又有

$$\begin{cases} x = 2(1 + \cos\theta)\cos\theta, \\ y = 2(1 + \cos\theta)\sin\theta, \end{cases}$$

则旋转体的体积为

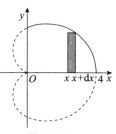

图 10-12

$$V = \int_0^4 \pi y^2 \mathrm{d}x$$

$$= \int_{\frac{\pi}{2}}^0 \pi \cdot 4(1 + \cos\theta)^2 \sin^2\theta \cdot 2(-\sin\theta - 2\sin\theta\cos\theta) \mathrm{d}\theta$$

$$= 8\pi \int_0^{\frac{\pi}{2}} (1 + \cos\theta)^2 \sin^3\theta (1 + 2\cos\theta) \mathrm{d}\theta$$

$$= 20\pi.$$

法二 由公式(d)，有

$$V = \frac{2\pi}{3} \int_\alpha^\beta r^3(\theta) \sin\theta \mathrm{d}\theta.$$

$$= \frac{16}{3}\pi \int_0^{\frac{\pi}{2}} \sin\theta \cdot (1+\cos\theta)^3 d\theta = -\frac{16}{3}\pi \int_0^{\frac{\pi}{2}} (1+\cos\theta)^3 d(1+\cos\theta)$$

$$= -\frac{16}{3}\pi \cdot \frac{1}{4}(1+\cos\theta)^4 \Big|_0^{\frac{\pi}{2}} = 20\pi.$$

故选（A）.

(3) 平均值.

$$\overline{f} = \frac{1}{b-a}\int_a^b f(x)dx.$$

例 10.8 已知函数 $f(x)$ 在 $\left[0, \frac{3\pi}{2}\right]$ 上连续，在 $\left(0, \frac{3\pi}{2}\right)$ 内是函数 $\frac{\cos x}{2x-3\pi}$ 的一个原函数，且 $f(0)=0$，则 $f(x)$ 在区间 $\left[0, \frac{3\pi}{2}\right]$ 上的平均值为 _____.

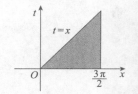

【解】应填 $\frac{1}{3\pi}$.

$f(x)$ 在区间 $\left[0, \frac{3\pi}{2}\right]$ 上的平均值为

$$\overline{f} = \frac{2}{3\pi}\int_0^{\frac{3\pi}{2}} f(x)dx = \frac{2}{3\pi}\int_0^{\frac{3\pi}{2}} \left(\int_0^x \frac{\cos t}{2t-3\pi}dt\right)dx$$

$$= \frac{2}{3\pi}\int_0^{\frac{3\pi}{2}} dt \int_t^{\frac{3\pi}{2}} \frac{\cos t}{2t-3\pi}dx = -\frac{1}{3\pi}\int_0^{\frac{3\pi}{2}} \cos t\, dt = \frac{1}{3\pi}.$$

(4) 平面曲线的弧长.（仅数学一、数学二）

① 若平面光滑曲线由直角坐标方程 $y=y(x)(a \leqslant x \leqslant b)$ 给出，则

$$s = \int_a^b \sqrt{1+[y'(x)]^2}\, dx.$$

② 若平面光滑曲线由参数方程 $\begin{cases} x=x(t), \\ y=y(t) \end{cases} (\alpha \leqslant t \leqslant \beta)$ 给出，则

$$s = \int_\alpha^\beta \sqrt{[x'(t)]^2+[y'(t)]^2}\, dt.$$

③ 若平面光滑曲线由极坐标方程 $r=r(\theta)(\alpha \leqslant \theta \leqslant \beta)$ 给出，则

$$s = \int_\alpha^\beta \sqrt{[r(\theta)]^2+[r'(\theta)]^2}\, d\theta.$$

例 10.9 设非负函数 $y(x)$ 是微分方程 $2yy'=\cos x$ 满足条件 $y(0)=0$ 的解，求曲线 $f_n(x) = n\int_0^{\frac{x}{n}} y(t)dt (0 \leqslant x \leqslant n\pi)$ 的弧长.

【解】由 $2yy'=\cos x$ 分离变量，得 $2y\,dy=\cos x\,dx$，两边积分，得 $y^2=\sin x+C$，又 $y(0)=0$，有 $C=0$，且 $y(x)$ 非负，故 $y(x)=\sqrt{\sin x}$. 于是

$$f_n(x) = n\int_0^{\frac{x}{n}} \sqrt{\sin t}\, dt,$$

$$f_n'(x) = \sqrt{\sin \frac{x}{n}}.$$

根据弧长计算公式,得

$$s_n = \int_0^{n\pi} \sqrt{1+\left[f_n'(x)\right]^2}\,\mathrm{d}x = \int_0^{n\pi} \sqrt{1+\sin\frac{x}{n}}\,\mathrm{d}x$$

$$= \int_0^{n\pi} \sqrt{\left(\sin\frac{x}{2n}+\cos\frac{x}{2n}\right)^2}\,\mathrm{d}x = \int_0^{n\pi}\left(\sin\frac{x}{2n}+\cos\frac{x}{2n}\right)\mathrm{d}x$$

$$\xrightarrow{\;令\frac{x}{2n}=u\;} 2n\int_0^{\frac{\pi}{2}}(\sin u+\cos u)\mathrm{d}u = 2n(1+1) = 4n.$$

例 10.10 曲线 $r\theta=1$ 自 $\theta=\dfrac{3}{4}$ 至 $\theta=\dfrac{4}{3}$ 一段的弧长为_____.

【解】 应填 $\dfrac{5}{12}+\ln\dfrac{3}{2}$.

由 $r\theta=1$,有 $r=\dfrac{1}{\theta}$,$r'=-\dfrac{1}{\theta^2}$,故

$$s = \int_{\frac{3}{4}}^{\frac{4}{3}} \sqrt{\frac{1}{\theta^2}+\frac{1}{\theta^4}}\,\mathrm{d}\theta = \int_{\frac{3}{4}}^{\frac{4}{3}} \frac{1}{\theta^2}\sqrt{1+\theta^2}\,\mathrm{d}\theta \xrightarrow{\;\theta=\tan t\;} \int_{\arctan\frac{3}{4}}^{\arctan\frac{4}{3}} \frac{1}{\tan^2 t}\sqrt{1+\tan^2 t}\,\sec^2 t\,\mathrm{d}t$$

$$= \int_{\arctan\frac{3}{4}}^{\arctan\frac{4}{3}} \frac{1}{\tan^2 t}\sec^3 t\,\mathrm{d}t = \int_{\arctan\frac{3}{4}}^{\arctan\frac{4}{3}} \frac{1}{\sin^2 t\cos t}\,\mathrm{d}t = \int_{\arctan\frac{3}{4}}^{\arctan\frac{4}{3}} (\sec t+\cot t\csc t)\,\mathrm{d}t$$

$$= \left(\ln\,|\,\sec t+\tan t\,|-\csc t\right)\Big|_{\arctan\frac{3}{4}}^{\arctan\frac{4}{3}} = \frac{5}{12}+\ln\frac{3}{2}.$$

(5) 旋转曲面的面积(侧面积).(仅数学一、数学二)

① 曲线 $y=y(x)$ 在区间 $[a,b]$ 上的曲线弧段绕 x 轴旋转一周所得到的旋转曲面的面积

$$S = 2\pi\int_a^b |\,y(x)\,|\,\sqrt{1+\left[y'(x)\right]^2}\,\mathrm{d}x.$$

② 曲线 $x=x(t)$,$y=y(t)$($\alpha\leqslant t\leqslant\beta$,$x'(t)\neq 0$)在区间 $[\alpha,\beta]$ 上的曲线弧段绕 x 轴旋转一周所得到的旋转曲面的面积

$$S = 2\pi\int_\alpha^\beta |\,y(t)\,|\,\sqrt{\left[x'(t)\right]^2+\left[y'(t)\right]^2}\,\mathrm{d}t.$$

③ 曲线 $r=r(\theta)$ 在区间 $[\alpha,\beta]$ 上的曲线弧段绕 x 轴旋转一周所得到的旋转曲面的面积

$$S = 2\pi\int_\alpha^\beta |\,r(\theta)\sin\theta\,|\,\sqrt{\left[r(\theta)\right]^2+\left[r'(\theta)\right]^2}\,\mathrm{d}\theta.$$

例 10.11 设 D 是由曲线 $y=\sqrt{1-x^2}$ $(0\leqslant x\leqslant 1)$ 与 $\begin{cases} x(t)=\cos^3 t, \\ y(t)=\sin^3 t \end{cases}$ $\left(0\leqslant t\leqslant\dfrac{\pi}{2}\right)$ 围成的平面区域,求 D 绕 x 轴旋转一周所得旋转体的体积和表面积.

【解】 设 D 绕 x 轴旋转一周所得旋转体的体积为 V,表面积为 S,则

$$V = \frac{2}{3}\pi - \int_0^1 \pi y^2(t)\,\mathrm{d}[x(t)] = \frac{2}{3}\pi - \int_{\frac{\pi}{2}}^0 \pi\sin^6 t\,(\cos^3 t)'\,\mathrm{d}t$$

由换元法决定此上、下限, 不必"下限值<上限值".

$$= \frac{2}{3}\pi + 3\pi\int_0^{\frac{\pi}{2}} (1-\cos^2 t)^3\cos^2 t\,\mathrm{d}(\cos t) = \frac{2}{3}\pi - \frac{16}{105}\pi = \frac{18}{35}\pi,$$

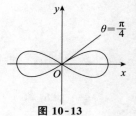

由公式法②$\mathrm{d}t>0$决定"下限值<上限值".

$$S = 2\pi + \int_0^{\frac{\pi}{2}} 2\pi y(t) \sqrt{[x'(t)]^2 + [y'(t)]^2}\,\mathrm{d}t$$

$$= 2\pi + 2\pi \int_0^{\frac{\pi}{2}} \sin^3 t \sqrt{9\cos^4 t \sin^2 t + 9\sin^4 t \cos^2 t}\,\mathrm{d}t$$

$$= 2\pi + 6\pi \int_0^{\frac{\pi}{2}} \sin^4 t \cos t\,\mathrm{d}t = \frac{16}{5}\pi.$$

左图:
$y = \sqrt{1-x^2}$

$\begin{cases} x(t) = \cos^3 t \\ y(t) = \sin^3 t \end{cases}$

例 10.12 双纽线 $r^2 = a^2 \cos 2\theta\,(a>0)$ 绕极轴旋转一周所围成的

旋转曲面面积 $S = \underline{\quad\quad}$.

【解】应填 $2\pi a^2 (2-\sqrt{2})$.

如图 10-13 所示,由对称性知,只需计算第一象限的曲线绕 x 轴旋转

一周的曲面面积,且 $r = a\sqrt{\cos 2\theta}$,于是

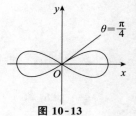

$\theta = \dfrac{\pi}{4}$

图 10-13

$$S = 2\int_0^{\frac{\pi}{4}} 2\pi r \sin\theta \cdot \sqrt{r^2 + (r')^2}\,\mathrm{d}\theta$$

$$= 4\pi a \int_0^{\frac{\pi}{4}} \sqrt{\cos 2\theta} \cdot \sin\theta \sqrt{a^2 \cos 2\theta + \left[\frac{a(-2\sin 2\theta)}{2\sqrt{\cos 2\theta}}\right]^2}\,\mathrm{d}\theta$$

$$= 4\pi a \int_0^{\frac{\pi}{4}} \sqrt{\cos 2\theta} \cdot \sin\theta \sqrt{a^2 \cos 2\theta + \frac{a^2 \sin^2 2\theta}{\cos 2\theta}}\,\mathrm{d}\theta$$

$$= 4\pi a \int_0^{\frac{\pi}{4}} \sqrt{\cos 2\theta} \cdot \sin\theta \cdot \frac{a}{\sqrt{\cos 2\theta}}\,\mathrm{d}\theta$$

$$= 4\pi a^2 \int_0^{\frac{\pi}{4}} \sin\theta\,\mathrm{d}\theta = 2\pi a^2 (2-\sqrt{2}).$$

(6)"平面上的曲边梯形"的形心坐标公式.(仅数学一、数学二)

设 $D = \{(x,y) \mid 0 \leqslant y \leqslant f(x), a \leqslant x \leqslant b\}$,$f(x)$ 在 $[a,b]$

上连续,如图 10-14 所示. D 的形心坐标 $\overline{x}, \overline{y}$ 的计算公式:

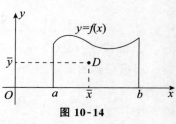

$y = f(x)$

$\overline{y}$ ········ D

图 10-14

$$\overline{x} = \frac{\iint_D x\,\mathrm{d}\sigma}{\iint_D \mathrm{d}\sigma} = \frac{\int_a^b \mathrm{d}x \int_0^{f(x)} x\,\mathrm{d}y}{\int_a^b \mathrm{d}x \int_0^{f(x)} \mathrm{d}y} = \frac{\int_a^b x f(x)\,\mathrm{d}x}{\int_a^b f(x)\,\mathrm{d}x};$$

$$\overline{y} = \frac{\iint_D y\,\mathrm{d}\sigma}{\iint_D \mathrm{d}\sigma} = \frac{\int_a^b \mathrm{d}x \int_0^{f(x)} y\,\mathrm{d}y}{\int_a^b \mathrm{d}x \int_0^{f(x)} \mathrm{d}y} = \frac{\frac{1}{2}\int_a^b f^2(x)\,\mathrm{d}x}{\int_a^b f(x)\,\mathrm{d}x}.$$

【注】若考题为求质量均匀分布的平面薄片的质心,也就是平面 D 的形心问题.公式如上.

例 10.13 设函数 $y = f(x)$ 在区间 $[0,a]$ 上非负,$f''(x)>0$,且 $f(0) =$

0.有一块质量均匀分布的平板 D,其占据的区域是曲线 $y = f(x)$ 与直线 $x =$

a 以及 x 轴围成的平面图形.用 $\overline{x}$ 表示平板 D 的质心的横坐标.证明:$\overline{x} >$

$\dfrac{2}{3}a$(见图 10-15).

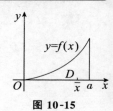

$y = f(x)$

D

$\overline{x}$ a

图 10-15

【证】由 $\overline{x}=\dfrac{\displaystyle\int_0^a xf(x)\,\mathrm{d}x}{\displaystyle\int_0^a f(x)\,\mathrm{d}x}>\dfrac{2}{3}a$，将 a 变量化为 x，令 $F(x)=\displaystyle\int_0^x tf(t)\,\mathrm{d}t-\dfrac{2x}{3}\int_0^x f(t)\,\mathrm{d}t$，则

有 $F(0)=0$. 又对任意 $x\in(0,a)$，有

$$F'(x)=xf(x)-\frac{2}{3}\int_0^x f(t)\,\mathrm{d}t-\frac{2}{3}xf(x)$$

$$=\frac{1}{3}xf(x)-\frac{2}{3}\int_0^x f(t)\,\mathrm{d}t,$$

$$F''(x)=\frac{1}{3}f(x)+\frac{1}{3}xf'(x)-\frac{2}{3}f(x)=\frac{1}{3}xf'(x)-\frac{1}{3}f(x)$$

$$=\frac{1}{3}x[f'(x)-f'(\xi)]\quad(0<\xi<x).$$

因为 $f''(x)>0$，所以 $f'(x)>f'(\xi)$，于是 $F''(x)>0$，从而 $F'(x)$ 在区间 $[0,a]$ 上单调增加，因此当 $0<x\leqslant a$ 时，有 $F'(x)>F'(0)=0$.

故 $F(x)$ 在区间 $[0,a]$ 上单调增加，$F(a)>F(0)=0$. 所以有

$$\int_0^a xf(x)\,\mathrm{d}x-\frac{2a}{3}\int_0^a f(x)\,\mathrm{d}x>0,\ 即\ \overline{x}>\frac{2a}{3}.$$

（7）平行截面面积为已知的立体体积.（仅数学一、数学二）

在区间 $[a,b]$ 上，垂直于 x 轴的平面截立体 Ω 所得到的截面面积为 x 的连续函数 $S(x)$，则 Ω 的体积为

$$V=\int_a^b S(x)\,\mathrm{d}x.$$

例 10.14 曲线 $y=\sqrt{x}$ 与 $y=x$ 所围平面有界区域绕直线 $y=x$ 旋转一周所得旋转体的体积为 _____.

【解】应填 $\dfrac{\sqrt{2}}{60}\pi$.

在例 10.6 中，我们用了一种方法求此问题. 这里，我们再从"平行截面面积为已知的立体体积"角度，提供第二种方法进行求解.

$y=\sqrt{x}$ 与 $y=x$ 交于点 $(0,0),(1,1)$，如图 10-16 所示. $\mathrm{d}l=\sqrt{2}\,\mathrm{d}x$，曲线 $y=\sqrt{x}$ 上的点到 $y=x$ 的距离为 $r=\dfrac{\sqrt{x}-x}{\sqrt{2}}$，故垂直于 x 轴的平面截

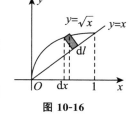

图 10-16

该旋转体所得的截面面积为 $S(x)=\sqrt{2}\,\pi\left(\dfrac{\sqrt{x}-x}{\sqrt{2}}\right)^2$. 因此，旋转体体积为

$$V=\int_0^1 \sqrt{2}\,\pi\left(\frac{\sqrt{x}-x}{\sqrt{2}}\right)^2\mathrm{d}x=\int_0^1 \frac{\pi}{\sqrt{2}}(x-2x^{\frac{3}{2}}+x^2)\,\mathrm{d}x=\frac{\sqrt{2}}{60}\pi.$$

【注】事实上，$V=\displaystyle\int_a^b S(x)\,\mathrm{d}x$ 就是 $V=\displaystyle\int_a^b \pi f^2(x)\,\mathrm{d}x$ 的一般化.

第11讲
一元函数积分学的应用（二）
——积分等式与积分不等式

知识结构

$$积分等式\begin{cases}常用积分等式\\通过证明某特殊积分等式求某特殊积分\\通过积分法证明积分等式\\积分形式的中值定理\end{cases}$$

$$积分不等式\begin{cases}用函数的性态\\处理被积函数\begin{cases}已知\ f(x)\leqslant g(x),用积分保号性证得\\ \displaystyle\int_a^b f(x)\mathrm{d}x\leqslant\int_a^b g(x)\mathrm{d}x,a<b\\用拉格朗日中值定理\\用泰勒公式\\用积分法\end{cases}\end{cases}$$

一 积分等式

(1) 常用积分等式(见第 9 讲"三、定积分的计算").

(2) 通过证明某特殊积分等式求某特殊积分.

(3) 通过积分法证明积分等式.

(4) 积分形式的中值定理.

例 11.1 设 $f(x)$ 是连续的偶函数,且是以 T 为周期的周期函数.

(1) 证明: $\displaystyle\int_0^{nT} x f(x)\mathrm{d}x=\frac{n^2 T}{2}\int_0^T f(x)\mathrm{d}x\,(n=1,2,3,\cdots)$;

(2) 利用(1) 的结论计算 $I=\displaystyle\int_0^{n\pi} x\mid\sin x\mid\mathrm{d}x$.

(1)【证】 $\displaystyle\int_0^{nT} x f(x)\mathrm{d}x\xrightarrow{x=nT-t}nT\int_0^{nT} f(t)\mathrm{d}t-\int_0^{nT} tf(t)\mathrm{d}t$,

于是有

$$\int_0^{nT} x f(x)\mathrm{d}x=\frac{nT}{2}\int_0^{nT} f(x)\mathrm{d}x.$$

又 $f(x+T)=f(x)$,则

$$\int_0^{nT} f(x)\mathrm{d}x = n\int_0^T f(x)\mathrm{d}x,$$

故

$$\int_0^{nT} xf(x)\mathrm{d}x = \frac{n^2 T}{2}\int_0^T f(x)\mathrm{d}x \ (n=1,2,3,\cdots).$$

（2）【解】$|\sin x|$ 是连续的以 π 为周期的偶函数，故

$$I = \int_0^{n\pi} x\,|\sin x|\,\mathrm{d}x = \frac{n^2\pi}{2}\int_0^\pi |\sin x|\,\mathrm{d}x$$

$$= \frac{n^2\pi}{2}\int_0^\pi \sin x\mathrm{d}x = n^2\pi.$$

例 11.2 设 $\varphi(x)$ 是可微函数 $f(x)$ 的反函数，且 $f(1)=0$，$\int_0^1 xf(x)\mathrm{d}x = 1$，则 $\int_0^1 \left[\int_0^{f(x)} \varphi(t)\mathrm{d}t\right]\mathrm{d}x = \underline{\hspace{2cm}}$.

【解】应填 2.

$$\int_0^1 \left[\int_0^{f(x)} \varphi(t)\mathrm{d}t\right]\mathrm{d}x = x\int_0^{f(x)} \varphi(t)\mathrm{d}t\,\Big|_0^1 - \int_0^1 x\varphi[f(x)]\cdot f'(x)\mathrm{d}x$$

$$= -\int_0^1 x^2\cdot f'(x)\mathrm{d}x = -\int_0^1 x^2\mathrm{d}[f(x)]$$

$$= -x^2 f(x)\,\Big|_0^1 + 2\int_0^1 xf(x)\mathrm{d}x = 2.$$

例 11.3 设 $f(x)$ 在 $\left[0,\frac{\pi}{2}\right]$ 上有连续的二阶导数，且 $f(0)=2$，$f\left(\frac{\pi}{2}\right)=1$，$\int_0^{\frac{\pi}{2}} f(x)\mathrm{e}^{\sin x}\cos x\mathrm{d}x = 2(\mathrm{e}-1)$. 证明：存在 $\xi\in\left(0,\frac{\pi}{2}\right)$，使得 $f''(\xi)<0$.

【证】由推广的积分中值定理知，$\exists\,\eta\in\left(0,\frac{\pi}{2}\right)$，使得 $f(\eta)\displaystyle\int_0^{\frac{\pi}{2}}\mathrm{e}^{\sin x}\cos x\mathrm{d}x = 2(\mathrm{e}-1)$.

又 $\displaystyle\int_0^{\frac{\pi}{2}}\mathrm{e}^{\sin x}\cos x\mathrm{d}x = \mathrm{e}^{\sin x}\,\Big|_0^{\frac{\pi}{2}} = \mathrm{e}-1$，于是 $f(\eta)\cdot(\mathrm{e}-1)=2(\mathrm{e}-1)$，即 $\exists\,\eta\in\left(0,\frac{\pi}{2}\right)$，使得 $f(\eta)=2$.

因 $f(0)=2$，$f(\eta)=2$，$f\left(\frac{\pi}{2}\right)=1$，由罗尔定理知，存在 $\xi_1\in(0,\eta)$，使得 $f'(\xi_1)=0$，又由拉格朗日中值定理知，存在 $\xi_2\in\left(\eta,\frac{\pi}{2}\right)$，使得

$$f'(\xi_2) = \frac{f\left(\frac{\pi}{2}\right)-f(\eta)}{\frac{\pi}{2}-\eta} = \frac{1-2}{\frac{\pi}{2}-\eta} < 0,$$

再由拉格朗日中值定理知，存在 $\xi\in(\xi_1,\xi_2)\subset\left(0,\frac{\pi}{2}\right)$，使得 $f''(\xi)=\dfrac{f'(\xi_2)-f'(\xi_1)}{\xi_2-\xi_1}<0$.

二 积分不等式

(1) 用函数的性态.

例 11.4 设 $f(x)$ 在 $[a,b]$ 上二阶可导，$f'(x) > 0, f''(x) > 0$（见图 11-1），证明：

$$\frac{1}{2}[f(a)+f(b)](b-a) > \int_a^b f(x)\mathrm{d}x.$$

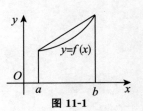

图 11-1

【分析】 首先将某一限（取上限或下限）变量化，然后移项构造辅助函数，由辅助函数的单调性来证明不等式，此方法多用于所给条件为 "$f(x)$ 在 $[a,b]$ 上连续" 的情形.

【证】 令

$$F(x) = \frac{1}{2}[f(a)+f(x)](x-a) - \int_a^x f(t)\mathrm{d}t,$$

则 $F'(x) = \frac{1}{2}f'(x)(x-a) + \frac{1}{2}[f(a)+f(x)] - f(x)$

$$= \frac{1}{2}f'(x)(x-a) + \frac{1}{2}f(a) - \frac{1}{2}f(x)$$

$$= \frac{1}{2}f'(x)(x-a) - \frac{1}{2}f'(\eta)(x-a) \quad \text{拉格朗日中值定理}$$

$$= \frac{1}{2}[f'(x) - f'(\eta)](x-a) > 0 \,(x > a),$$

图 11-2

其中 $\eta \in (a,x)$（见图 11-2）. 所以 $F(x)$ 严格单调增加，故 $F(b) > F(a) = 0$，即

$$\frac{1}{2}[f(a)+f(b)](b-a) > \int_a^b f(x)\mathrm{d}x.$$

例 11.5 证明：当 $0 \leqslant a \leqslant 1$ 时，$\int_0^a (1-x^2)^{\frac{5}{2}}\mathrm{d}x \geqslant \frac{5a\pi}{32}$.

【证】 令 $f(a) = \int_0^a (1-x^2)^{\frac{5}{2}}\mathrm{d}x - \frac{5a\pi}{32}$，则

$$f(0) = 0,$$

$$f(1) = \int_0^1 (1-x^2)^{\frac{5}{2}}\mathrm{d}x - \frac{5\pi}{32} \xrightarrow{\,\text{令}\, x = \sin t\,} \int_0^{\frac{\pi}{2}} \cos^6 t\,\mathrm{d}t - \frac{5\pi}{32} = \frac{5}{6} \times \frac{3}{4} \times \frac{1}{2} \times \frac{\pi}{2} - \frac{5\pi}{32} = 0,$$

且 $f(a)$ 在 $[0,1]$ 上存在二阶导数.

$$f'(a) = (1-a^2)^{\frac{5}{2}} - \frac{5\pi}{32}, \quad f''(a) = -5a(1-a^2)^{\frac{3}{2}}.$$

当 $0 < a < 1$ 时，$f''(a) < 0$，故 $f(a) > 0$. 因此，对于任意 $a \in [0,1], f(a) \geqslant 0$，即

$$\int_0^a (1-x^2)^{\frac{5}{2}}\mathrm{d}x \geqslant \frac{5a\pi}{32}.$$

$f(a)$ 在 $0 < a < 1$ 上是凸的.

（2）处理被积函数.

① 已知 $f(x) \leqslant g(x)$，用积分保号性证得 $\int_a^b f(x)\,\mathrm{d}x \leqslant \int_a^b g(x)\,\mathrm{d}x$，$a < b$.

例 11.6 设 $f(x)$ 为正值连续函数且 $f(x) < a$，a 为正常数，则 $\forall b \in (0,1)$，有（ ）.

(A) $a\int_0^1 \sqrt{f(bx)}\,\mathrm{d}x < \sqrt{b}$ 　　(B) $a\int_0^1 \sqrt{f(bx)}\,\mathrm{d}x < b$

(C) $b\int_0^1 \sqrt{f(bx)}\,\mathrm{d}x < \sqrt{a}$ 　　(D) $b\int_0^1 \sqrt{f(bx)}\,\mathrm{d}x < a$

【解】应选(C).

$$\int_0^1 \sqrt{f(bx)}\,\mathrm{d}x \xlongequal[\mathrm{d}x = \frac{1}{b}\mathrm{d}t]{bx = t} \int_0^b \sqrt{f(t)}\,\frac{1}{b}\mathrm{d}t = \frac{1}{b}\int_0^b \sqrt{f(t)}\,\mathrm{d}t$$

$$< \frac{1}{b}\int_0^1 \sqrt{f(t)}\,\mathrm{d}t < \frac{1}{b}\int_0^1 \sqrt{a}\,\mathrm{d}t = \frac{\sqrt{a}}{b},$$

即 $b\int_0^1 \sqrt{f(bx)}\,\mathrm{d}x < \sqrt{a}$，选(C).

② **用拉格朗日中值定理.**

用拉格朗日中值定理处理被积函数 $f(x)$，再作不等式，进一步，用积分保号性. 此方法多用于所给条件为"$f(x)$ 一阶可导"且题中有较简单函数值（甚至为 0）的题目.

例 11.7 设 $f(x)$ 在 $[0,1]$ 上二阶可导，$f(0) = 0$，$f'(x) > 0$，$f''(x) > 0$，则对于

$$M = \int_0^{\frac{1}{2}} f(x)\,\mathrm{d}x，N = \int_{\frac{1}{2}}^1 \left[f(x) - f\left(\frac{1}{2}\right)\right]\mathrm{d}x，P = \frac{1}{4}\left[f(1) - f\left(\frac{1}{2}\right)\right],$$

其大小顺序排列正确的是（ ）.

(A) $N < M < P$ 　　(B) $P < M < N$

(C) $M < P < N$ 　　(D) $M < N < P$

【解】应选(D).

$$N = \int_{\frac{1}{2}}^1 \left[f(x) - f\left(\frac{1}{2}\right)\right]\mathrm{d}x \xlongequal{令 x - \frac{1}{2} = t} \int_0^{\frac{1}{2}} \left[f\left(t + \frac{1}{2}\right) - f\left(\frac{1}{2}\right)\right]\mathrm{d}t，于是$$

$$N - M = \int_0^{\frac{1}{2}} \left[f\left(x + \frac{1}{2}\right) - f\left(\frac{1}{2}\right) - f(x)\right]\mathrm{d}x,$$

其中

$$f\left(x + \frac{1}{2}\right) - f\left(\frac{1}{2}\right) = f'(\xi_1) \cdot x，\frac{1}{2} < \xi_1 < x + \frac{1}{2},$$

$$f(x) = f(x) - f(0) = f'(\xi_2) \cdot x，0 < \xi_2 < x < \frac{1}{2},$$

ξ_1, ξ_2 的取值如图 11-3(a) 所示. 则

$$f\left(x + \frac{1}{2}\right) - f\left(\frac{1}{2}\right) - f(x) = f'(\xi_1) \cdot x - f'(\xi_2) \cdot x$$

$$= \left[f'(\xi_1) - f'(\xi_2)\right] \cdot x, \tag{$*$}$$

由 $f''(x) > 0$，可知 $f'(x)$ 严格单调增加，即 $f'(\xi_1) > f'(\xi_2)$，于是（＊）式大于 0，由积分保号性知，$N - M > 0$，即 $N > M$.

又由 $f''(x) > 0$，则 $f(x)$ 的图形是凹的，N 表示图 11-3(b) 中阴影部分的面积，即曲边三角形 ABC 的面积，P 表示 $\triangle ABC$ 的面积，显然 $N < P$（其严格证明见例 11.4）.

综上，$M < N < P$，选（D）.

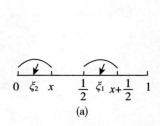
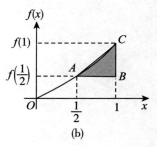

图 11-3

③ 用泰勒公式.

将 $f(x)$ 展开成泰勒公式，再作不等式，进一步，用积分保号性. 此方法多用于所给条件为"$f(x)$ 二阶（或更高阶）可导"且题中有较简单函数值（甚至为 0）的题目.

例 11.8 设 $f(x)$ 二阶可导，且 $f''(x) \geqslant 0$，$u(t)$ 为任一连续函数，$a > 0$. 证明：

$$\frac{1}{a}\int_0^a f[u(t)]\mathrm{d}t \geqslant f\left[\frac{1}{a}\int_0^a u(t)\mathrm{d}t\right].$$

【证】由于 $f''(x) \geqslant 0$，则由泰勒公式，有

$$f(x) = f(x_0) + f'(x_0)(x - x_0) + \frac{1}{2}f''(\xi)(x - x_0)^2 \quad (\xi \text{ 介于 } x_0 \text{ 与 } x \text{ 之间})$$

$$\geqslant f(x_0) + f'(x_0)(x - x_0),$$

取 $x_0 = \frac{1}{a}\int_0^a u(t)\mathrm{d}t$，$x = u(t)$，代入上式，则有

$$f[u(t)] \geqslant f\left[\frac{1}{a}\int_0^a u(t)\mathrm{d}t\right] + f'(x_0)[u(t) - x_0],$$

对上式两端从 0 到 a 积分，得

$$\int_0^a f[u(t)]\mathrm{d}t \geqslant af\left[\frac{1}{a}\int_0^a u(t)\mathrm{d}t\right] + f'(x_0)\underbrace{\left[\int_0^a u(t)\mathrm{d}t - ax_0\right]}_{=0} = af\left[\frac{1}{a}\int_0^a u(t)\mathrm{d}t\right],$$

亦即 $\frac{1}{a}\int_0^a f[u(t)]\mathrm{d}t \geqslant f\left[\frac{1}{a}\int_0^a u(t)\right]\mathrm{d}t$.

④ 用积分法.

例 11.9 设函数 $f(x) = \int_x^{x+1}\sin \mathrm{e}^t\mathrm{d}t$. 证明：

(1) $f(x) = \dfrac{\cos \mathrm{e}^x}{\mathrm{e}^x} - \dfrac{\cos \mathrm{e}^{x+1}}{\mathrm{e}^{x+1}} - \displaystyle\int_{\mathrm{e}^x}^{\mathrm{e}^{x+1}}\frac{1}{u^2}\cos u\,\mathrm{d}u$；

(2) $\mathrm{e}^x \mid f(x) \mid \leqslant 2$.

【证】被积函数 $\sin e^t$ 比较复杂，无法积分，通过变量代换可将其变得简单些（此时积分区间的上、下限必然会变得复杂些），然后再做下去.

（1）
$$f(x) \xlongequal{\diamondsuit e^t = u} \int_{e^x}^{e^{x+1}} \frac{1}{u} \sin u \, du = -\frac{1}{u}\cos u \Big|_{e^x}^{e^{x+1}} - \int_{e^x}^{e^{x+1}} \frac{1}{u^2}\cos u \, du$$

$$= \frac{\cos e^x}{e^x} - \frac{\cos e^{x+1}}{e^{x+1}} - \int_{e^x}^{e^{x+1}} \frac{1}{u^2}\cos u \, du.$$

（2）
$$|f(x)| \leqslant \left| \frac{\cos e^x}{e^x} \right| + \left| \frac{\cos e^{x+1}}{e^{x+1}} \right| + \int_{e^x}^{e^{x+1}} \left| \frac{\cos u}{u^2} \right| du$$

$$\leqslant \frac{1}{e^x} + \frac{1}{e^{x+1}} + \int_{e^x}^{e^{x+1}} \frac{1}{u^2} du = \frac{1}{e^x} + \frac{1}{e^{x+1}} - \frac{1}{e^{x+1}} + \frac{1}{e^x} = \frac{2}{e^x},$$

即 $e^x |f(x)| \leqslant 2$.

【注】利用常见不等关系处理被积函数，进一步用积分保号性. 其中常见不等关系：$|\sin x| \leqslant 1$，$|\cos x| \leqslant 1$，$\sin x \leqslant x (x \geqslant 0)$，闭区间上的连续函数 $f(x)$ 有 $|f(x)| \leqslant M (\exists M > 0)$，$\sqrt{ab} \leqslant \frac{a+b}{2} \leqslant \sqrt{\frac{a^2+b^2}{2}} (a,b > 0)$ 等.

例 11.10 设 $|f(x)| \leqslant \pi$，$f'(x) \geqslant m > 0 (a \leqslant x \leqslant b)$，证明：$\left| \int_a^b \sin f(x) dx \right| \leqslant \frac{2}{m}$.

【证】当 $a \leqslant x \leqslant b$ 时，$f'(x) > 0$，$f(x)$ 在 $[a,b]$ 上严格单调增加，故其存在反函数. 记 $t = f(x)$，其反函数记为 $x = g(t)$，又记 $\alpha = f(a)$，$\beta = f(b)$，由 $|f(x)| \leqslant \pi$，则 $-\pi \leqslant \alpha < \beta \leqslant \pi$，故

$$\int_a^b \sin f(x) dx = \int_\alpha^\beta \sin t \cdot g'(t) dt,$$

由于 $f'(x) \geqslant m > 0$，故 $0 < g'(t) = \frac{1}{f'(x)} \leqslant \frac{1}{m}$，则

$$\left| \int_a^b \sin f(x) dx \right| = \left| \int_\alpha^\beta \sin t \cdot g'(t) dt \right| \leqslant \left| \int_0^\pi \sin t \cdot g'(t) dt \right| \leqslant \frac{1}{m} \int_0^\pi \sin t \, dt = \frac{2}{m}.$$

【注】(1) 见到复合函数的积分 $\int_a^b \sin f(x) dx$，一般要想到换元法，令 $f(x) = t$，甚至有时（此题不用）令 $\sin f(x) = t$. 这是考研的重要思路.

(2) 本题还考查了一个重要知识点：反函数的导数. 考生需注意.

第12讲
一元函数积分学的应用（三）
——物理应用与经济应用

知识结构

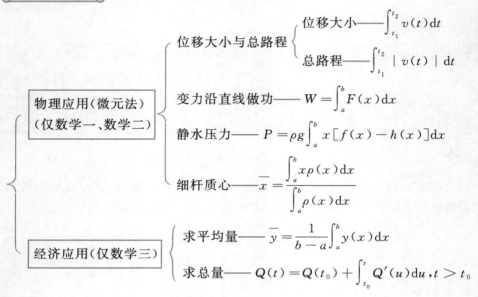

一 物理应用（微元法）（仅数学一、数学二）

1. 位移大小与总路程

位移大小：
$$\int_{t_1}^{t_2} v(t)\mathrm{d}t,$$

总路程：
$$\int_{t_1}^{t_2} |v(t)|\,\mathrm{d}t,$$

其中 $v(t)$ 为时间 t_1 到 t_2 上的速度函数.

例 12.1 质点以速度 $v = \dfrac{1}{(1+t^2)(1+t^\alpha)}(\alpha \geqslant 0)$ m/s 作直线运动,当初速度 $v_0 = 1$ m/s

时,质点所能走过的最远距离为_____.

【解】应填 $\dfrac{\pi}{4}$ m.

记速度函数 $v(t) = \dfrac{1}{(1+t^2)(1+t^a)}$，则所求为

$$\int_0^{+\infty} v(t)\mathrm{d}t = \int_0^{+\infty} \frac{\mathrm{d}t}{(1+t^2)(1+t^a)},$$

令 $t = \dfrac{1}{x}$，得到 $\displaystyle\int_0^{+\infty} \frac{\mathrm{d}t}{(1+t^2)(1+t^a)} = \int_{+\infty}^0 \frac{-x^a \mathrm{d}x}{(1+x^2)(1+x^a)}$，又

$$\int_{+\infty}^0 \frac{-x^a \mathrm{d}x}{(1+x^2)(1+x^a)} = \int_0^{+\infty} \frac{t^a \mathrm{d}t}{(1+t^2)(1+t^a)},$$

故质点所能走过的最远距离为

$$s = \int_0^{+\infty} \frac{\mathrm{d}t}{(1+t^2)(1+t^a)} = \int_0^{+\infty} \frac{t^a \mathrm{d}t}{(1+t^2)(1+t^a)}$$

$$= \frac{1}{2}\left[\int_0^{+\infty} \frac{\mathrm{d}t}{(1+t^2)(1+t^a)} + \int_0^{+\infty} \frac{t^a \mathrm{d}t}{(1+t^2)(1+t^a)}\right]$$

$$= \frac{1}{2}\int_0^{+\infty} \frac{\mathrm{d}t}{1+t^2} = \frac{1}{2}\arctan t \Big|_0^{+\infty}$$

$$= \frac{\pi}{4}\,(\mathrm{m}).$$

2. 变力沿直线做功

设方向沿 x 轴正向的力函数为 $F(x)\,(a \leqslant x \leqslant b)$，则物体沿 x 轴从点 a 移动到点 b 时，变力 $F(x)$ 所做的功（见图 12-1）为

$$W = \int_a^b F(x)\mathrm{d}x,$$

功的元素 $\mathrm{d}W = F(x)\mathrm{d}x$.

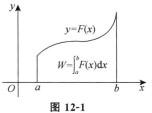

图 12-1

【注】常考抽水做功.

如图 12-2 所示，将容器中的水全部抽出所做的功为

$$W = \rho g \int_a^b x A(x)\mathrm{d}x,$$

其中 ρ 为水的密度，g 为重力加速度.

功的元素 $\mathrm{d}W = \rho g x A(x)\mathrm{d}x$ 为位于 x 处厚度为 $\mathrm{d}x$，水平截面面积为 $A(x)$ 的一层水被抽出（路程为 x）所做的功.

求解这类问题的关键是确定 x 处的水平截面面积 $A(x)$，其余的量都是固定的.

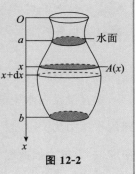

图 12-2

例 12.2 设曲线 $L: y = \tan x^2\left(0 \leqslant x \leqslant \sqrt{\dfrac{\pi}{4}}\right)$.

（1）求直线 $y = 1$，曲线 L 以及 y 轴围成的平面图形绕 y 轴旋转一周所得到的旋转体体积 V；

（2）记曲线 L 绕 y 轴旋转一周所得到的旋转曲面为 S，该旋转曲面作为容器盛满水（水的质量密度（单位体积水的重力）等于 1），如果将其中的水抽完，求外力做功 W.

【解】(1) 如图 12-3 所示,由 $y = \tan x^2 \left(0 \leqslant x \leqslant \sqrt{\dfrac{\pi}{4}}\right)$,得到

$$x = \sqrt{\arctan y} \ (0 \leqslant y \leqslant 1),$$

于是

$$V = \pi \int_0^1 \arctan y \, \mathrm{d}y = \pi y \arctan y \Big|_0^1 - \pi \int_0^1 \frac{y}{1+y^2} \mathrm{d}y$$

$$= \frac{\pi^2}{4} - \frac{\pi}{2} \ln(1+y^2) \Big|_0^1 = \frac{\pi^2}{4} - \frac{\pi}{2} \ln 2.$$

(2) 用微元法. $\mathrm{d}W = \pi x^2 \mathrm{d}y \cdot (1-y) = \pi \cdot \arctan y \, \mathrm{d}y \cdot (1-y)$,于是

$$W = \pi \int_0^1 (1-y) \arctan y \, \mathrm{d}y = \frac{\pi^2}{4} - \frac{\pi}{2} \ln 2 - \pi \int_0^1 y \arctan y \, \mathrm{d}y, \quad (*)$$

其中

$$\int_0^1 y \arctan y \, \mathrm{d}y = \frac{y^2}{2} \arctan y \Big|_0^1 - \frac{1}{2} \int_0^1 \frac{y^2}{1+y^2} \mathrm{d}y$$

$$= \frac{\pi}{8} - \frac{1}{2} \int_0^1 \left(1 - \frac{1}{1+y^2}\right) \mathrm{d}y$$

$$= \frac{\pi}{8} - \frac{1}{2} (y - \arctan y) \Big|_0^1 = \frac{\pi}{4} - \frac{1}{2}.$$

将上式计算结果代入 (*) 式,得 $W = \dfrac{\pi}{2}(1 - \ln 2)$.

【注】由 $y = \tan x^2$ 知,当 $x \geqslant 0$ 时,$y' = \sec^2 x^2 \cdot 2x \geqslant 0$,于是当 $0 \leqslant x \leqslant \sqrt{\dfrac{\pi}{4}}$ 时 y 为单调增加函数,$y'' = 2\sec x^2 \cdot \sec x^2 \cdot \tan x^2 \cdot 2x \cdot 2x + 2\sec^2 x^2 > 0$,说明当 $0 \leqslant x \leqslant \sqrt{\dfrac{\pi}{4}}$ 时 y 的图形是凹的. 这些求导过程虽不一定要写在答卷上,但作为考生,一定要验算清楚才能画出正确的草图,保证做题的正确性.

3. 静水压力

垂直浸没在水中的平板 $ABCD$(见图 12-4)的一侧受到的水压力为 $P = \rho g \int_a^b x[f(x) - h(x)] \mathrm{d}x$,其中 ρ 为水的密度,g 为重力加速度.

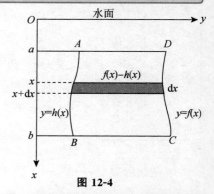

图 12-4

压力元素 $\mathrm{d}P = \rho g x [f(x) - h(x)] \mathrm{d}x$,即图中矩形条所受到的压力. x 表示水深,$f(x) - h(x)$ 是矩形条的宽度,$\mathrm{d}x$ 是矩形条的高度.

【注】水压力问题的特点:压强随水的深度的改变而改变. 求解这类问题的关键是确定水深 x 处的平板的宽度 $f(x) - h(x)$.

例 12.3 斜边长为 $2a$ 的等腰直角三角形平板铅直地沉没在水中，且斜边与水面相齐. 记重力加速度为 g，水的密度为 ρ，则该平板一侧所受的水压力为 _____.

【解】应填 $\dfrac{1}{3}a^3\rho g$.

如图 12-5 所示，该平板一侧所受的水压力为

$$P = \int_0^a 2\rho g(a-y)y\,\mathrm{d}y = 2\rho g\int_0^a (ay-y^2)\,\mathrm{d}y = 2\rho g\left(\frac{a^3}{2}-\frac{a^3}{3}\right) = \frac{1}{3}a^3\rho g.$$

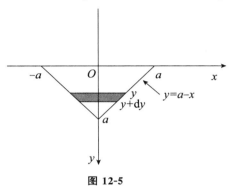

图 12-5

4. 细杆质心

设直线段上的线密度为 $\rho(x)$ 的细直杆（见图 12-6），则其质心为

$$\bar{x} = \frac{\displaystyle\int_a^b x\rho(x)\,\mathrm{d}x}{\displaystyle\int_a^b \rho(x)\,\mathrm{d}x}.$$

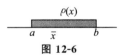

图 12-6

例 12.4 设 L 是位于 x 轴的区间 $\left[-\dfrac{\pi}{2},\dfrac{\pi}{2}\right]$ 上的质杆，已知 L 上任一点 $x\in\left[-\dfrac{\pi}{2},\dfrac{\pi}{2}\right]$ 处的线密度为 $\rho(x)=1+\sin x$，则该质杆的质心坐标 $\bar{x} =$ _____.

【解】应填 $\dfrac{2}{\pi}$.

$$\bar{x} = \frac{\displaystyle\int_{-\frac{\pi}{2}}^{\frac{\pi}{2}} x\rho(x)\,\mathrm{d}x}{\displaystyle\int_{-\frac{\pi}{2}}^{\frac{\pi}{2}} \rho(x)\,\mathrm{d}x} = \frac{\displaystyle\int_{-\frac{\pi}{2}}^{\frac{\pi}{2}} x(1+\sin x)\,\mathrm{d}x}{\displaystyle\int_{-\frac{\pi}{2}}^{\frac{\pi}{2}} (1+\sin x)\,\mathrm{d}x} = \frac{2}{\pi}.$$

二 经济应用（仅数学三）

1. 求平均量

$$\bar{y} = \frac{1}{b-a}\int_a^b y(x)\,\mathrm{d}x.$$

例 12.5 设某公司在 t 时刻的资产为 $f(t)$,从 0 时刻到 t 时刻的平均资产等于 $\dfrac{f(t)}{t}-t$,假设 $f(t)$ 连续且 $f(0)=0$,则 $f(t)=$ _____.

【解】应填 $-2(1+t)+2\mathrm{e}^t$.

依题设,有 $\dfrac{f(t)}{t}-t=\dfrac{1}{t}\displaystyle\int_0^t f(t)\mathrm{d}t$,即 $f(t)-t^2=\displaystyle\int_0^t f(t)\mathrm{d}t$,等式两边求导,得

$$f'(t)-2t=f(t),$$

即
$$f'(t)-f(t)=2t,$$

则
$$f(t)=\mathrm{e}^{-\int(-1)\mathrm{d}t}\left[\int 2t\,\mathrm{e}^{\int(-1)\mathrm{d}t}\mathrm{d}t+C\right]=\mathrm{e}^t\left(\int 2t\cdot\mathrm{e}^{-t}\mathrm{d}t+C\right)$$
$$=\mathrm{e}^t\left[-2(1+t)\mathrm{e}^{-t}+C\right]=-2(1+t)+C\mathrm{e}^t.$$

由 $f(0)=-2+C=0$,故 $C=2$,得
$$f(t)=-2(1+t)+2\mathrm{e}^t.$$

2. 求总量

$$Q(t)=Q(t_0)+\int_{t_0}^t Q'(u)\mathrm{d}u,\ t>t_0.$$

例 12.6 已知生产某产品的边际成本为 $C'(x)=x^2-4x+6$(单位:元/件),边际收益为 $R'(x)=105-2x$,其中 x 为产量.已知没有产品时没有收益,且固定成本为 100 元.若生产的产品都会售出,求产量为多少时,利润最大,并求出最大利润.

【解】利润函数为 $L(x)=R(x)-C(x)$.又
$$L'(x)=R'(x)-C'(x)=105-2x-(x^2-4x+6)$$
$$=(11-x)(9+x),$$

令 $L'(x)=0$,得 $x=11$(因 $x>0$,故 $x=-9$ 舍去),且有
$$L''(x)=2-2x,\ L''(11)=-20<0,$$

故 $x=11$ 为 $L(x)$ 唯一的极大值点,即为最大值点,于是当产量为 11 件时,利润最大.

由题设,$R(0)=0,C(0)=100$,于是
$$L_{\max}=L(11)=L(0)+\int_0^{11}L'(x)\mathrm{d}x=R(0)-C(0)+\int_0^{11}[R'(x)-C'(x)]\mathrm{d}x$$
$$=-100+\int_0^{11}(99+2x-x^2)\mathrm{d}x$$
$$=-100+\left(99x+x^2-\frac{x^3}{3}\right)\Big|_0^{11}=\frac{1\,999}{3}(元).$$

第13讲
多元函数微分学

1. 极限

设函数 $f(x, y)$ 在区域 D 上有定义,$P_0(x_0, y_0) \in D$ 或为 D 的边界上的一点. 如果对于任意给定的 $\varepsilon > 0$,总存在 $\delta > 0$,当点 $P(x, y) \in D$,且满足 $0 < |PP_0| = \sqrt{(x - x_0)^2 + (y - y_0)^2} < \delta$ 时,恒有

$$|f(x, y) - A| < \varepsilon,$$

则称常数 A 为 $(x, y) \to (x_0, y_0)$ 时 $f(x, y)$ 的极限,记作

$$\lim_{(x,y) \to (x_0, y_0)} f(x, y) = A \text{ 或 } \lim_{\substack{x \to x_0 \\ y \to y_0}} f(x, y) = A,$$

也常记作
$$\lim_{P \to P_0} f(P) = A.$$

【注】(1) 一元极限中 $x \to x_0$ 有且仅有两种方式($x \to x_0^-$ 和 $x \to x_0^+$),二重极限中 $(x, y) \to (x_0, y_0)$ 一般有无穷多种方式.

(2) 若有两条不同路径使极限 $\lim\limits_{(x,y) \to (x_0,y_0)} f(x, y)$ 的值不相等或某一路径使极限 $\lim\limits_{(x,y) \to (x_0,y_0)} f(x, y)$ 的值不存在,都说明 $\lim\limits_{(x,y) \to (x_0,y_0)} f(x, y)$ 不存在.

(3) 除洛必达法则和单调有界准则外,可照搬一元函数求极限的方法来求二重极限,二重极限保持了一元极限的各种性质,如唯一性、局部有界性、局部保号性、运算规则及脱帽法 $\lim\limits_{(x,y) \to (x_0,y_0)} f(x, y) = A \Leftrightarrow f(x, y) = A + \alpha$,其中当 $(x, y) \to (x_0, y_0)$ 时,α 是无穷小量.

2. 连续

如果 $\lim\limits_{\substack{x \to x_0 \\ y \to y_0}} f(x, y) = f(x_0, y_0)$,则称函数 $f(x, y)$ 在点 (x_0, y_0) 处连续. 如果 $f(x, y)$ 在区域 D 上每一点都连续,则称 $f(x, y)$ 在区域 D 上连续.

3. 偏导数

(1) 定义.

设函数 $z = f(x, y)$ 在点 (x_0, y_0) 处的某邻域内有定义,如果极限
$$\lim_{\Delta x \to 0} \frac{f(x_0 + \Delta x, y_0) - f(x_0, y_0)}{\Delta x}$$

存在,则称此极限为函数 $z = f(x, y)$ 在点 (x_0, y_0) 处对 x 的**偏导数**,记作
$$\frac{\partial z}{\partial x} \bigg|_{\substack{x = x_0 \\ y = y_0}}, \frac{\partial f}{\partial x} \bigg|_{\substack{x = x_0 \\ y = y_0}}, z_x' \bigg|_{\substack{x = x_0 \\ y = y_0}} \text{ 或 } f_x'(x_0, y_0),$$

即
$$f_x'(x_0, y_0) = \lim_{\Delta x \to 0} \frac{f(x_0 + \Delta x, y_0) - f(x_0, y_0)}{\Delta x}.$$

类似地,函数 $z = f(x, y)$ 在点 (x_0, y_0) 处对 y 的偏导数定义为
$$f_y'(x_0, y_0) = \lim_{\Delta y \to 0} \frac{f(x_0, y_0 + \Delta y) - f(x_0, y_0)}{\Delta y}.$$

(2) 如果 $z = f(x, y)$ 在区域 D 上的每一点 (x, y) 处都有偏导数,一般来说,它们仍是 x,y 的函数,则称为 $f(x, y)$ 的偏导函数,简称偏导数,记作 $\dfrac{\partial z}{\partial x}, \dfrac{\partial f}{\partial x}, f_x'(x, y), \dfrac{\partial z}{\partial y}, \dfrac{\partial f}{\partial y}, f_y'(x, y)$.

(3) 偏导数的几何意义.

设有二元函数 $z = f(x, y)$,且 $z_0 = f(x_0, y_0)$,则 $f_x'(x_0, y_0)$ 在几何上表示曲线 $\begin{cases} z = f(x, y), \\ y = y_0 \end{cases}$ 在点 (x_0, y_0, z_0) 处的切线对 x 轴的斜率. 同理,$f_y'(x_0, y_0)$ 在几何上表示曲线

$\begin{cases} z = f(x,y), \\ x = x_0 \end{cases}$ 在点 (x_0, y_0, z_0) 处的切线对 y 轴的斜率.

(4) 高阶偏导数.

如果二元函数 $z = f(x,y)$ 的偏导数 $f'_x(x,y)$ 和 $f'_y(x,y)$ 仍然具有偏导数,则它们的偏导数称为 $z = f(x,y)$ 的二阶偏导数,记作

$$\frac{\partial^2 z}{\partial x^2} = \frac{\partial}{\partial x}\left(\frac{\partial z}{\partial x}\right) = f''_{xx}(x,y) = z''_{xx},$$

$$\frac{\partial^2 z}{\partial x \partial y} = \frac{\partial}{\partial y}\left(\frac{\partial z}{\partial x}\right) = f''_{xy}(x,y) = z''_{xy},$$

$$\frac{\partial^2 z}{\partial y^2} = \frac{\partial}{\partial y}\left(\frac{\partial z}{\partial y}\right) = f''_{yy}(x,y) = z''_{yy},$$

$$\frac{\partial^2 z}{\partial y \partial x} = \frac{\partial}{\partial x}\left(\frac{\partial z}{\partial y}\right) = f''_{yx}(x,y) = z''_{yx},$$

其中称 $\dfrac{\partial^2 z}{\partial x \partial y}$ 与 $\dfrac{\partial^2 z}{\partial y \partial x}$ 为二阶混合偏导数. 类似地可以定义 $n(n \geqslant 3)$ 阶偏导数.

(5) 如果函数 $z = f(x,y)$ 的两个二阶混合偏导数 $\dfrac{\partial^2 z}{\partial x \partial y}$ 及 $\dfrac{\partial^2 z}{\partial y \partial x}$ 都在区域 D 内连续,则在区域 D 内 $\dfrac{\partial^2 z}{\partial x \partial y} = \dfrac{\partial^2 z}{\partial y \partial x}$,即二阶混合偏导数在连续的条件下与求导的次序无关.

4. 全微分

(1) 定义.

设二元函数 $z = f(x,y)$ 在点 (x,y) 的某邻域内有定义,若 $z = f(x,y)$ 的全增量 $\Delta z = f(x+\Delta x, y+\Delta y) - f(x,y)$ 可以表示为 $\Delta z = A\Delta x + B\Delta y + o(\rho)$,其中 A, B 不依赖于 Δx,Δy,而仅与 x, y 有关,$\rho = \sqrt{(\Delta x)^2 + (\Delta y)^2}$,则称函数 $z = f(x,y)$ 在点 (x,y) 处可微,$A\Delta x + B\Delta y$ 称为函数 $z = f(x,y)$ 在点 (x,y) 处的全微分,记作 $\mathrm{d}z$,即 $\mathrm{d}z = A\Delta x + B\Delta y$.

(2) 若函数 $z = f(x,y)$ 在点 (x,y) 处可微,则必在点 (x,y) 处连续.

(3) 可微的必要条件.

如果函数 $z = f(x,y)$ 在点 (x,y) 处可微,则该函数在点 (x,y) 处的两个偏导数都存在,且

$$A = \frac{\partial z}{\partial x}, B = \frac{\partial z}{\partial y}.$$

(4) 可微的充分条件.

如果函数 $z = f(x,y)$ 的偏导数 $\dfrac{\partial z}{\partial x}, \dfrac{\partial z}{\partial y}$ 在点 (x,y) 处连续,则函数在该点可微.

(5) 全微分的形式不变性.

设 $z = f(u,v), u = u(x,y), v = v(x,y)$,如果 $f(u,v), u(x,y), v(x,y)$ 分别有连续偏导数,则复合函数 $z = f(u,v)$ 在 (x,y) 处的全微分仍可表示为

$$\mathrm{d}z = \frac{\partial z}{\partial u}\mathrm{d}u + \frac{\partial z}{\partial v}\mathrm{d}v,$$

即无论 u,v 是自变量还是中间变量,上式总成立.

> 【注】判断函数 $z=f(x,y)$ 在点 (x_0,y_0) 处是否可微,步骤如下:
>
> ① 写出全增量 $\Delta z=f(x_0+\Delta x,y_0+\Delta y)-f(x_0,y_0)$;
>
> ② 写出线性增量 $A\Delta x+B\Delta y$,其中 $A=f'_x(x_0,y_0)$,$B=f'_y(x_0,y_0)$;
>
> ③ 作极限 $\lim\limits_{\substack{\Delta x\to0\\\Delta y\to0}}\dfrac{\Delta z-(A\Delta x+B\Delta y)}{\sqrt{(\Delta x)^2+(\Delta y)^2}}$,若该极限等于 0,则 $z=f(x,y)$ 在点 (x_0,y_0) 处可微,
>
> 否则,就不可微.

5. 偏导数连续

对于 $z=f(x,y)$,讨论其在某特殊点 (x_0,y_0)(比如二元分段函数的分段点)处偏导数是否连续,是考研的重点.

> 【注】(1) 判断函数 $z=f(x,y)$ 在特殊点 (x_0,y_0) 处的偏导数是否连续,步骤如下:
>
> ① 用定义法求 $f'_x(x_0,y_0)$,$f'_y(x_0,y_0)$;
>
> ② 用公式法求 $f'_x(x,y)$,$f'_y(x,y)$;
>
> ③ 计算 $\lim\limits_{\substack{x\to x_0\\y\to y_0}}f'_x(x,y)$,$\lim\limits_{\substack{x\to x_0\\y\to y_0}}f'_y(x,y)$.
>
> 看 $\lim\limits_{\substack{x\to x_0\\y\to y_0}}f'_x(x,y)=f'_x(x_0,y_0)$,$\lim\limits_{\substack{x\to x_0\\y\to y_0}}f'_y(x,y)=f'_y(x_0,y_0)$ 是否成立.若成立,则 $z=f(x,y)$
>
> 在点 (x_0,y_0) 处的偏导数是连续的.
>
> (2) 一元函数和多元函数在极限存在、连续、可导、可微的相互关系上,有相同之处,更有相异之处,如图 13-1 所示(记号 $\rightarrow$ 表示可推出,$\nrightarrow$ 表示不一定推出).

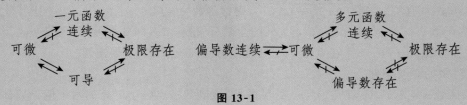

图 13-1

例 13.1 函数 $f(x,y)=\begin{cases}\dfrac{\sqrt[3]{1+xy}-1}{\sqrt{x^2+y^2}}, & (x,y)\neq(0,0),\\ 0, & (x,y)=(0,0)\end{cases}$ 在点 $(0,0)$ 处( ).

(A) 不连续

(B) 连续但偏导数不存在

(C) 连续,偏导数存在但不可微

(D) 可微

【解】应选(C).

因为 $\left|\dfrac{xy}{\sqrt{x^2+y^2}}\right|\leqslant\dfrac{\sqrt{x^2+y^2}}{2}$,且 $\lim\limits_{\substack{x\to0\\y\to0}}\dfrac{\sqrt{x^2+y^2}}{2}=0$,所以

$$\lim_{\substack{x \to 0 \\ y \to 0}} f(x,y) = \lim_{\substack{x \to 0 \\ y \to 0}} \frac{\sqrt[3]{1+xy}-1}{\sqrt{x^2+y^2}} = \lim_{\substack{x \to 0 \\ y \to 0}} \frac{xy}{3\sqrt{x^2+y^2}} = 0 = f(0,0),$$

从而 $f(x,y)$ 在点 $(0,0)$ 处连续. 因为

$$\lim_{x \to 0} \frac{f(x,0)-f(0,0)}{x-0} = \lim_{x \to 0} \frac{0}{x} = 0, \quad \lim_{y \to 0} \frac{f(0,y)-f(0,0)}{y-0} = \lim_{y \to 0} \frac{0}{y} = 0,$$

所以 $f(x,y)$ 在点 $(0,0)$ 处存在偏导数, 且 $f'_x(0,0) = f'_y(0,0) = 0$. 因为

$$\lim_{\substack{x \to 0 \\ y \to 0}} \frac{f(x,y)-f(0,0)-[f'_x(0,0)(x-0)+f'_y(0,0)(y-0)]}{\sqrt{x^2+y^2}}$$

$$= \lim_{\substack{x \to 0 \\ y \to 0}} \frac{\sqrt[3]{1+xy}-1}{x^2+y^2} = \lim_{\substack{x \to 0 \\ y \to 0}} \frac{xy}{3(x^2+y^2)},$$

而 $\lim\limits_{\substack{x \to 0 \\ y=x}} \frac{xy}{3(x^2+y^2)} = \lim\limits_{x \to 0} \frac{x^2}{3(x^2+x^2)} = \frac{1}{6} \neq 0$, 所以

$$\lim_{\substack{x \to 0 \\ y \to 0}} \frac{f(x,y)-f(0,0)-[f'_x(0,0)(x-0)+f'_y(0,0)(y-0)]}{\sqrt{x^2+y^2}} \neq 0,$$

从而函数 $f(x,y)$ 在点 $(0,0)$ 处不可微.

故选 (C).

例 13.2 设函数 $f(x,y) = \int_0^{xy} e^{xt^2}\,dt$, 则 $\dfrac{\partial^2 f}{\partial x \partial y}\Big|_{(1,1)} = $ _____.

【解】应填 $4e$.

法一
$$f'_y(x,y) = x e^{x^3 y^2}, \quad f'_y(x,1) = x e^{x^3};$$
$$f''_{yx}(x,1) = 3x^3 e^{x^3} + e^{x^3}, \quad f''_{yx}(1,1) = 4e.$$

由于 $f(x,y)$ 的二阶混合偏导数在点 $(1,1)$ 处是相等的, 因此 $f''_{xy}(1,1) = 4e$.

> 二元初等函数的偏导数仍是初等函数, 而初等函数在其定义区域内是连续的.

法二 当 $x > 0$ 时, $f(x,y) = \int_0^{xy} e^{xt^2}\,dt \xrightarrow[u=\sqrt{x}\,t]{\frac{u}{\sqrt{x}}=t} \int_0^{x^{\frac{3}{2}}y} e^{u^2} \frac{1}{\sqrt{x}}\,du = \frac{1}{\sqrt{x}} \int_0^{x^{\frac{3}{2}}y} e^{u^2}\,du$, 得

$$f'_x(x,y) = -\frac{1}{2} x^{-\frac{3}{2}} \int_0^{x^{\frac{3}{2}}y} e^{u^2}\,du + \frac{1}{\sqrt{x}} \cdot e^{x^3 y^2} \cdot \frac{3}{2} x^{\frac{1}{2}} y,$$

故当 $x = 1$ 时, 有 $f'_x(1,y) = -\dfrac{1}{2} \int_0^y e^{u^2}\,du + \dfrac{3}{2} e^{y^2} \cdot y$. 则

$$f''_{xy}(1,y) = -\frac{1}{2} e^{y^2} + \frac{3}{2} \cdot e^{y^2} \cdot 2y \cdot y + \frac{3}{2} e^{y^2} \cdot 1,$$

$$f''_{xy}(1,1) = -\frac{1}{2} e + 3e + \frac{3}{2} e = 4e.$$

例 13.3 设 $z_1 = |xy|$, $z_2 = \begin{cases} \dfrac{x|y|}{\sqrt{x^2+y^2}}, & (x,y) \neq (0,0), \\ 0, & (x,y) = (0,0), \end{cases}$ 则 ( ).

(A) z_1 在点 $(0,0)$ 处不可微, z_2 在点 $(0,0)$ 处不可微

(B)z_1 在点 $(0,0)$ 处不可微,z_2 在点 $(0,0)$ 处可微

(C)z_1 在点 $(0,0)$ 处可微,z_2 在点 $(0,0)$ 处不可微

(D)z_1 在点 $(0,0)$ 处可微,z_2 在点 $(0,0)$ 处可微

【解】应选(C).

$$\frac{\partial z_1}{\partial x}\bigg|_{(0,0)} = \lim_{x \to 0} \frac{z_1(x,0)-z_1(0,0)}{x-0} = 0,$$

$$\frac{\partial z_1}{\partial y}\bigg|_{(0,0)} = \lim_{y \to 0} \frac{z_1(0,y)-z_1(0,0)}{y-0} = 0,$$

$$\frac{z_1(x,y)-z_1(0,0)-\dfrac{\partial z_1}{\partial x}\bigg|_{(0,0)} \cdot x - \dfrac{\partial z_1}{\partial y}\bigg|_{(0,0)} \cdot y}{\sqrt{x^2+y^2}} = \frac{|xy|}{\sqrt{x^2+y^2}}.$$

$$0 \leqslant \lim_{\substack{x \to 0 \\ y \to 0}} \frac{|xy|}{\sqrt{x^2+y^2}} \leqslant \lim_{\substack{x \to 0 \\ y \to 0}} \frac{\frac{1}{2}(x^2+y^2)}{\sqrt{x^2+y^2}} = 0,$$

故 z_1 在点 $(0,0)$ 处可微.

$$\frac{\partial z_2}{\partial x}\bigg|_{(0,0)} = \lim_{x \to 0} \frac{z_2(x,0)-z_2(0,0)}{x-0} = 0,$$

$$\frac{\partial z_2}{\partial y}\bigg|_{(0,0)} = \lim_{y \to 0} \frac{z_2(0,y)-z_2(0,0)}{y-0} = 0,$$

$$\frac{z_2(x,y)-z_2(0,0)-\dfrac{\partial z_2}{\partial x}\bigg|_{(0,0)} \cdot x - \dfrac{\partial z_2}{\partial y}\bigg|_{(0,0)} \cdot y}{\sqrt{x^2+y^2}} = \frac{x|y|}{x^2+y^2}.$$

取 $y = x$,则

$$\lim_{\substack{x \to 0 \\ y = x}} \frac{x|y|}{x^2+y^2} = \lim_{x \to 0} \frac{x|x|}{2x^2}, \quad \lim_{x \to 0^+} \frac{x|x|}{2x^2} = \frac{1}{2}, \quad \lim_{x \to 0^-} \frac{x|x|}{2x^2} = -\frac{1}{2},$$

极限不存在,故 z_2 在点 $(0,0)$ 处不可微.

 复合函数求导法(链式求导规则)

设 $z=z(u,v),u=u(x,y),v=v(x,y)$,写成复合结构图为

于是

$$\frac{\partial z}{\partial x} = \frac{\partial z}{\partial u} \cdot \frac{\partial u}{\partial x} + \frac{\partial z}{\partial v} \cdot \frac{\partial v}{\partial x},$$

$$\frac{\partial z}{\partial y} = \frac{\partial z}{\partial u} \cdot \frac{\partial u}{\partial y} + \frac{\partial z}{\partial v} \cdot \frac{\partial v}{\partial y}.$$

【注】(1) 全导数:若 $z=z(u,v),u=u(x),v=v(x)$,即 z 最终只是 x 的函数,则 $\dfrac{\mathrm{d}z}{\mathrm{d}x}$ 叫**全导数**.写成复合结构图为

$$z \begin{smallmatrix} u \\ v \end{smallmatrix} x$$

于是
$$\frac{\mathrm{d}z}{\mathrm{d}x} = \frac{\partial z}{\partial u} \cdot \frac{\mathrm{d}u}{\mathrm{d}x} + \frac{\partial z}{\partial v} \cdot \frac{\mathrm{d}v}{\mathrm{d}x}.$$

（2）无论 z 对哪个变量求导，也无论 z 已经求了几阶导，求导后的新函数仍然具有与原函数完全相同的复合结构.

例 13.4 设 $z = f(x+y, x-y, xy)$，其中 f 具有二阶连续偏导数，求 $\mathrm{d}z$ 与 $\dfrac{\partial^2 z}{\partial x \partial y}$.

【解】 由于
$$\frac{\partial z}{\partial x} = f_1' + f_2' + y f_3', \quad \frac{\partial z}{\partial y} = f_1' - f_2' + x f_3',$$

因此

$$\mathrm{d}z = \frac{\partial z}{\partial x}\mathrm{d}x + \frac{\partial z}{\partial y}\mathrm{d}y = (f_1' + f_2' + y f_3')\mathrm{d}x + (f_1' - f_2' + x f_3')\mathrm{d}y,$$

$$\begin{aligned}
\frac{\partial^2 z}{\partial x \partial y} &= f_{11}'' \cdot 1 + f_{12}'' \cdot (-1) + f_{13}'' \cdot x + f_{21}'' \cdot 1 + f_{22}'' \cdot (-1) + f_{23}'' \cdot x + f_3' + \\
&\quad y[f_{31}'' \cdot 1 + f_{32}'' \cdot (-1) + f_{33}'' \cdot x] \\
&= f_3' + f_{11}'' - f_{22}'' + xy f_{33}'' + (x+y)f_{13}'' + (x-y)f_{23}''.
\end{aligned}$$

例 13.5 已知函数 $f(u,v)$ 具有二阶连续偏导数，$f(1,1) = 2$ 是 $f(u,v)$ 的极值，$z = f[x+y, f(x,y)]$，求 $\dfrac{\partial^2 z}{\partial x \partial y}\Big|_{(1,1)}$.

【解】
$$\frac{\partial z}{\partial x} = f_1'[x+y, f(x,y)] + f_2'[x+y, f(x,y)] \cdot f_1'(x,y),$$

$$\begin{aligned}
\frac{\partial^2 z}{\partial x \partial y} &= f_{11}''[x+y, f(x,y)] + f_{12}''[x+y, f(x,y)] \cdot f_2'(x,y) + \\
&\quad f_{12}''(x,y) \cdot f_2'[x+y, f(x,y)] + f_1'(x,y)\{f_{21}''[x+y, f(x,y)] + \\
&\quad f_{22}''[x+y, f(x,y)] \cdot f_2'(x,y)\}.
\end{aligned}$$

$\longrightarrow f(1,1)$ 是 $f(u,v)$ 的极值

由题意知
$$f_1'(1,1) = 0, \quad f_2'(1,1) = 0,$$

从而
$$\frac{\partial^2 z}{\partial x \partial y}\Big|_{(1,1)} = f_{11}''(2,2) + f_2'(2,2)f_{12}''(1,1).$$

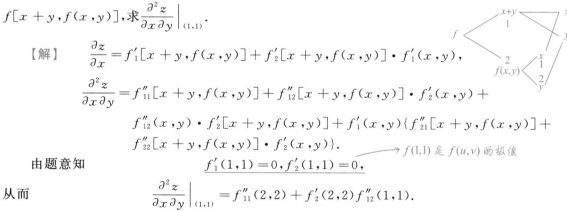

三 隐函数求导法

设以下所给函数的偏导数均连续.

1. 一个方程的情形

设 $F(x,y,z) = 0$，$P_0(x_0, y_0, z_0)$，若满足 ①$F(P_0) = 0$；②$F_z'(P_0) \neq 0$，则在点 P_0 的某邻域内可确定 $z = z(x,y)$，且有

$$\frac{\partial z}{\partial x} = -\frac{F'_x}{F'_z}, \frac{\partial z}{\partial y} = -\frac{F'_y}{F'_z}.$$

2. 方程组的情形

设 $\begin{cases} F(x,y,z)=0, \\ G(x,y,z)=0, \end{cases}$ 当满足 $\dfrac{\partial(F,G)}{\partial(y,z)} = \begin{vmatrix} \dfrac{\partial F}{\partial y} & \dfrac{\partial F}{\partial z} \\ \dfrac{\partial G}{\partial y} & \dfrac{\partial G}{\partial z} \end{vmatrix} \neq 0$ 时,可确定 $\begin{cases} y=y(x), \\ z=z(x). \end{cases}$ 其复合结构

图为

且有

$$\frac{dy}{dx} = -\frac{\dfrac{\partial(F,G)}{\partial(x,z)}}{\dfrac{\partial(F,G)}{\partial(y,z)}} = -\frac{\begin{vmatrix} \dfrac{\partial F}{\partial x} & \dfrac{\partial F}{\partial z} \\ \dfrac{\partial G}{\partial x} & \dfrac{\partial G}{\partial z} \end{vmatrix}}{\begin{vmatrix} \dfrac{\partial F}{\partial y} & \dfrac{\partial F}{\partial z} \\ \dfrac{\partial G}{\partial y} & \dfrac{\partial G}{\partial z} \end{vmatrix}}, \frac{dz}{dx} = -\frac{\dfrac{\partial(F,G)}{\partial(y,x)}}{\dfrac{\partial(F,G)}{\partial(y,z)}} = -\frac{\begin{vmatrix} \dfrac{\partial F}{\partial y} & \dfrac{\partial F}{\partial x} \\ \dfrac{\partial G}{\partial y} & \dfrac{\partial G}{\partial x} \end{vmatrix}}{\begin{vmatrix} \dfrac{\partial F}{\partial y} & \dfrac{\partial F}{\partial z} \\ \dfrac{\partial G}{\partial y} & \dfrac{\partial G}{\partial z} \end{vmatrix}}.$$

例 13.6 若函数 $z = z(x,y)$ 由方程 $e^{x+2y+3z} + xyz = 1$ 确定,则 $dz\big|_{(0,0)} = $ _____.

【解】应填 $-\dfrac{1}{3}dx - \dfrac{2}{3}dy$.

先求 $z(0,0)$. 在原方程中令 $x=0, y=0$ 得 $e^{3z(0,0)}=1$,故 $z(0,0)=0$.

令 $F(x,y,z) = e^{x+2y+3z} + xyz - 1$,则由公式法,知

$$\frac{\partial z}{\partial x} = -\frac{F'_x}{F'_z} = -\frac{e^{x+2y+3z} \cdot 1 + yz}{e^{x+2y+3z} \cdot 3 + xy},$$

$$\frac{\partial z}{\partial y} = -\frac{F'_y}{F'_z} = -\frac{e^{x+2y+3z} \cdot 2 + xz}{e^{x+2y+3z} \cdot 3 + xy},$$

当 $x=0, y=0, z=0$ 时,$\dfrac{\partial z}{\partial x} = -\dfrac{1}{3}, \dfrac{\partial z}{\partial y} = -\dfrac{2}{3}$,则

$$dz\big|_{(0,0)} = -\frac{1}{3}dx - \frac{2}{3}dy.$$

【注】此题还有以下两种解法,一是复合函数求导法,二是利用全微分形式不变性.

复合函数求导法 将方程两端对 x 求偏导数得

$$e^{x+2y+3z}\left(1 + 3\frac{\partial z}{\partial x}\right) + yz + xy\frac{\partial z}{\partial x} = 0,$$

令 $x=0,y=0,z=0$ 可得 $1+3\dfrac{\partial z}{\partial x}\Big|_{(0,0)}=0$，即 $\dfrac{\partial z}{\partial x}\Big|_{(0,0)}=-\dfrac{1}{3}$.

将方程两端对 y 求偏导数得

$$e^{x+2y+3z}\left(2+3\frac{\partial z}{\partial y}\right)+xz+xy\frac{\partial z}{\partial y}=0,$$

令 $x=0,y=0,z=0$ 可得 $2+3\dfrac{\partial z}{\partial y}\Big|_{(0,0)}=0$，即 $\dfrac{\partial z}{\partial y}\Big|_{(0,0)}=-\dfrac{2}{3}$.

因此 $$\mathrm{d}z\Big|_{(0,0)}=\left(\frac{\partial z}{\partial x}\mathrm{d}x+\frac{\partial z}{\partial y}\mathrm{d}y\right)\Big|_{(0,0)}=-\frac{1}{3}\mathrm{d}x-\frac{2}{3}\mathrm{d}y.$$

利用全微分形式不变性 对于一元函数：$\mathrm{d}[\varphi(u)]=\varphi'(u)\mathrm{d}u$；

对于多元函数：$\mathrm{d}[\varphi(u,v,w)]=\dfrac{\partial\varphi}{\partial u}\mathrm{d}u+\dfrac{\partial\varphi}{\partial v}\mathrm{d}v+\dfrac{\partial\varphi}{\partial w}\mathrm{d}w$.

将原方程两端求全微分得

$$e^{x+2y+3z}\mathrm{d}(x+2y+3z)+\mathrm{d}(xyz)=0,$$

即 $$e^{x+2y+3z}(\mathrm{d}x+2\mathrm{d}y+3\mathrm{d}z)+yz\mathrm{d}x+xz\mathrm{d}y+xy\mathrm{d}z=0,$$

令 $x=0,y=0,z=0$ 可得 $\mathrm{d}x+2\mathrm{d}y+3\mathrm{d}z\Big|_{(0,0)}=0$，则

$$\mathrm{d}z\Big|_{(0,0)}=-\frac{1}{3}\mathrm{d}x-\frac{2}{3}\mathrm{d}y.$$

综上，公式法、复合函数求导法、利用全微分形式不变性是常用的三种方法.

例 13.7 设 $y=y(x),z=z(x)$ 是由方程 $z=xf(x+y)$ 和 $F(x,y,z)=0$ 所确定的

函数，其中 f 和 F 分别具有一阶连续导数和一阶连续偏导数，且 $F'_y+xf'F'_z\neq0$，求 $\dfrac{\mathrm{d}z}{\mathrm{d}x}$.

【解】令 $G(x,y,z)=xf(x+y)-z$，由公式法，知

$$\frac{\mathrm{d}z}{\mathrm{d}x}=-\frac{\dfrac{\partial(F,G)}{\partial(y,x)}}{\dfrac{\partial(F,G)}{\partial(y,z)}}=-\frac{\begin{vmatrix}\dfrac{\partial F}{\partial y}&\dfrac{\partial F}{\partial x}\\[2mm]\dfrac{\partial G}{\partial y}&\dfrac{\partial G}{\partial x}\end{vmatrix}}{\begin{vmatrix}\dfrac{\partial F}{\partial y}&\dfrac{\partial F}{\partial z}\\[2mm]\dfrac{\partial G}{\partial y}&\dfrac{\partial G}{\partial z}\end{vmatrix}}=-\frac{\begin{vmatrix}F'_y&F'_x\\xf'&f+xf'\end{vmatrix}}{\begin{vmatrix}F'_y&F'_z\\xf'&-1\end{vmatrix}}$$

$$=\frac{(f+xf')F'_y-xf'F'_x}{F'_y+xf'F'_z}.$$

【注】本题亦可用下面的方法求解.

分别在 $z=xf(x+y)$ 和 $F(x,y,z)=0$ 的两端对 x 求导，得

$$
\begin{cases}
\dfrac{\mathrm{d}z}{\mathrm{d}x} = f + x\left(1 + \dfrac{\mathrm{d}y}{\mathrm{d}x}\right)f', \\[2mm]
F'_x + F'_y \dfrac{\mathrm{d}y}{\mathrm{d}x} + F'_z \dfrac{\mathrm{d}z}{\mathrm{d}x} = 0,
\end{cases}
$$

整理后得

$$
\begin{cases}
-xf' \dfrac{\mathrm{d}y}{\mathrm{d}x} + \dfrac{\mathrm{d}z}{\mathrm{d}x} = f + xf', \\[2mm]
F'_y \dfrac{\mathrm{d}y}{\mathrm{d}x} + F'_z \dfrac{\mathrm{d}z}{\mathrm{d}x} = -F'_x,
\end{cases}
$$

由此解得

$$
\frac{\mathrm{d}z}{\mathrm{d}x} = \frac{(f + xf')F'_y - xf'F'_x}{F'_y + xf'F'_z}.
$$

四 多元函数的极、最值

1. 定义

设函数 $z = f(x, y)$ 在点 (x_0, y_0) 的某邻域内有定义,如果在此邻域内都有 $f(x, y) \leqslant f(x_0, y_0)$(或 $f(x, y) \geqslant f(x_0, y_0)$),则称函数 $f(x, y)$ 在点 (x_0, y_0) 处取得极大值(或极小值).

2. 极值存在的必要条件

设函数 $z = f(x, y)$ 在点 (x_0, y_0) 处具有偏导数,且在点 (x_0, y_0) 处取得极值,则它在该点的偏导数必为零,即

$$
f'_x(x_0, y_0) = 0, \quad f'_y(x_0, y_0) = 0.
$$

【注】偏导数不存在的点也可能是极值点,如 $z = \sqrt{x^2 + y^2}$ 在点 $(0, 0)$ 处的情形:$f'_x(0, 0)$,$f'_y(0, 0)$ 均不存在,但点 $(0, 0)$ 是极小值点.

3. 极值存在的充分条件

设函数 $z = f(x, y)$ 在点 (x_0, y_0) 的某邻域内连续,且具有一阶及二阶连续偏导数,又 $f'_x(x_0, y_0) = 0, f'_y(x_0, y_0) = 0$. 令

$$
f''_{xx}(x_0, y_0) = A, \quad f''_{xy}(x_0, y_0) = B, \quad f''_{yy}(x_0, y_0) = C,
$$

则

(1) 当 $AC - B^2 > 0$ 时,$f(x, y)$ 在点 (x_0, y_0) 处取得极值,且当 $A < 0$ 时,取得极大值,当 $A > 0$ 时,取得极小值;

(2) 当 $AC - B^2 < 0$ 时,$f(x, y)$ 在点 (x_0, y_0) 处不取得极值;

(3) 当 $AC - B^2 = 0$ 时,$f(x, y)$ 在点 (x_0, y_0) 处是否取得极值不能确定,还需另作讨论(一

般用定义法).

4. 条件最值与拉格朗日乘数法

求目标函数 $u = f(x, y, z)$ 在条件 $\begin{cases} \varphi(x, y, z) = 0, \\ \psi(x, y, z) = 0 \end{cases}$ 下的最值,则

(1) 构造辅助函数 $F(x, y, z, \lambda, \mu) = f(x, y, z) + \lambda \varphi(x, y, z) + \mu \psi(x, y, z)$;

(2) 令

$$\begin{cases} F'_x = f'_x + \lambda \varphi'_x + \mu \psi'_x = 0, \\ F'_y = f'_y + \lambda \varphi'_y + \mu \psi'_y = 0, \\ F'_z = f'_z + \lambda \varphi'_z + \mu \psi'_z = 0, \\ F'_\lambda = \varphi(x, y, z) = 0, \\ F'_\mu = \psi(x, y, z) = 0; \end{cases}$$

(3) 解上述方程组得备选点 $P_i, i = 1, 2, 3, \cdots, n$,并求 $f(P_i)$,取其最大值为 $u_{\max}$,最小值为 $u_{\min}$;

(4) 根据实际问题,必存在最值,所得即为所求.

5. 有界闭区域上连续函数的最值问题

(1) 理论依据 —— 最大值与最小值定理:在有界闭区域 D 上的多元连续函数,在 D 上一定有最大值和最小值.

(2) 求法.

① 根据 $f'_x(x, y)$,$f'_y(x, y)$ 为 0 或不存在,求出 D 内部的所有可疑点;

② 用拉格朗日乘数法或代入法求出 D 边界上的所有可疑点;

③ 比较以上所有可疑点的函数值大小,取其最小者为最小值,最大者为最大值.

例 13.8 设函数 $u(x, y)$ 在有界闭区域 D 上连续,在 D 的内部具有二阶连续偏导数,且满足 $\dfrac{\partial^2 u}{\partial x \partial y} \neq 0$ 及 $\dfrac{\partial^2 u}{\partial x^2} + \dfrac{\partial^2 u}{\partial y^2} = 0$,则(   ).

(A) $u(x, y)$ 的最大值和最小值都在 D 的边界上取得

(B) $u(x, y)$ 的最大值和最小值都在 D 的内部取得

(C) $u(x, y)$ 的最大值在 D 的内部取得,最小值在 D 的边界上取得

(D) $u(x, y)$ 的最小值在 D 的内部取得,最大值在 D 的边界上取得

【解】应选(A).

因为 $u(x, y)$ 在有界闭区域 D 上连续,所以 $u(x, y)$ 在 D 上必然有最大值和最小值. 假设在内部存在驻点 (x_0, y_0),则 $\dfrac{\partial u}{\partial x}\Big|_{(x_0, y_0)} = \dfrac{\partial u}{\partial y}\Big|_{(x_0, y_0)} = 0$,且在点 (x_0, y_0) 处

$$A = \frac{\partial^2 u}{\partial x^2}\Big|_{(x_0, y_0)}, B = \frac{\partial^2 u}{\partial x \partial y}\Big|_{(x_0, y_0)} = \frac{\partial^2 u}{\partial y \partial x}\Big|_{(x_0, y_0)}, C = \frac{\partial^2 u}{\partial y^2}\Big|_{(x_0, y_0)}.$$

由条件可知 $AC - B^2 < 0$,显然 $u(x_0, y_0)$ 不是极值,当然也不是最值,所以 $u(x, y)$ 的最大

值点和最小值点必定都在区域 D 的边界上,所以应选(A).

例 13.9 已知函数 $f(x,y)$ 在点$(0,0)$的某邻域内连续,且

$$\lim_{\substack{x \to 0 \\ y \to 0}} \frac{f(x,y) - axy}{(x^2 + y^2)^2} = 1,$$

其中 a 为非零常数,则 $f(0,0)($ $)$.

(A) 是极大值   (B) 是极小值

(C) 不是极值   (D) 是否取极值与 a 有关

【解】应选(C).

由极限脱帽法,知 $\dfrac{f(x,y) - axy}{(x^2 + y^2)^2} = 1 + \alpha$,其中$\lim\limits_{\substack{x \to 0 \\ y \to 0}} \alpha = 0$,于是有

$$f(x,y) = axy + (x^2 + y^2)^2 + \alpha \cdot (x^2 + y^2)^2.$$

故 $f(0,0) = \lim\limits_{\substack{x \to 0 \\ y \to 0}} f(x,y) = 0$,又在 $y = x$ 上,$f(x,x) = ax^2 + 4x^4 + \alpha \cdot 4x^4$,故当 $|x|$ 充分小时,$f(x,x) \sim ax^2$,$f(x,x)$ 与 a 同号;在 $y = -x$ 上,$f(x,-x) = -ax^2 + 4x^4 + \alpha \cdot 4x^4$,故当 $|x|$ 充分小时,$f(x,-x) \sim (-ax^2)$,$f(x,-x)$ 与 $-a$ 同号.

综上,在点$(0,0)$附近,$f(x,y)$ 的值有正有负,所以 $f(0,0) = 0$ 不是极值.

例 13.10 设 $a > 0, b > 0$,函数 $f(x,y) = 2\ln|x| + \dfrac{(x-a)^2 + by^2}{2x^2}$ 在 $x < 0$ 时的极小值为 2,且 $f''_{yy}(-1,0) = 1$.

(1) 求 a, b 的值;

(2) 求 $f(x,y)$ 在 $x > 0$ 时的极值.

【解】(1) $f'_x(x,y) = \dfrac{2x^2 + ax - a^2 - by^2}{x^3}$, $f'_y(x,y) = \dfrac{by}{x^2}$.

令 $\begin{cases} f'_x(x,y) = 0, \\ f'_y(x,y) = 0, \end{cases}$ 得驻点$(-a, 0)$,$\left(\dfrac{a}{2}, 0\right)$. 又

$$f''_{xx}(x,y) = \frac{-2x^2 - 2ax + 3a^2 + 3by^2}{x^4}, f''_{xy}(x,y) = \frac{-2by}{x^3}, f''_{yy}(x,y) = \frac{b}{x^2},$$

由 $f''_{yy}(-1,0) = 1$,知 $b = 1$,故在点$(-a, 0)$ 处,

$$A = f''_{xx}(-a, 0) = \frac{3}{a^2}, B = f''_{xy}(-a, 0) = 0, C = f''_{yy}(-a, 0) = \frac{1}{a^2}.$$

由于 $AC - B^2 = \dfrac{3}{a^4} > 0$,且 $A > 0$,因此 $f(-a, 0)$ 是函数 $f(x,y)$ 的极小值,极小值为 $f(-a, 0) = 2\ln a + 2 = 2$,故 $a = 1$.

(2) 在点 $\left(\dfrac{1}{2}, 0\right)$ 处,

$$A = f''_{xx}\left(\frac{1}{2}, 0\right) = 24, B = f''_{xy}\left(\frac{1}{2}, 0\right) = 0, C = f''_{yy}\left(\frac{1}{2}, 0\right) = 4.$$

由于 $AC - B^2 = 96 > 0$,且 $A > 0$,因此 $f\left(\dfrac{1}{2}, 0\right)$ 是函数 $f(x,y)$ 的极小值,极小值为

$f\left(\dfrac{1}{2},0\right)=\dfrac{1}{2}-2\ln 2.$

例 13.11 设 a,b 为实数,函数 $f(x,y)=ax^2+by^2$ 在点 $(2,1)$ 处沿方向 $l=i+2j$ 的方向导数最大,最大值为 $4\sqrt{5}$.

(1) 求 a,b 的值;

(2) 在曲线 $f(x,y)=4$ 上求一点,使其到直线 $2x+3y-6=0$ 的距离最短.

【解】(1) 函数 $f(x,y)=ax^2+by^2$ 在点 $(2,1)$ 处的梯度为

$$\mathbf{grad}\ f\,\Big|_{(2,1)}=\left(\dfrac{\partial f}{\partial x},\dfrac{\partial f}{\partial y}\right)\Big|_{(2,1)}=(2ax,2by)\Big|_{(2,1)}=(4a,2b).$$

由题设条件知,$\sqrt{(4a)^2+(2b)^2}=4\sqrt{5}$ 且 $\dfrac{4a}{1}=\dfrac{2b}{2}=k>0$,解得 $\begin{cases}a=1,\\ b=4.\end{cases}$

(2) 由 (1) 可知,$f(x,y)=x^2+4y^2$,设 $P(x,y)$ 为曲线 $x^2+4y^2=4$ 上任意一点,则点 P 到直线 $2x+3y-6=0$ 的距离

$$d=\dfrac{|2x+3y-6|}{\sqrt{13}}.$$

→ 点 (x_0,y_0) 到直线 $Ax+By+C=0$ 的距离公式:$d=\dfrac{|Ax_0+By_0+C|}{\sqrt{A^2+B^2}}$

因为求函数 d 的最小值点即求 d^2 的最小值点(见注),所以问题可抽象为如下数学模型:

求目标函数 $d^2=\dfrac{1}{13}(2x+3y-6)^2$ 在约束条件 $x^2+4y^2=4$ 下的最小值.

作拉格朗日函数 $F(x,y,\lambda)=\dfrac{1}{13}(2x+3y-6)^2+\lambda(x^2+4y^2-4)$,令

$$\begin{cases}F'_x=\dfrac{4}{13}(2x+3y-6)+2\lambda x=0, & ① \\[2mm] F'_y=\dfrac{6}{13}(2x+3y-6)+8\lambda y=0, & ② \\[2mm] F'_\lambda=x^2+4y^2-4=0. & ③\end{cases}$$

若 $\lambda=0$,则原方程组转化为 $\begin{cases}2x+3y-6=0,\\ x^2+4y^2-4=0,\end{cases}$ 即为求曲线与直线的交点.事实上,二者并不相交,此时方程组无解.

若 $\lambda\neq 0$,由 ①,② 得 $\dfrac{\frac{4}{13}}{\frac{6}{13}}=\dfrac{-2x}{-8y}$,$x=\dfrac{8}{3}y$,代入 ③ 式,解得 $x_1=\dfrac{8}{5}$,$y_1=\dfrac{3}{5}$;$x_2=-\dfrac{8}{5}$,$y_2=-\dfrac{3}{5}$,且

$$d\,\Big|_{(x_1,y_1)}=\dfrac{1}{\sqrt{13}},\ d\,\Big|_{(x_2,y_2)}=\dfrac{11}{\sqrt{13}}.$$

根据问题的实际意义可知,最短距离一定存在,因此 $\left(\dfrac{8}{5},\dfrac{3}{5}\right)$ 即为所求点.

【注】(1) 需先证明直线和曲线不相交,用反证法证明如下.

设 $\begin{cases} 2x+3y-6=0, \\ x^2+4y^2-4=0 \end{cases}$ 有解,则 $25y^2-36y+20=0$ 有解,这与该方程的判别式 $\Delta=(-36)^2-4\times 25\times 20 < 0$ 矛盾,即 $\begin{cases} 2x+3y-6=0, \\ x^2+4y^2-4=0 \end{cases}$ 无解.

(2) 见到 $\sqrt{u}$,$\sqrt[3]{u}$,$u>0$,用 u 来求最值.

(3) 见到 $|u|$,要知道 $|u|=\sqrt{u^2}$,即用 u^2 来求最值.

(4) 见到 $u_1 u_2 u_3$,其中 $u_i>0,i=1,2,3$,要想到取对数,写成 $\ln u_1+\ln u_2+\ln u_3$,再求最值.

(2),(3),(4) 三个处理手段均是由于前后两者有相同的单调性,即有相同的最值点,而后者计算起来更方便.

五　偏微分方程(含偏导数的等式)

(1) 已知偏导数(或偏增量)的表达式,求 $z=f(x,y)$.

(2) 给出变换,化已知偏微分方程为常微分方程,求 $f(u)$.

(3) 给出变换,化已知偏微分方程为指定偏微分方程及其反问题.

例 13.12 设函数 $f(x,y)$ 可微,$f(0,0)=0$,$\dfrac{\partial f}{\partial x}=-f(x,y)$,$\dfrac{\partial f}{\partial y}=\mathrm{e}^{-x}\cos y$,求 $f(x,x)$ 在 $[0,+\infty)$ 的部分与 x 轴围成的图形绕 x 轴旋转一周所成的旋转体体积.

【解】由 $\dfrac{\partial f}{\partial y}=\mathrm{e}^{-x}\cos y$ 得 $f(x,y)=\mathrm{e}^{-x}\sin y+\varphi(x)$,于是 $\dfrac{\partial f}{\partial x}=-\mathrm{e}^{-x}\sin y+\varphi'(x)$.

又 $\dfrac{\partial f}{\partial x}=-f(x,y)$,故

$$-\mathrm{e}^{-x}\sin y+\varphi'(x)=-\mathrm{e}^{-x}\sin y-\varphi(x),$$

于是有 $\varphi'(x)+\varphi(x)=0$,解得 $\varphi(x)=C\mathrm{e}^{-x}$,即 $f(x,y)=\mathrm{e}^{-x}\sin y+C\mathrm{e}^{-x}$. 由 $f(0,0)=0$,得 $C=0$,所以 $f(x,y)=\mathrm{e}^{-x}\sin y$. 于是

$$V=\int_0^{+\infty}\pi f^2(x,x)\mathrm{d}x=\int_0^{+\infty}\pi\mathrm{e}^{-2x}\sin^2 x\mathrm{d}x=\int_0^{+\infty}\pi\mathrm{e}^{-2x}\frac{1-\cos 2x}{2}\mathrm{d}x$$

$$=\frac{\pi}{2}\int_0^{+\infty}\mathrm{e}^{-2x}(1-\cos 2x)\mathrm{d}x=\frac{\pi}{2}\int_0^{+\infty}\mathrm{e}^{-2x}\mathrm{d}x-\frac{\pi}{2}\int_0^{+\infty}\mathrm{e}^{-2x}\cos 2x\mathrm{d}x$$

$$\xlongequal{u=2x}\frac{\pi}{4}-\frac{\pi}{4}\int_0^{+\infty}\mathrm{e}^{-u}\cos u\mathrm{d}u,$$

其中 $\displaystyle\int_0^{+\infty}\mathrm{e}^{-u}\cos u\mathrm{d}u=\dfrac{\begin{vmatrix} (\mathrm{e}^{-u})' & (\cos u)' \\ \mathrm{e}^{-u} & \cos u \end{vmatrix}}{(-1)^2+1^2}\Bigg|_0^{+\infty}$

$$=\frac{1}{2}(-\mathrm{e}^{-u}\cos u+\mathrm{e}^{-u}\sin u)\Bigg|_0^{+\infty}$$

$$=\frac{1}{2}\big[0-(-1)\big]=\frac{1}{2},$$

故

$$V=\frac{\pi}{4}-\frac{\pi}{4}\cdot\frac{1}{2}=\frac{\pi}{8}.$$

【注】对于数学一的考生,还应熟悉这种命题方法:

设 $f(x,y)$ 可微,其在点 (x,y) 处沿方向 $\boldsymbol{l}_1=-\boldsymbol{i}$ 的方向导数为 $f(x,y)$,沿方向 $\boldsymbol{l}_2=-\boldsymbol{j}$ 的方向导数为 $-\mathrm{e}^{-x}\cos y$,就是题设中的条件:$\dfrac{\partial f}{\partial x}=-f(x,y),\dfrac{\partial f}{\partial y}=\mathrm{e}^{-x}\cos y$,当然更为复杂的命题方法,见例 17.10.

例 13.13　设函数 $f(u)$ 在 $(0,+\infty)$ 内可导,$z=xf\left(\dfrac{y}{x}\right)+y$ 满足关系式 $x\dfrac{\partial z}{\partial x}-y\dfrac{\partial z}{\partial y}=2z$,且 $f(1)=1$.

考研真题还考过 $f(\sqrt{x^2+y^2})$,$f(\mathrm{e}^x\cos y)$ 等,均应令括号中的表达式为 u.

(1) 求 $f(x)$ 的表达式;

(2) 求曲线 $y=f(x)$ 的所有渐近线.

【解】(1) 令 $u=\dfrac{y}{x}$,则 $z=xf(u)+y$,于是

$$\frac{\partial z}{\partial x}=f(u)+xf'(u)\cdot\left(-\frac{y}{x^2}\right)=f(u)-\frac{y}{x}f'(u),$$

$$\frac{\partial z}{\partial y}=xf'(u)\cdot\frac{1}{x}+1=f'(u)+1,$$

代入 $x\dfrac{\partial z}{\partial x}-y\dfrac{\partial z}{\partial y}=2z$,得

$$xf(u)-yf'(u)-yf'(u)-y=2xf(u)+2y,$$

即 $2yf'(u)+xf(u)+3y=0$,方程两边同时除以 $2y$,得 $f'(u)+\dfrac{1}{2\dfrac{y}{x}}f(u)+\dfrac{3}{2}=0$,即

$$f'(u)+\frac{1}{2u}f(u)=-\frac{3}{2}.$$

由例 5.14 可知,$f(x)=\dfrac{1}{\sqrt{x}}\left(2-x^{\frac{3}{2}}\right)$.

(2) 由例 5.14 可知,$x=0$ 是曲线 $y=f(x)$ 的铅直渐近线,$y=-x$ 是曲线 $y=f(x)$ 的斜渐近线.

例 13.14　设 $z=z(x,y)$ 有二阶连续偏导数,用变换 $u=x-2y$,$v=x+ay$ 可把方程 $6\dfrac{\partial^2 z}{\partial x^2}+\dfrac{\partial^2 z}{\partial x\partial y}-\dfrac{\partial^2 z}{\partial y^2}=0$ 化简为 $\dfrac{\partial^2 z}{\partial u\partial v}=0$,求常数 a.

【解】由复合函数求导法得

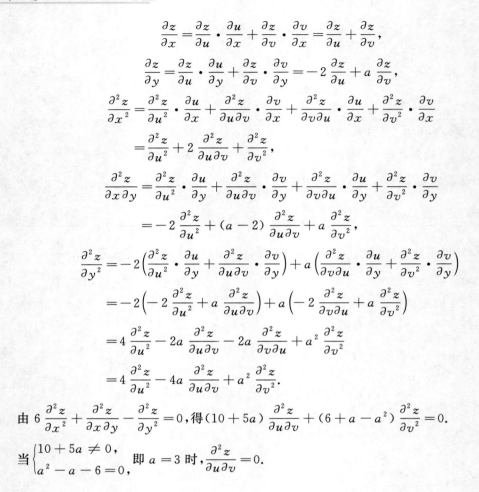

$$\frac{\partial z}{\partial x} = \frac{\partial z}{\partial u} \cdot \frac{\partial u}{\partial x} + \frac{\partial z}{\partial v} \cdot \frac{\partial v}{\partial x} = \frac{\partial z}{\partial u} + \frac{\partial z}{\partial v},$$

$$\frac{\partial z}{\partial y} = \frac{\partial z}{\partial u} \cdot \frac{\partial u}{\partial y} + \frac{\partial z}{\partial v} \cdot \frac{\partial v}{\partial y} = -2 \frac{\partial z}{\partial u} + a \frac{\partial z}{\partial v},$$

$$\frac{\partial^2 z}{\partial x^2} = \frac{\partial^2 z}{\partial u^2} \cdot \frac{\partial u}{\partial x} + \frac{\partial^2 z}{\partial u \partial v} \cdot \frac{\partial v}{\partial x} + \frac{\partial^2 z}{\partial v \partial u} \cdot \frac{\partial u}{\partial x} + \frac{\partial^2 z}{\partial v^2} \cdot \frac{\partial v}{\partial x}$$

$$= \frac{\partial^2 z}{\partial u^2} + 2 \frac{\partial^2 z}{\partial u \partial v} + \frac{\partial^2 z}{\partial v^2},$$

$$\frac{\partial^2 z}{\partial x \partial y} = \frac{\partial^2 z}{\partial u^2} \cdot \frac{\partial u}{\partial y} + \frac{\partial^2 z}{\partial u \partial v} \cdot \frac{\partial v}{\partial y} + \frac{\partial^2 z}{\partial v \partial u} \cdot \frac{\partial u}{\partial y} + \frac{\partial^2 z}{\partial v^2} \cdot \frac{\partial v}{\partial y}$$

$$= -2 \frac{\partial^2 z}{\partial u^2} + (a-2) \frac{\partial^2 z}{\partial u \partial v} + a \frac{\partial^2 z}{\partial v^2},$$

$$\frac{\partial^2 z}{\partial y^2} = -2 \left(\frac{\partial^2 z}{\partial u^2} \cdot \frac{\partial u}{\partial y} + \frac{\partial^2 z}{\partial u \partial v} \cdot \frac{\partial v}{\partial y} \right) + a \left(\frac{\partial^2 z}{\partial v \partial u} \cdot \frac{\partial u}{\partial y} + \frac{\partial^2 z}{\partial v^2} \cdot \frac{\partial v}{\partial y} \right)$$

$$= -2 \left(-2 \frac{\partial^2 z}{\partial u^2} + a \frac{\partial^2 z}{\partial u \partial v} \right) + a \left(-2 \frac{\partial^2 z}{\partial v \partial u} + a \frac{\partial^2 z}{\partial v^2} \right)$$

$$= 4 \frac{\partial^2 z}{\partial u^2} - 2a \frac{\partial^2 z}{\partial u \partial v} - 2a \frac{\partial^2 z}{\partial v \partial u} + a^2 \frac{\partial^2 z}{\partial v^2}$$

$$= 4 \frac{\partial^2 z}{\partial u^2} - 4a \frac{\partial^2 z}{\partial u \partial v} + a^2 \frac{\partial^2 z}{\partial v^2}.$$

由 $6 \frac{\partial^2 z}{\partial x^2} + \frac{\partial^2 z}{\partial x \partial y} - \frac{\partial^2 z}{\partial y^2} = 0$，得$(10+5a) \frac{\partial^2 z}{\partial u \partial v} + (6+a-a^2) \frac{\partial^2 z}{\partial v^2} = 0.$

当 $\begin{cases} 10+5a \neq 0, \\ a^2 - a - 6 = 0, \end{cases}$ 即 $a=3$ 时，$\frac{\partial^2 z}{\partial u \partial v} = 0.$

第14讲 二重积分

概念
- 和式极限
- 普通对称性
- 轮换对称性
- 二重积分比大小 { 用对称性 / 用保号性 }
- 二重积分中值定理
- 周期性

计算
- 直角坐标系下的计算法
- 极坐标系下的计算法
- 极坐标系与直角坐标系的互相转化

 一 概念

1. 和式极限

$$\iint\limits_{D} f(x,y)\mathrm{d}\sigma = \lim_{n\to\infty}\sum_{i=1}^{n}\sum_{j=1}^{n} f\left(a+\frac{b-a}{n}i,c+\frac{d-c}{n}j\right)\cdot\frac{b-a}{n}\cdot\frac{d-c}{n},$$

其中 $D=\{(x,y)\mid a\leqslant x\leqslant b,c\leqslant y\leqslant d\}$.

 例 14.1　$\displaystyle\lim_{n\to\infty}\sum_{i=1}^{n}\sum_{j=1}^{n}\frac{n}{(n+i)(n^2+j^2)}=(\qquad)$.

(A) $\displaystyle\int_0^1\mathrm{d}x\int_0^x\frac{1}{(1+x)(1+y^2)}\mathrm{d}y$
　　　(B) $\displaystyle\int_0^1\mathrm{d}x\int_0^x\frac{1}{(1+x)(1+y)}\mathrm{d}y$

(C) $\displaystyle\int_0^1\mathrm{d}x\int_0^1\frac{1}{(1+x)(1+y)}\mathrm{d}y$
　　　(D) $\displaystyle\int_0^1\mathrm{d}x\int_0^1\frac{1}{(1+x)(1+y^2)}\mathrm{d}y$

【解】应选(D).

设 $D=\{(x,y)\mid 0\leqslant x\leqslant 1,0\leqslant y\leqslant 1\}$,记 $f(x,y)=\dfrac{1}{(1+x)(1+y^2)}$.

用直线 $x=x_i=\dfrac{i}{n}(i=0,1,2,\cdots,n)$ 与 $y=y_j=\dfrac{j}{n}(j=0,1,2,\cdots,n)$ 将 D 分成 n^2 等份,

则和式

$$\sum_{i=1}^{n}\sum_{j=1}^{n}\frac{1}{(1+x_i)(1+y_j^2)}\cdot\frac{1}{n^2}=\sum_{i=1}^{n}\sum_{j=1}^{n}\frac{1}{\left(1+\dfrac{i}{n}\right)\left(1+\dfrac{j^2}{n^2}\right)}\cdot\frac{1}{n^2}=\sum_{i=1}^{n}\sum_{j=1}^{n}\frac{n}{(n+i)(n^2+j^2)}$$

是函数 $f(x,y)$ 在 D 上的一个二重积分的和式,所以

$$原式=\iint\limits_{D}\frac{1}{(1+x)(1+y^2)}\mathrm{d}x\mathrm{d}y=\int_0^1\mathrm{d}x\int_0^1\frac{1}{(1+x)(1+y^2)}\mathrm{d}y,$$

故应选(D).

【注】题目出成了选择题,答案写成了积分的形式,给了考生提示.只不过,这并不是最后答案,最后答案应该为 $\dfrac{\pi}{4}\ln 2$.也就是说,此题如果出成填空题:

$$\lim_{n\to\infty}\sum_{i=1}^{n}\sum_{j=1}^{n}\frac{n}{(n+i)(n^2+j^2)}=\underline{\qquad},$$

估计做出来的人会更少.

2. 普通对称性

① 若 D 关于 y 轴对称,则

$$\iint\limits_{D}f(x,y)\mathrm{d}\sigma=\begin{cases}2\iint\limits_{D_1}f(x,y)\mathrm{d}\sigma, & f(x,y)=f(-x,y),\\ 0, & f(x,y)=-f(-x,y),\end{cases}$$

其中 D_1 是 D 在 y 轴右侧的部分.

【注】若 D 关于 $x=a(a\neq 0)$ 对称,则

$$\iint\limits_{D}f(x,y)\mathrm{d}\sigma=\begin{cases}2\iint\limits_{D_1}f(x,y)\mathrm{d}\sigma, & f(x,y)=f(2a-x,y),\\ 0, & f(x,y)=-f(2a-x,y),\end{cases}$$

其中 D_1 是 D 在 $x=a$ 右侧的部分.

② 若 D 关于 x 轴对称,则

$$\iint\limits_{D}f(x,y)\mathrm{d}\sigma=\begin{cases}2\iint\limits_{D_1}f(x,y)\mathrm{d}\sigma, & f(x,y)=f(x,-y),\\ 0, & f(x,y)=-f(x,-y),\end{cases}$$

其中 D_1 是 D 在 x 轴上侧的部分.

【注】若 D 关于 $y=a(a\neq 0)$ 对称,则

$$\iint\limits_{D}f(x,y)\mathrm{d}\sigma=\begin{cases}2\iint\limits_{D_1}f(x,y)\mathrm{d}\sigma, & f(x,y)=f(x,2a-y),\\ 0, & f(x,y)=-f(x,2a-y),\end{cases}$$

其中 D_1 是 D 在 $y=a$ 上侧的部分.

③ 若 D 关于原点对称,则

$$\iint\limits_{D} f(x,y)\mathrm{d}\sigma = \begin{cases} 2\iint\limits_{D_1} f(x,y)\mathrm{d}\sigma, & f(x,y)=f(-x,-y), \\ 0, & f(x,y)=-f(-x,-y), \end{cases}$$

其中 D_1 是 D 关于原点对称的半个部分.

④ 若 D 关于 $y=x$ 对称,则

x,y 对调, $f(x,y)=f(y,x)$

$$\iint\limits_{D} f(x,y)\mathrm{d}\sigma = \begin{cases} 2\iint\limits_{D_1} f(x,y)\mathrm{d}\sigma, & f(x,y)=f(y,x), \\ 0, & f(x,y)=-f(y,x), \end{cases}$$

其中 D_1 是 D 关于 $y=x$ 对称的半个部分.

3. 轮换对称性

x,y 对调, 一般 $f(x,y)\neq f(y,x)$

在直角坐标系中,若将 D 中的 x,y 对调后,D 不变,则有

$$I=\iint\limits_{D} f(x,y)\mathrm{d}x\mathrm{d}y=\iint\limits_{D} f(y,x)\mathrm{d}x\mathrm{d}y.$$

【注】在直角坐标系中,若 $f(x,y)+f(y,x)=a$,则

$$I=\frac{1}{2}\iint\limits_{D}[f(x,y)+f(y,x)]\mathrm{d}x\mathrm{d}y=\frac{1}{2}\iint\limits_{D} a\mathrm{d}x\mathrm{d}y=\frac{a}{2}S_D.$$

例 14.2 设区域 $D=\{(x,y)\mid x^2+y^2\leqslant 1\}$,则 $\iint\limits_{D}(\sin x+\cos y)^2\mathrm{d}\sigma=$ _____.

【解】应填 π.

$$\text{原式}=\iint\limits_{D}(\sin^2 x+\cos^2 y+2\sin x\cos y)\mathrm{d}\sigma$$

$$=\iint\limits_{D}(\sin^2 x+\cos^2 y)\mathrm{d}\sigma=\iint\limits_{D}(\sin^2 y+\cos^2 x)\mathrm{d}\sigma$$

轮换对称性

$$=\frac{1}{2}\iint\limits_{D}[(\sin^2 x+\cos^2 y)+(\sin^2 y+\cos^2 x)]\mathrm{d}\sigma$$

$$=\frac{1}{2}\iint\limits_{D}2\mathrm{d}\sigma=\pi\cdot 1^2=\pi.$$

4. 二重积分比大小

(1) 用对称性.

(2) 用保号性.

例 14.3 设平面闭区域 $D_i(i=1,2,3,4)$ 是由

$$L_1:x^2+y^2=1, L_2:x^2+y^2=2,$$
$$L_3:x^2+2y^2=2, L_4:2x^2+y^2=2$$

围成的平面区域,记

$$I_i = \iint\limits_{D_i}\left(1 - x^2 - \frac{1}{2}y^2\right)\mathrm{d}x\mathrm{d}y,$$

则 $\max\{I_1, I_2, I_3, I_4\} = ($ $)$.

    (A)I_1 (B)I_2 (C)I_3 (D)I_4

【解】应选(D).

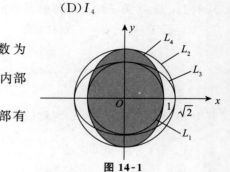

曲线 $L_i(i = 1, 2, 3, 4)$ 如图 14-1 所示. 记被积函数为

$f(x, y) = 1 - \left(x^2 + \frac{1}{2}y^2\right)$,由于 $L_4: 2x^2 + y^2 = 2$,则 D_4 内部

为 $x^2 + \dfrac{y^2}{2} < 1$,于是 D_4 内部有 $f(x, y) > 0$,而 D_4 外部有

$f(x, y) < 0$.

图 14-1

① 比较 I_1 与 I_4:

$$I_4 = \iint\limits_{D_4} f(x, y)\mathrm{d}x\mathrm{d}y = \iint\limits_{D_1} f(x, y)\mathrm{d}x\mathrm{d}y + \iint\limits_{D_4 - D_1} f(x, y)\mathrm{d}x\mathrm{d}y$$

$$= I_1 + \underbrace{\iint\limits_{D_4 - D_1} f(x, y)\mathrm{d}x\mathrm{d}y}_{f(x,y) > 0} > I_1.$$

② 比较 I_2 与 I_4:

$$I_2 = \iint\limits_{D_2} f(x, y)\mathrm{d}x\mathrm{d}y = \iint\limits_{D_4} f(x, y)\mathrm{d}x\mathrm{d}y + \iint\limits_{D_2 - D_4} f(x, y)\mathrm{d}x\mathrm{d}y$$

$$= I_4 + \underbrace{\iint\limits_{D_2 - D_4} f(x, y)\mathrm{d}x\mathrm{d}y}_{f(x,y) < 0} < I_4.$$

③ 比较 I_3 与 I_4. 如图 14-2 所示,将 D_3, D_4 中互不重合的部分分别记为 $D_{31}, D_{32}, D_{41}, D_{42}$,则

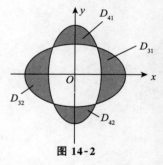

$$I_3 = \underbrace{\iint\limits_{D_{31}} f(x, y)\mathrm{d}x\mathrm{d}y}_{f(x,y) < 0} + \underbrace{\iint\limits_{D_{32}} f(x, y)\mathrm{d}x\mathrm{d}y}_{} + \iint\limits_{D_3 \cap D_4} f(x, y)\mathrm{d}x\mathrm{d}y$$

$$< \underbrace{\iint\limits_{D_{41}} f(x, y)\mathrm{d}x\mathrm{d}y}_{} + \underbrace{\iint\limits_{D_{42}} f(x, y)\mathrm{d}x\mathrm{d}y}_{f(x,y) > 0} + \iint\limits_{D_3 \cap D_4} f(x, y)\mathrm{d}x\mathrm{d}y$$

$$= I_4.$$

图 14-2

所以 $\max\{I_1, I_2, I_3, I_4\} = I_4$,即应选(D).

例 14.4 设 $J_i = \iint\limits_{D_i} \sqrt[3]{x - y}\,\mathrm{d}x\mathrm{d}y (i = 1, 2, 3)$,其中 $D_1 = \{(x, y) \mid 0 \leqslant x \leqslant 1, 0 \leqslant y \leqslant 1\}$,

$D_2 = \{(x, y) \mid 0 \leqslant x \leqslant 1, 0 \leqslant y \leqslant \sqrt{x}\}$,$D_3 = \{(x, y) \mid 0 \leqslant x \leqslant 1, x^2 \leqslant y \leqslant 1\}$,则(   ).

    (A)$J_1 < J_2 < J_3$ (B)$J_3 < J_1 < J_2$

    (C)$J_2 < J_3 < J_1$ (D)$J_2 < J_1 < J_3$

【解】应选(B).

如图 14-3(a) 所示,D_1 被直线 $y = x$ 分成 D_{11} 和 D_{12} 两部分,故 $\iint\limits_{D_1} \sqrt[3]{x - y}\,\mathrm{d}x\mathrm{d}y =$

$$\iint\limits_{D_{11}+D_{12}} \sqrt[3]{x-y}\,\mathrm{d}x\mathrm{d}y,$$ 由于 $\sqrt[3]{x-y}=-\sqrt[3]{y-x}$，故由普通对称性，有 $J_1=\iint\limits_{D_1}\sqrt[3]{x-y}\,\mathrm{d}x\mathrm{d}y=0.$

如图 14-3(b) 所示，作辅助线 $y=x^2$，将 D_2 分为 D_{21} 和 D_{22} 两部分，由普通对称性知，

$$\iint\limits_{D_{21}}\sqrt[3]{x-y}\,\mathrm{d}x\mathrm{d}y=0.$$ 而在 D_{22} 上，$\sqrt[3]{x-y}\geqslant 0$，由保号性知，

$$J_2=\iint\limits_{D_2}\sqrt[3]{x-y}\,\mathrm{d}x\,\mathrm{d}y=\iint\limits_{D_{22}}\sqrt[3]{x-y}\,\mathrm{d}x\,\mathrm{d}y>0.$$

如图 14-3(c) 所示，作辅助线 $y=\sqrt{x}$，将 D_3 分为 D_{31} 和 D_{32} 两部分，由普通对称性知，

$$\iint\limits_{D_{32}}\sqrt[3]{x-y}\,\mathrm{d}x\mathrm{d}y=0.$$ 而在 D_{31} 上，$\sqrt[3]{x-y}\leqslant 0$，由保号性知，

$$J_3=\iint\limits_{D_3}\sqrt[3]{x-y}\,\mathrm{d}x\,\mathrm{d}y=\iint\limits_{D_{31}}\sqrt[3]{x-y}\,\mathrm{d}x\,\mathrm{d}y<0.$$

综上，$J_3<J_1<J_2.$

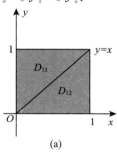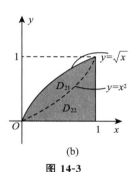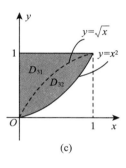

图 14-3

5. 二重积分中值定理

设函数 $f(x,y)$ 在闭区域 D 上连续，σ 是 D 的面积，则在 D 上至少存在一点 (ξ,η)，使得
$$\iint\limits_{D}f(x,y)\mathrm{d}\sigma=f(\xi,\eta)\sigma.$$

例 14.5 设 $$D_t=\{(x,y)\mid 2x^2+3y^2\leqslant 6t\}(t>0),$$

$$f(x,y)=\begin{cases}\dfrac{\sqrt[3]{1-xy}-1}{\mathrm{e}^{xy}-1}, & (x,y)\neq(0,0),\\[3mm] a, & (x,y)=(0,0)\end{cases}$$

为连续函数，令 $F(t)=\iint\limits_{D_t}f(x,y)\mathrm{d}x\mathrm{d}y$，则 $F'_+(0)=$ _____.

【解】应填 $-\dfrac{\sqrt{6}\,\pi}{3}$.

积分区域 D_t 的面积为 $A=\sqrt{6}\,\pi t$. 因为 $f(x,y)$ 为连续函数，所以

$$a=f(0,0)=\lim_{(x,y)\to(0,0)}f(x,y)=\lim_{(x,y)\to(0,0)}\frac{\sqrt[3]{1-xy}-1}{\mathrm{e}^{xy}-1}=\lim_{(x,y)\to(0,0)}\frac{-\dfrac{1}{3}xy}{xy}=-\frac{1}{3}.$$

由二重积分中值定理，存在 $(\xi,\eta)\in D_t$，使得

$$F(t) = \iint\limits_{D_t} f(x,y) \mathrm{d}x\mathrm{d}y = \sqrt{6}\,\pi t f(\xi,\eta).$$

于是，

$$F'_+(0) = \lim_{t \to 0^+} \frac{F(t) - F(0)}{t - 0} = \lim_{t \to 0^+} \frac{\sqrt{6}\,\pi t f(\xi,\eta)}{t} = \lim_{t \to 0^+} \sqrt{6}\,\pi f(\xi,\eta)$$

$$= \sqrt{6}\,\pi f(0,0) = -\frac{\sqrt{6}\,\pi}{3}.$$

【注】此题的被积函数命制成具体函数，但 $\iint\limits_{D_t} f(x,y)\mathrm{d}\sigma$ 难以计算，故考虑利用二重积分中值定理来处理. 同理，若被积函数命制成抽象函数，也可以考虑利用二重积分中值定理来处理. 如

设 $f(x,y)$ 具有二阶连续偏导数，

$$D_t = \{(x,y) \mid 0 \leqslant x \leqslant t, 0 \leqslant y \leqslant t\},$$

令 $F(t) = \iint\limits_{D_t} f''_{xy}(x,y)\mathrm{d}x\mathrm{d}y$，求 $F'_+(0)$.

解　$$F'_+(0) = \lim_{t \to 0^+} \frac{F(t) - F(0)}{t - 0} = \lim_{t \to 0^+} \frac{\iint\limits_{D_t} f''_{xy}(x,y)\mathrm{d}x\mathrm{d}y}{t}$$

$$\xrightarrow{\text{积分中值定理}} \lim_{t \to 0^+} \frac{f''_{xy}(\xi,\eta) \cdot t^2}{t} = \lim_{t \to 0^+} \underset{\uparrow}{t} \cdot \underset{\uparrow}{f''_{xy}(\xi,\eta)} = 0.$$

（0，$f''_{xy}(0,0)$）

6. 周期性

若化为累次积分后，一元积分有用周期性的机会，则可化简计算.

例 14.6　设 $D = \{(x,y) \mid 0 \leqslant x \leqslant \pi, 0 \leqslant y \leqslant \pi\}$，计算 $I = \iint\limits_D |\cos(x+y)|\mathrm{d}\sigma$.

【解】$I = \int_0^\pi \mathrm{d}x \int_0^\pi |\cos(x+y)|\mathrm{d}y$，注意到 $|\cos(a+y)|$ 是 $|\cos y|$ 的水平平移，$|\cos y|$ 的周期为 π，故 $\int_0^\pi |\cos(x+y)|\mathrm{d}y = \int_0^\pi |\cos y|\mathrm{d}y = 2$，于是 $I = \int_0^\pi 2\mathrm{d}x = 2\pi$.

【注】(1) 充分利用被积函数的性质，得出了此题如此简捷精彩的解法，可见基本功的重要性.
(2) **(仅数学一)** 若将问题升维至三重积分，设

$$I = \iiint\limits_\Omega |\cos(x+y+z)|\mathrm{d}v,\ \Omega = \{(x,y,z) \mid 0 \leqslant x \leqslant \pi, 0 \leqslant y \leqslant \pi, 0 \leqslant z \leqslant \pi\},$$

计算 I，方法完全一样.

$$I = \int_0^\pi \mathrm{d}x \int_0^\pi \mathrm{d}y \int_0^\pi |\cos(x+y+z)|\mathrm{d}z.$$

注意到 $|\cos(a+z)|$ 是 $|\cos z|$ 的水平平移，故

$$\int_0^\pi |\cos(x+y+z)|\mathrm{d}z = \int_0^\pi |\cos z|\mathrm{d}z = 2,\ I = \int_0^\pi \mathrm{d}x \int_0^\pi 2\mathrm{d}y = 2\pi^2.$$

1. 直角坐标系下的计算法

在直角坐标系下,按照积分次序的不同,一般将二重积分的计算分为两种情况.

(1) $\iint\limits_D f(x,y)\mathrm{d}\sigma = \int_a^b \mathrm{d}x \int_{\varphi_1(x)}^{\varphi_2(x)} f(x,y)\mathrm{d}y$,其中 D 如图 14-4(a) 所示,为 X 型区域:$\varphi_1(x) \leqslant y \leqslant \varphi_2(x), a \leqslant x \leqslant b$;

(2) $\iint\limits_D f(x,y)\mathrm{d}\sigma = \int_c^d \mathrm{d}y \int_{\psi_1(y)}^{\psi_2(y)} f(x,y)\mathrm{d}x$,其中 D 如图 14-4(b) 所示,为 Y 型区域:$\psi_1(y) \leqslant x \leqslant \psi_2(y), c \leqslant y \leqslant d$.

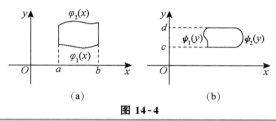

图 14-4

【注】下限须小于上限.

2. 极坐标系下的计算法

在极坐标系下,按照积分区域与极点位置关系的不同,一般将二重积分的计算分为三种情况,如图 14-5 所示.

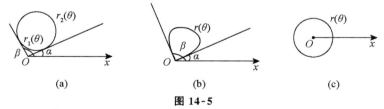

图 14-5

(1) $\iint\limits_D f(x,y)\mathrm{d}\sigma = \int_\alpha^\beta \mathrm{d}\theta \int_{r_1(\theta)}^{r_2(\theta)} f(r\cos\theta, r\sin\theta)r\mathrm{d}r$(极点 O 在区域 D 外部,如图 14-5(a) 所示);

(2) $\iint\limits_D f(x,y)\mathrm{d}\sigma = \int_\alpha^\beta \mathrm{d}\theta \int_0^{r(\theta)} f(r\cos\theta, r\sin\theta)r\mathrm{d}r$(极点 O 在区域 D 边界上,如图 14-5(b) 所示);

(3) $\iint\limits_D f(x,y)\mathrm{d}\sigma = \int_0^{2\pi} \mathrm{d}\theta \int_0^{r(\theta)} f(r\cos\theta, r\sin\theta)r\mathrm{d}r$(极点 O 在区域 D 内部,如图 14-5(c) 所示).

【注】极坐标系与直角坐标系选择的一般原则：

一般来说,给出一个二重积分.

① 看被积函数是否为 $f(x^2+y^2),f\left(\dfrac{y}{x}\right),f\left(\dfrac{x}{y}\right)$ 等形式;

② 看积分区域是否为圆或者圆的一部分.

如果 ①,② 至少满足其中之一,那么优先选用极坐标系.否则,就优先考虑直角坐标系.

3. 极坐标系与直角坐标系的互相转化

一是用好 $\begin{cases}x=r\cos\theta,\\y=r\sin\theta\end{cases}$ 这个公式;二是画出积分区域 D 的图形,做好上、下限的转化.

【注】(1) 关于积分区域 D.

$$
\text{关于积分区域 } D \begin{cases}
\text{图形变换}\\
\text{直角系方程给出}\\
\text{极坐标方程给出}\\
\text{参数方程给出}\\
\text{动区域(含其他参数)}
\end{cases}
$$

(2) 关于被积函数 $f(x,y)$.

$$
\text{关于被积函数 } f(x,y) \begin{cases}
\text{分段函数(含绝对值)}\\
\text{最大、最小值函数}\\
\text{取整函数}\\
\text{符号函数}\\
\text{抽象函数}\\
\text{复合函数 } f(u),u\begin{cases}x\\y\end{cases}\\
\text{偏导函数 } f''_{xy}(x,y)
\end{cases}
$$

(3) 换元法.

二重积分亦有如定积分一脉相承的换元法,有时很有用,现介绍于此,供参考,若能够用上,可直接使用,不必证明.

先回顾一元函数积分换元法,见"①",再看二重积分换元法,见"②".

① $\displaystyle\int_a^b f(x)\mathrm{d}x \xrightarrow{x=\varphi(t)} \int_\alpha^\beta f[\varphi(t)]\varphi'(t)\mathrm{d}t$.

a. $f(x) \to f[\varphi(t)]$.

b. $\displaystyle\int_a^b \to \int_\alpha^\beta$.

c. $\mathrm{d}x \to \varphi'(t)\mathrm{d}t$.

注意:$x=\varphi(t)$ 单调,存在一阶连续导数.

② $\iint\limits_{D_{xy}} f(x,y)\mathrm{d}x\mathrm{d}y \xlongequal[y=y(u,v)]{x=x(u,v)} \iint\limits_{D_{uv}} f[x(u,v),y(u,v)]\left|\dfrac{\partial(x,y)}{\partial(u,v)}\right|\mathrm{d}u\mathrm{d}v.$

a. $f(x,y) \rightarrow f[x(u,v),y(u,v)].$

b. $\iint\limits_{D_{xy}} \rightarrow \iint\limits_{D_{uv}}.$

c. $\mathrm{d}x\mathrm{d}y \rightarrow \left|\dfrac{\partial(x,y)}{\partial(u,v)}\right|\mathrm{d}u\mathrm{d}v.$

注意：其中 $\begin{cases} x=x(u,v), \\ y=y(u,v) \end{cases}$ 是 (x,y) 面到 (u,v) 面的一对一映射, $x=x(u,v)$, $y=y(u,v)$ 存

在一阶连续偏导数, $\dfrac{\partial(x,y)}{\partial(u,v)} = \begin{vmatrix} \dfrac{\partial x}{\partial u} & \dfrac{\partial x}{\partial v} \\ \dfrac{\partial y}{\partial u} & \dfrac{\partial y}{\partial v} \end{vmatrix} \neq 0.$

另外, 令 $\begin{cases} x=r\cos\theta, \\ y=r\sin\theta, \end{cases}$ 则

$$\iint\limits_{D_{xy}} f(x,y)\mathrm{d}x\,\mathrm{d}y = \iint\limits_{D_{r\theta}} f(r\cos\theta,r\sin\theta) \left\| \begin{matrix} \dfrac{\partial x}{\partial r} & \dfrac{\partial x}{\partial \theta} \\ \dfrac{\partial y}{\partial r} & \dfrac{\partial y}{\partial \theta} \end{matrix} \right\| \mathrm{d}r\mathrm{d}\theta$$

$$= \iint\limits_{D_{r\theta}} f(r\cos\theta,r\sin\theta) \left\| \begin{matrix} \cos\theta & -r\sin\theta \\ \sin\theta & r\cos\theta \end{matrix} \right\| \mathrm{d}r\mathrm{d}\theta = \iint\limits_{D_{r\theta}} f(r\cos\theta,r\sin\theta)r\mathrm{d}r\mathrm{d}\theta.$$

这就是直角坐标系到极坐标系的换元过程.

还有一个三重积分的换元法(**仅数学一**), 与上述中"①,②"一脉相承, 写在后面的第18讲的

三重积分处, 供参考.

例 14.7 设 D 为曲线 $\begin{cases} x=\cos^3 t, \\ y=\sin^3 t \end{cases}$ 与坐标轴所围有界区域在第一象限的部分, 则

$$\iint\limits_{D}(\sqrt{x}-\sqrt{y}+1)\mathrm{d}\sigma = \underline{\qquad}.$$

【解】应填 $\dfrac{3\pi}{32}$.

如图 14-6 所示, D 关于 $y=x$ 对称, 则

$$\iint\limits_{D}(\sqrt{x}-\sqrt{y})\mathrm{d}\sigma = \iint\limits_{D}(\sqrt{y}-\sqrt{x})\mathrm{d}\sigma,$$

故

$$\iint\limits_{D}(\sqrt{x}-\sqrt{y})\mathrm{d}\sigma = \frac{1}{2}\iint\limits_{D}(\sqrt{x}-\sqrt{y}+\sqrt{y}-\sqrt{x})\mathrm{d}\sigma = 0,$$

于是

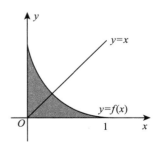

图 14-6

$$\text{原式} = \iint\limits_{D} d\sigma = \int_0^1 dx \int_0^{f(x)} dy = \int_0^1 f(x) dx = \int_0^1 y(t) dx$$

$$= \int_{\frac{\pi}{2}}^0 \sin^3 t \, d(\cos^3 t) = \int_{\frac{\pi}{2}}^0 \sin^3 t \cdot 3\cos^2 t \cdot (-\sin t) dt$$

$$= 3 \int_0^{\frac{\pi}{2}} \sin^4 t (1 - \sin^2 t) dt$$

$$= 3 \cdot \left(\frac{3}{4} \cdot \frac{1}{2} \cdot \frac{\pi}{2} - \frac{5}{6} \cdot \frac{3}{4} \cdot \frac{1}{2} \cdot \frac{\pi}{2} \right) = \frac{3\pi}{32}.$$

例 14.8 设平面区域 $D = \{(x,y) \mid -1 < x < 1, -1 < y < 1\}$, $[x]$ 表示不超过 x 的最大整数, 则 $\iint\limits_{D} \max\{[x], y\} dx dy = $ _____.

【解】应填 $\dfrac{1}{2}$.

依题意, $[x] = \begin{cases} -1, & -1 < x < 0, \\ 0, & 0 \leqslant x < 1, \end{cases}$ 进而

$$\max\{[x], y\} = \begin{cases} y, & -1 < x < 0, -1 < y < 1 \text{ 或 } 0 \leqslant x < 1, 0 \leqslant y < 1, \\ 0, & 0 \leqslant x < 1, -1 < y < 0. \end{cases}$$

因此, 原式 $= \int_{-1}^0 dx \int_{-1}^1 y \, dy + \int_0^1 dx \int_0^1 y \, dy = \dfrac{1}{2}$.

例 14.9 设 $f(t) = \iint\limits_{x^2+y^2 \leqslant t^2} x \left[1 + \dfrac{f(\sqrt{x^2+y^2})}{x^2+y^2} \right] dx dy$, 其中 $x \geqslant 0, y \geqslant 0, t > 0$.

(1) 求 $f(t)$ 的表达式;

(2) 求极限 $\lim\limits_{x \to 0^+} \dfrac{f(x)}{\int_0^x (e - e^{\cos t}) dt}$.

【解】(1) $f(t) = \iint\limits_{x^2+y^2 \leqslant t^2} x \left[1 + \dfrac{f(\sqrt{x^2+y^2})}{x^2+y^2} \right] dx dy = \int_0^{\frac{\pi}{2}} d\theta \int_0^t r \cos\theta \left[1 + \dfrac{f(r)}{r^2} \right] \cdot r \, dr$

$$= \int_0^{\frac{\pi}{2}} \cos\theta \, d\theta \int_0^t [r^2 + f(r)] dr = \frac{t^3}{3} + \int_0^t f(r) dr,$$

即 $f(t) = \dfrac{t^3}{3} + \int_0^t f(r) dr$, 且 $f(0) = 0$.

上式两端对 t 求导, 得 $f'(t) = t^2 + f(t)$, 即 $f'(t) - f(t) = t^2$, 解得

$$f(t) = 2e^t - t^2 - 2t - 2 \, (t > 0).$$

(2) $\lim\limits_{x \to 0^+} \dfrac{f(x)}{\int_0^x (e - e^{\cos t}) dt} = \lim\limits_{x \to 0^+} \dfrac{2e^x - x^2 - 2x - 2}{\int_0^x (e - e^{\cos t}) dt}$

$$= \lim_{x \to 0^+} \frac{2e^x - 2x - 2}{e - e^{\cos x}} = \frac{2}{e} \lim_{x \to 0^+} \frac{e^x - x - 1}{1 - e^{\cos x - 1}}$$

$$= \frac{2}{e} \lim_{x \to 0^+} \frac{1 + x + \frac{1}{2}x^2 + o(x^2) - x - 1}{1 - \cos x} = \frac{2}{e}.$$

例 14.10 设

$$D = \{(x,y) \mid 4x^2 + y^2 < 1, x \geqslant 0, y \geqslant 0\},$$

则积分 $I = \iint\limits_{D}(1 - 12x^2 - y^2)\mathrm{d}x\mathrm{d}y = \underline{\quad\quad}.$

【解】应填 0.

令 $\begin{cases} x = \dfrac{1}{2}r\cos\theta, \\ y = r\sin\theta, \end{cases}$ 则

$$I = \int_0^{\frac{\pi}{2}} \mathrm{d}\theta \int_0^1 (1 - r^2 - 2r^2\cos^2\theta)\underset{\longrightarrow}{\boxed{\frac{r}{2}}}\mathrm{d}r = \begin{vmatrix} \dfrac{\partial x}{\partial r} & \dfrac{\partial x}{\partial \theta} \\ \dfrac{\partial y}{\partial r} & \dfrac{\partial y}{\partial \theta} \end{vmatrix}$$

$$= \frac{1}{2}\int_0^{\frac{\pi}{2}}\mathrm{d}\theta\int_0^1(1 - r^2)r\mathrm{d}r - \int_0^{\frac{\pi}{2}}\cos^2\theta\mathrm{d}\theta\int_0^1 r^3\mathrm{d}r = \frac{\pi}{16} - \frac{\pi}{16} = 0.$$

例 14.11 设有界区域 D 是由圆 $x^2 + y^2 = 1$ 和直线 $y = x$ 以及 x 轴所围图形在第一象限的部分,计算二重积分 $\iint\limits_{D}\mathrm{e}^{(x+y)^2}(x^2 - y^2)\mathrm{d}x\mathrm{d}y.$

【解】**法一** 在极坐标系中,区域 D 可表示为

$$\left\{(r,\theta) \mid 0 \leqslant r \leqslant 1, 0 \leqslant \theta \leqslant \frac{\pi}{4}\right\},$$

所以

$$\iint\limits_{D}\mathrm{e}^{(x+y)^2}(x^2 - y^2)\mathrm{d}x\mathrm{d}y = \int_0^{\frac{\pi}{4}}\mathrm{d}\theta\int_0^1 \mathrm{e}^{r^2(\sin\theta+\cos\theta)^2}r^3(\cos^2\theta - \sin^2\theta)\mathrm{d}r$$

$$= \int_0^1\mathrm{d}r\int_0^{\frac{\pi}{4}}\mathrm{e}^{r^2(\sin\theta+\cos\theta)^2}r^3(\cos^2\theta - \sin^2\theta)\mathrm{d}\theta = \frac{1}{2}\int_0^1 r\mathrm{d}r\int_0^{\frac{\pi}{4}}\mathrm{e}^{r^2(\sin\theta+\cos\theta)^2}\mathrm{d}[r^2(\sin\theta + \cos\theta)^2]$$

$$= \frac{1}{2}\int_0^1 r\left[\mathrm{e}^{r^2(\sin\theta+\cos\theta)^2}\Big|_0^{\frac{\pi}{4}}\right]\mathrm{d}r = \frac{1}{2}\int_0^1 r(\mathrm{e}^{2r^2} - \mathrm{e}^{r^2})\mathrm{d}r = \frac{(\mathrm{e} - 1)^2}{8}.$$

法二 令 $\begin{cases} u = x - y, \\ v = x + y, \end{cases} D_{uv} = \{(u,v) \mid u^2 + v^2 \leqslant 2, v \geqslant u \geqslant 0\}.$

因为 $D: \begin{cases} x = \dfrac{u + v}{2}, \\ y = \dfrac{v - u}{2}, \end{cases} (u,v) \in D_{uv}$,所以

$$\iint\limits_{D}\mathrm{e}^{(x+y)^2}(x^2 - y^2)\mathrm{d}x\,\mathrm{d}y = \iint\limits_{D_{uv}}\frac{1}{2}\mathrm{e}^{v^2}uv\mathrm{d}u\,\mathrm{d}v = \frac{1}{2}\int_0^1 u\,\mathrm{d}u\int_u^{\sqrt{2-u^2}}\mathrm{e}^{v^2}v\,\mathrm{d}v$$

$$= \frac{1}{4}\int_0^1(\mathrm{e}^{2-u^2} - \mathrm{e}^{u^2})u\mathrm{d}u = \frac{(\mathrm{e} - 1)^2}{8}$$

第15讲 微分方程

知识结构

一阶微分方程的求解
- 能写成 $y' = f(x) \cdot g(y)$
- 能写成 $y' = f(ax + by + c)$
- 能写成 $y' = f\left(\dfrac{y}{x}\right)$
- 能写成 $\dfrac{1}{y'} = f\left(\dfrac{x}{y}\right)$
- 能写成 $y' + p(x)y = q(x)$
- 能写成 $y' + p(x)y = q(x)y^n (n \neq 0,1)$（伯努利方程）（仅数学一）

二阶可降阶微分方程的求解（仅数学一、数学二）
- 能写成 $y'' = f(x, y')$
- 能写成 $y'' = f(y, y')$

高阶常系数线性微分方程的求解
- 能写成 $y'' + py' + qy = f(x)$
- 能写成 $y'' + py' + qy = f_1(x) + f_2(x)$
- 能写成 $x^2 y'' + pxy' + qy = f(x)$（欧拉方程）（仅数学一）
- n 阶常系数齐次线性微分方程的解

用换元法求解微分方程
- 用求导公式逆用来换元
- 用自变量、因变量或 x, y 地位互换来换元

应用题
- 用极限、导数或积分等式建方程
- 用几何应用建方程
  - 用曲线切线斜率
  - 用两曲线 $f(x)$ 与 $g(x)$ 的公切线斜率
  - 用截距
  - 用面积
  - 用体积
  - 用平均值
  - 用弧长（仅数学一、数学二）
  - 用侧面积（仅数学一、数学二）
  - 用曲率（仅数学一、数学二）
  - 用形心（仅数学一、数学二）
- 用变化率建方程

差分方程（仅数学三）
- 齐次差分方程的通解
- 非齐次差分方程的解

含有未知函数 $y = y(x)$ 的导数或微分的方程叫**微分方程**.

一 一阶微分方程的求解

若是"y'"或"$\mathrm{d}y = \cdots \mathrm{d}x$",则

1. 可分离变量型(或可换元化为它)

① 能写成 $y' = f(x) \cdot g(y)$.

分离变量写成 $\dfrac{\mathrm{d}y}{g(y)} = f(x)\mathrm{d}x$,两边同时积分 $\displaystyle\int \dfrac{\mathrm{d}y}{g(y)} = \int f(x)\mathrm{d}x$.

② 能写成 $y' = f(ax + by + c)$.

令 $u = ax + by + c$,则 $u' = a + bf(u)$,分离变量写成 $\dfrac{\mathrm{d}u}{a + bf(u)} = \mathrm{d}x$,两边同时积分

$\displaystyle\int \dfrac{\mathrm{d}u}{a + bf(u)} = \int \mathrm{d}x$.

2. 齐次型

① 能写成 $y' = f\left(\dfrac{y}{x}\right)$.

令 $\dfrac{y}{x} = u$,换元后分离变量,即 $y = ux$,$\dfrac{\mathrm{d}y}{\mathrm{d}x} = u + x\dfrac{\mathrm{d}u}{\mathrm{d}x}$,原方程化为 $x\dfrac{\mathrm{d}u}{\mathrm{d}x} + u = f(u)$,

$\dfrac{\mathrm{d}u}{f(u) - u} = \dfrac{\mathrm{d}x}{x}$,两边同时积分 $\displaystyle\int \dfrac{\mathrm{d}u}{f(u) - u} = \int \dfrac{\mathrm{d}x}{x}$.

② 能写成 $\dfrac{1}{y'} = f\left(\dfrac{x}{y}\right)$.

令 $\dfrac{x}{y} = u$,换元后分离变量,即 $x = uy$,$\dfrac{\mathrm{d}x}{\mathrm{d}y} = u + y\dfrac{\mathrm{d}u}{\mathrm{d}y}$,原方程化为 $y\dfrac{\mathrm{d}u}{\mathrm{d}y} + u = f(u)$,$\dfrac{\mathrm{d}u}{f(u) - u} =$

$\dfrac{\mathrm{d}y}{y}$,两边同时积分 $\displaystyle\int \dfrac{\mathrm{d}u}{f(u) - u} = \int \dfrac{\mathrm{d}y}{y}$.

3. 一阶线性型(或可换元化为它)

① 能写成 $y' + p(x)y = q(x)$,则

$$y = \mathrm{e}^{-\int p(x)\mathrm{d}x}\left[\int \mathrm{e}^{\int p(x)\mathrm{d}x} \cdot q(x)\mathrm{d}x + C\right].$$

【注】由于 $\displaystyle\int p(x)\mathrm{d}x$ 与 $\displaystyle\int q(x)\mathrm{e}^{\int p(x)\mathrm{d}x}\mathrm{d}x$ 均应理解为某一不含任意常数的原函数,故公式法亦

可写成 $y = \mathrm{e}^{-\int_{x_0}^{x} p(t)\mathrm{d}t}\left[\int_{x_0}^{x} q(t)\mathrm{e}^{\int_{x_0}^{t} p(s)\mathrm{d}s}\mathrm{d}t + C\right]$,这里的 x_0 在题设未提出定值要求时,可按方

便解题的原则来取. 此写法在研究解的性质时颇为有用.

② 能写成 $y' + p(x)y = q(x)y^n (n \neq 0,1)$（伯努利方程）（仅数学一）.

a. 先变形为 $y^{-n} \cdot y' + p(x)y^{1-n} = q(x)$；

b. 令 $z = y^{1-n}$，得 $\dfrac{\mathrm{d}z}{\mathrm{d}x} = (1-n)y^{-n}\dfrac{\mathrm{d}y}{\mathrm{d}x}$，则 $\dfrac{1}{1-n}\dfrac{\mathrm{d}z}{\mathrm{d}x} + p(x)z = q(x)$；

c. 解此一阶线性微分方程即可.

例 15.1 微分方程 $x + yy' = y - xy'$ 的通解为_____.

【解】应填 $\arctan\dfrac{y}{x} + \dfrac{1}{2}\ln(x^2 + y^2) = C$，其中 C 为任意常数.

由题中所给的微分方程，可得

$$y' = \frac{y-x}{y+x} = \frac{\dfrac{y}{x} - 1}{\dfrac{y}{x} + 1},$$

令 $\dfrac{y}{x} = u$，则 $\dfrac{\mathrm{d}y}{\mathrm{d}x} = u + x\dfrac{\mathrm{d}u}{\mathrm{d}x}$，代入上述方程并分离变量得

$$\frac{1+u}{1+u^2}\mathrm{d}u = -\frac{1}{x}\mathrm{d}x,$$

两边积分得 $\qquad\qquad \arctan u + \dfrac{1}{2}\ln(1+u^2) = -\ln|x| + C,$

则微分方程的通解为 $\arctan\dfrac{y}{x} + \dfrac{1}{2}\ln(x^2 + y^2) = C$，其中 C 为任意常数.

例 15.2 设 $f(x)$ 在 $[0, +\infty)$ 上连续且有水平渐近线 $y = b \neq 0$，则（　　）.

(A) 当 $a > 0$ 时，$y' + ay = f(x)$ 的任意解都满足 $\lim\limits_{x \to +\infty} y(x) = \dfrac{b}{a}$

(B) 当 $a > 0$ 时，$y' + ay = f(x)$ 的任意解都满足 $\lim\limits_{x \to +\infty} y(x) = \dfrac{a}{b}$

(C) 当 $a < 0$ 时，$y' + ay = f(x)$ 的任意解都满足 $\lim\limits_{x \to +\infty} y(x) = \dfrac{b}{a}$

(D) 当 $a < 0$ 时，$y' + ay = f(x)$ 的任意解都满足 $\lim\limits_{x \to +\infty} y(x) = \dfrac{a}{b}$

【解】应选（A）.

$y' + ay = f(x)$ 的通解公式为 $y(x) = \mathrm{e}^{-ax}\left[\displaystyle\int_0^x \mathrm{e}^{at}f(t)\mathrm{d}t + C\right]$，$C$ 为任意常数.

当 $a > 0$ 时，

$$\lim_{x \to +\infty} y(x) = \lim_{x \to +\infty} \frac{\displaystyle\int_0^x \mathrm{e}^{at}f(t)\mathrm{d}t + C}{\mathrm{e}^{ax}} \xlongequal{\text{洛必达法则}} \lim_{x \to +\infty} \frac{\mathrm{e}^{ax}f(x)}{a\mathrm{e}^{ax}} = \lim_{x \to +\infty} \frac{f(x)}{a} = \frac{b}{a}.$$

当 $a < 0$ 时，在通解公式中令 $C = -\displaystyle\int_0^{+\infty} \mathrm{e}^{at}f(t)\mathrm{d}t$，则

$$y_0(x) = e^{-ax}\left[\int_0^x e^{at} f(t)\,dt - \int_0^{+\infty} e^{at} f(t)\,dt\right]$$

$$= -e^{-ax}\int_x^{+\infty} e^{at} f(t)\,dt,$$

$$\lim_{x \to +\infty} y_0(x) = -\lim_{x \to +\infty} \frac{\int_x^{+\infty} e^{at} f(t)\,dt}{e^{ax}} \xlongequal{\text{洛必达法则}} -\lim_{x \to +\infty} \frac{-e^{ax} f(x)}{a e^{ax}} = \lim_{x \to +\infty} \frac{f(x)}{a} = \frac{b}{a}.$$

若 $C \neq -\int_0^{+\infty} e^{at} f(t)\,dt$，令 $C = -\int_0^{+\infty} e^{at} f(t)\,dt + k, k \neq 0$，则

$$y(x) = \frac{-\int_x^{+\infty} e^{at} f(t)\,dt + k}{e^{ax}},$$

$$\lim_{x \to +\infty} y(x) \xlongequal{(*)} \lim_{x \to +\infty} \frac{-\int_x^{+\infty} e^{at} f(t)\,dt}{e^{ax}} + \lim_{x \to +\infty} \frac{k}{e^{ax}} = \frac{b}{a} + \infty = \infty.$$

综上所述，当 $a > 0$ 时，任意解均满足 $\lim\limits_{x \to +\infty} y(x) = \dfrac{b}{a}$；

当 $a < 0$ 时，只有一个解 $y_0(x)$ 满足 $\lim\limits_{x \to +\infty} y(x) = \dfrac{b}{a}$. 选（A）.

【注】$(*)$ 处不可以直接使用洛必达法则，因为极限不是"$\dfrac{0}{0}$"型.

例 15.3　（仅数学一）求微分方程 $y'\cos y = (1 + \cos x \sin y)\sin y$ 的通解.

【分析】作适当代换 $z = \sin y$ 便可化为伯努利方程，解之.

【解】令 $z = \sin y$，则 $\dfrac{dz}{dx} = \cos y \dfrac{dy}{dx}$.

代入原方程，得伯努利方程 $\dfrac{dz}{dx} - z = z^2 \cos x$，两边同时除以 z^2 得 $z^{-2} \dfrac{dz}{dx} - z^{-1} = \cos x$.

再令 $z^{-1} = u$，则 $z^{-2} \dfrac{dz}{dx} = -\dfrac{du}{dx}$，代入上述方程，得 $\dfrac{du}{dx} + u = -\cos x$.

解此一阶线性微分方程，得

$$u = e^{-\int dx}\left(-\int \cos x \cdot e^{\int dx}\,dx + C_1\right) = -\frac{1}{2}(\cos x + \sin x) + C_1 e^{-x},$$

将 $u = \dfrac{1}{z}, z = \sin y$ 代入上式，得 $\dfrac{1}{\sin y} = -\dfrac{1}{2}(\cos x + \sin x) + C_1 e^{-x}$.

所以原方程的通解为 $\dfrac{2}{\sin y} + \cos x + \sin x = C e^{-x}$，其中 C 为任意常数.

二　二阶可降阶微分方程的求解（仅数学一、数学二）

若是"y''"，则

1. 能写成 $y'' = f(x, y')$

① 缺 y，令 $y' = p$，$y'' = p'$，则原方程变为一阶方程 $\dfrac{\mathrm{d}p}{\mathrm{d}x} = f(x, p)$；

（$p = p(x)$）

② 若求得其通解为 $p = \varphi(x, C_1)$，即 $y' = \varphi(x, C_1)$，则原方程的通解为

$$y = \int \varphi(x, C_1) \mathrm{d}x + C_2.$$

2. 能写成 $y'' = f(y, y')$

① 缺 x，令 $y' = p$，$y'' = \dfrac{\mathrm{d}p}{\mathrm{d}x} = \dfrac{\mathrm{d}p}{\mathrm{d}y} \cdot \dfrac{\mathrm{d}y}{\mathrm{d}x} = \dfrac{\mathrm{d}p}{\mathrm{d}y} \cdot p$，则原方程变为一阶方程 $p\dfrac{\mathrm{d}p}{\mathrm{d}y} = f(y, p)$；

（$p = p(y)$）

② 若求得其通解为 $p = \varphi(y, C_1)$，则由 $p = \dfrac{\mathrm{d}y}{\mathrm{d}x}$ 得 $\dfrac{\mathrm{d}y}{\mathrm{d}x} = \varphi(y, C_1)$，分离变量得

$$\frac{\mathrm{d}y}{\varphi(y, C_1)} = \mathrm{d}x；$$

③ 两边积分得 $\displaystyle\int \frac{\mathrm{d}y}{\varphi(y, C_1)} = x + C_2$，即可求得原方程的通解.

例 15.4 求微分方程 $y''[x + (y')^2] = y'$ 满足初始条件 $y(1) = y'(1) = 1$ 的特解.

【解】所给方程缺 y，令 $y' = p$，则 $y'' = p'$，原方程化为

$$p'(x + p^2) = p,$$

$$\frac{\mathrm{d}p}{\mathrm{d}x}(x + p^2) = p,$$

$$p\frac{\mathrm{d}x}{\mathrm{d}p} = x + p^2,$$

即

$$x' - \frac{1}{p}x = p,$$

由通解公式得

$$x = \mathrm{e}^{\int \frac{1}{p}\mathrm{d}p}\left(\int \mathrm{e}^{-\int \frac{1}{p}\mathrm{d}p} \cdot p\,\mathrm{d}p + C_1\right) = p(p + C_1) = p^2 + C_1 p.$$

由 $p\Big|_{x=1} = y'(1) = 1$，得 $C_1 = 0$，故 $p^2 = x$.

由 $y'(1) = 1$ 知，应取 $p = \sqrt{x}$，即

$$\frac{\mathrm{d}y}{\mathrm{d}x} = \sqrt{x},$$

解得 $y = \dfrac{2}{3}x^{\frac{3}{2}} + C_2$. 又由 $y(1) = 1$，得 $C_2 = \dfrac{1}{3}$，故所求特解为

$$y = \frac{2}{3}x^{\frac{3}{2}} + \frac{1}{3}.$$

【注】方程 $p'(x+p^2)=p$ 亦可用全微分法来做,移项可得

$$p\,\mathrm{d}x-x\,\mathrm{d}p=p^2\,\mathrm{d}p,$$

即

$$\frac{p\,\mathrm{d}x-x\,\mathrm{d}p}{p^2}=\mathrm{d}p,$$

$$\mathrm{d}\left(\frac{x}{p}\right)=\mathrm{d}p,$$

于是有 $\dfrac{x}{p}=p+C_1$.

例 15.5 求微分方程 $2y^2y''=[1+(y')^2]^2(x\geqslant1)$ 满足 $y\big|_{x=3}=2,y'\big|_{x=3}=1$ 的特解.

【解】这是缺 x 的二阶微分方程,令 $y'=p,y''=\dfrac{\mathrm{d}p}{\mathrm{d}x}=p\dfrac{\mathrm{d}p}{\mathrm{d}y}$,所给方程化为

$$2y^2p\frac{\mathrm{d}p}{\mathrm{d}y}=(1+p^2)^2,$$

分离变量,得

$$\frac{2p\,\mathrm{d}p}{(1+p^2)^2}=\frac{\mathrm{d}y}{y^2},$$

两边积分得

$$\frac{1}{1+p^2}=\frac{1}{y}+C_1=\frac{1+C_1y}{y},$$

$$1+p^2=\frac{y}{1+C_1y},p^2=\frac{(1-C_1)y-1}{1+C_1y}.$$

初始条件为 $y\big|_{x=3}=2,p\big|_{x=3}=y'\big|_{x=3}=1$. 将 $y=2,p=1$ 代入,得

$$1=\frac{2(1-C_1)-1}{1+2C_1},$$

所以 $C_1=0,p^2=y-1$,则

$$\frac{\mathrm{d}y}{\mathrm{d}x}=\sqrt{y-1},$$

再分离变量,得

$$\frac{\mathrm{d}y}{\sqrt{y-1}}=\mathrm{d}x,2\sqrt{y-1}=x+C_2.$$

以 $x=3,y=2$ 代入得 $C_2=-1,2\sqrt{y-1}=x-1(x\geqslant1)$,所以

$$y=\frac{1}{4}(x-1)^2+1(x\geqslant1).$$

三 高阶常系数线性微分方程的求解

1. 能写成 $y'' + py' + qy = f(x)$

$$\begin{cases} \text{写 } \lambda^2 + p\lambda + q = 0 \Rightarrow \lambda_1, \lambda_2 \Rightarrow \text{写齐次方程的通解,} \\ \text{设特解 } y^* \Rightarrow \text{代回方程,求待定系数} \Rightarrow \text{特解} \end{cases} \Rightarrow \text{写出通解.}$$

2. 能写成 $y'' + py' + qy = f_1(x) + f_2(x)$

$$\begin{cases} \text{写 } \lambda^2 + p\lambda + q = 0 \Rightarrow \text{齐次方程的通解,} \\ \text{拆自由项} \begin{cases} y'' + py' + qy = f_1(x), \text{写特解 } y_1^*, \\ y'' + py' + qy = f_2(x), \text{写特解 } y_2^* \end{cases} \Rightarrow y_1^* + y_2^* \text{ 为特解} \end{cases} \Rightarrow \text{写出通解.}$$

【注】(1) 齐次线性微分方程的通解.

① 若 $p^2 - 4q > 0$,设 λ_1, λ_2 是特征方程的两个不相等的实根,即 $\lambda_1 \neq \lambda_2$,可得其通解为
$$y = C_1 e^{\lambda_1 x} + C_2 e^{\lambda_2 x}.$$

② 若 $p^2 - 4q = 0$,设 $\lambda_1 = \lambda_2 = \lambda$ 是特征方程的两个相等的实根,即二重根,可得其通解为
$$y = (C_1 + C_2 x) e^{\lambda x}.$$

③ 若 $p^2 - 4q < 0$,设 $\alpha \pm \beta i$ 是特征方程的一对共轭复根,可得其通解为
$$y = e^{\alpha x}(C_1 \cos \beta x + C_2 \sin \beta x).$$

(2) 非齐次线性微分方程的特解.

对于 $y'' + py' + qy = f(x)$,考研要求会解以下两种情况:

① 当自由项 $f(x) = P_n(x) e^{\alpha x}$ 时,特解要设为 $y^* = e^{\alpha x} Q_n(x) x^k$,其中
$$\begin{cases} e^{\alpha x} \text{ 照抄,} \\ Q_n(x) \text{ 为 } x \text{ 的 } n \text{ 次一般多项式,} \\ k = \begin{cases} 0, & \alpha \neq \lambda_1, \alpha \neq \lambda_2, \\ 1, & \alpha = \lambda_1 \text{ 或 } \alpha = \lambda_2, \lambda_1 \neq \lambda_2, \\ 2, & \alpha = \lambda_1 = \lambda_2. \end{cases} \end{cases}$$

② 当自由项 $f(x) = e^{\alpha x}[P_m(x) \cos \beta x + P_n(x) \sin \beta x]$ 时,特解要设为
$$y^* = e^{\alpha x}[Q_l^{(1)}(x) \cos \beta x + Q_l^{(2)}(x) \sin \beta x] x^k,$$

其中 $\begin{cases} e^{\alpha x} \text{ 照抄,} \\ l = \max\{m, n\}, Q_l^{(1)}(x), Q_l^{(2)}(x) \text{ 分别为 } x \text{ 的两个不同的 } l \text{ 次一般多项式,} \\ k = \begin{cases} 0, & \alpha \pm \beta i \text{ 不是特征根,} \\ 1, & \alpha \pm \beta i \text{ 是特征根.} \end{cases} \end{cases}$

(3) 微分算子法.

① 算子记号.

约定：$D = \dfrac{d}{dx}$，$Dy = \dfrac{dy}{dx}$，$D^2 = \dfrac{d^2}{dx^2}$，$D^2 y = \dfrac{d^2 y}{dx^2}$，于是微分方程 $y'' + py' + qy = f(x)$ 即可写成 $(D^2 + pD + q)y = f(x)$，进一步记 $D^2 + pD + q = F(D)$，称为算子多项式，它满足普通多项式的运算规则，如因式分解等，则上述微分方程即可写成 $F(D)y = f(x)$，此时它的一个特解为 $y^* = \dfrac{1}{F(D)} f(x)$.

② 算子性质.

约定："D" 表示求导，如 $D\sin x = \cos x$. "$\dfrac{1}{D}$" 表示积分，如 $\dfrac{1}{D}\sin x = -\cos x$（取 $C = 0$）.

a. $\dfrac{1}{F(D)} e^{\alpha x}$ 型.

若 $F(D)\Big|_{D=\alpha} \neq 0$，有 $y^* = \dfrac{1}{F(D)} e^{\alpha x} = \dfrac{1}{F(D)\big|_{D=\alpha}} e^{\alpha x}$.

若 $F(D)\Big|_{D=\alpha} = 0$，而 $F'(D)\Big|_{D=\alpha} \neq 0$，有 $y^* = \dfrac{1}{F(D)} e^{\alpha x} = x \dfrac{1}{F'(D)\big|_{D=\alpha}} e^{\alpha x}$.

若 $F(D)\Big|_{D=\alpha} = 0$，$F'(D)\Big|_{D=\alpha} = 0$，而 $F''(D)\Big|_{D=\alpha} \neq 0$，有

$$y^* = \dfrac{1}{F(D)} e^{\alpha x} = x^2 \dfrac{1}{F''(D)\big|_{D=\alpha}} e^{\alpha x}.$$

注例 1 已知 $y'' + y' - 2y = 2$，求 y^*.

解 $y^* = \dfrac{1}{D^2 + D - 2} 2e^{0x}$，由 $(D^2 + D - 2)\Big|_{D=0} \neq 0$，得

$$y^* = \dfrac{1}{(D^2 + D - 2)\big|_{D=0}} 2e^{0x} = \dfrac{1}{-2} \cdot 2 = -1.$$

注例 2 已知 $y'' + y' - 2y = e^x$，求 y^*.

解 $y^* = \dfrac{1}{D^2 + D - 2} e^x$，由 $(D^2 + D - 2)\Big|_{D=1} = 0$，$(D^2 + D - 2)'\Big|_{D=1} \neq 0$，得

$$y^* = x \dfrac{1}{(D^2 + D - 2)'\big|_{D=1}} e^x = x \cdot \dfrac{1}{3} e^x = \dfrac{1}{3} x e^x.$$

注例 3 已知 $y'' - 2y' + y = e^x$，求 y^*.

解 $y^* = \dfrac{1}{D^2 - 2D + 1} e^x$，由

$$(D^2 - 2D + 1)\Big|_{D=1} = 0,\ (D^2 - 2D + 1)'\Big|_{D=1} = 0,\ (D^2 - 2D + 1)''\Big|_{D=1} \neq 0,$$

得 $$y^* = x^2 \frac{1}{(\mathrm{D}^2 - 2\mathrm{D} + 1)''}\bigg|_{\mathrm{D}=1} \mathrm{e}^x = x^2 \cdot \frac{1}{2}\mathrm{e}^x = \frac{1}{2}x^2\mathrm{e}^x.$$

b. $\dfrac{1}{F(\mathrm{D}^2)}\cos \beta x$ 或 $\dfrac{1}{F(\mathrm{D}^2)}\sin \beta x$ 型（这里要特别约定，$F(\mathrm{D}^2)$ 是 D^2 及常数构成的算子多项式，即 $F(\mathrm{D}^2) = \mathrm{D}^2 + q$）.

若 $F(\mathrm{D}^2)\big|_{\mathrm{D}=\beta\mathrm{i}} \neq 0$，有 $y^* = \dfrac{1}{F(\mathrm{D}^2)}\cos \beta x = \dfrac{1}{F(\mathrm{D}^2)\big|_{\mathrm{D}=\beta\mathrm{i}}}\cos \beta x$，

$$y^* = \frac{1}{F(\mathrm{D}^2)}\sin \beta x = \frac{1}{F(\mathrm{D}^2)\big|_{\mathrm{D}=\beta\mathrm{i}}}\sin \beta x.$$

若 $F(\mathrm{D}^2)\big|_{\mathrm{D}=\beta\mathrm{i}} = 0$，有 $y^* = \dfrac{1}{F(\mathrm{D}^2)}\cos \beta x = x\dfrac{1}{[F(\mathrm{D}^2)]'}\cos \beta x$，

$$y^* = \frac{1}{F(\mathrm{D}^2)}\sin \beta x = x\frac{1}{[F(\mathrm{D}^2)]'}\sin \beta x.$$

若为 $\dfrac{1}{F(\mathrm{D})}\cos \beta x$ 或 $\dfrac{1}{F(\mathrm{D})}\sin \beta x$ 型，其处理办法参考注例 6.

注例 4　已知 $y'' - y = \sin x$，求 y^*.

解　$y^* = \dfrac{1}{\mathrm{D}^2 - 1}\sin x$，由 $(\mathrm{D}^2 - 1)\big|_{\mathrm{D}=\mathrm{i}} \neq 0$，得

$$y^* = \frac{1}{(\mathrm{D}^2 - 1)\big|_{\mathrm{D}=\mathrm{i}}}\sin x = -\frac{1}{2}\sin x.$$

注例 5　已知 $y'' + 4y = \sin 2x$，求 y^*.

解　$y^* = \dfrac{1}{\mathrm{D}^2 + 4}\sin 2x$，由 $(\mathrm{D}^2 + 4)\big|_{\mathrm{D}=2\mathrm{i}} = 0$，得

$$y^* = x\frac{1}{(\mathrm{D}^2 + 4)'}\sin 2x = x\frac{1}{2\mathrm{D}}\sin 2x = \frac{1}{2}x \cdot \frac{1}{\mathrm{D}}\sin 2x = -\frac{1}{4}x\cos 2x.$$

注例 6　已知 $y'' - 3y' + 2y = -\dfrac{1}{2}\cos 2x$，求 y^*.

解　$y^* = \dfrac{1}{\mathrm{D}^2 - 3\mathrm{D} + 2}\left(-\dfrac{1}{2}\cos 2x\right)$，此为 $\dfrac{1}{F(\mathrm{D})}\cos \beta x$ 型，此时遵循"先代 $\beta\mathrm{i}$ 到 D^2，然后再处理"的方法. 即

$$y^* = \frac{1}{\mathrm{D}^2 - 3\mathrm{D} + 2}\left(-\frac{1}{2}\cos 2x\right) = \frac{1}{-4 - 3\mathrm{D} + 2}\left(-\frac{1}{2}\cos 2x\right) = \frac{1}{2} \cdot \frac{1}{3\mathrm{D} + 2}\cos 2x$$

$$= \frac{1}{2} \cdot \frac{3\mathrm{D} - 2}{9\mathrm{D}^2 - 4}\cos 2x = \frac{1}{2} \cdot \frac{3\mathrm{D} - 2}{-40}\cos 2x = -\frac{1}{80}(3\mathrm{D} - 2)\cos 2x$$

$$= -\frac{1}{80}(3\mathrm{D}\cos 2x - 2\cos 2x) = -\frac{1}{80}(-6\sin 2x - 2\cos 2x)$$

$$=\frac{1}{40}(3\sin 2x+\cos 2x).$$

c. $\dfrac{1}{F(D)}(x^k+a_1x^{k-1}+\cdots+a_{k-1}x+a_k)$ 型.

$$y^*=\frac{1}{F(D)}(x^k+a_1x^{k-1}+\cdots+a_{k-1}x+a_k)=Q_k(D)(x^k+a_1x^{k-1}+\cdots+a_{k-1}x+a_k).$$

这里 $Q_k(D)$ 是将 $\dfrac{1}{F(D)}$ 展开为(常借助 $\dfrac{1}{1-x}=1+x+x^2+\cdots+x^k+\cdots$)形式上的泰勒级

数,即 $\dfrac{1}{F(D)}=b_0+b_1D+b_2D^2+\cdots+b_kD^k+\cdots$,取该展开式到 D^k 项的一个多项式.

注例7 已知 $y''+y'=x^2+1$,求 y^*.

解
$$y^*=\frac{1}{D^2+D}(x^2+1)=\frac{1}{D}\cdot\frac{1}{1+D}(x^2+1),$$

下面将 $\dfrac{1}{1+D}$ 作 D 的 2 次展开:

$$\frac{1}{1+D}=1-D+D^2+\cdots,$$

于是

$$y^*=\frac{1}{D}\cdot(1-D+D^2)(x^2+1)=\left(\frac{1}{D}-1+D\right)(x^2+1)$$

$$=\frac{1}{D}(x^2+1)-(x^2+1)+D(x^2+1)$$

$$=\frac{1}{3}x^3+x-x^2-1+2x=\frac{1}{3}x^3-x^2+3x-1.$$

d. $\dfrac{1}{F(D)}e^{\alpha x}v(x)$ 型.

$$y^*=\frac{1}{F(D)}e^{\alpha x}v(x)=e^{\alpha x}\cdot\frac{1}{F(D+\alpha)}v(x),这里 v(x) 是实函数.$$

注例8 已知 $y''+4y'+5y=e^{-2x}\sin x$,求 y^*.

解 $y^*=\dfrac{1}{D^2+4D+5}e^{-2x}\sin x=e^{-2x}\cdot\dfrac{1}{(D-2)^2+4(D-2)+5}\sin x$

$$=e^{-2x}\cdot\frac{1}{D^2+1}\sin x=e^{-2x}\cdot x\frac{1}{(D^2+1)'}\sin x$$

$$=e^{-2x}\cdot x\frac{1}{2D}\sin x=\frac{1}{2}e^{-2x}\cdot x(-\cos x)=-\frac{1}{2}xe^{-2x}\cos x.$$

注例9 已知 $y''-3y'+2y=2xe^x$,求 y^*.

解 $y^*=\dfrac{1}{D^2-3D+2}2xe^x=2e^x\cdot\dfrac{1}{(D+1)^2-3(D+1)+2}x=2e^x\cdot\dfrac{1}{D^2-D}x$

$$= 2e^x \cdot \frac{1}{D} \cdot \frac{1}{D-1} x = 2e^x \cdot \frac{1}{D} \cdot (-1-D)x = 2e^x \cdot \left(-\frac{1}{D}-1\right)x$$

$$= 2e^x \cdot \left(-\frac{1}{2}x^2 - x\right) = -x(x+2)e^x.$$

例 15.6 微分方程 $y'' - y = \sin x$ 在 $(-\infty, +\infty)$ 上有界的解为 _____.

【解】应填 $y = -\dfrac{1}{2}\sin x$.

由注例 4,知 $y^* = -\dfrac{1}{2}\sin x$,又由 $y'' - y = 0$,知 $\lambda^2 - 1 = 0$,解得 $\lambda = \pm 1$,即

$$y_{齐通} = C_1 e^x + C_2 e^{-x},$$

于是该微分方程的通解为

$$y = C_1 e^x + C_2 e^{-x} - \frac{1}{2}\sin x,$$

由题意,只有 $C_1 = C_2 = 0$ 时,$y = -\dfrac{1}{2}\sin x$ 在 $(-\infty, +\infty)$ 上有界,故有界的解只有

$y = -\dfrac{1}{2}\sin x.$

3. 能写成 $x^2 y'' + pxy' + qy = f(x)$(欧拉方程)(仅数学一)

① 当 $x > 0$ 时,令 $x = e^t$,则 $t = \ln x, \dfrac{\mathrm{d}t}{\mathrm{d}x} = \dfrac{1}{x}$,于是

$$\frac{\mathrm{d}y}{\mathrm{d}x} = \frac{\mathrm{d}y}{\mathrm{d}t} \cdot \frac{\mathrm{d}t}{\mathrm{d}x} = \frac{1}{x}\frac{\mathrm{d}y}{\mathrm{d}t}, \frac{\mathrm{d}^2 y}{\mathrm{d}x^2} = \frac{\mathrm{d}}{\mathrm{d}x}\left(\frac{1}{x}\frac{\mathrm{d}y}{\mathrm{d}t}\right) = -\frac{1}{x^2}\frac{\mathrm{d}y}{\mathrm{d}t} + \frac{1}{x}\frac{\mathrm{d}}{\mathrm{d}x}\left(\frac{\mathrm{d}y}{\mathrm{d}t}\right) = -\frac{1}{x^2}\frac{\mathrm{d}y}{\mathrm{d}t} + \frac{1}{x^2}\frac{\mathrm{d}^2 y}{\mathrm{d}t^2},$$

方程化为

$$\frac{\mathrm{d}^2 y}{\mathrm{d}t^2} + (p-1)\frac{\mathrm{d}y}{\mathrm{d}t} + qy = f(e^t),$$

即可求解(最后结果别忘了用 $t = \ln x$ 回代成 x 的函数).

② 当 $x < 0$ 时,令 $x = -e^t$,同理可得.

4. n 阶常系数齐次线性微分方程的解

① 若 λ 为单实根,写 $Ce^{\lambda x}$;

② 若 λ 为 k 重实根,写

$$(C_1 + C_2 x + C_3 x^2 + \cdots + C_k x^{k-1})e^{\lambda x};$$

③ 若 λ 为单复根 $\alpha \pm \beta i$,写

$$e^{\alpha x}(C_1 \cos \beta x + C_2 \sin \beta x);$$

④ 若 λ 为二重复根 $\alpha \pm \beta i$,写

$$e^{\alpha x}(C_1 \cos \beta x + C_2 \sin \beta x + C_3 x \cos \beta x + C_4 x \sin \beta x).$$

【注】(1) 如果解中含特解 $e^{\lambda x}$,则 λ 至少为单实根;

(2) 如果解中含特解 $x^{k-1}e^{\lambda x}$,则 λ 至少为 k 重实根;

(3) 如果解中含特解 $e^{\alpha x}\cos\beta x$ 或 $e^{\alpha x}\sin\beta x$,则 $\alpha\pm\beta i$ 至少为单复根;

(4) 如果解中含特解 $e^{\alpha x}x\cos\beta x$ 或 $e^{\alpha x}x\sin\beta x$,则 $\alpha\pm\beta i$ 至少为二重复根.

如,$y'''-y=0$,有 $\lambda^3-1=0$,即 $(\lambda-1)(\lambda^2+\lambda+1)=0$,解得 $\lambda_1=1,\lambda_{2,3}=-\dfrac{1}{2}\pm\dfrac{\sqrt{3}}{2}i$,故

$$y_{齐通}=C_1 e^x+e^{-\frac{1}{2}x}\left(C_2\cos\frac{\sqrt{3}}{2}x+C_3\sin\frac{\sqrt{3}}{2}x\right),$$

其中 C_1,C_2,C_3 为任意常数.

例 15.7 设 $y=y(x)$ 为可导函数,且满足 $y(0)=2$ 及 $\dfrac{\mathrm{d}y}{\mathrm{d}x}+y(x)=\displaystyle\int_0^x 2y(t)\mathrm{d}t+e^x$,则 $y(x)=$ _____.

【解】应填 $\dfrac{10}{9}e^{-2x}+\dfrac{8}{9}e^x+\dfrac{1}{3}xe^x$.

由题设知 $y(0)=2,\dfrac{\mathrm{d}y}{\mathrm{d}x}=-y(x)+\displaystyle\int_0^x 2y(t)\mathrm{d}t+e^x$,右边对 x 可导,所以 $\dfrac{\mathrm{d}^2 y}{\mathrm{d}x^2}$ 存在,于是可得

$$y''+y'-2y=e^x, \qquad\qquad (*)$$
$$y'(0)=-1.$$

微分方程(*)对应的齐次方程的特征方程为

$$\lambda^2+\lambda-2=(\lambda-1)(\lambda+2)=0,$$

解得特征根 $\lambda_1=-2,\lambda_2=1$,则对应齐次方程的通解为 $Y=C_1 e^{-2x}+C_2 e^x$.

设微分方程(*)的特解为

$$y^*=Axe^x,$$

亦可用微分算子法求特解.由三 注例2,可得 $y^*=x\dfrac{1}{F'(D)\big|_{D=1}}e^x=\dfrac{x}{3}e^x$

代入(*)式解得 $A=\dfrac{1}{3}$,从而 $y^*=\dfrac{1}{3}xe^x$.故微分方程的通解为

$$y=C_1 e^{-2x}+C_2 e^x+\frac{1}{3}xe^x.$$

由初始条件 $y(0)=2,y'(0)=-1$,可得 $C_1=\dfrac{10}{9},C_2=\dfrac{8}{9}$,故特解为

$$y(x)=\frac{10}{9}e^{-2x}+\frac{8}{9}e^x+\frac{1}{3}xe^x.$$

例 15.8 求微分方程 $y''+4y'+5y=e^{-2x}\sin x$ 的通解.

【解】对应齐次方程的特征方程 $\lambda^2+4\lambda+5=0$ 有一对共轭复根 $\lambda_{1,2}=-2\pm i$,故对应齐次方程的通解为 $Y=e^{-2x}(C_1\cos x+C_2\sin x)$.下面求微分方程的特解.

法一 原方程的自由项 $f(x)=e^{-2x}\sin x=e^{-2x}(0\cdot\cos x+1\cdot\sin x)$,故设特解为

$$y^*=e^{-2x}(A\cos x+B\sin x)x,$$

代回原方程,解得 $A = -\dfrac{1}{2}, B = 0$,故

$$y^* = -\frac{1}{2}x e^{-2x}\cos x.$$

法二 用微分算子法求特解.

由三 2 注例 8,可得 $y^* = -\dfrac{1}{2}x e^{-2x}\cos x$.

于是所求通解为 $y = e^{-2x}(C_1\cos x + C_2\sin x) - \dfrac{1}{2}x e^{-2x}\cos x$,其中 C_1, C_2 为任意常数.

例 15.9 设 $f(x)$ 是 $(-\infty, +\infty)$ 上的连续函数,

$$y(x) = \int_0^x e^t \, dt \int_0^{x-t} f(u)\, du \, (-\infty < x < +\infty).$$

(1) 证明:$y = y(x)$ 是微分方程 $y'' - y' = f(x)$ 满足初始条件 $y(0) = 0, y'(0) = 0$ 的解;

(2) 求微分方程 $y'' - y' = f(x)$ 的通解.

(1)【证】**法一** 记 $F(t) = \displaystyle\int_0^t f(u)\, du$,则 $F'(t) = f(t)$,且 $y(x) = \displaystyle\int_0^x e^t F(x-t)\, dt$. 对积分作变量代换 $v = x - t$,得

$$y(x) = \int_0^x e^{x-v}F(v)\, dv = e^x\int_0^x e^{-v}F(v)\, dv,$$

$$y'(x) = e^x\int_0^x e^{-v}F(v)\, dv + e^x \cdot e^{-x}F(x) = y(x) + F(x),$$

$$y''(x) = y'(x) + F'(x) = y'(x) + f(x),$$

所以 $y''(x) - y'(x) = f(x)$,且 $y(0) = 0, y'(0) = 0$.

法二
$$y(x) = \int_0^x e^t\, dt\int_0^{x-t}f(u)\, du = \int_0^x du\int_0^{x-u}e^t f(u)\, dt \qquad (*)$$

$$= \int_0^x (e^{x-u} - 1)f(u)\, du = e^x\int_0^x e^{-u}f(u)\, du - \int_0^x f(u)\, du,$$

$$y'(x) = e^x\int_0^x e^{-u}f(u)\, du + e^x \cdot e^{-x}f(x) - f(x) = e^x\int_0^x e^{-u}f(u)\, du,$$

$$y''(x) = e^x\int_0^x e^{-u}f(u)\, du + e^x \cdot e^{-x}f(x) = e^x\int_0^x e^{-u}f(u)\, du + f(x),$$

则
$$y''(x) - y'(x) = f(x),$$
且
$$y(0) = 0, y'(0) = 0.$$

(2)【解】根据上述结果,$y(x) = \displaystyle\int_0^x e^t\, dt\int_0^{x-t}f(u)\, du$ 是微分方程 $y'' - y' = f(x)$ 的一个特解. 因为特征方程 $\lambda^2 - \lambda = 0$ 的根为 $\lambda_1 = 0, \lambda_2 = 1$,所以齐次方程 $y'' - y' = 0$ 的通解为 $Y = C_1 + C_2 e^x$. 根据二阶非齐次线性微分方程通解的结构,可知 $y'' - y' = f(x)$ 的通解为

$$y = C_1 + C_2 e^x + \int_0^x e^t\, dt\int_0^{x-t}f(u)\, du \, (C_1, C_2 \text{ 为任意常数}).$$

例 15.10 (仅数学一)欧拉方程 $x^2\dfrac{d^2 y}{dx^2} + 4x\dfrac{dy}{dx} + 2y = 0\,(x > 0)$ 的通解为 _____.

【解】应填 $y = \dfrac{C_1}{x} + \dfrac{C_2}{x^2}$，其中 C_1, C_2 为任意常数.

由题设，$x > 0$，令 $x = e^t$，则

$$\frac{\mathrm{d}y}{\mathrm{d}x} = \frac{\mathrm{d}y}{\mathrm{d}t} \cdot \frac{\mathrm{d}t}{\mathrm{d}x} = \frac{1}{x} \frac{\mathrm{d}y}{\mathrm{d}t},$$

$$\frac{\mathrm{d}^2 y}{\mathrm{d}x^2} = -\frac{1}{x^2} \frac{\mathrm{d}y}{\mathrm{d}t} + \frac{1}{x} \frac{\mathrm{d}^2 y}{\mathrm{d}t^2} \cdot \frac{\mathrm{d}t}{\mathrm{d}x} = \frac{1}{x^2} \left(\frac{\mathrm{d}^2 y}{\mathrm{d}t^2} - \frac{\mathrm{d}y}{\mathrm{d}t} \right),$$

代入原方程，得 $\dfrac{\mathrm{d}^2 y}{\mathrm{d}t^2} + 3 \dfrac{\mathrm{d}y}{\mathrm{d}t} + 2y = 0$，解此方程得通解为

$$y = C_1 e^{-t} + C_2 e^{-2t} = \frac{C_1}{x} + \frac{C_2}{x^2} (C_1, C_2 \text{ 为任意常数}).$$

例 15.11 以 $y_1 = t e^t$，$y_2 = \sin 2t$ 为两个特解的四阶常系数齐次线性微分方程为（　　）.

(A) $y^{(4)} - 2y''' + 5y'' - 8y' + 4y = 0$

(B) $y^{(4)} - 2y''' + 5y'' + 8y' + 4y = 0$

(C) $y^{(4)} + 2y''' + 5y'' - 8y' + 4y = 0$

(D) $y^{(4)} - 2y''' - 5y'' - 8y' + 4y = 0$

【解】应选（A）.

由 $y_1 = t e^t$ 可知 $\lambda = 1$ 至少为二重根，由 $y_2 = \sin 2t$ 可知 $\lambda = \pm 2i$ 至少是单复根，故所求方程对应的特征方程的根为 $\lambda_1 = \lambda_2 = 1, \lambda_3 = 2i, \lambda_4 = -2i$. 其特征方程为

$$(\lambda - 1)^2 (\lambda^2 + 4) = \lambda^4 - 2\lambda^3 + 5\lambda^2 - 8\lambda + 4 = 0.$$

故所求微分方程为 $y^{(4)} - 2y''' + 5y'' - 8y' + 4y = 0$.

四　用换元法求解微分方程

1. 用求导公式逆用来换元

2. 用自变量、因变量或 x, y 地位互换来换元

例 15.12 微分方程 $\cos y \cdot y' - \sin y = e^x$ 的通解为 _____.

【解】应填 $\sin y = e^x (x + C)$，其中 C 为任意常数.

令 $u = \sin y$，则 $\cos y \cdot y' = u'$，代入方程，得到一阶线性微分方程 $u' - u = e^x$. 故

$$u = e^{\int \mathrm{d}x} \left(\int e^x \cdot e^{-\int \mathrm{d}x} \mathrm{d}x + C \right) = e^x (x + C),$$

即 $\sin y = e^x (x + C)$ 为所求通解，其中 C 为任意常数.

例 15.13 (1) 将 $x = x(y)$ 的微分方程 $\dfrac{\mathrm{d}^2 x}{\mathrm{d}y^2} + (y + \sin x) \left(\dfrac{\mathrm{d}x}{\mathrm{d}y} \right)^3 = 0$ 化成 $y = y(x)$ 的微分方程，并求出满足初始条件 $x(0) = 0, x'(0) = \dfrac{2}{3}$ 的特解 $y(x)$；

（2）利用（1）的结论，求由曲线 $x=x(y)$，直线 $y=y(\pi)$ 及 y 轴围成的平面图形 D 绕 y 轴旋转一周而成的旋转体的体积 V.

【解】（1）利用 $\dfrac{\mathrm{d}x}{\mathrm{d}y}=\dfrac{1}{y'}$ 及 $\dfrac{\mathrm{d}^2x}{\mathrm{d}y^2}=-\dfrac{y''}{(y')^3}$，可将 $\dfrac{\mathrm{d}^2x}{\mathrm{d}y^2}+(y+\sin x)\left(\dfrac{\mathrm{d}x}{\mathrm{d}y}\right)^3=0$ 化成 $y''-y=\sin x$，解此常系数非齐次线性微分方程得

$$y=C_1\mathrm{e}^x+C_2\mathrm{e}^{-x}-\frac{1}{2}\sin x.$$

又 $x(0)=0,x'(0)=\dfrac{2}{3}$，可知

$$y(0)=C_1+C_2=0,$$
$$y'(0)=C_1-C_2-\frac{1}{2}=\frac{3}{2},$$

可得 $C_1=1,C_2=-1$，特解为

$$y(x)=\mathrm{e}^x-\mathrm{e}^{-x}-\frac{1}{2}\sin x.$$

（2）由于 $y'(x)=\mathrm{e}^x+\mathrm{e}^{-x}-\dfrac{1}{2}\cos x>0$，因此 $y=y(x)$ 单调增加，

且 $y(0)=0$，故它在第一象限内的图形及平面图形 D 如图 15-1 所示.

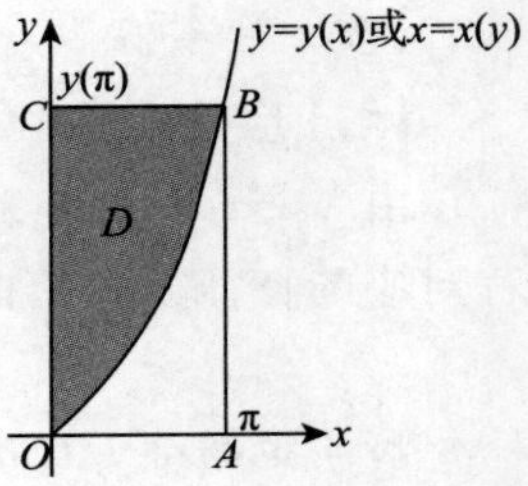

$$V=\underbrace{\pi\cdot\pi^2\cdot y(\pi)}_{\text{矩形 }OABC\text{ 绕 }y\text{ 轴旋转一周而成的旋转体体积}}-\underbrace{2\pi\int_0^\pi xy(x)\mathrm{d}x}_{\text{曲边三角形 }OAB\text{ 绕 }y\text{ 轴旋转一周而成的旋转体积}}$$

$$=\pi^3(\mathrm{e}^\pi-\mathrm{e}^{-\pi})-2\pi\int_0^\pi x\left(\mathrm{e}^x-\mathrm{e}^{-x}-\frac{1}{2}\sin x\right)\mathrm{d}x$$

$$=\pi^3(\mathrm{e}^\pi-\mathrm{e}^{-\pi})-2\pi\int_0^\pi x\mathrm{d}\left(\mathrm{e}^x+\mathrm{e}^{-x}+\frac{1}{2}\cos x\right)$$

$$=\pi^3(\mathrm{e}^\pi-\mathrm{e}^{-\pi})-2\pi\left[\left(\mathrm{e}^x+\mathrm{e}^{-x}+\frac{1}{2}\cos x\right)x\Big|_0^\pi-\int_0^\pi\left(\mathrm{e}^x+\mathrm{e}^{-x}+\frac{1}{2}\cos x\right)\mathrm{d}x\right]$$

$$=\pi^3(\mathrm{e}^\pi-\mathrm{e}^{-\pi})-2\pi^2\left(\mathrm{e}^\pi+\mathrm{e}^{-\pi}-\frac{1}{2}\right)+2\pi\left(\mathrm{e}^x-\mathrm{e}^{-x}+\frac{1}{2}\sin x\right)\Big|_0^\pi$$

$$=\pi^3(\mathrm{e}^\pi-\mathrm{e}^{-\pi})-2\pi^2\left(\mathrm{e}^\pi+\mathrm{e}^{-\pi}-\frac{1}{2}\right)+2\pi(\mathrm{e}^\pi-\mathrm{e}^{-\pi})$$

$$=(\pi^3+2\pi)(\mathrm{e}^\pi-\mathrm{e}^{-\pi})-2\pi^2(\mathrm{e}^\pi+\mathrm{e}^{-\pi})+\pi^2.$$

图 15-1

五 应用题

1. 用极限、导数或积分等式建方程

2. 用几何应用建方程

(1) 用曲线切线斜率.

$$k = f'(x_0) = \tan \alpha.$$

(2) 用两曲线 $f(x)$ 与 $g(x)$ 的公切线斜率.

$$f'(x_0) = g'(x_0).$$

(3) 用截距.

$$Y - y = y'(X - x) \begin{cases} \diamondsuit\ Y = 0, \text{则 } X = x - \dfrac{y}{y'}(x \text{ 轴上的截距}); \\ \diamondsuit\ X = 0, \text{则 } Y = y - xy'(y \text{ 轴上的截距}). \end{cases}$$

如,令 $X = Y$,建等式(方程).

(4) 用面积.

$$\int_a^b f(x)\,\mathrm{d}x.$$

(5) 用体积.

$$V_x = \int_a^b \pi f^2(x)\,\mathrm{d}x,\ V_y = \int_a^b 2\pi x \mid f(x) \mid \mathrm{d}x.$$

(6) 用平均值.

$$\overline{f} = \frac{1}{b-a}\int_a^b f(x)\,\mathrm{d}x = f(\xi).$$

(7) 用弧长. (仅数学一、数学二)

$$s = \int_a^b \sqrt{1 + (y_x')^2}\,\mathrm{d}x.$$

(8) 用侧面积. (仅数学一、数学二)

$$S = \int_a^b 2\pi \mid y(x) \mid \sqrt{1 + (y_x')^2}\,\mathrm{d}x.$$

(9) 用曲率. (仅数学一、数学二)

$$k = \frac{\mid y'' \mid}{\left[1 + (y')^2\right]^{\frac{3}{2}}}.$$

(10) 用形心. (仅数学一、数学二)

$$\overline{x} = \frac{\iint\limits_D x\,\mathrm{d}\sigma}{\iint\limits_D \mathrm{d}\sigma},\ \overline{y} = \frac{\iint\limits_D y\,\mathrm{d}\sigma}{\iint\limits_D \mathrm{d}\sigma}.$$

例 15.14 设 $f(u,v)$ 具有连续偏导数,且满足 $f_u'(u,v) + f_v'(u,v) = uv$,则函数 $y = \mathrm{e}^{-2x}f(x,x)$ 满足条件 $y\Big|_{x=0} = 1$ 的表达式为_____.

【解】 应填 $y = \left(\dfrac{x^3}{3} + 1\right)\mathrm{e}^{-2x}$.

$$y' = -2e^{-2x}f(x,x) + e^{-2x}f'_u(x,x) + e^{-2x}f'_v(x,x) = -2y + x^2 e^{-2x},$$

因此，y 满足一阶线性微分方程 $y' + 2y = x^2 e^{-2x}$，其通解为

$$y = e^{-\int 2dx}\left(\int x^2 e^{-2x} e^{\int 2dx}\,dx + C\right) = \left(\frac{x^3}{3} + C\right)e^{-2x}.$$

由 $y\big|_{x=0} = 1$，得 $C = 1$，所以 $y = \left(\dfrac{x^3}{3} + 1\right)e^{-2x}$.

例 15.15 设 $p(x)$ 连续，y_1, y_2 是二阶齐次线性微分方程

$$y'' + \frac{\sqrt{1-x^2}}{x}y' + p(x)y = 0 \quad (0 < x < 1)$$

的两个线性无关解，记 $f(x) = y_1 y_2' - y_2 y_1'$.

（1）求 $f(x)$ 满足的一阶微分方程；

（2）求 $f(x)$ 的表达式.

【解】（1）由题意得

$$f'(x) = (y_1 y_2' - y_2 y_1')' = y_1' y_2' + y_1 y_2'' - y_2' y_1' - y_2 y_1'' = y_1 y_2'' - y_2 y_1''$$

$$= y_1\left[-\frac{\sqrt{1-x^2}}{x}y_2' - p(x)y_2\right] - y_2\left[-\frac{\sqrt{1-x^2}}{x}y_1' - p(x)y_1\right]$$

$$= -\frac{\sqrt{1-x^2}}{x}(y_1 y_2' - y_2 y_1') = -\frac{\sqrt{1-x^2}}{x}f(x),$$

故 $f(x)$ 满足的一阶微分方程为

$$f'(x) + \frac{\sqrt{1-x^2}}{x}f(x) = 0.$$

（2）由 $f'(x) + \dfrac{\sqrt{1-x^2}}{x}f(x) = 0$，得 $f(x) = C_1 e^{-\int \frac{\sqrt{1-x^2}}{x}dx}$. 令 $x = \sin t$，则

$$\int \frac{\sqrt{1-x^2}}{x}dx = \int \frac{\cos^2 t}{\sin t}dt = \int \frac{1-\sin^2 t}{\sin t}dt = \int \csc t\,dt - \int \sin t\,dt$$

$$= \ln|\csc t - \cot t| + \cos t + C_2 = \ln\left|\frac{1}{x} - \frac{\sqrt{1-x^2}}{x}\right| + \sqrt{1-x^2} + C_2$$

$$= \ln \frac{1-\sqrt{1-x^2}}{x} + \sqrt{1-x^2} + C_2,$$

故

$$f(x) = C_1 e^{-\int \frac{\sqrt{1-x^2}}{x}dx} = C_1 e^{-\left(\ln \frac{1-\sqrt{1-x^2}}{x} + \sqrt{1-x^2} + C_2\right)} = \frac{Cx e^{-\sqrt{1-x^2}}}{1-\sqrt{1-x^2}} \quad (0 < x < 1),$$

其中 C 是任意常数.

例 15.16 已知函数 $f(x), g(x)$ 满足方程 $f'(x) - g(x) = e^x$ 及 $g'(x) - f(x) = 0, f(0) = g(0) = 0$，计算 $\displaystyle\int_0^1 e^{-x^2}[f'(x) - 2xg'(x)]dx$.

【解】由 $f'(x)-g(x)=e^x$，$g'(x)=f(x)$，得
$$g''(x)-g(x)=e^x,$$
解此二阶微分方程，得
$$g(x)=C_1 e^x + C_2 e^{-x} + \frac{1}{2}x e^x.$$

由 $g'(0)=f(0)=g(0)=0$，得 $C_1=-\dfrac{1}{4}$，$C_2=\dfrac{1}{4}$，故
$$g(x)=-\frac{1}{4}(e^x - e^{-x}) + \frac{1}{2}x e^x,$$
$$f(x)=\frac{1}{4}(e^x - e^{-x}) + \frac{1}{2}x e^x.$$

又
$$e^{-x^2}[f'(x)-2xg'(x)]=e^{-x^2}[f'(x)-2xf(x)]$$
$$=e^{-x^2}f'(x)+e^{-x^2}(-2x)f(x)=[e^{-x^2}f(x)]',$$
故
$$\int_0^1 e^{-x^2}[f'(x)-2xg'(x)]dx = e^{-x^2}f(x)\Big|_0^1$$
$$=e^{-1}f(1)-f(0)=e^{-1}\left(\frac{e-e^{-1}}{4}+\frac{1}{2}e\right)$$
$$=\frac{3}{4}-\frac{1}{4e^2}.$$

例 15.17 已知 $f(xy)=yf(x)+xf(y)$ 对任意正实数 x,y 均成立，且 $f'(1)=e$，求 $f(xy)$ 的极小值.

【解】对式子 $f(xy)=yf(x)+xf(y)(x,y>0)$，令 $x=1$，则 $f(y)=yf(1)+f(y)$，即 $f(1)=0$.

又当 $x>0$ 时，
$$f'(x)=\lim_{\Delta x \to 0}\frac{f(x+\Delta x)-f(x)}{\Delta x}$$
$$=\lim_{\Delta x \to 0}\frac{f\left[x\left(1+\frac{\Delta x}{x}\right)\right]-f(x)}{\Delta x}$$
$$=\lim_{\Delta x \to 0}\frac{xf\left(1+\frac{\Delta x}{x}\right)+\left(1+\frac{\Delta x}{x}\right)f(x)-f(x)}{\Delta x}$$
$$=\lim_{\Delta x \to 0}\frac{f\left(1+\frac{\Delta x}{x}\right)}{\frac{\Delta x}{x}}+\frac{f(x)}{x}$$
$$=f'(1)+\frac{f(x)}{x}=e+\frac{f(x)}{x},$$
即 $f'(x)+\left(-\dfrac{1}{x}\right)f(x)=e$，于是

$$f(x) = e^{-\int(-\frac{1}{x})dx}\left[\int e^{\int(-\frac{1}{x})dx} e dx + C\right] = x(e\ln x + C).$$

由 $f(1) = 0$，有 $C = 0$，即 $f(x) = ex\ln x$.

故 $f(xy) = exy\ln(xy)$，令 $xy = u$，则有

$$f(u) = eu\ln u, f'(u) = e(\ln u + 1) \xrightarrow{\text{令}} 0,$$

解得 $u = e^{-1}$，$f''(u) = \dfrac{e}{u}$，$f''(e^{-1}) = e^2 > 0$，于是 $f(u)$ 的极小值为 $f(e^{-1}) = -1$，即 $f(xy)$ 的极小值为 -1.

3. 用变化率建方程

例 15.18　设一个地区人口的增长率与当时的人口总数成正比，$N(t)$ 表示在 t 时刻该地区的人口总量，N_0 是初始时刻 $t = 0$ 时的人口数，比例为 $r - bN(t)(r - bN(t) > 0)$，求 $N(t)$ 的表达式.

【解】由题设，

$$\frac{d[N(t)]}{dt} = [r - bN(t)]N(t),$$

分离变量得

$$\frac{d[N(t)]}{[r - bN(t)]N(t)} = dt,$$

由待定系数法，得

$$\frac{1}{[r - bN(t)]N(t)} = \frac{A}{r - bN(t)} + \frac{B}{N(t)},$$

即

$$1 = AN(t) + B[r - bN(t)],$$

令 $N(t) = 0$，得 $B = \dfrac{1}{r}$，令 $N(t) = \dfrac{r}{b}$，得 $A = \dfrac{b}{r}$. 即

$$\frac{1}{r}\left[\frac{1}{N(t)} + \frac{b}{r - bN(t)}\right]d[N(t)] = dt,$$

两边积分得

$$\ln N(t) - \ln[r - bN(t)] = rt + C_1.$$

即

$$\frac{N(t)}{r - bN(t)} = Ce^{rt},$$

代入初始条件 $N(t)\Big|_{t=0} = N_0$，得 $C = \dfrac{N_0}{r - bN_0}$. 整理得

$$N(t) = \frac{r}{b + \left(\dfrac{r}{N_0} - b\right)e^{-rt}}.$$

【注】常称为人口增长问题.

例 15.19 在 xOy 平面上,设 $|PQ|=1$,初始时刻 P 在原点,Q 在 $(1,0)$ 点,若 P 点沿着 y 轴的正方向移动,且 Q 点的运动方向始终指向 P 点,求 Q 点的运动轨迹.

【解】如图 15-2 所示,当 P 点沿着 y 轴向上移动时,记 Q 点的轨迹形成曲线 $y=y(x)$. 并设曲线上 Q 点的坐标为 (x,y),P 点坐标为 $(0,Y)$,由 $|PQ|=1$,得

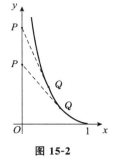

$$x^2+(y-Y)^2=1, \quad \text{即} \quad y-Y=\underset{\nearrow Y>y,\ \text{故取负值}}{-\sqrt{1-x^2}}.$$

图 15-2

由题意知,QP 的方向就是曲线 $y=y(x)$ 在 (x,y) 点的切线方向,故

$$\frac{\mathrm{d}y}{\mathrm{d}x}=\frac{y-Y}{x}=-\frac{\sqrt{1-x^2}}{x},$$

两边积分得

$$y=-\int\frac{\sqrt{1-x^2}}{x}\mathrm{d}x.$$

 亦可令 $x=\sin t$,其具体过程见例 15.15

令 $x=\cos t$,则

$$y=-\int\frac{\sqrt{1-x^2}}{x}\mathrm{d}x=\int\frac{\sin^2 t}{\cos t}\mathrm{d}t=\int\frac{1-\cos^2 t}{\cos t}\mathrm{d}t$$

$$=\int\sec t\,\mathrm{d}t-\int\cos t\,\mathrm{d}t$$

$$=\ln|\sec t+\tan t|-\sin t+C$$

$$=\ln\left|\frac{1}{x}+\frac{\sqrt{1-x^2}}{x}\right|-\sqrt{1-x^2}+C$$

$$=\ln\frac{1+\sqrt{1-x^2}}{x}-\sqrt{1-x^2}+C.$$

由 $x=1$ 时,$y=0$,可得 $C=0$. 故 Q 点的轨迹方程为

$$y=\ln\frac{1+\sqrt{1-x^2}}{x}-\sqrt{1-x^2}.$$

【注】这种曲线叫曳物线,又叫追踪曲线. 这是因为当 P 沿已知路径逃跑时,追踪者 Q 从某点出发,盯住 P 追赶,则追踪者 Q 跑过的路线就是曳物线.

例 15.20 (仅数学三)已知生产某产品的固定成本为 $a(a>0)$,生产 x 个单位的边际成本与平均成本之差为 $\frac{x}{a}-\frac{a}{x}$,且当产量的数值等于 a 时,相应的总成本为 $2a$,则总成本 C 与产量 x 的函数关系式为 _____.

【解】应填 $C(x)=\frac{1}{a}x^2+a$.

由题意,得

$$\frac{\mathrm{d}[C(x)]}{\mathrm{d}x}-\frac{C(x)}{x}=\frac{x}{a}-\frac{a}{x},$$

故

$$C(x)=\mathrm{e}^{-\int\left(-\frac{1}{x}\right)\mathrm{d}x}\left[\int\left(\frac{x}{a}-\frac{a}{x}\right)\mathrm{e}^{\int\left(-\frac{1}{x}\right)\mathrm{d}x}\mathrm{d}x+C_0\right]$$

$$= e^{\ln x} \left[\int \left(\frac{x}{a} - \frac{a}{x} \right) e^{-\ln x} \, \mathrm{d}x + C_0 \right] = x \left[\int \left(\frac{1}{a} - \frac{a}{x^2} \right) \mathrm{d}x + C_0 \right]$$

$$= x \left(\frac{x}{a} + \frac{a}{x} + C_0 \right) = \frac{1}{a} x^2 + a + C_0 x,$$

又由题设, $C(a) = 2a$, 得 $C_0 = 0$, 于是 $C(x) = \frac{1}{a} x^2 + a$.

六 差分方程(仅数学三)

一阶常系数线性差分方程的一般形式为

$$y_{t+1} + a y_t = f(t), \qquad \qquad ①$$

其中 $f(t)$ 为已知函数, a 为非零常数.

当 $f(t) \equiv 0$ 时, 方程 ① 变为

$$y_{t+1} + a y_t = 0, \qquad \qquad ②$$

我们称 $f(t) \not\equiv 0$ 时的 ① 为**一阶常系数非齐次线性差分方程**, ② 为其对应的**一阶常系数齐次线性差分方程**.

1. 齐次差分方程的通解

通过迭代, 并由数学归纳法可得 ② 的通解为

$$y_c(t) = C \cdot (-a)^t,$$

这里 C 为任意常数.

2. 非齐次差分方程的解

定理 1　若 y_t^* 是非齐次差分方程 ① 的一个特解, $y_c(t)$ 是齐次差分方程 ② 的通解, 则非齐次差分方程 ① 的通解为

$$y_t = y_c(t) + y_t^*.$$

定理 2　若 $\overline{y}_t$ 与 $\tilde{y}_t$ 分别是差分方程

$$y_{t+1} + a y_t = f_1(t)$$

和

$$y_{t+1} + a y_t = f_2(t)$$

的解, 则

$$y_t = \overline{y}_t + \tilde{y}_t$$

是差分方程

$$y_{t+1} + a y_t = f_1(t) + f_2(t)$$

的解.

非齐次差分方程 ① 的特解 y_t^* 形式的设定见下表.

① 中 $f(t)$ 的形式	取待定特解的条件	试取特解的形式
$f(t) = d^t \cdot P_m(t)$ d 为非零常数	$a + d \neq 0$	$y_t^* = d^t \cdot Q_m(t)$
	$a + d = 0$	$y_t^* = t \cdot d^t \cdot Q_m(t)$
$f(t) = b_1 \cos \omega t + b_2 \sin \omega t$ $\omega \neq 0$ 且 b_1, b_2 为不同时为零的 常数	$D = \begin{vmatrix} a + \cos \omega & \sin \omega \\ -\sin \omega & a + \cos \omega \end{vmatrix} \neq 0$	$y_t^* = \alpha \cos \omega t + \beta \sin \omega t$ α, β 为待定常数
	$D = 0$	$y_t^* = t(\alpha \cos \omega t + \beta \sin \omega t)$

例 15.21 若某线性差分方程的通解为 $y_t = 2^{t-1}(2C + t)$（C 为任意常数），则该差分方程为_____.

【解】应填 $y_{t+1} - 2y_t = 2^t$.

由于线性差分方程的通解为

$$y_t = C \cdot 2^t + t \cdot 2^{t-1} \quad (C \text{ 为任意常数}),$$

故该差分方程为一阶非齐次线性差分方程，且 $Y_t = C \cdot 2^t$ 为相应的齐次差分方程的通解，而 $y_t^* = t \cdot 2^{t-1}$ 为所求差分方程（非齐次线性差分方程）的一个特解，故可设所求差分方程为

$$y_{t+1} - 2y_t = f(t).$$

将特解 $y_t^* = t \cdot 2^{t-1}$ 代入，得 $f(t) = 2^t$，故所求差分方程为 $y_{t+1} - 2y_t = 2^t$.

例 15.22 求方程满足给定条件的特解：

$$y_{t+1} + 4y_t = 17\cos \frac{\pi}{2}t, \, y_0 = 1.$$

【解】对应的齐次差分方程的通解为

$$y_C(t) = C(-4)^t.$$

由于

$$D = \begin{vmatrix} 4 + \cos \dfrac{\pi}{2} & \sin \dfrac{\pi}{2} \\ -\sin \dfrac{\pi}{2} & 4 + \cos \dfrac{\pi}{2} \end{vmatrix}$$

$$= \begin{vmatrix} 4 & 1 \\ -1 & 4 \end{vmatrix} = 17 \neq 0,$$

故非齐次差分方程应具有特解形式为

$$y_t^* = B_0 \cos \frac{\pi}{2}t + B_1 \sin \frac{\pi}{2}t.$$

代入原方程后可求得 $B_0 = 4, B_1 = 1$. 于是，原方程的通解为

$$y_t = C(-4)^t + 4\cos \frac{\pi}{2}t + \sin \frac{\pi}{2}t.$$

代入定解条件 $y_0 = 1$，得 $C = -3$，即得所求特解为

$$y_t = -3(-4)^t + 4\cos \frac{\pi}{2}t + \sin \frac{\pi}{2}t.$$

第16讲
无穷级数（仅数学一、数学三）

数项级数的判敛
- 定义与 S_n
- 判敛法
  - 正项级数 $\sum\limits_{n=1}^{\infty} u_n, u_n \geqslant 0$
  - 交错级数 $\sum\limits_{n=1}^{\infty} (-1)^{n-1} u_n, u_n > 0$
  - 任意项级数 $\sum\limits_{n=1}^{\infty} u_n, u_n$ 符号无限制
- 常用结论

级数的收敛域
- 有关概念
  - 函数项级数
  - 幂级数
  - 收敛点与发散点
  - 收敛域
- 具体型问题
  - 对于不缺项幂级数 $\sum\limits_{n=0}^{\infty} a_n x^n$
  - 对于缺项幂级数或一般函数项级数 $\sum u_n(x)$
- 抽象型问题
  - 阿贝尔定理
  - 结论1
  - 结论2

展开问题
- 考法
  - 函数展开
  - 积分展开
  - 导数展开
  - 无穷小比阶
- 工具
  - 先积后导
  - 先导后积
  - 重要展开公式

求和问题 {
　直接套公式
　用先积后导或先导后积求和函数
　用所给微分方程求和函数
　建立微分方程并求和函数
　综合题
}

傅里叶级数（仅数学一） {
　周期为 $2l$ 的傅里叶级数
　狄利克雷收敛定理
　正弦级数和余弦级数
　只在 $[0,l]$ 上有定义的函数的正弦级数和余弦级数展开
}

一 数项级数的判敛

1. 定义与 S_n

① $\sum\limits_{n=1}^{\infty} u_n = u_1 + u_2 + \cdots + u_n + \cdots$ 叫**无穷级数**.

② $S_n = u_1 + u_2 + \cdots + u_n$ 叫**级数的前 n 项和**.

③ $\sum\limits_{n=1}^{\infty} u_n$ 收敛 $\Leftrightarrow \lim\limits_{n\to\infty} S_n$ 存在.

④ $\sum\limits_{n=1}^{\infty} u_n$ 收敛 $\overset{\Rightarrow}{\not\Leftarrow} \lim\limits_{n\to\infty} u_n = 0$.

⑤ $\sum\limits_{n=1}^{\infty} (u_{n+1} - u_n)$ 收敛 $\Leftrightarrow \lim\limits_{n\to\infty} u_n$ 存在.

【注】证　$S_n = (u_2 - u_1) + (u_3 - u_2) + \cdots + (u_{n+1} - u_n) = u_{n+1} - u_1$，故 $\sum\limits_{n=1}^{\infty}(u_{n+1} - u_n)$ 收敛 $\Leftrightarrow \lim\limits_{n\to\infty} S_n$ 存在 $\Leftrightarrow \lim\limits_{n\to\infty} u_n$ 存在.

2. 判敛法

(1) 正项级数 $\sum\limits_{n=1}^{\infty} u_n, u_n \geqslant 0$.

① 基本定理.

$\sum\limits_{n=1}^{\infty} u_n$ 收敛 $\Leftrightarrow \{S_n\}$ 有界.

② 比较判别法.

给出两个正项级数 $\sum\limits_{n=1}^{\infty} u_n$ 和 $\sum\limits_{n=1}^{\infty} v_n$，如果从某项起有 $u_n \leqslant v_n$ 成立，则

a. 若 $\sum\limits_{n=1}^{\infty} v_n$ 收敛, 则 $\sum\limits_{n=1}^{\infty} u_n$ 也收敛.

b. 若 $\sum\limits_{n=1}^{\infty} u_n$ 发散, 则 $\sum\limits_{n=1}^{\infty} v_n$ 也发散.

③ 比较判别法的极限形式.

设 $\sum\limits_{n=1}^{\infty} u_n$ 和 $\sum\limits_{n=1}^{\infty} v_n$ 都是正项级数, $v_n > 0 (n=1,2,\cdots)$, 则

$$\lim_{n\to\infty} \frac{u_n}{v_n} \xlongequal{\text{``}\frac{0}{0}\text{''}} \begin{cases} 0 \Rightarrow u_n \text{ 是比 } v_n \text{ 高阶的无穷小} \Rightarrow \begin{cases} \text{若 } \sum\limits_{n=1}^{\infty} v_n \text{ 收敛, 则 } \sum\limits_{n=1}^{\infty} u_n \text{ 收敛,} \\ \text{若 } \sum\limits_{n=1}^{\infty} u_n \text{ 发散, 则 } \sum\limits_{n=1}^{\infty} v_n \text{ 发散;} \end{cases} \\ +\infty \Rightarrow v_n \text{ 是比 } u_n \text{ 高阶的无穷小} \Rightarrow \begin{cases} \text{若 } \sum\limits_{n=1}^{\infty} u_n \text{ 收敛, 则 } \sum\limits_{n=1}^{\infty} v_n \text{ 收敛,} \\ \text{若 } \sum\limits_{n=1}^{\infty} v_n \text{ 发散, 则 } \sum\limits_{n=1}^{\infty} u_n \text{ 发散;} \end{cases} \\ A \neq 0 \Rightarrow u_n \text{ 与 } v_n \text{ 是同阶无穷小} \Rightarrow \sum\limits_{n=1}^{\infty} u_n \text{ 与 } \sum\limits_{n=1}^{\infty} v_n \text{ 同敛散.} \end{cases}$$

【注】(1) 比较判别法及其极限形式实质上是跟"别人"比, 故需要找到合适的尺度.

(2) 三个重要的尺度.

① 等比级数 $\sum\limits_{n=1}^{\infty} aq^{n-1} \begin{cases} = \dfrac{a}{1-q}, & |q| < 1, \\ \text{发散,} & |q| \geqslant 1. \end{cases}$

② p 级数 $\sum\limits_{n=1}^{\infty} \dfrac{1}{n^p} \begin{cases} \text{收敛,} & p > 1, \\ \text{发散,} & p \leqslant 1. \end{cases}$

③ 广义 p 级数 $\sum\limits_{n=2}^{\infty} \dfrac{1}{n(\ln n)^p} \begin{cases} \text{收敛,} & p > 1, \\ \text{发散,} & p \leqslant 1. \end{cases}$

④ 比值判别法 (达朗贝尔), $\lim\limits_{n\to\infty} \dfrac{u_{n+1}}{u_n} = \rho \begin{cases} < 1, & \text{收敛,} \\ > 1, & \text{发散,} \\ = 1, & \text{失效.} \end{cases}$

⑤ 根值判别法 (柯西), $\lim\limits_{n\to\infty} \sqrt[n]{u_n} = \rho \begin{cases} < 1, & \text{收敛,} \\ > 1, & \text{发散,} \\ = 1, & \text{失效.} \end{cases}$

⑥ 积分判别法 (柯西).

设 $\sum\limits_{n=1}^{\infty} u_n$ 为正项级数, 若存在 $[1, +\infty)$ 上单调减少的非负连续函数 $f(x)$, 使得 $u_n = f(n)$, 则级数 $\sum\limits_{n=1}^{\infty} u_n$ 与反常积分 $\int_1^{+\infty} f(x) \mathrm{d}x$ 的敛散性相同.

（2）交错级数 $\displaystyle\sum_{n=1}^{\infty}(-1)^{n-1}u_n,u_n>0.$

莱布尼茨判别法：① $\displaystyle\lim_{n\to\infty}u_n=0$；② $u_n\geqslant u_{n+1}$，则级数收敛.

> **【注】**（1）若 $u_n=f(n)$，且 $f(\cdot)$ 可导，则可连续化为 $f(x)$，通过 $f'(x)$ 的正负，判别 u_n 的增减性.
>
> （2）莱布尼茨判别法只是充分条件，不是必要条件.
>
> 例如交错级数 $\displaystyle\sum_{n=1}^{\infty}(-1)^n u_n=\sum_{n=1}^{\infty}\frac{1+(-1)^n\cdot 2}{2^n}$ 的各项依次为 $-\dfrac{1}{2},\dfrac{3}{2^2},-\dfrac{1}{2^3},\dfrac{3}{2^4},-\dfrac{1}{2^5},\cdots$,
>
> 可知 $u_n=\dfrac{2+(-1)^n}{2^n}$，有
>
> $$u_{n+1}-u_n=\frac{2+(-1)^{n+1}-4-2\cdot(-1)^n}{2^{n+1}}=\frac{-2+3\cdot(-1)^{n+1}}{2^{n+1}}.$$
>
> 当 n 为偶数时，$u_{n+1}-u_n=-\dfrac{5}{2^{n+1}}<0$，当 n 为奇数时，$u_{n+1}-u_n=\dfrac{1}{2^{n+1}}>0$，不满足②，但交错级数 $\displaystyle\sum_{n=1}^{\infty}\frac{1+(-1)^n\cdot 2}{2^n}=\sum_{n=1}^{\infty}\frac{1}{2^n}+\sum_{n=1}^{\infty}\frac{(-1)^n}{2^{n-1}}$ 为两个收敛级数之和，故交错级数收敛.

（3）任意项级数 $\displaystyle\sum_{n=1}^{\infty}u_n,u_n$ **符号无限制.**

若 $\displaystyle\sum_{n=1}^{\infty}|u_n|$ 收敛，则称 $\displaystyle\sum_{n=1}^{\infty}u_n$ **绝对收敛**；若 $\displaystyle\sum_{n=1}^{\infty}|u_n|$ 发散，$\displaystyle\sum_{n=1}^{\infty}u_n$ 收敛，则称 $\displaystyle\sum_{n=1}^{\infty}u_n$ **条件收敛**.

> **【注】**（1）若 $\displaystyle\sum_{n=1}^{\infty}|u_n|$ 收敛（即任意项级数 $\displaystyle\sum_{n=1}^{\infty}u_n$ 绝对收敛），则 $\displaystyle\sum_{n=1}^{\infty}u_n$ 必收敛.
>
> （2）若 $\displaystyle\sum_{n=1}^{\infty}u_n,\sum_{n=1}^{\infty}v_n$ 均绝对收敛，则 $\displaystyle\sum_{n=1}^{\infty}(u_n\pm v_n)$ 绝对收敛.
>
> **证** 因为 $\displaystyle\sum_{n=1}^{\infty}u_n,\sum_{n=1}^{\infty}v_n$ 均绝对收敛，且 $0\leqslant|u_n\pm v_n|\leqslant|u_n|+|v_n|$，所以 $\displaystyle\sum_{n=1}^{\infty}(u_n\pm v_n)$ 绝对收敛.
>
> （3）若 $\displaystyle\sum_{n=1}^{\infty}u_n$ 绝对收敛，$\displaystyle\sum_{n=1}^{\infty}v_n$ 条件收敛，则 $\displaystyle\sum_{n=1}^{\infty}(u_n\pm v_n)$ 条件收敛.
>
> **证** 由于 $\displaystyle\sum_{n=1}^{\infty}u_n$ 绝对收敛，$\displaystyle\sum_{n=1}^{\infty}v_n$ 条件收敛，故 $\displaystyle\sum_{n=1}^{\infty}(u_n\pm v_n)$ 必收敛. 假设 $\displaystyle\sum_{n=1}^{\infty}(u_n\pm v_n)$ 绝对收敛，而 $\displaystyle\sum_{n=1}^{\infty}u_n$ 绝对收敛，那么 $\displaystyle\sum_{n=1}^{\infty}v_n$ 必绝对收敛，这与 $\displaystyle\sum_{n=1}^{\infty}v_n$ 条件收敛矛盾，所以 $\displaystyle\sum_{n=1}^{\infty}(u_n\pm v_n)$ 条件收敛.

(4) 若 $\sum\limits_{n=1}^{\infty} u_n$，$\sum\limits_{n=1}^{\infty} v_n$ 均条件收敛，则 $\sum\limits_{n=1}^{\infty} (u_n \pm v_n)$ 收敛（可能绝对收敛，也可能条件收敛）.

证 因为 $\sum\limits_{n=1}^{\infty} u_n$，$\sum\limits_{n=1}^{\infty} v_n$ 均条件收敛，所以 $\sum\limits_{n=1}^{\infty} (u_n \pm v_n)$ 必收敛.

$\sum\limits_{n=1}^{\infty} (u_n \pm v_n)$ 可能绝对收敛，如 $\sum\limits_{n=1}^{\infty} u_n = \sum\limits_{n=1}^{\infty} (-1)^n \dfrac{1}{n}$，$\sum\limits_{n=1}^{\infty} v_n = \sum\limits_{n=1}^{\infty} \left[\dfrac{1}{n^2} - (-1)^n \dfrac{1}{n} \right]$ 均条件

收敛，而 $\sum\limits_{n=1}^{\infty} (u_n + v_n) = \sum\limits_{n=1}^{\infty} \dfrac{1}{n^2}$ 绝对收敛；

$\sum\limits_{n=1}^{\infty} (u_n \pm v_n)$ 也可能条件收敛，如 $\sum\limits_{n=1}^{\infty} u_n = \sum\limits_{n=1}^{\infty} (-1)^n \dfrac{1}{n}$，$\sum\limits_{n=1}^{\infty} v_n = \sum\limits_{n=1}^{\infty} (-1)^n \dfrac{1}{\sqrt{n}}$ 均条件收

敛，而 $\sum\limits_{n=1}^{\infty} (u_n + v_n) = \sum\limits_{n=1}^{\infty} (-1)^n \left(\dfrac{1}{n} + \dfrac{1}{\sqrt{n}} \right)$ 条件收敛.

(5) 一般说来，如果级数 $\sum\limits_{n=1}^{\infty} |u_n|$ 发散，我们不能断定级数 $\sum\limits_{n=1}^{\infty} u_n$ 也发散. 但是，如果我们用

比值判别法或根值判别法根据 $\lim\limits_{n \to \infty} \left| \dfrac{u_{n+1}}{u_n} \right| = \rho > 1$ 或 $\lim\limits_{n \to \infty} \sqrt[n]{|u_n|} = \rho > 1$ 判定级数 $\sum\limits_{n=1}^{\infty} |u_n|$ 发

散，那么我们可以断定级数 $\sum\limits_{n=1}^{\infty} u_n$ 也必定发散. 这是因为从 $\rho > 1$ 可推知 $|u_n| \nrightarrow 0 (n \to \infty)$，

从而 $u_n \nrightarrow 0 (n \to \infty)$，因此级数 $\sum\limits_{n=1}^{\infty} u_n$ 是发散的.

例如，级数 $\sum\limits_{n=1}^{\infty} (-1)^n \dfrac{1}{2^n} \left(1 + \dfrac{1}{n} \right)^{n^2}$，若记 $u_n = \dfrac{1}{2^n} \left(1 + \dfrac{1}{n} \right)^{n^2}$，有 $\lim\limits_{n \to \infty} \sqrt[n]{u_n} = \lim\limits_{n \to \infty} \dfrac{1}{2} \left(1 + \dfrac{1}{n} \right)^n =$

$\dfrac{e}{2} > 1$，可知 $u_n \nrightarrow 0 (n \to \infty)$，则原级数 $\sum\limits_{n=1}^{\infty} (-1)^n \dfrac{1}{2^n} \left(1 + \dfrac{1}{n} \right)^{n^2}$ 发散.

(6) 交错 p 级数 $\sum\limits_{n=1}^{\infty} (-1)^{n-1} \dfrac{1}{n^p} \begin{cases} 绝对收敛，& p > 1, \\ 条件收敛，& 0 < p \leq 1. \end{cases}$

3. 常用结论

① 若 $\sum\limits_{n=1}^{\infty} u_n$ 收敛，则 $\sum\limits_{n=1}^{\infty} |u_n|$ 不定（例如 $\sum\limits_{n=1}^{\infty} (-1)^n \dfrac{1}{n}$ 收敛，但 $\sum\limits_{n=1}^{\infty} \dfrac{1}{n}$ 发散）.

② 设 $\sum\limits_{n=1}^{\infty} u_n$ 收敛，则 $\begin{cases} u_n \geq 0 \text{ 时}，\sum\limits_{n=1}^{\infty} u_n^2 \text{ 收敛}（\lim\limits_{n \to \infty} u_n = 0，\text{从某项起}，u_n < 1，u_n^2 < u_n），\\ u_n \text{ 任意时}，\sum\limits_{n=1}^{\infty} u_n^2 \text{ 不定}（\text{例如} \sum\limits_{n=1}^{\infty} (-1)^n \dfrac{1}{\sqrt{n}} \text{ 收敛，但} \sum\limits_{n=1}^{\infty} \dfrac{1}{n} \text{ 发散}）. \end{cases}$

③ 设 $\sum\limits_{n=1}^{\infty} u_n$ 收敛, 则 $\begin{cases} u_n \geqslant 0 \text{ 时}, \sum\limits_{n=1}^{\infty} u_n u_{n+1} \text{ 收敛}\left(u_n u_{n+1} \leqslant \dfrac{u_n^2 + u_{n+1}^2}{2}\right), \\ u_n \text{ 任意时}, \sum\limits_{n=1}^{\infty} u_n u_{n+1} \text{ 不定}\left(\text{例如 } u_n = (-1)^n \dfrac{1}{\sqrt{n}}, \right. \\ u_n u_{n+1} = (-1)^n \dfrac{1}{\sqrt{n}} (-1)^{n+1} \dfrac{1}{\sqrt{n+1}} = -\dfrac{1}{\sqrt{n(n+1)}}, \\ \text{级数发散}\big). \end{cases}$

④ 设 $\sum\limits_{n=1}^{\infty} u_n$ 收敛, 则 $\sum\limits_{n=1}^{\infty} (-1)^n u_n$ 不定(例如 $\sum\limits_{n=1}^{\infty} (-1)^n \dfrac{1}{n}$ 收敛, 但 $\sum\limits_{n=1}^{\infty} \dfrac{1}{n}$ 发散).

⑤ 设 $\sum\limits_{n=1}^{\infty} u_n$ 收敛, 则 $\sum\limits_{n=1}^{\infty} (-1)^n \dfrac{u_n}{n}$ 不定(例如 $\sum\limits_{n=2}^{\infty} (-1)^n \dfrac{1}{\ln n}$ 收敛, 但 $\sum\limits_{n=2}^{\infty} \dfrac{1}{n\ln n}$ 发散).

⑥ 设 $\sum\limits_{n=1}^{\infty} u_n$ 收敛, 则 $\begin{cases} u_n \geqslant 0 \text{ 时}, \sum\limits_{n=1}^{\infty} u_{2n}, \sum\limits_{n=1}^{\infty} u_{2n-1} \text{ 均收敛}, \\ u_n \text{ 任意时}, \sum\limits_{n=1}^{\infty} u_{2n}, \sum\limits_{n=1}^{\infty} u_{2n-1} \text{ 不定}\left(\text{例如 } 1 - \dfrac{1}{2} + \dfrac{1}{3} - \dfrac{1}{4} + \dfrac{1}{5} - \right. \\ \dfrac{1}{6} + \cdots = \sum\limits_{n=1}^{\infty} (-1)^{n-1} \dfrac{1}{n} \text{ 收敛, 但是其奇数项和与偶数项和都发散}\big). \end{cases}$

⑦ 设 $\sum\limits_{n=1}^{\infty} u_n$ 收敛, 则 $\sum\limits_{n=1}^{\infty} (u_{2n-1} + u_{2n})$ 收敛. (收敛级数任意加括号所得的新级数仍收敛, 且和不变, 但反过来推要增加 $\lim\limits_{n\to\infty} u_n = 0$ 的条件, 即 $\sum\limits_{n=1}^{\infty} (u_{2n-1} + u_{2n})$ 收敛且 $\lim\limits_{n\to\infty} u_n = 0$, 则 $\sum\limits_{n=1}^{\infty} u_n$ 收敛. 因 $S_{2n} = (u_1 + u_2) + (u_3 + u_4) + \cdots + (u_{2n-1} + u_{2n})$, $\lim\limits_{n\to\infty} S_{2n} = S$ 存在, $S_{2n+1} = S_{2n} + u_{2n+1}$, $\lim\limits_{n\to\infty} S_{2n+1} = S + \lim\limits_{n\to\infty} u_{2n+1} = S$, 即可得 $\sum\limits_{n=1}^{\infty} u_n$ 收敛.)

⑧ 设 $\sum\limits_{n=1}^{\infty} u_n$ 收敛, 则 $\sum\limits_{n=1}^{\infty} (u_{2n-1} - u_{2n})$ 不定.

(例如 $u_1 + u_2 + u_3 + u_4 + u_5 + u_6 + \cdots = 1 - \dfrac{1}{2} + \dfrac{1}{3} - \dfrac{1}{4} + \dfrac{1}{5} - \dfrac{1}{6} + \cdots$ 收敛, 但 $\left(1 + \dfrac{1}{2}\right) + \left(\dfrac{1}{3} + \dfrac{1}{4}\right) + \left(\dfrac{1}{5} + \dfrac{1}{6}\right) + \cdots$ 发散.)

⑨ 设 $\sum\limits_{n=1}^{\infty} u_n$ 收敛, 则 $\begin{cases} \sum\limits_{n=1}^{\infty} (u_n + u_{n+1}) \text{ 收敛}, \sum\limits_{n=1}^{\infty} u_n + \sum\limits_{n=1}^{\infty} u_{n+1} \text{ 收敛}, \\ \sum\limits_{n=1}^{\infty} (u_n - u_{n+1}) \text{ 收敛}, \sum\limits_{n=1}^{\infty} u_n - \sum\limits_{n=1}^{\infty} u_{n+1} \text{ 收敛}. \end{cases}$

⑩ 若 $\sum\limits_{n=1}^{\infty} |u_n|$ 收敛, 则 $\sum\limits_{n=1}^{\infty} u_n$ 收敛; 若 $\sum\limits_{n=1}^{\infty} u_n$ 发散, 则 $\sum\limits_{n=1}^{\infty} |u_n|$ 发散.

⑪ 若 $\sum\limits_{n=1}^{\infty} u_n^2$ 收敛, 则 $\sum\limits_{n=1}^{\infty} \dfrac{u_n}{n}$ 绝对收敛$\left(\left|\dfrac{u_n}{n}\right| \leqslant \dfrac{1}{2}\left(u_n^2 + \dfrac{1}{n^2}\right)\right)$.

⑫ 设 a,b,c 为非零常数,且 $au_n+bv_n+cw_n=0$,则在 $\sum\limits_{n=1}^{\infty}u_n$,$\sum\limits_{n=1}^{\infty}v_n$ 和 $\sum\limits_{n=1}^{\infty}w_n$ 中只要有两个级数是收敛的,另一个必收敛.

⑬ 若 $\sum\limits_{n=1}^{\infty}u_n$ 收敛,$\sum\limits_{n=1}^{\infty}v_n$ 收敛,则 $\sum\limits_{n=1}^{\infty}(u_n\pm v_n)$ 收敛.

⑭ 若 $\sum\limits_{n=1}^{\infty}u_n$ 收敛,$\sum\limits_{n=1}^{\infty}v_n$ 发散,则 $\sum\limits_{n=1}^{\infty}(u_n\pm v_n)$ 发散.

⑮ 若 $\sum\limits_{n=1}^{\infty}u_n$ 发散,$\sum\limits_{n=1}^{\infty}v_n$ 发散,则 $\begin{cases} u_n\geqslant 0,v_n\geqslant 0\text{ 时},\sum\limits_{n=1}^{\infty}(u_n+v_n)\text{ 发散},\\[2mm] u_n,v_n\text{ 任意时},\sum\limits_{n=1}^{\infty}(u_n\pm v_n)\text{ 不定}.(\text{见 ⑥}) \end{cases}$

⑯ 若 $\sum\limits_{n=1}^{\infty}u_n$ 收敛,$\sum\limits_{n=1}^{\infty}v_n$ 收敛,则

$\begin{cases} u_n\geqslant 0,v_n\geqslant 0\text{ 时},\sum\limits_{n=1}^{\infty}u_nv_n\text{ 收敛}\left(u_nv_n\leqslant\dfrac{u_n^2+v_n^2}{2}\right),\\[3mm] u_n\text{ 任意},v_n\geqslant 0\text{ 时},\sum\limits_{n=1}^{\infty}|u_n\cdot v_n|\text{ 收敛}\left(\lim\limits_{n\to\infty}\dfrac{|u_n|\cdot v_n}{v_n}=\lim\limits_{n\to\infty}|u_n|=0\right),\\[3mm] u_n\text{ 任意},v_n\text{ 任意时},\sum\limits_{n=1}^{\infty}u_nv_n\text{ 不定}.(\text{见 ③}) \end{cases}$

熟练掌握以上结论,手上的招数多了,考试时解决相关选择题便游刃有余了.

例 16.1 设 $\sum\limits_{n=1}^{\infty}u_n$ 收敛,$\sum\limits_{n=1}^{\infty}v_n$ 收敛,则( ).

(A) 若 $\sum\limits_{n=1}^{\infty}u_n^2$ 收敛,则 $\sum\limits_{n=1}^{\infty}\dfrac{u_n}{n}$ 收敛   (B) $\sum\limits_{n=1}^{\infty}u_nv_n$ 收敛

(C) $\sum\limits_{n=1}^{\infty}(u_{2n-1}+u_{2n})$ 和 $\sum\limits_{n=1}^{\infty}(u_{2n-1}-u_{2n})$ 均收敛   (D) $\sum\limits_{n=1}^{\infty}(-1)^n\dfrac{u_n}{n}$ 收敛

【解】应选(A).

答案见上面"3.常用结论",(A) 对应 ⑪,(B) 对应 ⑯,(C) 对应 ⑦、⑧,(D) 对应 ⑤.

例 16.2 设 $\{u_n\}$ 是单调增加的有界数列,则下列级数中收敛的是( ).

(A) $\sum\limits_{n=1}^{\infty}\dfrac{u_n}{n}$ (B) $\sum\limits_{n=1}^{\infty}(-1)^n\dfrac{1}{u_n}$

(C) $\sum\limits_{n=1}^{\infty}\left(1-\dfrac{u_n}{u_{n+1}}\right)$ (D) $\sum\limits_{n=1}^{\infty}(u_{n+1}^2-u_n^2)$

【解】应选(D).

因为 $\{u_n\}$ 是单调增加的有界数列,所以 $\{u_n\}$ 收敛,从而 $\{u_n^2\}$ 收敛.

因为 $\sum\limits_{k=1}^{n}(u_{k+1}^2-u_k^2)=u_{n+1}^2-u_1^2$,所以

$$\lim_{n\to\infty}\sum_{k=1}^{n}(u_{k+1}^2-u_k^2)=\lim_{n\to\infty}(u_{n+1}^2-u_1^2)$$

存在,即 $\sum\limits_{n=1}^{\infty}(u_{n+1}^2-u_n^2)$ 收敛.应选(D).

> 【注】本题也可利用排除法得到正确答案.
>
> 取 $u_n=1-\dfrac{1}{n}$,则 $\{u_n\}$ 是单调增加的有界数列,且 $\lim\limits_{n\to\infty}u_n=1$.这时 $\sum\limits_{n=1}^{\infty}\dfrac{u_n}{n}$ 与 $\sum\limits_{n=1}^{\infty}(-1)^n\dfrac{1}{u_n}$ 均发散,故可排除选项(A),(B).
>
> 取 $u_n=-\dfrac{1}{n}$,则 $\{u_n\}$ 是单调增加的有界数列,且 $1-\dfrac{u_n}{u_{n+1}}=-\dfrac{1}{n}$.这时 $\sum\limits_{n=1}^{\infty}\left(1-\dfrac{u_n}{u_{n+1}}\right)$ 发散,故可排除选项(C).
>
> 综上可知,应选(D).

例·16.3 下列级数中发散的是(   ).

(A) $\sum\limits_{n=1}^{\infty}e^{\sin n-n}$ (B) $\sum\limits_{n=2}^{\infty}\dfrac{\ln n}{n^2}$ (C) $\sum\limits_{n=2}^{\infty}\dfrac{(-1)^n}{n-\ln n}$ (D) $\sum\limits_{n=2}^{\infty}\dfrac{(-1)^n}{\sqrt{n}+(-1)^n}$

【解】应选(D).

对于(A),记 $u_n=e^{\sin n-n}$.由于 $\lim\limits_{n\to\infty}\sqrt[n]{u_n}=\lim\limits_{n\to\infty}e^{\frac{\sin n-n}{n}}=e^{\lim\limits_{n\to\infty}\left(\frac{\sin n}{n}-1\right)}=e^{-1}<1$,故由根值判别法可知,(A) 收敛.

对于(B),设 $f_1(x)=\dfrac{\ln x}{x^2}$,则

$$f_1'(x)=\dfrac{1-2\ln x}{x^3},$$

当 $x\geqslant 2$ 时,$f_1'(x)<0$,即 $f_1(x)$ 在 $[2,+\infty)$ 上非负且单调减少,且

$$\int_2^{+\infty}\dfrac{\ln x}{x^2}dx=\int_2^{+\infty}\ln x\,d\left(-\dfrac{1}{x}\right)=-\dfrac{\ln x}{x}\bigg|_2^{+\infty}+\int_2^{+\infty}\dfrac{1}{x^2}dx=\dfrac{\ln 2+1}{2},$$

故由正项级数的积分判别法知,(B) 收敛.

对于(C),这是交错级数,记 $u_n=\dfrac{1}{n-\ln n}$,设 $f_2(x)=x-\ln x$,则 $f_2'(x)=1-\dfrac{1}{x}$,当 $x\geqslant 2$ 时,$f_2'(x)>0$,即 $f_2(x)$ 在 $[2,+\infty)$ 上单调增加,于是 $\dfrac{1}{f_2(x)}$ 在 $[2,+\infty)$ 上非负且单调减少,故 $u_n\geqslant u_{n+1}(n=2,3,\cdots)$,且 $\lim\limits_{n\to\infty}\dfrac{1}{n-\ln n}=0$,故由莱布尼茨判别法知,(C) 收敛.

对于(D),这是交错级数,记 $u_n=\dfrac{1}{\sqrt{n}+(-1)^n}$,显然不满足条件 $u_n\geqslant u_{n+1}$,故不能直接利用莱布尼茨判别法.但由于

$$\dfrac{(-1)^n}{\sqrt{n}+(-1)^n}=\dfrac{(-1)^n\left[\sqrt{n}-(-1)^n\right]}{n-1}=(-1)^n\dfrac{\sqrt{n}}{n-1}-\dfrac{1}{n-1},$$

可知原级数可表示为一个交错级数 $\sum\limits_{n=2}^{\infty}(-1)^n\dfrac{\sqrt{n}}{n-1}$ 与一个发散的调和级数 $\sum\limits_{n=2}^{\infty}\dfrac{1}{n-1}$ 之差.利

用莱布尼茨判别法容易验证级数 $\sum\limits_{n=2}^{\infty}(-1)^n\dfrac{\sqrt{n}}{n-1}$ 收敛. 因此,(D) 发散.

例 16.4 已知级数 $\sum\limits_{n=1}^{\infty}(-1)^n n\sqrt{n}\tan\dfrac{1}{n^\alpha}$ 绝对收敛,级数 $\sum\limits_{n=1}^{\infty}\dfrac{(-1)^n}{n^{3-\alpha}}$ 条件收敛, 则( ).

(A)$0<\alpha\leqslant\dfrac{1}{2}$ 　　　　　　　　(B)$1<\alpha<\dfrac{5}{2}$

(C)$1<\alpha<3$ 　　　　　　　　(D)$\dfrac{5}{2}<\alpha<3$

【解】应选(D).

设 $u_n=(-1)^n n\sqrt{n}\tan\dfrac{1}{n^\alpha}$,则当 $n\to\infty$ 时, $|u_n|\sim\dfrac{1}{n^{\alpha-\frac{3}{2}}}$,故 $\sum\limits_{n=1}^{\infty}|u_n|$ 与 $\sum\limits_{n=1}^{\infty}\dfrac{1}{n^{\alpha-\frac{3}{2}}}$ 的敛散

性相同,因为 $\sum\limits_{n=1}^{\infty}(-1)^n n\sqrt{n}\tan\dfrac{1}{n^\alpha}$ 绝对收敛,所以 $\alpha-\dfrac{3}{2}>1$,即 $\alpha>\dfrac{5}{2}$. 而由 $\sum\limits_{n=1}^{\infty}\dfrac{(-1)^n}{n^{3-\alpha}}$ 条件

收敛可知 $0<3-\alpha\leqslant1$,即 $2\leqslant\alpha<3$.

若使两个结论都成立,只有 $\dfrac{5}{2}<\alpha<3$,故选(D).

例 16.5 若 $\sum\limits_{n=1}^{\infty}nu_n$ 绝对收敛, $\sum\limits_{n=1}^{\infty}\dfrac{v_n}{n}$ 条件收敛,则( ).

(A)$\sum\limits_{n=1}^{\infty}u_nv_n$ 条件收敛 　　　　　(B)$\sum\limits_{n=1}^{\infty}u_nv_n$ 绝对收敛

(C)$\sum\limits_{n=1}^{\infty}(u_n+v_n)$ 收敛 　　　　　(D)$\sum\limits_{n=1}^{\infty}(u_n+v_n)$ 发散

【解】应选(B).

由 $\sum\limits_{n=1}^{\infty}\dfrac{v_n}{n}$ 条件收敛知, $\lim\limits_{n\to\infty}\dfrac{v_n}{n}=0$,故当 n 充分大时, $\left|\dfrac{v_n}{n}\right|<1$,所以

$$|u_nv_n|=\left|nu_n\cdot\dfrac{v_n}{n}\right|<|nu_n|,$$

由于 $\sum\limits_{n=1}^{\infty}nu_n$ 绝对收敛,所以 $\sum\limits_{n=1}^{\infty}u_nv_n$ 绝对收敛,故选项(B)正确,选项(A)不正确.

由 $\sum\limits_{n=1}^{\infty}nu_n$ 绝对收敛, $\lim\limits_{n\to\infty}\dfrac{|u_n|}{|nu_n|}=0$,可知 $\sum\limits_{n=1}^{\infty}u_n$ 也绝对收敛;但 $\sum\limits_{n=1}^{\infty}\dfrac{v_n}{n}$ 条件收敛, $\sum\limits_{n=1}^{\infty}v_n$ 的敛

散性不确定. 例如,若 $v_n=(-1)^n$,则 $\sum\limits_{n=1}^{\infty}\dfrac{v_n}{n}$ 条件收敛,但 $\sum\limits_{n=1}^{\infty}v_n$ 发散. 若 $v_n=\dfrac{(-1)^n}{\ln(n+1)}$,则

$\sum\limits_{n=1}^{\infty}\dfrac{v_n}{n}$ 条件收敛,但 $\sum\limits_{n=1}^{\infty}v_n$ 收敛. 故选项(C),(D)都不正确.

例 16.6 设数列 $\{x_n\}$ 满足 $\sin^2 x_n\sin x_{n+1}+2\sin x_{n+1}=1,x_0=\dfrac{\pi}{6}$,证明:

(1) 级数 $\sum\limits_{n=0}^{\infty}(\sin x_{n+1}-\sin x_n)$ 收敛;

（2）$\lim\limits_{n\to\infty}\sin x_n$ 存在，且其极限值 c 是方程 $x^3+2x-1=0$ 的唯一正根.

【证】（1）$\sin x_{n+1}=\dfrac{1}{\sin^2 x_n+2}$，$x_0=\dfrac{\pi}{6}$，故 $\sin x_1=\dfrac{4}{9}$，$0<\sin x_n<\dfrac{1}{2}$，$n=1,2,\cdots$，

$$|\sin x_{n+1}-\sin x_n|=\left|\frac{1}{\sin^2 x_n+2}-\frac{1}{\sin^2 x_{n-1}+2}\right|$$

$$=\frac{|\sin^2 x_{n-1}-\sin^2 x_n|}{(\sin^2 x_n+2)(\sin^2 x_{n-1}+2)}$$

$$<\frac{\sin x_n+\sin x_{n-1}}{4}|\sin x_n-\sin x_{n-1}|$$

$$<\frac{1}{4}|\sin x_n-\sin x_{n-1}|<\cdots$$

$$<\left(\frac{1}{4}\right)^n|\sin x_1-\sin x_0|=\left(\frac{1}{4}\right)^n\cdot\frac{1}{18},$$

由于 $\sum\limits_{n=0}^{\infty}\left(\dfrac{1}{4}\right)^n$ 收敛，故根据正项级数的比较判别法知，$\sum\limits_{n=0}^{\infty}|\sin x_{n+1}-\sin x_n|$ 收敛，即

$\sum\limits_{n=0}^{\infty}(\sin x_{n+1}-\sin x_n)$ 绝对收敛，所以 $\sum\limits_{n=0}^{\infty}(\sin x_{n+1}-\sin x_n)$ 收敛.

（2）$\sum\limits_{n=0}^{\infty}(\sin x_{n+1}-\sin x_n)$ 的前 n 项和

$$S_n=\sin x_1-\sin x_0+\sin x_2-\sin x_1+\cdots+\sin x_{n+1}-\sin x_n$$

$$=\sin x_{n+1}-\sin x_0,$$

由（1）知 $\lim\limits_{n\to\infty}S_n$ 存在，故 $\lim\limits_{n\to\infty}\sin x_{n+1}\underset{\text{记为}}{\overset{\text{存在}}{=\!=\!=}}c$，由题设，有 $c^3+2c=1$. 令 $f(x)=x^3+2x-1$，$x>0$，则 $f'(x)=3x^2+2>0$，$f(x)$ 单调增加，又 $f(0)=-1<0$，$f(+\infty)>0$，故 c 是方程 $x^3+2x-1=0$ 的唯一正根.

二 级数的收敛域

1. 有关概念

（1）函数项级数.

设函数列 $\{u_n(x)\}$ 定义在区间 I 上，称

$$u_1(x)+u_2(x)+u_3(x)+\cdots+u_n(x)+\cdots$$

为定义在区间 I 上的**函数项级数**，记为 $\sum\limits_{n=1}^{\infty}u_n(x)$，当 x 取确定的值 x_0 时，$\sum\limits_{n=1}^{\infty}u_n(x)$ 成为**常数项级数** $\sum\limits_{n=1}^{\infty}u_n(x_0)$.

（2）幂级数.

若 $\sum\limits_{n=1}^{\infty}u_n(x)$ 的一般项 $u_n(x)$ 是 n 次幂函数，则称 $\sum\limits_{n=1}^{\infty}u_n(x)$ 为**幂级数**，它是一种特殊且常

用的函数项级数,其一般形式为

$$\sum_{n=0}^{\infty} a_n(x-x_0)^n = a_0 + a_1(x-x_0) + a_2(x-x_0)^2 + \cdots + a_n(x-x_0)^n + \cdots,$$

其标准形式为 $\sum_{n=0}^{\infty} a_n x^n = a_0 + a_1 x + a_2 x^2 + \cdots + a_n x^n + \cdots$,其中常数 $a_0, a_1, \cdots, a_n, \cdots$ 为**幂级数的系数**.

(3) 收敛点与发散点.

若给定 $x_0 \in I$,有 $\sum_{n=1}^{\infty} u_n(x_0)$ 收敛,则称点 x_0 为级数 $\sum_{n=1}^{\infty} u_n(x)$ 的**收敛点**;若给定 $x_0 \in I$,有 $\sum_{n=1}^{\infty} u_n(x_0)$ 发散,则称点 x_0 为级数 $\sum_{n=1}^{\infty} u_n(x)$ 的**发散点**.

(4) 收敛域.

函数项级数 $\sum_{n=1}^{\infty} u_n(x)$ 的所有收敛点的集合称为它的**收敛域**.

2. 具体型问题

(1) 对于不缺项幂级数 $\sum_{n=0}^{\infty} a_n x^n$.

① 收敛半径的求法.

若 $\lim\limits_{n\to\infty} \left| \dfrac{a_{n+1}}{a_n} \right| = \rho$,则 $\sum_{n=0}^{\infty} a_n x^n$ 的收敛半径 R 的表达式为 $R = \begin{cases} \dfrac{1}{\rho}, & \rho \neq 0, +\infty, \\ +\infty, & \rho = 0, \\ 0, & \rho = +\infty. \end{cases}$

② 收敛区间与收敛域.

区间 $(-R, R)$ 为幂级数 $\sum_{n=0}^{\infty} a_n x^n$ 的收敛区间;单独考查幂级数在 $x = \pm R$ 处的敛散性就可以确定其收敛域为 $(-R, R)$ 或 $[-R, R)$ 或 $(-R, R]$ 或 $[-R, R]$.

(2) 对于缺项幂级数或一般函数项级数 $\sum u_n(x)$.

① 加绝对值,即写成 $\sum |u_n(x)|$.

② 用正项级数的比值(或根值)判别法.

令 $\lim\limits_{n\to\infty} \dfrac{|u_{n+1}(x)|}{|u_n(x)|}$(或 $\lim\limits_{n\to\infty} \sqrt[n]{|u_n(x)|}$)$< 1$,求出收敛区间 (a, b).

③ 单独讨论 $x = a, x = b$ 时 $\sum u_n(x)$ 的敛散性,从而确定收敛域.

例 16.7 求幂级数 $\sum_{n=2}^{\infty} \dfrac{\dfrac{1}{2^n} + (-1)^n \cdot \dfrac{1}{3^n}}{n}(x-1)^n$ 的收敛域.

【解】 令 $u_n = \dfrac{\dfrac{1}{2^n} + (-1)^n \cdot \dfrac{1}{3^n}}{n}$,则

$$\rho = \lim_{n \to \infty} \left| \frac{u_{n+1}}{u_n} \right| = \lim_{n \to \infty} \frac{\left(\frac{1}{2}\right)^{n+1} + \left(-\frac{1}{3}\right)^{n+1}}{\left(\frac{1}{2}\right)^n + \left(-\frac{1}{3}\right)^n} \cdot \frac{n}{n+1} = \frac{1}{2},$$

故 $R = \frac{1}{\rho} = 2$，由 $-2 < x-1 < 2$，得 $x \in (-1,3)$.

当 $x = -1$ 时，

$$\sum_{n=2}^{\infty} \frac{\frac{1}{2^n} + (-1)^n \cdot \frac{1}{3^n}}{n}(-2)^n = \sum_{n=2}^{\infty} \frac{(-1)^n + \left(\frac{2}{3}\right)^n}{n}$$

$$= \sum_{n=2}^{\infty} (-1)^n \cdot \frac{1}{n} + \sum_{n=2}^{\infty} \frac{1}{n} \cdot \left(\frac{2}{3}\right)^n,$$

其中级数 $\sum\limits_{n=2}^{\infty} (-1)^n \cdot \dfrac{1}{n}$ 收敛，又 $n \geqslant 2$ 时，$\dfrac{1}{n} \cdot \left(\dfrac{2}{3}\right)^n < \left(\dfrac{2}{3}\right)^n$，故由正项级数的比较判别法可

知，级数 $\sum\limits_{n=2}^{\infty} \dfrac{1}{n} \cdot \left(\dfrac{2}{3}\right)^n$ 收敛，故 $x = -1$ 为收敛点；

当 $x = 3$ 时，

$$\sum_{n=2}^{\infty} \frac{\frac{1}{2^n} + (-1)^n \cdot \frac{1}{3^n}}{n} \cdot 2^n = \sum_{n=2}^{\infty} \frac{1 + \left(-\frac{2}{3}\right)^n}{n}$$

$$= \sum_{n=2}^{\infty} \frac{1}{n} + \sum_{n=2}^{\infty} (-1)^n \cdot \frac{1}{n} \cdot \left(\frac{2}{3}\right)^n,$$

其中级数 $\sum\limits_{n=2}^{\infty} \dfrac{1}{n}$ 发散，级数 $\sum\limits_{n=2}^{\infty} (-1)^n \cdot \dfrac{1}{n} \cdot \left(\dfrac{2}{3}\right)^n$ 绝对收敛，故 $x = 3$ 为发散点.

综上，收敛域为 $[-1,3)$.

例 16.8 幂级数 $\sum\limits_{n=1}^{\infty} 3^n x^{2n+1}$ 的收敛域为_____.

【解】应填 $\left(-\dfrac{1}{\sqrt{3}}, \dfrac{1}{\sqrt{3}}\right)$.

此级数缺少偶次幂的项. 因为

$$\lim_{n \to \infty} \left| \frac{u_{n+1}(x)}{u_n(x)} \right| = \lim_{n \to \infty} \left| \frac{3^{n+1} x^{2n+3}}{3^n x^{2n+1}} \right| = 3x^2,$$

所以当 $3x^2 < 1$，即 $|x| < \dfrac{1}{\sqrt{3}}$ 时，级数绝对收敛；当 $3x^2 > 1$，即 $|x| > \dfrac{1}{\sqrt{3}}$ 时，级数发散. 故级

数的收敛半径为 $R = \dfrac{1}{\sqrt{3}}$. 当 $x = \pm\dfrac{1}{\sqrt{3}}$ 时，级数成为 $\pm \sum\limits_{n=1}^{\infty} \dfrac{1}{\sqrt{3}}$，显然发散.

因此，幂级数的收敛域为 $\left(-\dfrac{1}{\sqrt{3}}, \dfrac{1}{\sqrt{3}}\right)$.

例 16.9 已知级数 $\sum\limits_{n=1}^{\infty} \dfrac{n!}{n^n} \mathrm{e}^{-nx}$ 的收敛域为 $(a, +\infty)$，则 $a = $_____.

【解】应填 -1.

因为

$$\lim_{n\to\infty}\left|\frac{(n+1)!}{(n+1)^{n+1}}\mathrm{e}^{-(n+1)x}\cdot\frac{n^n}{n!}\mathrm{e}^{nx}\right|=\lim_{n\to\infty}\left|\left(\frac{n}{n+1}\right)^n\mathrm{e}^{-x}\right|=\mathrm{e}^{-x-1},$$

所以当 $\mathrm{e}^{-x-1}<1$，即 $x>-1$ 时，级数收敛，当 $\mathrm{e}^{-x-1}>1$，即 $x<-1$ 时级数发散，所以 $a=-1$.

> 【注】(1) 当 $x=-1$ 时，$\dfrac{u_{n+1}}{u_n}=\dfrac{\mathrm{e}}{\left(1+\dfrac{1}{n}\right)^n}$，分母单调增加，且 $\left(1+\dfrac{1}{n}\right)^n\to\mathrm{e}(n\to\infty)$，故
>
> $\left(1+\dfrac{1}{n}\right)^n<\mathrm{e}$，故 $\dfrac{u_{n+1}}{u_n}>1$. 由比值判别法知，当 $x=-1$ 时级数发散.
>
> (2) 对于一般函数项级数的收敛域，可以不是对称区间，也没有"收敛半径"这一概念.

3. 抽象型问题

(1) 阿贝尔定理.

当幂级数 $\sum\limits_{n=0}^{\infty}a_nx^n$ 在点 $x=x_1(x_1\neq0)$ 处收敛时，对于满足 $|x|<|x_1|$ 的一切 x，幂级数绝对

收敛；当幂级数 $\sum\limits_{n=0}^{\infty}a_nx^n$ 在点 $x=x_2(x_2\neq0)$ 处发散时，对于满足 $|x|>|x_2|$ 的一切 x，幂级数

发散.

(2) 结论 1.

根据阿贝尔定理，已知 $\sum\limits_{n=0}^{\infty}a_n(x-x_0)^n$ 在某点 $x_1(x_1\neq x_0)$ 的敛散性，确定该幂级数的收

敛半径可分为以下三种情况.

① 若在 x_1 处收敛，则收敛半径 $R\geqslant|x_1-x_0|$.

② 若在 x_1 处发散，则收敛半径 $R\leqslant|x_1-x_0|$.

③ 若在 x_1 处条件收敛，则 $R=|x_1-x_0|$.【重要考点】

(3) 结论 2.

已知 $\sum a_n(x-x_1)^n$ 的敛散性，要求讨论 $\sum b_n(x-x_2)^m$ 的敛散性.

①$(x-x_1)^n$ 与 $(x-x_2)^m$ 的转化一般通过初等变形来完成，包括 a."平移"收敛区间；

b. 提出或者乘以因式 $(x-x_0)^k$ 等.

②a_n 与 b_n 的转化一般通过微积分变形来完成，包括 a. 对级数逐项求导；b. 对级数逐项积分等.

③ 以下三种情况，级数的收敛半径不变，收敛域要具体问题具体分析.

a. 对级数提出或者乘以因式 $(x-x_0)^k$，或者作平移等，收敛半径不变.

b. 对级数逐项求导，收敛半径不变，收敛域可能缩小.

c. 对级数逐项积分，收敛半径不变，收敛域可能扩大.

例 16.10 若 $\sum\limits_{n=0}^{\infty}a_n(2x-3)^n$ 在 $x=-1$ 处条件收敛，则 $\sum\limits_{n=0}^{\infty}a_n\cdot4^n$ 与 $\sum\limits_{n=0}^{\infty}a_n\cdot6^n$ 的敛散性

为( ).

(A) 收敛,收敛   (B) 收敛,发散   (C) 发散,收敛   (D) 发散,发散

【解】应选(B).

级数 $\sum\limits_{n=0}^{\infty} a_n (x-x_0)^n$ 在 $x_1 (\neq x_0)$ 处条件收敛,可知收敛半径 $R = |x_1 - x_0|$. 因级数

$\sum\limits_{n=0}^{\infty} a_n (2x-3)^n = \sum\limits_{n=0}^{\infty} a_n \cdot 2^n \left(x - \dfrac{3}{2}\right)^n$ 在 $x = -1$ 处条件收敛,故收敛半径 $R = \left| -1 - \dfrac{3}{2} \right| = \dfrac{5}{2}$.

由 $-\dfrac{5}{2} < x - \dfrac{3}{2} < \dfrac{5}{2}$,得收敛区间为 $-1 < x < 4$,如图 16-1 所示.

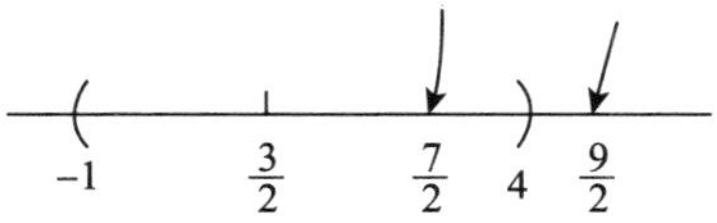

图 16-1

取 $x = \dfrac{7}{2} \in (-1, 4)$,此时 $\sum\limits_{n=0}^{\infty} a_n (2x-3)^n = \sum\limits_{n=0}^{\infty} a_n \cdot 4^n$ 收敛;

取 $x = \dfrac{9}{2} \in (-\infty, -1) \bigcup (4, +\infty)$,此时 $\sum\limits_{n=0}^{\infty} a_n (2x-3)^n = \sum\limits_{n=0}^{\infty} a_n \cdot 6^n$ 发散.应选(B).

三 展开问题

1. 考法

(1) 函数展开 $f(x) = \sum a_n x^n$.

(2) 积分展开 $\displaystyle\int_a^b f(x)\,\mathrm{d}x = \sum a_n \dfrac{b^{n+1} - a^{n+1}}{n+1}$.

(3) 导数展开 $\dfrac{\mathrm{d}[f(x)]}{\mathrm{d}x} = \sum n a_n x^{n-1}$.

(4) 无穷小比阶,当 $x \to 0$ 时,$f(x) = \sum a_n x^n$ 的无穷小比阶问题.

2. 工具

(1) 先积后导 $f(x) = \left[\displaystyle\int f(x)\,\mathrm{d}x\right]'$.

(2) 先导后积 $f(x) = f(x_0) + \displaystyle\int_{x_0}^{x} f'(t)\,\mathrm{d}t$.

(3) 重要展开公式.

(1) $f(x) = \sum a_n x^n$.

例 16.11 将函数 $f(x) = \arctan \dfrac{1-2x}{1+2x}$ 展开成 x 的幂级数,并求级数 $\displaystyle\sum_{n=0}^{\infty} \dfrac{(-1)^n}{2n+1}$ 的和.

【解】 因为 $f'(x) = -\dfrac{2}{1+4x^2} = -2\displaystyle\sum_{n=0}^{\infty} (-1)^n 4^n x^{2n}, x \in \left(-\dfrac{1}{2}, \dfrac{1}{2}\right)$,且

$$f(0) = \arctan 1 = \frac{\pi}{4},$$

$\left|\dfrac{4^{n+1} x^{2n+2}}{4^n x^{2n}}\right| < 1 \Rightarrow -\dfrac{1}{2} < x < \dfrac{1}{2};$ 又 $x = \pm\dfrac{1}{2}$ 时,级数显然发散.

所以
$$f(x) = f(0) + \int_0^x f'(t)\mathrm{d}t = \frac{\pi}{4} - 2\int_0^x \left[\sum_{n=0}^{\infty} (-1)^n 4^n t^{2n}\right] \mathrm{d}t$$

$$= \frac{\pi}{4} - 2\sum_{n=0}^{\infty} \frac{(-1)^n 4^n x^{2n+1}}{2n+1}, x \in \left(-\frac{1}{2}, \frac{1}{2}\right).$$

因为级数 $\displaystyle\sum_{n=0}^{\infty} \dfrac{(-1)^n}{2n+1}$ 收敛,函数 $f(x)$ 在 $x = \dfrac{1}{2}$ 处连续,所以

$$f(x) = \frac{\pi}{4} - 2\sum_{n=0}^{\infty} \frac{(-1)^n 4^n x^{2n+1}}{2n+1}, x \in \left(-\frac{1}{2}, \frac{1}{2}\right].$$

令 $x = \dfrac{1}{2}$,得
$$f\left(\frac{1}{2}\right) = \frac{\pi}{4} - 2\sum_{n=0}^{\infty} \frac{(-1)^n 4^n}{2n+1} \cdot \frac{1}{2^{2n+1}}.$$

由于 $f\left(\dfrac{1}{2}\right) = 0$,所以
$$\sum_{n=0}^{\infty} \frac{(-1)^n}{2n+1} = \frac{\pi}{4}.$$

【注】(1) 级数 $\displaystyle\sum_{n=0}^{\infty} \dfrac{(-1)^n}{2n+1}$ 的和也可用其他方式求得,如:

考虑 $S(x) = \displaystyle\sum_{n=0}^{\infty} \dfrac{(-1)^n x^{2n+1}}{2n+1}, x \in [-1,1]$,则

$$S'(x) = \sum_{n=0}^{\infty} (-1)^n x^{2n} = \frac{1}{1+x^2}, x \in (-1,1),$$

且 $S(0) = 0$,所以

$$S(x) = S(0) + \int_0^x S'(t)\mathrm{d}t = \int_0^x \frac{1}{1+t^2}\mathrm{d}t = \arctan x, x \in [-1,1],$$

故
$$\sum_{n=0}^{\infty} \frac{(-1)^n}{2n+1} = S(1) = \arctan 1 = \frac{\pi}{4}.$$

(2) **小结.**

$[\ln(1+x)]' = \dfrac{1}{1+x} = \displaystyle\sum_{n=0}^{\infty} (-1)^n x^n, -1 < x < 1$

① $\ln(1+x) = \displaystyle\sum_{n=1}^{\infty} (-1)^{n-1} \cdot \dfrac{x^n}{n}, -1 < x \leqslant 1.$

② $\dfrac{1}{2}\ln(1+x) = \displaystyle\sum_{n=1}^{\infty} (-1)^{n-1} \cdot \dfrac{x^n}{2n}, -1 < x \leqslant 1.$

$(\arctan x)' = \dfrac{1}{1+x^2} = \displaystyle\sum_{n=0}^{\infty} (-1)^n x^{2n}, -1 < x < 1$

③ $\arctan x = \displaystyle\sum_{n=0}^{\infty} (-1)^n \cdot \dfrac{x^{2n+1}}{2n+1}, -1 \leqslant x \leqslant 1.$

④$e^x = \sum\limits_{n=0}^{\infty} \dfrac{x^n}{n!}, -\infty < x < +\infty$.

⑤$\dfrac{e^x + e^{-x}}{2} = \sum\limits_{n=0}^{\infty} \dfrac{x^{2n}}{(2n)!}, -\infty < x < +\infty$.

⑥$\cos x = \sum\limits_{n=0}^{\infty} (-1)^n \cdot \dfrac{x^{2n}}{(2n)!}, -\infty < x < +\infty$.

⑦$\dfrac{e^x - e^{-x}}{2} = \sum\limits_{n=0}^{\infty} \dfrac{x^{2n+1}}{(2n+1)!}, -\infty < x < +\infty$.

⑧$\sin x = \sum\limits_{n=0}^{\infty} (-1)^n \cdot \dfrac{x^{2n+1}}{(2n+1)!}, -\infty < x < +\infty$.

常用上述 8 个公式来考一些简单的数项级数的和,如 $\sum\limits_{n=0}^{\infty} \dfrac{1}{(2n)!} = \dfrac{e + e^{-1}}{2}$,再如

$$\sum\limits_{n=0}^{\infty} (-1)^n \cdot \dfrac{2n+2}{(2n+1)!} = \sum\limits_{n=0}^{\infty} (-1)^n \dfrac{2n+1}{(2n+1)!} + \sum\limits_{n=0}^{\infty} (-1)^n \dfrac{1}{(2n+1)!}$$

$$= \sum\limits_{n=0}^{\infty} (-1)^n \dfrac{1}{(2n)!} + \sum\limits_{n=0}^{\infty} (-1)^n \dfrac{1}{(2n+1)!}$$

$$= \cos 1 + \sin 1.$$

(2) $\displaystyle\int_a^b f(x)\,\mathrm{d}x = \sum a_n \dfrac{b^{n+1} - a^{n+1}}{n+1}$ (展开后积分即可).

例 16.12　(1) $x \in [-1, 1)$,写出 $\ln(1-x)$ 的麦克劳林展开式;

(2) 已知 $\sum\limits_{n=1}^{\infty} \dfrac{1}{n^2} = \dfrac{\pi^2}{6}$,求 $\displaystyle\int_0^1 \dfrac{\ln(1-x)}{x}\,\mathrm{d}x$ 的值.

【解】(1) $\ln(1-x) = -\sum\limits_{n=1}^{\infty} \dfrac{x^n}{n}, x \in [-1, 1)$.

(2) $\displaystyle\int_0^1 \dfrac{\ln(1-x)}{x}\,\mathrm{d}x = \int_0^1 \left(-\sum\limits_{n=1}^{\infty} \dfrac{x^{n-1}}{n}\right)\mathrm{d}x = -\sum\limits_{n=1}^{\infty} \int_0^1 \dfrac{x^{n-1}}{n}\,\mathrm{d}x = -\sum\limits_{n=1}^{\infty} \dfrac{1}{n^2} = -\dfrac{\pi^2}{6}$.

(3) $\dfrac{\mathrm{d}[f(x)]}{\mathrm{d}x} = \sum n a_n x^{n-1}$ (展开后求导即可).

例 16.13　将 $\dfrac{\mathrm{d}}{\mathrm{d}x}\left(\dfrac{\cos x - 1}{x}\right)$ 展开,并求 $\sum\limits_{n=1}^{\infty} (-1)^n \cdot \dfrac{2n-1}{(2n)!} \cdot \left(\dfrac{\pi}{2}\right)^{2n}$.

【解】由于 $\dfrac{\cos x - 1}{x} = \sum\limits_{n=1}^{\infty} (-1)^n \cdot \dfrac{x^{2n-1}}{(2n)!}$,等式两边同时对 x 求导,得

$$\dfrac{\mathrm{d}\left(\dfrac{\cos x - 1}{x}\right)}{\mathrm{d}x} = \dfrac{-x\sin x - \cos x + 1}{x^2} = \sum\limits_{n=1}^{\infty} (-1)^n \cdot \dfrac{(2n-1)x^{2n-2}}{(2n)!}.$$

令 $x=\dfrac{\pi}{2}$，有 $\dfrac{-\dfrac{\pi}{2}+1}{\left(\dfrac{\pi}{2}\right)^2}=\displaystyle\sum_{n=1}^{\infty}(-1)^n\cdot\dfrac{2n-1}{(2n)!}\cdot\left(\dfrac{\pi}{2}\right)^{2n-2}$，故

$$\sum_{n=1}^{\infty}(-1)^n\cdot\frac{2n-1}{(2n)!}\cdot\left(\frac{\pi}{2}\right)^{2n}=1-\frac{\pi}{2}.$$

(4) 当 $x\to 0$ 时，$f(x)=\sum a_n x^n$ 的无穷小比阶问题.

例 16.14 设 $f(x)=\displaystyle\int_0^{\sin x}\sin(t^2)\mathrm{d}t$，$g(x)=\displaystyle\sum_{n=1}^{\infty}\dfrac{x^{2n+1}}{n^n+2}$，当 $x\to 0$ 时，$f(x)$ 是 $g(x)$ 的（   ）.

（A）高阶无穷小　　　　　　　　（B）低阶无穷小

（C）等价无穷小　　　　　　　　（D）同阶非等价无穷小

【解】应选（C）.

$$g(x)=\sum_{n=1}^{\infty}\frac{x^{2n+1}}{n^2+2}=\frac{x^3}{3}+\frac{x^5}{6}+\cdots\sim\frac{x^3}{3}\,(x\to 0),\text{于是}$$

$$\lim_{x\to 0}\frac{f(x)}{g(x)}=\lim_{x\to 0}\frac{\displaystyle\int_0^{\sin x}\sin(t^2)\mathrm{d}t}{\dfrac{x^3}{3}}=\lim_{x\to 0}\frac{\sin(\sin^2 x)\cdot\cos x}{x^2}=\lim_{x\to 0}\frac{\sin^2 x}{x^2}=1.$$

【注】当 $x\to 0$ 时，用 $\sin(\sin^2 x)\sim\sin^2 x\sim x^2$ 较简单，也可将 $\sin(\sin^2 x)$ 直接展开，较麻烦，但第一项仍为 x^2，虽然后面的展开项不同了，但最终结果不变.

四　求和问题

1. 直接套公式

例 16.15 求幂级数 $\displaystyle\sum_{n=1}^{\infty}\dfrac{(-1)^{n-1}}{n(2n-1)}x^{2n}$ 的收敛域及和函数.

【解】记 $u_n(x)=\dfrac{(-1)^{n-1}}{n(2n-1)}x^{2n}$，由 $\displaystyle\lim_{n\to\infty}\left|\dfrac{u_{n+1}(x)}{u_n(x)}\right|=x^2<1$，得 $-1<x<1$.

当 $x=\pm 1$ 时，$\displaystyle\sum_{n=1}^{\infty}\dfrac{(-1)^{n-1}}{n(2n-1)}x^{2n}=\sum_{n=1}^{\infty}\dfrac{(-1)^{n-1}}{n(2n-1)}$ 收敛，于是收敛域为 $[-1,1]$.

和函数为

$$S(x)=\sum_{n=1}^{\infty}\frac{(-1)^{n-1}}{n(2n-1)}x^{2n}=\sum_{n=1}^{\infty}\left(\frac{2}{2n-1}-\frac{1}{n}\right)(-1)^{n-1}x^{2n}$$

$$=2\sum_{n=1}^{\infty}\frac{(-1)^{n-1}}{2n-1}x^{2n}-\sum_{n=1}^{\infty}\frac{(-1)^{n-1}}{n}x^{2n}$$

$$= 2x \sum_{n=1}^{\infty} \frac{(-1)^{n-1}}{2n-1} x^{2n-1} - \sum_{n=1}^{\infty} \frac{(-1)^{n-1}}{n} x^{2n}$$

$$= 2x \arctan x - \ln(1+x^2), -1 \leqslant x \leqslant 1.$$

例 16.16 设级数 $\sum_{n=1}^{\infty} a_n x^n$ 的系数 a_n 满足关系式 $a_n = \frac{a_{n-1}}{n} + 1 - \frac{1}{n}, n = 2, 3, \cdots, a_1 = 2$，

则当 $|x| < 1$ 时，级数 $\sum_{n=1}^{\infty} a_n x^n$ 的和函数 $S(x) = \underline{\hspace{2cm}}$.

【解】应填 $\dfrac{x}{1-x} + e^x - 1$.

$$a_n - 1 = \frac{1}{n}(a_{n-1} - 1) = \frac{1}{n} \cdot \frac{1}{n-1}(a_{n-2} - 1)$$

$$= \frac{1}{n} \cdot \frac{1}{n-1} \cdot \cdots \cdot \frac{1}{2}(a_1 - 1) = \frac{1}{n!},$$

故 $a_n = 1 + \dfrac{1}{n!}$，于是当 $|x| < 1$ 时，

$$S(x) = \sum_{n=1}^{\infty} a_n x^n = \sum_{n=1}^{\infty} x^n + \sum_{n=1}^{\infty} \frac{x^n}{n!} = \frac{x}{1-x} + e^x - 1.$$

例 16.17 求幂级数 $\sum_{n=1}^{\infty} \frac{n^2}{n!} x^n$ 的收敛域及和函数.

【解】令 $a_n = \dfrac{n^2}{n!}$，则 $\lim\limits_{n \to \infty} \dfrac{a_{n+1}}{a_n} = \lim\limits_{n \to \infty} \dfrac{(n+1)^2}{(n+1)!} \cdot \dfrac{n!}{n^2} = 0$，故幂级数的收敛域为 $(-\infty, +\infty)$.

令 $S(x) = \sum_{n=1}^{\infty} \dfrac{n^2}{n!} x^n \ (-\infty < x < +\infty)$，则

$$S(x) = \sum_{n=1}^{\infty} \frac{n}{(n-1)!} x^n = \sum_{n=1}^{\infty} \frac{n-1+1}{(n-1)!} x^n$$

$$= \sum_{n=2}^{\infty} \frac{1}{(n-2)!} x^n + \sum_{n=1}^{\infty} \frac{1}{(n-1)!} x^n$$

$$= x^2 e^x + x e^x.$$

2. 用先积后导或先导后积求和函数

(1) $\sum (an+b) x^{an}$ 先积后导.

(2) $\sum \dfrac{x^{an}}{an+b}$ 先导后积.

(3) $\sum \dfrac{cn^2 + dn + e}{an+b} x^{an} \overset{拆}{=\!=} \sum_{(1)} + \sum_{(2)}$.

例 16.18 设 $u_n(x) = e^{-nx} + \dfrac{x^{n+1}}{n(n+1)} \ (n = 1, 2, \cdots)$，求级数 $\sum_{n=1}^{\infty} u_n(x)$ 的收敛域及和函数.

【解】因为 $\lim\limits_{n \to \infty} \dfrac{n(n+1)}{(n+1)(n+2)} = 1$，所以幂级数 $\sum_{n=1}^{\infty} \dfrac{x^{n+1}}{n(n+1)}$ 的收敛半径为 1. 因为

$\sum\limits_{n=1}^{\infty}\dfrac{1}{n(n+1)}$, $\sum\limits_{n=1}^{\infty}\dfrac{(-1)^{n+1}}{n(n+1)}$ 均收敛,所以 $\sum\limits_{n=1}^{\infty}\dfrac{x^{n+1}}{n(n+1)}$ 的收敛域为 $[-1,1]$. 又因为级数 $\sum\limits_{n=1}^{\infty}e^{-nx}$

的收敛域为 $(0,+\infty)$,所以级数 $\sum\limits_{n=1}^{\infty}u_n(x)$ 的收敛域为 $(0,1]$.

当 $x\in(0,1]$ 时,$\sum\limits_{n=1}^{\infty}e^{-nx}=\dfrac{e^{-x}}{1-e^{-x}}=\dfrac{1}{e^x-1}$.   令 $\lim\limits_{n\to\infty}\left|\dfrac{e^{-(n+1)x}}{e^{-nx}}\right|=e^{-x}<1$, 则 $x\in(0,+\infty)$.

记 $S(x)=\sum\limits_{n=1}^{\infty}\dfrac{x^{n+1}}{n(n+1)}$,当 $x\in(0,1)$ 时,

$$S'(x)=\sum_{n=1}^{\infty}\frac{x^n}{n}=-\ln(1-x),$$

于是

$$S(x)=\int_0^x S'(t)\mathrm{d}t+S(0)=-\int_0^x\ln(1-t)\mathrm{d}t=-t\ln(1-t)\Big|_0^x+\int_0^x t\cdot\frac{-1}{1-t}\mathrm{d}t$$

$$=-x\ln(1-x)+\int_0^x\frac{1-t-1}{1-t}\mathrm{d}t=-x\ln(1-x)+\int_0^x\left(1-\frac{1}{1-t}\right)\mathrm{d}t$$

$$=-x\ln(1-x)+x+\ln(1-x)=(1-x)\ln(1-x)+x,x\in(0,1).$$

当 $x=1$ 时,$S(1)=\sum\limits_{n=1}^{\infty}\dfrac{x^{n+1}}{n(n+1)}\Big|_{x=1}=\sum\limits_{n=1}^{\infty}\dfrac{1}{n(n+1)}=1$.

综上可知,级数 $\sum\limits_{n=1}^{\infty}u_n(x)$ 的和函数

$$T(x)=\begin{cases}\dfrac{1}{e^x-1}+x+(1-x)\ln(1-x),&x\in(0,1),\\[3mm]\dfrac{e}{e-1},&x=1.\end{cases}$$

【注】还可以根据和函数 $S(x)$ 的连续性来求 $S(1)$,即

$$S(1)=\lim_{x\to1^-}S(x)=\lim_{x\to1^-}\big[(1-x)\ln(1-x)+x\big]$$

$$=\lim_{x\to1^-}(1-x)\ln(1-x)+1=\lim_{t\to0^+}t\ln t+1=1.$$

3. 用所给微分方程求和函数

步骤:(1)求所给级数满足的微分方程的通解(有时命制为验证级数满足某微分方程,再求其通解,事实上均是给出了微分方程);

(2)一般要根据初始条件定 C_1,C_2,或求 $x=x_0$ 时的数项级数的和(比如 $x=\dfrac{1}{2}$,1 等).

例 16.19 已知幂级数 $\sum\limits_{n=1}^{\infty}a_{2n}x^{2n}$ 的收敛域为 $[-1,1]$,其和函数 $S(x)$ 满足方程 $xS'(x)-$

$S(x)=\dfrac{x^2}{1+x^2}$,求:

(1) $S(x)$ 的解析式；

(2) $S(x)$ 在 $x=0$ 处的 n 阶导数 $S^{(n)}(0)$；

(3) 数项级数 $\displaystyle\sum_{n=1}^{\infty}\frac{a_{2n}}{n}$ 的和.

【解】(1) $xS'(x)-S(x)=\dfrac{x^2}{1+x^2}$ 可化为 $S'(x)-\dfrac{1}{x}S(x)=\dfrac{x}{1+x^2}$，这是一阶线性微分方程，其通解为

$$S(x)=\mathrm{e}^{\int\frac{1}{x}\mathrm{d}x}\left[\int\frac{x}{1+x^2}\mathrm{e}^{\int\left(-\frac{1}{x}\right)\mathrm{d}x}\mathrm{d}x+C\right]=x(\arctan x+C).$$

由于 $S(x)=\displaystyle\sum_{n=1}^{\infty}a_{2n}x^{2n}$ 为偶函数，故 $C=0$. 于是，$S(x)=x\arctan x$，$-1\leqslant x\leqslant 1$.

(2) 由基本公式 $\dfrac{1}{1+x}=\displaystyle\sum_{n=0}^{\infty}(-1)^n x^n(-1<x<1)$，得

$$\frac{1}{1+x^2}=\sum_{n=0}^{\infty}(-1)^n x^{2n}(-1<x<1),$$

$$S(x)=x\arctan x=x\int_0^x\frac{1}{1+t^2}\mathrm{d}t=x\sum_{n=0}^{\infty}\int_0^x(-1)^n t^{2n}\mathrm{d}t$$

$$=\sum_{n=0}^{\infty}\frac{(-1)^n}{2n+1}x^{2n+2}=\sum_{n=1}^{\infty}\frac{(-1)^{n-1}}{2n-1}x^{2n}(-1\leqslant x\leqslant 1).$$

由于 $S(x)=\displaystyle\sum_{n=1}^{\infty}a_{2n}x^{2n}(-1\leqslant x\leqslant 1)$，故 $a_{2n-1}=0$，$a_{2n}=\dfrac{(-1)^{n-1}}{2n-1}(n=1,2,\cdots)$. 于是

$$S^{(2n-1)}(0)=a_{2n-1}\cdot(2n-1)!=0,\quad S^{(2n)}(0)=a_{2n}\cdot(2n)!=\frac{(-1)^{n-1}(2n)!}{2n-1},$$

即

$$S^{(n)}(0)=\begin{cases}0, & n=2k-1,\\[2mm]\dfrac{(-1)^{k-1}(2k)!}{2k-1}, & n=2k\end{cases}\qquad(k=1,2,3,\cdots).$$

(3) 由 (2) 知，$S(x)=x\arctan x=\displaystyle\sum_{n=1}^{\infty}a_{2n}x^{2n}=\sum_{n=1}^{\infty}\frac{(-1)^{n-1}}{2n-1}x^{2n}(-1\leqslant x\leqslant 1)$，$a_{2n}=\dfrac{(-1)^{n-1}}{2n-1}$. 故

$$\sum_{n=1}^{\infty}\frac{a_{2n}}{n}=\sum_{n=1}^{\infty}\frac{(-1)^{n-1}}{n(2n-1)}=2\sum_{n=1}^{\infty}\frac{(-1)^{n-1}}{2n(2n-1)}=2\sum_{n=1}^{\infty}\frac{(-1)^{n-1}}{2n-1}-\sum_{n=1}^{\infty}\frac{(-1)^{n-1}}{n}$$

$$=2S(1)-\ln 2=\frac{\pi}{2}-\ln 2.$$

4. 建立微分方程并求和函数

步骤：(1) 求 y'（或 y'，y''），根据所给 a_n，a_{n+1}，a_{n-1} 的关系式建立微分方程；

(2) 求微分方程的通解；

(3) 将通解展开并合并成 $\displaystyle\sum a_n x^n$ 即可求得 a_n 的表达式.

例 16.20 设数列 $\{a_n\}$ 满足 $a_1=1,(n+1)a_{n+1}=\left(n+\dfrac{1}{2}\right)a_n$，证明：当 $|x|<1$ 时，幂级数 $\displaystyle\sum_{n=1}^{\infty}a_nx^n$ 收敛，并求其和函数.

【解】 由条件可知，$a_n\neq 0$，且

$$\lim_{n\to\infty}\frac{|a_{n+1}|}{|a_n|}=\lim_{n\to\infty}\frac{n+\dfrac{1}{2}}{n+1}=1,$$

所以幂级数 $\displaystyle\sum_{n=1}^{\infty}a_nx^n$ 的收敛半径为 1，从而当 $|x|<1$ 时，幂级数 $\displaystyle\sum_{n=1}^{\infty}a_nx^n$ 收敛.

当 $|x|<1$ 时，设 $S(x)=\displaystyle\sum_{n=1}^{\infty}a_nx^n$，逐项求导得

$$\begin{aligned}
S'(x)&=\sum_{n=1}^{\infty}na_nx^{n-1}\\
&=1+\sum_{n=1}^{\infty}(n+1)a_{n+1}x^n\\
&=1+\sum_{n=1}^{\infty}na_nx^n+\frac{1}{2}\sum_{n=1}^{\infty}a_nx^n\\
&=1+xS'(x)+\frac{1}{2}S(x),
\end{aligned}$$

所以
$$S'(x)-\frac{1}{2(1-x)}S(x)=\frac{1}{1-x}.$$

根据一阶线性微分方程的通解公式得

$$S(x)=\mathrm{e}^{\int\frac{\mathrm{d}x}{2(1-x)}}\left[C+\int\mathrm{e}^{-\int\frac{\mathrm{d}x}{2(1-x)}}\cdot\frac{1}{1-x}\mathrm{d}x\right]=\frac{C}{\sqrt{1-x}}-2.$$

由题设知 $S(0)=0$，得 $C=2$，所以 $S(x)=2\left(\dfrac{1}{\sqrt{1-x}}-1\right),|x|<1.$

5. 综合题

例 16.21 设函数 $y=f(x)$ 满足 $y''+2y'+5y=0$，且 $f(0)=1,f'(0)=-1.$

（1）求 $f(x)$ 的表达式；

（2）设 $a_n=\displaystyle\int_{n\pi}^{+\infty}f(x)\mathrm{d}x$，求 $\displaystyle\sum_{n=1}^{\infty}a_n.$

【解】（1）由特征方程 $r^2+2r+5=0$ 得微分方程的通解为 $y=\mathrm{e}^{-x}(C_1\cos 2x+C_2\sin 2x).$
由 $f(0)=1,f'(0)=-1$，得 $C_1=1,C_2=0$，即 $f(x)=\mathrm{e}^{-x}\cos 2x.$

（2）由（1）可知

$$a_n=\int_{n\pi}^{+\infty}\mathrm{e}^{-x}\cos 2x\,\mathrm{d}x=\left.\frac{\begin{vmatrix}(\mathrm{e}^{-x})' & (\cos 2x)'\\ \mathrm{e}^{-x} & \cos 2x\end{vmatrix}}{(-1)^2+2^2}\right|_{n\pi}^{+\infty}$$

$$= \frac{1}{5}(-\mathrm{e}^{-x}\cos 2x + 2\mathrm{e}^{-x}\sin 2x)\Big|_{n\pi}^{+\infty}$$

$$= \frac{1}{5}[0-(-\mathrm{e}^{-n\pi})] = \frac{1}{5}\mathrm{e}^{-n\pi},$$

故 $\displaystyle\sum_{n=1}^{\infty} a_n = \frac{\mathrm{e}^{-\pi}}{5(1-\mathrm{e}^{-\pi})} = \frac{1}{5(\mathrm{e}^{\pi}-1)}.$

例 16.22 设 $a_n = \displaystyle\int_0^1 x^2 \ln^n x\,\mathrm{d}x, n = 0,1,2,\cdots.$

（1）求 a_n 的表达式；

（2）计算 $\displaystyle\sum_{n=0}^{\infty} \frac{a_n}{n!}.$

【解】（1）由例 9.7 知，$a_n = \dfrac{(-1)^n}{3^{n+1}} n!, n = 0,1,2,\cdots.$

（2）$\displaystyle\sum_{n=0}^{\infty} \frac{a_n}{n!} = \sum_{n=0}^{\infty} \frac{(-1)^n}{3^{n+1}} = \frac{1}{3}\sum_{n=0}^{\infty}\left(-\frac{1}{3}\right)^n = \frac{1}{3}\cdot\frac{1}{1+\dfrac{1}{3}} = \frac{1}{4}.$

例 16.23 设 $a_n = \displaystyle\int_0^{n\pi} x\,|\sin x|\,\mathrm{d}x, n = 1,2,\cdots.$

（1）求 a_n 的表达式；

（2）计算 $\displaystyle\sum_{n=1}^{\infty} \frac{a_n}{3^n \cdot \pi}.$

【解】（1）由例 11.1 知，$a_n = n^2\pi, n = 1,2,\cdots.$

（2）$\displaystyle\sum_{n=1}^{\infty} \frac{a_n}{3^n \cdot \pi} = \sum_{n=1}^{\infty} n^2\left(\frac{1}{3}\right)^n.$

当 $|x| < 1$ 时，令 $S(x) = \displaystyle\sum_{n=1}^{\infty} n^2 \cdot x^n = x\sum_{n=1}^{\infty} n^2 x^{n-1} = xS_1(x)$，其中

$$S_1(x) = \left[\int S_1(x)\,\mathrm{d}x\right]' = \left(\sum_{n=1}^{\infty} nx^n\right)'.$$

再令 $\displaystyle\sum_{n=1}^{\infty} nx^n = x\sum_{n=1}^{\infty} nx^{n-1} = xS_2(x)$，其中

$$S_2(x) = \left[\int S_2(x)\,\mathrm{d}x\right]' = \left(\sum_{n=1}^{\infty} x^n\right)' = \left(\frac{x}{1-x}\right)' = \frac{1}{(1-x)^2}.$$

故 $$S_1(x) = \left[x\,\frac{1}{(1-x)^2}\right]' = \frac{1+x}{(1-x)^3},$$

于是

$$S(x) = \frac{x+x^2}{(1-x)^3}, \text{且} \sum_{n=1}^{\infty} \frac{a_n}{3^n \cdot \pi} = S\left(\frac{1}{3}\right) = \frac{3}{2}.$$

例 16.24 设 $a_n = \displaystyle\int_0^{+\infty} x^n \mathrm{e}^{-x}\,\mathrm{d}x, n = 0,1,2,\cdots.$

（1）求 a_n 的表达式；

(2) 计算 $\sum\limits_{n=1}^{\infty}\dfrac{n^2}{a_n}$.

【解】(1) $a_n=\displaystyle\int_0^{+\infty}x^n\mathrm{e}^{-x}\,\mathrm{d}x=\int_0^{+\infty}x^n\,\mathrm{d}(-\mathrm{e}^{-x})=-\mathrm{e}^{-x}\cdot x^n\Big|_0^{+\infty}+\int_0^{+\infty}\mathrm{e}^{-x}\cdot nx^{n-1}\,\mathrm{d}x$

$\qquad\qquad =n\displaystyle\int_0^{+\infty}x^{n-1}\mathrm{e}^{-x}\,\mathrm{d}x=na_{n-1},n=1,2,\cdots,$

故 $a_n=na_{n-1}=n(n-1)a_{n-2}=\cdots=n(n-1)\cdot\cdots\cdot 1=n!$.

(2) 令 $S(x)=\displaystyle\sum_{n=1}^{\infty}\dfrac{n^2}{n!}x^n(-\infty<x<+\infty)$，由例 16.17 知

$$S(x)=x^2\mathrm{e}^x+x\mathrm{e}^x,$$

故 $\displaystyle\sum_{n=1}^{\infty}\dfrac{n^2}{a_n}=\sum_{n=1}^{\infty}\dfrac{n^2}{n!}=S(1)=2\mathrm{e}.$

例 16.25 设 $a_n=\displaystyle\int_0^1 x^n\sqrt{1-x^2}\,\mathrm{d}x,b_n=\int_0^{\frac{\pi}{2}}\sin^n t\,\mathrm{d}t,n=1,2,\cdots,$计算 $\displaystyle\sum_{n=1}^{\infty}(-1)^n\dfrac{a_n}{b_n}.$

【解】 $a_n\xrightarrow{x=\sin t}\displaystyle\int_0^{\frac{\pi}{2}}\sin^n t\cos^2 t\,\mathrm{d}t=\int_0^{\frac{\pi}{2}}\sin^n t(1-\sin^2 t)\,\mathrm{d}t=b_n-b_{n+2}.$

由华里士公式,知 $b_{n+2}=\dfrac{n+1}{n+2}b_n$,故 $a_n=b_n-\dfrac{n+1}{n+2}b_n=\dfrac{1}{n+2}b_n.$ 于是

$$\sum_{n=1}^{\infty}(-1)^n\dfrac{a_n}{b_n}=\sum_{n=1}^{\infty}(-1)^n\cdot\dfrac{1}{n+2}.$$

当 $|x|<1$ 时,令 $S(x)=\displaystyle\sum_{n=1}^{\infty}(-1)^n\dfrac{x^{n+2}}{n+2}$,则

$$S'(x)=\sum_{n=1}^{\infty}(-1)^n\cdot x^{n+1}=x\sum_{n=1}^{\infty}(-x)^n$$

$$=x\cdot\dfrac{-x}{1+x}=-\dfrac{x^2}{1+x}.$$

于是

$$S(x)=S(0)+\int_0^x\left(-\dfrac{t^2}{1+t}\right)\mathrm{d}t=\int_0^x\dfrac{1-t^2-1}{1+t}\mathrm{d}t$$

$$=\int_0^x(1-t)\mathrm{d}t-\int_0^x\dfrac{1}{1+t}\mathrm{d}t$$

$$=x-\dfrac{x^2}{2}-\ln(1+x).$$

由于当 $x=1$ 时,根据莱布尼茨判别法,知 $\displaystyle\sum_{n=1}^{\infty}(-1)^n\cdot\dfrac{1}{n+2}$ 收敛,故

$$\sum_{n=1}^{\infty}(-1)^n\dfrac{a_n}{b_n}=\lim_{x\to 1^-}S(x)=\dfrac{1}{2}-\ln 2.$$

例 16.26 设 $a_n(x)$ 满足

$$a_n'(x)-\dfrac{n}{(1+x)\ln(1+x)}a_n(x)+\ln^n(1+x)=0,x>0,n=1,2,\cdots,a_n(1)=0.$$

（1）求 $a_n(x)$ 的表达式；

（2）判别 $\sum\limits_{n=1}^{\infty}\int_0^1 a_n(x)\mathrm{d}x$ 的敛散性.

【解】（1）所给方程为 $a_n'(x)-\dfrac{n}{(1+x)\ln(1+x)}a_n(x)=-\ln^n(1+x)$，令

$$p_n(x)=-\frac{n}{(1+x)\ln(1+x)},$$

则

$$\mathrm{e}^{-\int p_n(x)\mathrm{d}x}=\mathrm{e}^{n\int\frac{\mathrm{d}x}{(1+x)\ln(1+x)}}=\mathrm{e}^{n\int\frac{\mathrm{d}[\ln(1+x)]}{\ln(1+x)}}=\mathrm{e}^{n\ln[\ln(1+x)]}=\ln^n(1+x).$$

同理 $\mathrm{e}^{\int p_n(x)\mathrm{d}x}=\dfrac{1}{\ln^n(1+x)}$，由一阶线性微分方程的通解公式，有

$$a_n(x)=\ln^n(1+x)\left\{\int\frac{1}{\ln^n(1+x)}\cdot[-\ln^n(1+x)]\mathrm{d}x+C\right\}$$
$$=\ln^n(1+x)(-x+C),$$

又由 $a_n(1)=0$，得 $C=1$，于是 $a_n(x)=(1-x)\ln^n(1+x),x>0$.

（2）$\sum\limits_{n=1}^{\infty}\int_0^1 a_n(x)\mathrm{d}x=\sum\limits_{n=1}^{\infty}\int_0^1(1-x)\ln^n(1+x)\mathrm{d}x$ 为正项级数，由 $\ln(1+x)<x$，知

$$\int_0^1(1-x)\ln^n(1+x)\mathrm{d}x\leqslant\int_0^1(1-x)x^n\mathrm{d}x=\int_0^1(x^n-x^{n+1})\mathrm{d}x$$
$$=\frac{1}{n+1}-\frac{1}{n+2}=\frac{1}{(n+1)(n+2)}.$$

因为 $\sum\limits_{n=1}^{\infty}\dfrac{1}{(n+1)(n+2)}$ 收敛，故根据正项级数的比较判别法，有 $\sum\limits_{n=1}^{\infty}\int_0^1 a_n(x)\mathrm{d}x$ 收敛.

五 傅里叶级数（仅数学一）

1. 周期为 $2l$ 的傅里叶级数

设函数 $f(x)$ 是周期为 $2l$ 的周期函数，且在 $[-l,l]$ 上可积，则称

$$a_n=\frac{1}{l}\int_{-l}^{l}f(x)\cos\frac{n\pi}{l}x\,\mathrm{d}x\,(n=0,1,2,\cdots),$$
$$b_n=\frac{1}{l}\int_{-l}^{l}f(x)\sin\frac{n\pi}{l}x\,\mathrm{d}x\,(n=1,2,3,\cdots)$$

为 $f(x)$ 的以 $2l$ 为周期的傅里叶系数，称级数

$$\frac{a_0}{2}+\sum_{n=1}^{\infty}\left(a_n\cos\frac{n\pi}{l}x+b_n\sin\frac{n\pi}{l}x\right)$$

为 $f(x)$ 的以 $2l$ 为周期的傅里叶级数，记作

$$f(x)\sim\frac{a_0}{2}+\sum_{n=1}^{\infty}\left(a_n\cos\frac{n\pi}{l}x+b_n\sin\frac{n\pi}{l}x\right).$$

2. 狄利克雷收敛定理

设 $f(x)$ 是以 $2l$ 为周期的可积函数,如果在 $[-l,l]$ 上 $f(x)$ 满足:

① 连续或只有有限个第一类间断点;

② 至多只有有限个极值点.

则 $f(x)$ 的傅里叶级数在 $[-l,l]$ 上处处收敛.记其和函数为 $S(x)$,则

$$S(x)=\begin{cases} f(x), & x \text{ 为连续点,} \\ \dfrac{f(x-0)+f(x+0)}{2}, & x \text{ 为间断点,} \\ \dfrac{f(-l+0)+f(l-0)}{2}, & x=\pm l. \end{cases}$$

3. 正弦级数和余弦级数

$$f(x) \sim \frac{a_0}{2} + \sum_{n=1}^{\infty}\left(a_n\cos\frac{n\pi x}{l}+b_n\sin\frac{n\pi x}{l}\right),$$

$$\begin{cases} a_0=\dfrac{1}{l}\displaystyle\int_{-l}^{l}f(x)\mathrm{d}x, \\ a_n=\dfrac{1}{l}\displaystyle\int_{-l}^{l}f(x)\cos\frac{n\pi x}{l}\mathrm{d}x, n=1,2,\cdots, \\ b_n=\dfrac{1}{l}\displaystyle\int_{-l}^{l}f(x)\sin\frac{n\pi x}{l}\mathrm{d}x, n=1,2,\cdots. \end{cases}$$

① 当 $f(x)$ 为奇函数时,其展开式是正弦级数

$$f(x)\sim\sum_{n=1}^{\infty}b_n\sin\frac{n\pi x}{l}, b_n=\frac{2}{l}\int_{0}^{l}f(x)\sin\frac{n\pi x}{l}\mathrm{d}x, n=1,2,\cdots.$$

② 当 $f(x)$ 为偶函数时,其展开式是余弦级数

$$f(x)\sim\frac{a_0}{2}+\sum_{n=1}^{\infty}a_n\cos\frac{n\pi x}{l},$$

$$a_0=\frac{2}{l}\int_{0}^{l}f(x)\mathrm{d}x, a_n=\frac{2}{l}\int_{0}^{l}f(x)\cos\frac{n\pi x}{l}\mathrm{d}x, n=1,2,\cdots.$$

4. 只在 $[0,l]$ 上有定义的函数的正弦级数和余弦级数展开

若 $f(x)$ 是定义在 $[0,l]$ 上的函数,首先用周期延拓,使其扩展为定义在 $(-\infty,+\infty)$ 上的周期函数 $F(x)$.在得到 $F(x)$ 的傅里叶级数展开式后,再将其自变量限制在 $[0,l]$ 上,就得到 $f(x)$ 在 $[0,l]$ 上的傅里叶级数展开式.《全国硕士研究生招生考试数学考试大纲》中只要求周期奇延拓和周期偶延拓.

(1) 周期奇延拓与正弦级数展开.

① 周期奇延拓.

设 $f(x)$ 定义在 $[0,l]$ 上,令

$$F(x) = \begin{cases} f(x), & 0 < x \leqslant l, \\ -f(-x), & -l \leqslant x < 0, \\ 0, & x = 0, \end{cases}$$

再令 $F(x)$ 为以 $2l$ 为周期的周期函数.

② 正弦级数展开.

$$f(x) = \sum_{n=1}^{\infty} b_n \sin \frac{n\pi}{l} x, x \in [0, l],$$

$$b_n = \frac{2}{l} \int_0^l f(x) \sin \frac{n\pi}{l} x \, \mathrm{d}x \, (n = 1, 2, 3, \cdots).$$

（2）周期偶延拓与余弦级数展开.

① 周期偶延拓.

设 $f(x)$ 定义在 $[0, l]$ 上，令

$$F(x) = \begin{cases} f(x), & 0 \leqslant x \leqslant l, \\ f(-x), & -l \leqslant x < 0, \end{cases}$$

再令 $F(x)$ 为以 $2l$ 为周期的周期函数.

② 余弦级数展开.

$$f(x) = \frac{a_0}{2} + \sum_{n=1}^{\infty} a_n \cos \frac{n\pi}{l} x, x \in [0, l],$$

$$a_n = \frac{2}{l} \int_0^l f(x) \cos \frac{n\pi}{l} x \, \mathrm{d}x \, (n = 0, 1, 2, \cdots).$$

例 16.27 设

$$f(x) = \left| x - \frac{1}{2} \right|, b_n = 2 \int_0^1 f(x) \sin n\pi x \, \mathrm{d}x \, (n = 1, 2, \cdots).$$

令 $S(x) = \sum_{n=1}^{\infty} b_n \sin n\pi x$，则 $S\left(-\frac{9}{4} \right) = ($ $)$.

(A) $\dfrac{3}{4}$ (B) $\dfrac{1}{4}$ (C) $-\dfrac{1}{4}$ (D) $-\dfrac{3}{4}$

【解】应选（C）.

由题意知 $S(x)$ 是 $f(x)(0 \leqslant x \leqslant 1)$ 周期为 2 的正弦级数展开式，根据狄利克雷收敛定理，得

$$S\left(-\frac{9}{4} \right) = S\left(-\frac{1}{4} \right) = -S\left(\frac{1}{4} \right) = -f\left(\frac{1}{4} \right) = -\frac{1}{4}.$$

选（C）.

例 16.28 证明 $\sum\limits_{n=1}^{\infty} \dfrac{(-1)^{n-1} \cos nx}{n^2} = \dfrac{\pi^2}{12} - \dfrac{x^2}{4}$，$-\pi \leqslant x \leqslant \pi$，并求数项级数 $\sum\limits_{n=1}^{\infty} \dfrac{(-1)^{n-1}}{n^2}$

的和.

【解】记 $f(x) = x^2, x \in [-\pi, \pi]$，将 $f(x) = x^2$ 在 $[-\pi, \pi]$ 上展开成余弦级数，则 $b_n = 0$，且

$$a_0 = \frac{2}{\pi} \int_0^{\pi} x^2 \, \mathrm{d}x = \frac{2}{3}\pi^2,$$

$$a_n = \frac{2}{\pi} \underbrace{\int_0^{\pi} x^2 \cos nx \, \mathrm{d}x}_{\text{见例 9.8}} = \frac{2}{\pi} \cdot (-1)^n \frac{2\pi}{n^2} = 4 \cdot \frac{(-1)^n}{n^2} \, (n = 1, 2, \cdots),$$

故其傅里叶级数展开式为 $x^2 = \dfrac{\pi^2}{3} + 4 \displaystyle\sum_{n=1}^{\infty} \dfrac{(-1)^n}{n^2} \cos nx$，$-\pi \leqslant x \leqslant \pi$，即

$$\sum_{n=1}^{\infty} \frac{(-1)^{n-1} \cos nx}{n^2} = \frac{\pi^2}{12} - \frac{x^2}{4},$$

令 $x = 0$，有 $\displaystyle\sum_{n=1}^{\infty} \dfrac{(-1)^{n-1}}{n^2} = \dfrac{\pi^2}{12}$.

第17讲
多元函数积分学的预备知识
（仅数学一）

向量的运算及其应用 ── 数量积（内积、点积）及其应用
向量积（外积、叉积）及其应用
混合积及其应用
向量的方向角和方向余弦

平面、直线及位置关系

平面 ── 一般式
点法式
三点式
截距式
平面束方程

直线 ── 一般式
点向式
参数式
两点式

位置关系 ── 点到直线的距离
点到平面的距离
直线与直线
平面与平面
平面与直线

空间曲线的切线与法平面 ── 曲线由参数方程给出
曲线由方程组给出

空间曲面的切平面与法线 ── 曲面由隐式方程给出
曲面由显式函数给出

空间曲线在坐标面上的投影

旋转曲面：曲线 Γ 绕一条定直线旋转一周所形成的曲面

场论初步 ── 方向导数
梯度
方向导数与梯度的关系
散度
旋度

一 向量的运算及其应用

设 $\boldsymbol{a}=(a_x,a_y,a_z),\boldsymbol{b}=(b_x,b_y,b_z),\boldsymbol{c}=(c_x,c_y,c_z),\boldsymbol{a},\boldsymbol{b},\boldsymbol{c}$ 均为非零向量.

(1) 数量积(内积、点积)及其应用.

①$\boldsymbol{a}\cdot\boldsymbol{b}=(a_x,a_y,a_z)\cdot(b_x,b_y,b_z)=a_xb_x+a_yb_y+a_zb_z$.

②$\boldsymbol{a}\cdot\boldsymbol{b}=|\boldsymbol{a}||\boldsymbol{b}|\cos\theta$,则

$$\cos\theta=\frac{\boldsymbol{a}\cdot\boldsymbol{b}}{|\boldsymbol{a}||\boldsymbol{b}|}=\frac{a_xb_x+a_yb_y+a_zb_z}{\sqrt{a_x^2+a_y^2+a_z^2}\sqrt{b_x^2+b_y^2+b_z^2}},$$

其中 θ 为 $\boldsymbol{a},\boldsymbol{b}$ 的夹角.

③$\mathrm{Prj}_b\boldsymbol{a}=\dfrac{\boldsymbol{a}\cdot\boldsymbol{b}}{|\boldsymbol{b}|}=\dfrac{a_xb_x+a_yb_y+a_zb_z}{\sqrt{b_x^2+b_y^2+b_z^2}}$ 称为 $\boldsymbol{a}$ 在 $\boldsymbol{b}$ 上的**投影**.

④$\boldsymbol{a}\perp\boldsymbol{b}\Leftrightarrow a_xb_x+a_yb_y+a_zb_z=0$.

(2) 向量积(外积、叉积)及其应用.

①$\boldsymbol{a}\times\boldsymbol{b}=\begin{vmatrix}\boldsymbol{i}&\boldsymbol{j}&\boldsymbol{k}\\a_x&a_y&a_z\\b_x&b_y&b_z\end{vmatrix}$,其中 $|\boldsymbol{a}\times\boldsymbol{b}|=|\boldsymbol{a}||\boldsymbol{b}|\sin\theta(\theta$ 为 $\boldsymbol{a},\boldsymbol{b}$ 的夹角),用右手规则确定

方向(转向角不超过 π).

②$\boldsymbol{a}\ /\!/\ \boldsymbol{b}\Leftrightarrow\dfrac{a_x}{b_x}=\dfrac{a_y}{b_y}=\dfrac{a_z}{b_z}$.

(3) 混合积及其应用.

①$[\boldsymbol{a}\,\boldsymbol{b}\,\boldsymbol{c}]=(\boldsymbol{a}\times\boldsymbol{b})\cdot\boldsymbol{c}=\begin{vmatrix}a_x&a_y&a_z\\b_x&b_y&b_z\\c_x&c_y&c_z\end{vmatrix}$.

②$\begin{vmatrix}a_x&a_y&a_z\\b_x&b_y&b_z\\c_x&c_y&c_z\end{vmatrix}=0\Leftrightarrow$ 三向量共面.

(4) 向量的方向角和方向余弦.

① 非零向量 $\boldsymbol{a}$ 与 x 轴、y 轴和 z 轴正向的夹角 α,β,γ 称为 $\boldsymbol{a}$ 的**方向角**.

②$\cos\alpha,\cos\beta,\cos\gamma$ 称为 $\boldsymbol{a}$ 的**方向余弦**,且 $\cos\alpha=\dfrac{a_x}{|\boldsymbol{a}|},\cos\beta=\dfrac{a_y}{|\boldsymbol{a}|},\cos\gamma=\dfrac{a_z}{|\boldsymbol{a}|}$.

③$\boldsymbol{a}°=\dfrac{\boldsymbol{a}}{|\boldsymbol{a}|}=(\cos\alpha,\cos\beta,\cos\gamma)$ 称为向量 $\boldsymbol{a}$ 的**单位向量**(表示方向的向量).

④ 任意向量 $\boldsymbol{r}=x\boldsymbol{i}+y\boldsymbol{j}+z\boldsymbol{k}=(r\cos\alpha,r\cos\beta,r\cos\gamma)=r(\cos\alpha,\cos\beta,\cos\gamma)$,其中 $\cos\alpha,\cos\beta,\cos\gamma$ 为 $\boldsymbol{r}$ 的方向余弦,r 为 $\boldsymbol{r}$ 的模.

二 **平面、直线及位置关系**

1. 平面

以下假设平面的法向量 $\boldsymbol{n} = (A, B, C)$.

① 一般式：$Ax + By + Cz + D = 0$.

② 点法式：$A(x - x_0) + B(y - y_0) + C(z - z_0) = 0$.

③ 三点式：$\begin{vmatrix} x - x_1 & y - y_1 & z - z_1 \\ x - x_2 & y - y_2 & z - z_2 \\ x - x_3 & y - y_3 & z - z_3 \end{vmatrix} = 0$（平面过不共线的三点 $P_i(x_i, y_i, z_i)$，$i = 1, 2, 3$）.

④ 截距式：$\dfrac{x}{a} + \dfrac{y}{b} + \dfrac{z}{c} = 1$（平面过 $(a, 0, 0)$，$(0, b, 0)$，$(0, 0, c)$ 三点）.

⑤ 平面束方程.

设 $\pi_i : A_i x + B_i y + C_i z + D_i = 0$，$i = 1, 2$.

过 $L : \begin{cases} A_1 x + B_1 y + C_1 z + D_1 = 0, \\ A_2 x + B_2 y + C_2 z + D_2 = 0 \end{cases}$ 的平面束方程为

$$A_1 x + B_1 y + C_1 z + D_1 + \lambda(A_2 x + B_2 y + C_2 z + D_2) = 0 \text{（不含 } \pi_2 \text{）},$$

或

$$A_2 x + B_2 y + C_2 z + D_2 + \lambda(A_1 x + B_1 y + C_1 z + D_1) = 0 \text{（不含 } \pi_1 \text{）}.$$

2. 直线

以下假设直线的方向向量 $\boldsymbol{\tau} = (l, m, n)$.

① 一般式：$\begin{cases} A_1 x + B_1 y + C_1 z + D_1 = 0, \\ A_2 x + B_2 y + C_2 z + D_2 = 0, \end{cases}$ $\boldsymbol{n}_1 = (A_1, B_1, C_1)$，$\boldsymbol{n}_2 = (A_2, B_2, C_2)$，其中 $\boldsymbol{n}_1 \nparallel \boldsymbol{n}_2$.

> 【注】其几何背景很直观，是两个平面的交线，且该直线的方向向量 $\boldsymbol{\tau} = \boldsymbol{n}_1 \times \boldsymbol{n}_2$.

② 点向式：$\dfrac{x - x_0}{l} = \dfrac{y - y_0}{m} = \dfrac{z - z_0}{n}$.

③ 参数式：$\begin{cases} x = x_0 + lt, \\ y = y_0 + mt, \\ z = z_0 + nt, \end{cases}$ $M(x_0, y_0, z_0)$ 为直线上的已知点，t 为参数.

④ 两点式：$\dfrac{x - x_1}{x_2 - x_1} = \dfrac{y - y_1}{y_2 - y_1} = \dfrac{z - z_1}{z_2 - z_1}$（直线过不同的两点 $P_i(x_i, y_i, z_i)$，$i = 1, 2$）.

3. 位置关系

(1) 点到直线的距离.

点 $M_1(x_1,y_1,z_1)$ 到直线 $L:\dfrac{x-x_0}{m}=\dfrac{y-y_0}{n}=\dfrac{z-z_0}{p}$ 的距离

$$d=\frac{|\,\pmb{s}\times\overrightarrow{M_1M}\,|}{|\,\pmb{s}\,|}=\frac{\left\|\begin{matrix} \pmb{i} & \pmb{j} & \pmb{k} \\ m & n & p \\ x_0-x_1 & y_0-y_1 & z_0-z_1 \end{matrix}\right\|}{\sqrt{m^2+n^2+p^2}},$$

其中向量 $\overrightarrow{M_1M}=(x_0-x_1,y_0-y_1,z_0-z_1),M=(x_0,y_0,z_0),\pmb{s}=(m,n,p)$.

> 【注】更为简单的是平面的情形:设在二维平面上直线 L 的方程为 $Ax+By+C=0$,点 P 的坐标为 (x_0,y_0),则点 P 到直线 L 的距离公式为 $d=\dfrac{|Ax_0+By_0+C|}{\sqrt{A^2+B^2}}$.

(2) 点到平面的距离.

点 $P_0(x_0,y_0,z_0)$ 到平面 $Ax+By+Cz+D=0$ 的距离 $d=\dfrac{|Ax_0+By_0+Cz_0+D|}{\sqrt{A^2+B^2+C^2}}$.

(3) 直线与直线.

设 $\pmb{\tau}_1=(l_1,m_1,n_1),\pmb{\tau}_2=(l_2,m_2,n_2)$ 分别为直线 L_1,L_2 的方向向量.

① $L_1\perp L_2\Leftrightarrow\pmb{\tau}_1\perp\pmb{\tau}_2\Leftrightarrow l_1l_2+m_1m_2+n_1n_2=0$.

② $L_1\parallel L_2\Leftrightarrow\pmb{\tau}_1\parallel\pmb{\tau}_2\Leftrightarrow\dfrac{l_1}{l_2}=\dfrac{m_1}{m_2}=\dfrac{n_1}{n_2}$.

③ 直线 L_1,L_2 的夹角 $\theta=\arccos\dfrac{|\pmb{\tau}_1\cdot\pmb{\tau}_2|}{|\pmb{\tau}_1||\pmb{\tau}_2|}$,其中 $\theta=\min\{(\widehat{\pmb{\tau}_1,\pmb{\tau}_2}),\pi-(\widehat{\pmb{\tau}_1,\pmb{\tau}_2})\}\in\left[0,\dfrac{\pi}{2}\right]$.

(4) 平面与平面.

设平面 π_1,π_2 的法向量分别为 $\pmb{n}_1=(A_1,B_1,C_1),\pmb{n}_2=(A_2,B_2,C_2)$.

① $\pi_1\perp\pi_2\Leftrightarrow\pmb{n}_1\perp\pmb{n}_2\Leftrightarrow A_1A_2+B_1B_2+C_1C_2=0$.

② $\pi_1\parallel\pi_2\Leftrightarrow\pmb{n}_1\parallel\pmb{n}_2\Leftrightarrow\dfrac{A_1}{A_2}=\dfrac{B_1}{B_2}=\dfrac{C_1}{C_2}$.

③ 平面 π_1,π_2 的夹角 $\theta=\arccos\dfrac{|\pmb{n}_1\cdot\pmb{n}_2|}{|\pmb{n}_1||\pmb{n}_2|}$,其中 $\theta=\min\{(\widehat{\pmb{n}_1,\pmb{n}_2}),\pi-(\widehat{\pmb{n}_1,\pmb{n}_2})\}\in\left[0,\dfrac{\pi}{2}\right]$.

(5) 平面与直线.

设直线 L 的方向向量为 $\pmb{\tau}=(l,m,n)$,平面 π 的法向量为 $\pmb{n}=(A,B,C)$.

① $L\perp\pi\Leftrightarrow\pmb{\tau}\parallel\pmb{n}\Leftrightarrow\dfrac{l}{A}=\dfrac{m}{B}=\dfrac{n}{C}$.

② $L\parallel\pi\Leftrightarrow\pmb{\tau}\perp\pmb{n}\Leftrightarrow Al+Bm+Cn=0$.

③ 直线 L 与平面 π 的夹角 $\theta = \arcsin \dfrac{|\boldsymbol{\tau} \cdot \boldsymbol{n}|}{|\boldsymbol{\tau}||\boldsymbol{n}|}$，其中 $\theta = \left| \dfrac{\pi}{2} - (\widehat{\boldsymbol{\tau},\boldsymbol{n}}) \right| \in \left[0, \dfrac{\pi}{2} \right]$.

例 17.1　设有直线 $L_1 : \dfrac{x-1}{1} = \dfrac{y-5}{-2} = \dfrac{z+8}{1}$ 与 $L_2 : \begin{cases} x - y = 6, \\ 2y + z = 3, \end{cases}$ 则 L_1 与 L_2 的夹角为（　　）.

(A) $\dfrac{\pi}{6}$ 　　　　 (B) $\dfrac{\pi}{4}$ 　　　　 (C) $\dfrac{\pi}{3}$ 　　　　 (D) $\dfrac{\pi}{2}$

【解】 应选（C）.

直线 L_1 的方向向量为 $\boldsymbol{n}_1 = (1, -2, 1)$，直线 L_2 的方向向量为

$$\boldsymbol{n}_2 = \begin{vmatrix} \boldsymbol{i} & \boldsymbol{j} & \boldsymbol{k} \\ 1 & -1 & 0 \\ 0 & 2 & 1 \end{vmatrix} = -\boldsymbol{i} - \boldsymbol{j} + 2\boldsymbol{k},$$

从而直线 L_1 和 L_2 的夹角 φ 的余弦为 $\cos \varphi = \dfrac{|\boldsymbol{n}_1 \cdot \boldsymbol{n}_2|}{|\boldsymbol{n}_1||\boldsymbol{n}_2|} = \dfrac{3}{\sqrt{6} \cdot \sqrt{6}} = \dfrac{1}{2}$，因此 $\varphi = \dfrac{\pi}{3}$.

 三　空间曲线的切线与法平面

（1）用参数方程给出曲线： $\begin{cases} x = x(t), \\ y = y(t), \quad t \in I. \\ z = z(t), \end{cases}$

其中 $x(t), y(t), z(t)$ 在 I 上可导，且三个导数不同时为 0，则曲线在 $P_0(x_0, y_0, z_0)$ 处的切向量 $\boldsymbol{\tau} = (x'(t_0), y'(t_0), z'(t_0))$；

切线方程：$\dfrac{x - x_0}{x'(t_0)} = \dfrac{y - y_0}{y'(t_0)} = \dfrac{z - z_0}{z'(t_0)}$；

法平面方程：$x'(t_0)(x - x_0) + y'(t_0)(y - y_0) + z'(t_0)(z - z_0) = 0$.

（2）用方程组给出曲线： $\begin{cases} F(x, y, z) = 0, \\ G(x, y, z) = 0. \end{cases}$

当 $\dfrac{\partial(F, G)}{\partial(y, z)} = \begin{vmatrix} \dfrac{\partial F}{\partial y} & \dfrac{\partial F}{\partial z} \\ \dfrac{\partial G}{\partial y} & \dfrac{\partial G}{\partial z} \end{vmatrix} \neq 0$ 时，可确定 $\begin{cases} x = x, \\ y = y(x), \\ z = z(x). \end{cases}$

取 $\boldsymbol{\tau} = \begin{vmatrix} \boldsymbol{i} & \boldsymbol{j} & \boldsymbol{k} \\ F'_x & F'_y & F'_z \\ G'_x & G'_y & G'_z \end{vmatrix}_{P_0} = (A, B, C)$.

切线方程：$\dfrac{x - x_0}{A} = \dfrac{y - y_0}{B} = \dfrac{z - z_0}{C}$；

法平面方程：$A(x - x_0) + B(y - y_0) + C(z - z_0) = 0$.

例 17.2 设函数 $z = f(x, y)$ 在点 $(0, 0)$ 附近有定义，且 $f'_x(0, 0) = 3$，则曲线 $\begin{cases} z = f(x, y), \\ y = 0 \end{cases}$ 在点 $(0, 0, f(0, 0))$ 处的法平面方程为 _____.

【解】应填 $x + 3z - 3f(0, 0) = 0$.

曲线 $\begin{cases} z = f(x, y), \\ y = 0 \end{cases}$ 可写成参数式：$\begin{cases} x = t, \\ y = 0, \\ z = f(t, 0), \end{cases}$ 则

$$\boldsymbol{\tau} = (x'_t, y'_t, z'_t)\Big|_{t=0} = (1, 0, f'_x(0, 0)) = (1, 0, 3).$$

故所求法平面方程为 $x + 3z - 3f(0, 0) = 0$.

四 空间曲面的切平面与法线

(1) 用隐式方程给出曲面：$F(x, y, z) = 0$，其中 F 的一阶偏导数连续.

其在 $P_0(x_0, y_0, z_0)$ 处的法向量 $\boldsymbol{n} = \left(F'_x\Big|_{P_0}, F'_y\Big|_{P_0}, F'_z\Big|_{P_0} \right)$.

切平面方程：$F'_x\Big|_{P_0} \cdot (x - x_0) + F'_y\Big|_{P_0} \cdot (y - y_0) + F'_z\Big|_{P_0} \cdot (z - z_0) = 0$.

法线方程：$\dfrac{x - x_0}{F'_x\big|_{P_0}} = \dfrac{y - y_0}{F'_y\big|_{P_0}} = \dfrac{z - z_0}{F'_z\big|_{P_0}}$.

(2) 用显式函数给出曲面：$z = f(x, y) \Rightarrow f(x, y) - z = 0$，**其中 f 的一阶偏导数连续.**

其在 $P_0(x_0, y_0, z_0)$ 处的法向量 $\boldsymbol{n} = (f'_x(x_0, y_0), f'_y(x_0, y_0), -1)$.

此法向量方向向下.

切平面方程：$f'_x(x_0, y_0)(x - x_0) + f'_y(x_0, y_0)(y - y_0) - (z - z_0) = 0$.

法线方程：$\dfrac{x - x_0}{f'_x(x_0, y_0)} = \dfrac{y - y_0}{f'_y(x_0, y_0)} = \dfrac{z - z_0}{-1}$.

例 17.3 曲面 $e^{\frac{x}{z}} + e^{\frac{y}{z}} = 4$ 在点 $(\ln 2, \ln 2, 1)$ 处的切平面方程为 _____.

【解】应填 $x + y - (2\ln 2)z = 0$.

令 $F(x, y, z) = e^{\frac{x}{z}} + e^{\frac{y}{z}} - 4$，则 $F'_x = \dfrac{1}{z}e^{\frac{x}{z}}$，$F'_y = \dfrac{1}{z}e^{\frac{y}{z}}$，$F'_z = -\dfrac{x}{z^2}e^{\frac{x}{z}} - \dfrac{y}{z^2}e^{\frac{y}{z}}$，故曲面 $e^{\frac{x}{z}} + e^{\frac{y}{z}} = 4$ 在点 $(\ln 2, \ln 2, 1)$ 处的法向量为

$$\boldsymbol{n} = \left(\dfrac{1}{z}e^{\frac{x}{z}}, \dfrac{1}{z}e^{\frac{y}{z}}, -\dfrac{x}{z^2}e^{\frac{x}{z}} - \dfrac{y}{z^2}e^{\frac{y}{z}} \right)\Bigg|_{(\ln 2, \ln 2, 1)} = (2, 2, -4\ln 2).$$

于是在点 $(\ln 2, \ln 2, 1)$ 处的切平面方程为

$$2(x - \ln 2) + 2(y - \ln 2) - 4\ln 2(z - 1) = 0,$$

即 $x + y - (2\ln 2)z = 0$.

例 17.4 设 f 可微，则曲面 $e^{2x - z} = f(\pi y - \sqrt{2}z)$ 是（ ）.

(A) 旋转抛物面　　　　　　　　(B) 双叶双曲面

(C) 单叶双曲面　　　　　　　　(D) 柱面

【解】应选(D).

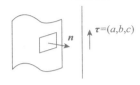

设 $F = f(\pi y - \sqrt{2}z) - e^{2x-z}$，则曲面上任一点处的法向量为

$$\boldsymbol{n} = (-2e^{2x-z}, \pi f', -\sqrt{2}f' + e^{2x-z}).$$

设某定向量 $\boldsymbol{\tau} = (a, b, c)$（$a, b, c$ 不同时为零）与 $\boldsymbol{n}$ 垂直，即

$$\boldsymbol{n} \cdot (a, b, c) = -2ae^{2x-z} + \pi bf' + (-\sqrt{2}f' + e^{2x-z})c \equiv 0,$$

解得 $a = \dfrac{c}{2}, b = \dfrac{\sqrt{2}}{\pi}c$，令 $c = 1$，则 $a = \dfrac{1}{2}, b = \dfrac{\sqrt{2}}{\pi}$，这样曲面上任一点处的法向量 $\boldsymbol{n}$ 均与定向量 $\left(\dfrac{1}{2}, \dfrac{\sqrt{2}}{\pi}, 1\right)$ 垂直，这说明该曲面是柱面.

 五　空间曲线在坐标面上的投影

以求空间曲线 Γ 在 xOy 面上的投影曲线为例. 将 $\Gamma: \begin{cases} F(x, y, z) = 0, \\ G(x, y, z) = 0 \end{cases}$ 中的 z

消去，得到 $\varphi(x, y) = 0$，则曲线 Γ 在 xOy 面上的投影曲线包含于曲线 $\begin{cases} \varphi(x, y) = 0, \\ z = 0. \end{cases}$

曲线 Γ 在其他平面上的投影曲线可类似求得.

六　旋转曲面：曲线 Γ 绕一条定直线旋转一周所形成的曲面

曲线 $\Gamma: \begin{cases} F(x, y, z) = 0, \\ G(x, y, z) = 0 \end{cases}$ 绕直线 $L: \dfrac{x - x_0}{m} = \dfrac{y - y_0}{n} = \dfrac{z - z_0}{p}$ 旋转一周形成

一个旋转曲面，旋转曲面方程的求法如下.

如图 17-1 所示，设 $M_0(x_0, y_0, z_0)$，方向向量 $\boldsymbol{s} = (m, n, p)$. 在母线 Γ

上任取一点 $M_1(x_1, y_1, z_1)$，则过 M_1 的纬圆上的任意一点 $P(x, y, z)$ 满

足条件

$$\overrightarrow{M_1P} \perp \boldsymbol{s}, \quad |\overrightarrow{M_0P}| = |\overrightarrow{M_0M_1}|,$$

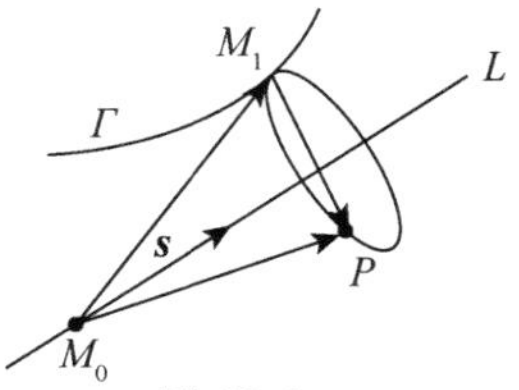

即 $\begin{cases} m(x - x_1) + n(y - y_1) + p(z - z_1) = 0, \\ (x - x_0)^2 + (y - y_0)^2 + (z - z_0)^2 = (x_1 - x_0)^2 + (y_1 - y_0)^2 + (z_1 - z_0)^2, \end{cases}$

图 17-1

与方程 $F(x_1, y_1, z_1) = 0$ 和 $G(x_1, y_1, z_1) = 0$ 联立消去 x_1, y_1, z_1，便可得到旋转曲面的

方程.

【注】常考曲线 $\Gamma: \begin{cases} F(x, y, z) = 0, \\ G(x, y, z) = 0 \end{cases}$ 绕 z 轴旋转一周而成的旋转曲面的方程.

如图 17-2 所示，在曲线 Γ 上任取一点 $M_1(x_1,y_1,z_1)$，则过点 M_1 的纬圆上的任意一点 $P(x,y,z)$ 满足条件 $|\overrightarrow{OP}| = |\overrightarrow{OM_1}|$ 和 $z = z_1$，即 $x^2+y^2+z^2 = x_1^2+y_1^2+z_1^2$ 且 $z = z_1$，得

$$x^2+y^2 = x_1^2+y_1^2.$$

从方程组 $\begin{cases} F(x_1,y_1,z)=0, \\ G(x_1,y_1,z)=0, \\ x^2+y^2=x_1^2+y_1^2 \end{cases}$ 中消去 x_1 和 y_1，便得到旋转曲面的

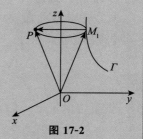

图 17-2

方程.

如果能从方程组 $\begin{cases} F(x,y,z)=0, \\ G(x,y,z)=0 \end{cases}$ 中解出 $x = f_1(z)$ 和 $y = f_2(z)$，则旋转曲面的方程为

$$x^2+y^2 = [f_1(z)]^2+[f_2(z)]^2.$$

同理，Γ 绕 y 轴旋转一周而成的旋转曲面的方程为 $x^2+z^2 = [f_3(y)]^2+[f_4(y)]^2$；$\Gamma$ 绕 x 轴旋转一周而成的旋转曲面的方程为 $y^2+z^2 = [f_5(x)]^2+[f_6(x)]^2$. 若记得住这些公式，可直接套用.

例 17.5 设 Σ_1 是由过点 $(0,-1,1)$ 与点 $(0,0,0)$ 的直线 L 绕 z 轴旋转一周所得的旋转曲面位于 $z \geqslant 0$ 的部分，Σ_2 的方程为 $z^2 = 2x$，则 Σ_1 与 Σ_2 的交线 Γ 在 xOy 面上的投影曲线方程为 _____ .

【解】 应填 $\begin{cases} x^2+y^2=2x, \\ z=0. \end{cases}$

直线 L 的两点式方程为 $\dfrac{x}{0} = \dfrac{y+1}{1} = \dfrac{z-1}{-1}$，参数方程为 $\begin{cases} x=0, \\ y=-1+t, \\ z=1-t, \end{cases} t$

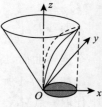

为参数，即 $\begin{cases} x=0, \\ y=-z, \end{cases}$ 由六的注，得 Σ_1 的方程为 $x^2+y^2 = 0^2+(-z)^2 = z^2$，

也即 $z = \sqrt{x^2+y^2}$.

将 $\begin{cases} z=\sqrt{x^2+y^2}, \\ z^2=2x \end{cases}$ 中的 z 消去，得 $x^2+y^2 = 2x$，即得到投影曲线方程为 $\begin{cases} x^2+y^2=2x, \\ z=0. \end{cases}$ 曲线 Γ

和其在 xOy 面上的投影如图 17-3 所示.

图 17-3

例 17.6 直线 $L: \begin{cases} x-y+2z-1=0, \\ x-3y-2z+1=0 \end{cases}$ 绕 y 轴旋转一周所形成的曲面方程为 _____ .

【解】 应填 $4x^2-17y^2+4z^2+2y-1=0$.

如图 17-4 所示，在直线 L 上任取一点 $M_1(x_1,y_1,z_1)$，则过点 M_1 的纬圆上的任一点 $P(x,y,z)$ 满足条件 $|\overrightarrow{OM_1}| = |\overrightarrow{OP}|$，且 $y = y_1$.

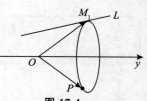

图 17-4

于是由 $x^2 + y^2 + z^2 = x_1^2 + y_1^2 + z_1^2$，得 $x^2 + z^2 = x_1^2 + z_1^2$.

由 L 的方程解出 $x_1 = 2y_1$，$z_1 = -\dfrac{1}{2}(y_1 - 1)$，即 $x_1 = 2y$，$z_1 = -\dfrac{1}{2}(y - 1)$. 于是旋转曲面方程为

$$x^2 + z^2 = (2y)^2 + \left[-\frac{1}{2}(y - 1) \right]^2，即 \ 4x^2 - 17y^2 + 4z^2 + 2y - 1 = 0.$$

【注】由六的注，根据 L 的方程 $\begin{cases} x - y + 2z - 1 = 0, \\ x - 3y - 2z + 1 = 0 \end{cases}$ 解得 $\begin{cases} x = 2y, \\ z = -\dfrac{1}{2}(y - 1) \end{cases}$，于是直接得 L 绕

y 轴旋转一周所形成的曲面方程为 $x^2 + z^2 = (2y)^2 + \left[-\dfrac{1}{2}(y - 1) \right]^2$，即

$$4x^2 - 17y^2 + 4z^2 + 2y - 1 = 0.$$

七 场论初步

1. 方向导数

定义 设三元函数 $u = u(x, y, z)$ 在点 $P_0(x_0, y_0, z_0)$ 的某空间邻域 $U \subset \mathbf{R}^3$ 内有定义，l 为从点 P_0 出发的射线，$P(x, y, z)$ 为 l 上且在 U 内的任一点，则

$$\begin{cases} x - x_0 = \Delta x = t \cos \alpha, \\ y - y_0 = \Delta y = t \cos \beta, \\ z - z_0 = \Delta z = t \cos \gamma. \end{cases}$$

以 $t = \sqrt{(\Delta x)^2 + (\Delta y)^2 + (\Delta z)^2}$ 表示 P 与 P_0 之间的距离，如图 17-5 所示，若极限

$$\lim_{t \to 0^+} \frac{u(P) - u(P_0)}{t}$$

$$= \lim_{t \to 0^+} \frac{u(x_0 + t \cos \alpha, y_0 + t \cos \beta, z_0 + t \cos \gamma) - u(x_0, y_0, z_0)}{t}$$

图 17-5

存在，则称此极限为函数 $u = u(x, y, z)$ 在点 P_0 处沿方向 l 的**方向导数**，记作 $\left. \dfrac{\partial u}{\partial l} \right|_{P_0}$.

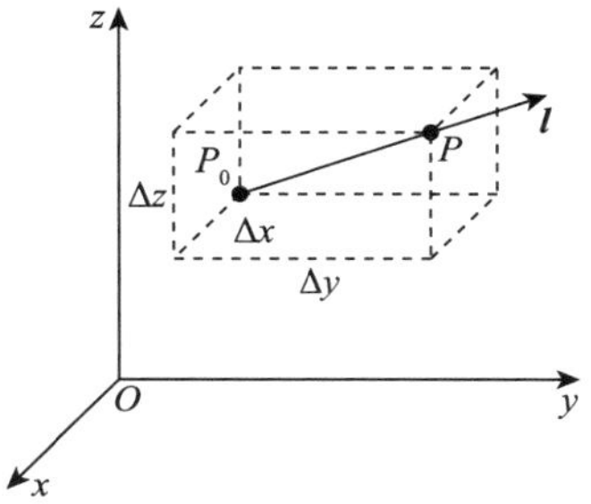

定理（方向导数的计算公式） 设三元函数 $u = u(x, y, z)$ 在点 $P_0(x_0, y_0, z_0)$ 处可微分，则 $u = u(x, y, z)$ 在点 P_0 处沿任一方向 l 的方向导数都存在，且

$$\left. \frac{\partial u}{\partial l} \right|_{P_0} = u_x'(P_0) \cos \alpha + u_y'(P_0) \cos \beta + u_z'(P_0) \cos \gamma,$$

其中 $\cos \alpha, \cos \beta, \cos \gamma$ 为方向 l 的方向余弦.

【注】二元函数 $f(x, y)$ 的情况与三元函数类似.

2. 梯度

定义　设三元函数 $u = u(x, y, z)$ 在点 $P_0(x_0, y_0, z_0)$ 处具有一阶连续偏导数,则定义

$$\mathbf{grad}\ u\Big|_{P_0} = (u_x'(P_0), u_y'(P_0), u_z'(P_0))$$

为函数 $u = u(x, y, z)$ 在点 P_0 处的**梯度**.

3. 方向导数与梯度的关系

由方向导数的计算公式 $\dfrac{\partial u}{\partial l}\Big|_{P_0} = u_x'(P_0)\cos\alpha + u_y'(P_0)\cos\beta + u_z'(P_0)\cos\gamma$ 与梯度的定义

$$\mathbf{grad}\ u\Big|_{P_0} = (u_x'(P_0), u_y'(P_0), u_z'(P_0)),$$

可得到　$\dfrac{\partial u}{\partial l}\Big|_{P_0} = (u_x'(P_0), u_y'(P_0), u_z'(P_0)) \cdot (\cos\alpha, \cos\beta, \cos\gamma) = \mathbf{grad}\ u\Big|_{P_0} \cdot \boldsymbol{l}^\circ$

$$= \Big|\mathbf{grad}\ u\Big|_{P_0}\Big| \ |\boldsymbol{l}^\circ| \cos\theta = \Big|\mathbf{grad}\ u\Big|_{P_0}\Big| \cos\theta,$$

其中 θ 为 $\mathbf{grad}\ u\Big|_{P_0}$ 与 $\boldsymbol{l}^\circ$ 的夹角,当 $\cos\theta = 1$ 时,$\dfrac{\partial u}{\partial l}\Big|_{P_0}$ 有最大值.

于是有重要结论:函数在某点处的梯度是一个向量,它的方向与取得最大方向导数的方向一致,而它的模为方向导数的最大值

$$|\mathbf{grad}\ u| = \sqrt{(u_x')^2 + (u_y')^2 + (u_z')^2}.$$

4. 散度

定义　设向量场 $\boldsymbol{A}(x, y, z) = P(x, y, z)\boldsymbol{i} + Q(x, y, z)\boldsymbol{j} + R(x, y, z)\boldsymbol{k}$,则

$$\operatorname{div}\boldsymbol{A} = \frac{\partial P}{\partial x} + \frac{\partial Q}{\partial y} + \frac{\partial R}{\partial z}$$

叫作向量场 $\boldsymbol{A}$ 的**散度**.

【注】(1) 考小题时,直接套公式即可.

(2) 稍作解释:$\operatorname{div}\boldsymbol{A}$ 表示场在 (x, y, z) 处源头的强弱程度,若 $\operatorname{div}\boldsymbol{A} = 0$ 在场内处处成立,则称 $\boldsymbol{A}$ 为**无源场**.

5. 旋度

定义　设向量场 $\boldsymbol{A}(x, y, z) = P(x, y, z)\boldsymbol{i} + Q(x, y, z)\boldsymbol{j} + R(x, y, z)\boldsymbol{k}$,则

$$\mathbf{rot}\ \boldsymbol{A} = \begin{vmatrix} \boldsymbol{i} & \boldsymbol{j} & \boldsymbol{k} \\ \dfrac{\partial}{\partial x} & \dfrac{\partial}{\partial y} & \dfrac{\partial}{\partial z} \\ P & Q & R \end{vmatrix}$$

叫作向量场 $\boldsymbol{A}$ 的**旋度**.

【注】(1) 考小题时,直接套公式即可.

(2) 稍作解释:**rot A** 表示场在(x,y,z)处最大旋转趋势的度量,若 **rot A**$=0$ 在场内处处成立,则称 **A** 为**无旋场**.

例 17.7 函数 $f(x,y,z)=x^2y+z^2$ 在点$(1,2,0)$处沿向量 **n**$=(1,2,2)$ 的方向导数为（　　）.

(A)12　　　　　　　(B)6　　　　　　　(C)4　　　　　　　(D)2

【解】应选(D).

因为函数可微分,且

$$\frac{\partial f}{\partial x}\Big|_{(1,2,0)}=2xy\Big|_{(1,2,0)}=4,\ \frac{\partial f}{\partial y}\Big|_{(1,2,0)}=x^2\Big|_{(1,2,0)}=1,\ \frac{\partial f}{\partial z}\Big|_{(1,2,0)}=2z\Big|_{(1,2,0)}=0,$$

与 **n** 同方向的单位向量为 $\dfrac{\boldsymbol{n}}{|\boldsymbol{n}|}=\left(\dfrac{1}{3},\dfrac{2}{3},\dfrac{2}{3}\right)$,所以所求方向导数为

$$\frac{\partial f}{\partial \boldsymbol{n}}\Big|_{(1,2,0)}=4\times\frac{1}{3}+1\times\frac{2}{3}+0\times\frac{2}{3}=2.$$

例 17.8 已知二元函数

$$f(x,y)=\begin{cases} x+y+\dfrac{x^3y}{x^4+y^2}, & (x,y)\neq(0,0), \\ 0, & (x,y)=(0,0), \end{cases}$$

则 $f(x,y)$ 在点$(0,0)$处（　　）.

(A) 可微,且沿 **l**$=(\cos\alpha,\cos\beta)$ 的方向导数存在

(B) 可微,但沿 **l**$=(\cos\alpha,\cos\beta)$ 的方向导数不存在

(C) 不可微,但沿 **l**$=(\cos\alpha,\cos\beta)$ 的方向导数存在

(D) 不可微,且沿 **l**$=(\cos\alpha,\cos\beta)$ 的方向导数不存在

【解】应选(C).

由于

$$f'_x(0,0)=\lim_{x\to 0}\frac{f(x,0)-f(0,0)}{x-0}=1,\ f'_y(0,0)=\lim_{y\to 0}\frac{f(0,y)-f(0,0)}{y-0}=1,$$

故

$$\Delta f-(\Delta x+\Delta y)=\frac{(\Delta x)^3\Delta y}{(\Delta x)^4+(\Delta y)^2}.$$

取路径 $\Delta y=(\Delta x)^2$,则

$$\lim_{\substack{\Delta x\to 0\\ \Delta y=(\Delta x)^2}}\frac{(\Delta x)^3\Delta y}{(\Delta x)^4+(\Delta y)^2}\cdot\frac{1}{\sqrt{(\Delta x)^2+(\Delta y)^2}}=\lim_{\Delta x\to 0}\frac{(\Delta x)^5}{2(\Delta x)^4\cdot|\Delta x|\sqrt{1+(\Delta x)^2}}\neq 0,$$

故 $f(x,y)$ 在点$(0,0)$处不可微,需用定义求方向导数.

令 $\Delta x=\rho\cos\alpha,\Delta y=\rho\cos\beta$,则 $\rho=\sqrt{(\Delta x)^2+(\Delta y)^2}$,从而

$$\frac{\partial f}{\partial \boldsymbol{l}}\Big|_{(0,0)}=\lim_{\rho\to 0^+}\frac{f(\Delta x,\Delta y)-f(0,0)}{\rho}$$

$$=\lim_{\rho\to 0^{+}}\frac{1}{\rho}\left(\rho\cos\alpha+\rho\cos\beta+\frac{\rho^{4}\cos^{3}\alpha\cos\beta}{\rho^{4}\cos^{4}\alpha+\rho^{2}\cos^{2}\beta}\right)$$
$$=\cos\alpha+\cos\beta.$$

故方向导数存在,选(C).

例 17.9 (1) 已知直线 L 是直线

$$\begin{cases}2x-z-3=0,\\ y-2z+4=0\end{cases}$$

在平面 $x+y-z=5$ 上的投影方程,求 L 的表达式;

(2) 求函数 $f(x,y,z)=\cos^{2}xy+\dfrac{y}{z^{2}}$ 在点 $P(0,-1,1)$ 处沿直线 L 的方向导数.

【解】(1) 设过直线 L 的平面束方程为 $(2x-z-3)+\lambda(y-2z+4)=0$,即
$$2x+\lambda y-(2\lambda+1)z+4\lambda-3=0,$$
其中 λ 为待定常数. 此平面与平面 $x+y-z=5$ 垂直的条件是
$$2\cdot 1+\lambda\cdot 1-(2\lambda+1)\cdot(-1)=0,$$
解得 $\lambda=-1$,故直线 L 为
$$\begin{cases}2x-y+z-7=0,\\ x+y-z=5.\end{cases}$$

(2) 由(1)知,直线 L 的方向向量为 $\begin{vmatrix}\boldsymbol{i} & \boldsymbol{j} & \boldsymbol{k}\\ 2 & -1 & 1\\ 1 & 1 & -1\end{vmatrix}=3\boldsymbol{j}+3\boldsymbol{k}$,取 $\boldsymbol{\tau}=(0,1,1)$ 即可,其方向余弦

$$(\cos\alpha,\cos\beta,\cos\gamma)=\pm\frac{\boldsymbol{\tau}}{|\boldsymbol{\tau}|}=\pm\left(0,\frac{1}{\sqrt{2}},\frac{1}{\sqrt{2}}\right).$$

在点 $P(0,-1,1)$ 处,$f_{x}'=0,f_{y}'=1,f_{z}'=2$,从而得

$$\left.\frac{\partial f}{\partial\boldsymbol{\tau}}\right|_{P}=\pm\left(0\times 0+1\times\frac{1}{\sqrt{2}}+2\times\frac{1}{\sqrt{2}}\right)=\pm\frac{3}{\sqrt{2}}=\pm\frac{3}{2}\sqrt{2}.$$

例 17.10 已知函数 $z=f(x,y)$ 可微,其在点 $P_{0}(1,2)$ 处

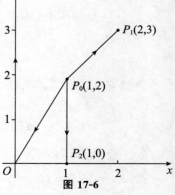

沿从 P_{0} 到 $P_{1}(2,3)$ 的方向的方向导数为 $2\sqrt{2}$,沿从 P_{0} 到 $P_{2}(1,0)$ 的方向的方向导数为 -3,则 z 在点 P_{0} 处的最大方向导数为_____.

【解】应填 $\sqrt{10}$.

如图 17-6 所示,$\boldsymbol{l}_{1}=\overrightarrow{P_{0}P_{1}}=(1,1)$,$\boldsymbol{l}_{2}=\overrightarrow{P_{0}P_{2}}=(0,-2)$,且

$$\boldsymbol{l}_{1}^{\circ}=(\cos\alpha_{1},\cos\beta_{1})=\left(\frac{1}{\sqrt{2}},\frac{1}{\sqrt{2}}\right),$$
$$\boldsymbol{l}_{2}^{\circ}=(\cos\alpha_{2},\cos\beta_{2})=(0,-1).$$

由方向导数计算公式,有

图 17-6

$$\frac{\partial f}{\partial x}\bigg|_{P_0} \cdot \frac{1}{\sqrt{2}} + \frac{\partial f}{\partial y}\bigg|_{P_0} \cdot \frac{1}{\sqrt{2}} = 2\sqrt{2},$$

$$\frac{\partial f}{\partial x}\bigg|_{P_0} \cdot 0 + \frac{\partial f}{\partial y}\bigg|_{P_0} \cdot (-1) = -3,$$

解得 $z'_x(P_0) = 1, z'_y(P_0) = 3$，故 z 在点 P_0 处的最大方向导数为

$$\left| \mathbf{grad}\, z \bigg|_{P_0} \right| = \sqrt{[z'_x(P_0)]^2 + [z'_y(P_0)]^2} = \sqrt{10}.$$

【注】本题的问题可作如下推广：设 $z = f(x,y)$ 可微，记任意一点 $P_0(x_0, y_0)$，从 P_0 出发，沿两条不共线的方向 $\boldsymbol{l}_1^\circ = (\cos\alpha_1, \cos\beta_1)$ 与 $\boldsymbol{l}_2^\circ = (\cos\alpha_2, \cos\beta_2)$ 的方向导数分别为

$$\begin{cases} \dfrac{\partial f}{\partial \boldsymbol{l}_1^\circ}\bigg|_{P_0} = \dfrac{\partial f}{\partial x}\bigg|_{P_0} \cdot \cos\alpha_1 + \dfrac{\partial f}{\partial y}\bigg|_{P_0} \cdot \cos\beta_1, \\[2mm] \dfrac{\partial f}{\partial \boldsymbol{l}_2^\circ}\bigg|_{P_0} = \dfrac{\partial f}{\partial x}\bigg|_{P_0} \cdot \cos\alpha_2 + \dfrac{\partial f}{\partial y}\bigg|_{P_0} \cdot \cos\beta_2, \end{cases}$$

其中 $\begin{vmatrix} \cos\alpha_1 & \cos\beta_1 \\ \cos\alpha_2 & \cos\beta_2 \end{vmatrix} \neq 0.$

(1) 若 $\dfrac{\partial f}{\partial \boldsymbol{l}_1^\circ}\bigg|_{P_0}, \dfrac{\partial f}{\partial \boldsymbol{l}_2^\circ}\bigg|_{P_0}$ 不全为 0，则该非齐次方程组有唯一解，如例 17.10 的解答过程。

(2) 若 $\dfrac{\partial f}{\partial \boldsymbol{l}_1^\circ}\bigg|_{P_0} = \dfrac{\partial f}{\partial \boldsymbol{l}_2^\circ}\bigg|_{P_0} = 0$，则该齐次方程组只有零解，即 $\dfrac{\partial f}{\partial x}\bigg|_{P_0} = \dfrac{\partial f}{\partial y}\bigg|_{P_0} = 0$，故

$\mathrm{d}f\big|_{P_0} = \dfrac{\partial f}{\partial x}\bigg|_{P_0} \mathrm{d}x + \dfrac{\partial f}{\partial y}\bigg|_{P_0} \mathrm{d}y = 0.$ 由 P_0 的任意性，有 $\mathrm{d}f = 0$，故 $f(x,y)$ 为一常数。

例 17.11 设 $\boldsymbol{F}(x,y,z) = xy\boldsymbol{i} - yz\boldsymbol{j} + zx\boldsymbol{k}$，则 $\mathbf{rot}\,\boldsymbol{F}(1,1,0) = $ _____.

【解】应填 $\boldsymbol{i} - \boldsymbol{k}.$

记三元向量函数 $\boldsymbol{F}(x,y,z) = (P, Q, R)$，则

$$\mathbf{rot}\,\boldsymbol{F}(x,y,z) = \begin{vmatrix} \boldsymbol{i} & \boldsymbol{j} & \boldsymbol{k} \\ \dfrac{\partial}{\partial x} & \dfrac{\partial}{\partial y} & \dfrac{\partial}{\partial z} \\ P & Q & R \end{vmatrix},$$

这里 $P = xy, Q = -yz, R = zx$，于是

$$\mathbf{rot}\,\boldsymbol{F}(1,1,0) = \begin{vmatrix} \boldsymbol{i} & \boldsymbol{j} & \boldsymbol{k} \\ \dfrac{\partial}{\partial x} & \dfrac{\partial}{\partial y} & \dfrac{\partial}{\partial z} \\ xy & -yz & zx \end{vmatrix}_{(1,1,0)} = (y\boldsymbol{i} - z\boldsymbol{j} - x\boldsymbol{k})\big|_{(1,1,0)} = \boldsymbol{i} - \boldsymbol{k}.$$

第18讲
多元函数积分学（仅数学一）

三重积分
- 概念与对称性
  - 概念
  - 对称性
    - 普通对称性
    - 轮换对称性
- 计算
  - 直角坐标系
    - 先一后二法（先 z 后 xy 法，也叫投影穿线法）
      - 适用场合
      - 计算方法
    - 先二后一法（先 xy 后 z 法，也叫定限截面法）
      - 适用场合
      - 计算方法
  - 柱面坐标系 = 极坐标下二重积分与定积分
  - 球面坐标系
    - 适用场合
    - 计算方法

第一型曲线积分
- 概念与对称性
  - 概念
  - 对称性
    - 普通对称性
    - 轮换对称性
- 计算
  - 空间情形
  - 平面情形

第一型曲面积分
- 概念与对称性
  - 概念
  - 对称性
    - 普通对称性
    - 轮换对称性
- 计算

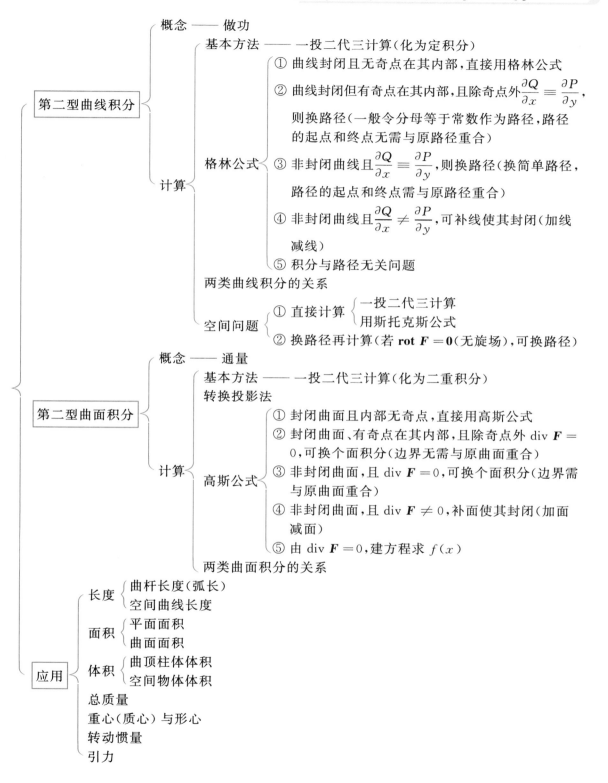

第二型曲线积分
- 概念 —— 做功
- 计算
  - 基本方法 —— 一投二代三计算（化为定积分）
  - 格林公式
    - ① 曲线封闭且无奇点在其内部，直接用格林公式
    - ② 曲线封闭但有奇点在其内部，且除奇点外 $\dfrac{\partial Q}{\partial x} \equiv \dfrac{\partial P}{\partial y}$，则换路径（一般令分母等于常数作为路径，路径的起点和终点无需与原路径重合）
    - ③ 非封闭曲线且 $\dfrac{\partial Q}{\partial x} \equiv \dfrac{\partial P}{\partial y}$，则换路径（换简单路径，路径的起点和终点需与原路径重合）
    - ④ 非封闭曲线且 $\dfrac{\partial Q}{\partial x} \neq \dfrac{\partial P}{\partial y}$，可补线使其封闭（加线减线）
    - ⑤ 积分与路径无关问题
  - 两类曲线积分的关系
  - 空间问题
    - ① 直接计算 { 一投二代三计算 / 用斯托克斯公式
    - ② 换路径再计算（若 **rot** $F = 0$（无旋场），可换路径）

第二型曲面积分
- 概念 —— 通量
- 计算
  - 基本方法 —— 一投二代三计算（化为二重积分）
  - 转换投影法
  - 高斯公式
    - ① 封闭曲面且内部无奇点，直接用高斯公式
    - ② 封闭曲面、有奇点在其内部，且除奇点外 div $F = 0$，可换个面积分（边界无需与原曲面重合）
    - ③ 非封闭曲面，且 div $F = 0$，可换个面积分（边界需与原曲面重合）
    - ④ 非封闭曲面，且 div $F \neq 0$，补面使其封闭（加面减面）
    - ⑤ 由 div $F = 0$，建方程求 $f(x)$
  - 两类曲面积分的关系

应用
- 长度 { 曲杆长度（弧长） / 空间曲线长度
- 面积 { 平面面积 / 曲面面积
- 体积 { 曲顶柱体体积 / 空间物体体积
- 总质量
- 重心（质心）与形心
- 转动惯量
- 引力

1. 概念与对称性

(1) 概念.

$$\iiint\limits_{\Omega} g(x,y,z)\mathrm{d}v$$

$$=\lim_{n\to\infty}\sum_{i=1}^{n}\sum_{j=1}^{n}\sum_{k=1}^{n} g\left(a+\frac{b-a}{n}i, c+\frac{d-c}{n}j, e+\frac{f-e}{n}k\right)\cdot\frac{b-a}{n}\cdot\frac{d-c}{n}\cdot\frac{f-e}{n},$$

其中 $\Omega=\{(x,y,z)\mid a\leqslant x\leqslant b, c\leqslant y\leqslant d, e\leqslant z\leqslant f\}$.

例 18.1　$\displaystyle\lim_{n\to\infty}\frac{\pi}{2n^5}\sum_{i=1}^{n}\sum_{j=1}^{n}\sum_{k=1}^{n}i^2\sin\frac{\pi j}{2n}\cos\frac{k}{n}=$ _____ .

【解】应填 $\dfrac{1}{3}\sin 1$.

$$\lim_{n\to\infty}\frac{\pi}{2n^5}\sum_{i=1}^{n}\sum_{j=1}^{n}\sum_{k=1}^{n}i^2\sin\frac{\pi j}{2n}\cos\frac{k}{n}=\frac{\pi}{2}\lim_{n\to\infty}\sum_{i=1}^{n}\sum_{j=1}^{n}\sum_{k=1}^{n}\left(\frac{i}{n}\right)^2\sin\frac{\pi j}{2n}\cos\frac{k}{n}\cdot\frac{1}{n}\cdot\frac{1}{n}\cdot\frac{1}{n}$$

$$=\frac{\pi}{2}\int_0^1 x^2\,\mathrm{d}x\int_0^1\sin\left(\frac{\pi}{2}y\right)\mathrm{d}y\int_0^1\cos z\,\mathrm{d}z$$

$$=\frac{\pi}{2}\cdot\frac{1}{3}\cdot\frac{2}{\pi}\cdot\sin 1=\frac{1}{3}\sin 1.$$

(2) 对称性.

分析方法与二重积分完全一样.

① **普通对称性.**

假设 Ω 关于 xOz 面对称, 则

$$\iiint\limits_{\Omega} f(x,y,z)\mathrm{d}v=\begin{cases}2\iiint\limits_{\Omega_1} f(x,y,z)\mathrm{d}v, & f(x,y,z)=f(x,-y,z),\\[2mm] 0, & f(x,y,z)=-f(x,-y,z),\end{cases}$$

其中 Ω_1 是 Ω 在 xOz 面右边的部分.

关于其他坐标面对称的情况与此类似.

② **轮换对称性.**

在直角坐标系下, 若把 x 与 y 对调后, Ω 不变, 则

$$\iiint\limits_{\Omega} f(x,y,z)\mathrm{d}x\,\mathrm{d}y\,\mathrm{d}z=\iiint\limits_{\Omega} f(y,x,z)\mathrm{d}x\,\mathrm{d}y\,\mathrm{d}z,$$

这就是**轮换对称性**. 关于其他情况与此类似.

如 $\Omega=\{(x,y,z)\mid x^2+y^2+z^2\leqslant R^2\}$, 则 $\displaystyle\iiint\limits_{\Omega} f(x)\mathrm{d}x\,\mathrm{d}y\,\mathrm{d}z=\iiint\limits_{\Omega} f(y)\mathrm{d}x\,\mathrm{d}y\,\mathrm{d}z=\iiint\limits_{\Omega} f(z)\mathrm{d}x\,\mathrm{d}y\,\mathrm{d}z$ 可以化简计算.

2. 计算

（1）直角坐标系.

① 先一后二法（先 z 后 xy 法，也叫**投影穿线法**）.

a. 适用场合.

Ω 有下曲面 $z = z_1(x, y)$、上曲面 $z = z_2(x, y)$，无侧面或侧面为柱面，如图 18-1 所示.

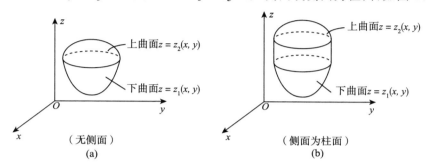

图 18-1

b. 计算方法.

如图 18-2 所示，有 $\displaystyle\iiint\limits_{\Omega} f(x, y, z)\mathrm{d}v = \iint\limits_{D_{xy}} \mathrm{d}\sigma \int_{z_1(x, y)}^{z_2(x, y)} f(x, y, z)\mathrm{d}z$.

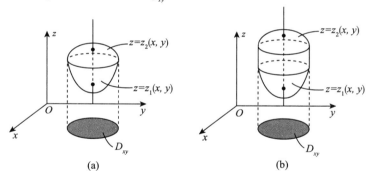

图 18-2

② 先二后一法（先 xy 后 z 法，也叫**定限截面法**）.

a. 适用场合.

Ω 是旋转体，其旋转曲面方程为 $\Sigma: z = z(x, y)$，如图 18-3 所示.

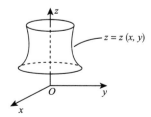

图 18-3

b. 计算方法.

如图 18-4 所示,有 $\displaystyle\iiint_{\Omega} f(x,y,z)\,\mathrm{d}v = \int_a^b \mathrm{d}z \iint_{D_z} f(x,y,z)\,\mathrm{d}\sigma.$

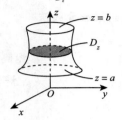

图 18-4

(2) 柱面坐标系＝极坐标下二重积分与定积分.

在直角坐标系的计算中,如若 $\displaystyle\iint_{D_{xy}} \mathrm{d}\sigma$ 适用于极坐标系,则令 $\begin{cases} x = r\cos\theta, \\ y = r\sin\theta, \end{cases}$ 便有

$$\iiint_{\Omega} f(x,y,z)\,\mathrm{d}x\mathrm{d}y\mathrm{d}z = \iiint_{\Omega} f(r\cos\theta, r\sin\theta, z)\, r\,\mathrm{d}r\mathrm{d}\theta\mathrm{d}z,$$

此种计算方法称为柱面坐标系下三重积分的计算.

(3) 球面坐标系.

① 适用场合.

a. 被积函数中含 $\begin{cases} f(x^2 + y^2 + z^2), \\ f(x^2 + y^2). \end{cases}$

b. 积分区域为 $\begin{cases} \text{球或球的部分,} \\ \text{锥或锥的部分.} \end{cases}$

② 计算方法.

令

$$\begin{cases} x = r\sin\varphi\cos\theta, \\ y = r\sin\varphi\sin\theta, \\ z = r\cos\varphi, \end{cases}$$

则 $\mathrm{d}v = r^2 \sin\varphi\, \mathrm{d}\theta\mathrm{d}\varphi\mathrm{d}r.$ 且

a. 过 z 轴的半平面与 xOz 面正向夹角为 θ(取值范围 $[0, 2\pi]$) $\begin{cases} \text{先碰到 }\Omega,\text{记 }\theta_1, \\ \text{后离开 }\Omega,\text{记 }\theta_2. \end{cases}$

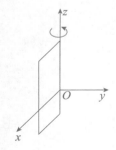

b. 顶点在原点,以 z 轴为中心轴的圆锥面半顶角为 φ（取值范围$[0,\pi]$）$\begin{cases} \text{先碰到 }\Omega,\text{记 }\varphi_1(\theta), \\ \text{后离开 }\Omega,\text{记 }\varphi_2(\theta). \end{cases}$

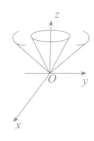 

c. 从原点出发画一条射线为 r（取值范围$[0,+\infty)$）$\begin{cases} \text{先碰到 }\Omega,\text{记 }r_1(\varphi,\theta), \\ \text{后离开 }\Omega,\text{记 }r_2(\varphi,\theta). \end{cases}$

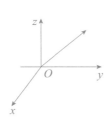 

于是

$$\iiint\limits_{\Omega} f(x,y,z)\mathrm{d}v = \iiint\limits_{\Omega} f(r\sin\varphi\cos\theta,r\sin\varphi\sin\theta,r\cos\varphi)r^2\sin\varphi\mathrm{d}r\mathrm{d}\varphi\mathrm{d}\theta$$

$$= \int_{\theta_1}^{\theta_2}\mathrm{d}\theta\int_{\varphi_1(\theta)}^{\varphi_2(\theta)}\mathrm{d}\varphi\int_{r_1(\varphi,\theta)}^{r_2(\varphi,\theta)} f(r\sin\varphi\cos\theta,r\sin\varphi\sin\theta,r\cos\varphi)r^2\sin\varphi\mathrm{d}r.$$

【注】(1) 关于积分区域 Ω.

这是考试的难点所在,考生需将附录中的常见空间图形认真研究,多画多练,方能提高画图能力.

(2) 关于被积函数 $f(x,y,z)$.

由于积分区域 Ω 较复杂,因此被积函数一般较为简单,以利于题目的命制与求解.

(3) 换元法.

$$\iiint\limits_{\Omega_{xyz}} f(x,y,z)\mathrm{d}x\mathrm{d}y\mathrm{d}z$$

$$\xrightarrow[\substack{y=y(u,v,w) \\ z=z(u,v,w)}]{x=x(u,v,w)} \iiint\limits_{\Omega_{uvw}} f[x(u,v,w),y(u,v,w),z(u,v,w)]\left|\frac{\partial(x,y,z)}{\partial(u,v,w)}\right|\mathrm{d}u\mathrm{d}v\mathrm{d}w.$$

① $f(x,y,z) \rightarrow f[x(u,v,w),y(u,v,w),z(u,v,w)]$.

② $\iiint\limits_{\Omega_{xyz}} \rightarrow \iiint\limits_{\Omega_{uvw}}$.

③ $\mathrm{d}x\,\mathrm{d}y\,\mathrm{d}z \to \left|\dfrac{\partial(x,y,z)}{\partial(u,v,w)}\right|\mathrm{d}u\,\mathrm{d}v\,\mathrm{d}w.$

其中

a. $\begin{cases} x = x(u,v,w), \\ y = y(u,v,w), \\ z = z(u,v,w) \end{cases}$ 是空间 (x,y,z) 到空间 (u,v,w) 的一一映射；

b. $x = x(u,v,w), y = y(u,v,w), z = z(u,v,w)$ 有一阶连续偏导数，且

$$\frac{\partial(x,y,z)}{\partial(u,v,w)} = \begin{vmatrix} \dfrac{\partial x}{\partial u} & \dfrac{\partial x}{\partial v} & \dfrac{\partial x}{\partial w} \\[2mm] \dfrac{\partial y}{\partial u} & \dfrac{\partial y}{\partial v} & \dfrac{\partial y}{\partial w} \\[2mm] \dfrac{\partial z}{\partial u} & \dfrac{\partial z}{\partial v} & \dfrac{\partial z}{\partial w} \end{vmatrix} \neq 0.$$

另外，令 $\begin{cases} x = r\cos\theta, \\ y = r\sin\theta, \\ z = z, \end{cases}$ 则

$$\iiint\limits_{\Omega_{xyz}} f(x,y,z)\mathrm{d}x\,\mathrm{d}y\,\mathrm{d}z = \iiint\limits_{\tilde\Omega_{r\theta z}} f(r\cos\theta, r\sin\theta, z)\left|\frac{\partial(x,y,z)}{\partial(r,\theta,z)}\right|\mathrm{d}r\,\mathrm{d}\theta\,\mathrm{d}z$$

$$= \iiint\limits_{\Omega_{r\theta z}} f(r\cos\theta, r\sin\theta, z)\begin{Vmatrix} \dfrac{\partial x}{\partial r} & \dfrac{\partial x}{\partial \theta} & \dfrac{\partial x}{\partial z} \\[2mm] \dfrac{\partial y}{\partial r} & \dfrac{\partial y}{\partial \theta} & \dfrac{\partial y}{\partial z} \\[2mm] \dfrac{\partial z}{\partial r} & \dfrac{\partial z}{\partial \theta} & \dfrac{\partial z}{\partial z} \end{Vmatrix}\mathrm{d}r\,\mathrm{d}\theta\,\mathrm{d}z$$

$$= \iiint\limits_{\Omega_{r\theta z}} f(r\cos\theta, r\sin\theta, z)\begin{Vmatrix} \cos\theta & -r\sin\theta & 0 \\ \sin\theta & r\cos\theta & 0 \\ 0 & 0 & 1 \end{Vmatrix}\mathrm{d}r\,\mathrm{d}\theta\,\mathrm{d}z$$

$$= \iiint\limits_{\Omega_{r\theta z}} f(r\cos\theta, r\sin\theta, z)r\,\mathrm{d}r\,\mathrm{d}\theta\,\mathrm{d}z.$$

这就是直角坐标系到柱面坐标系的换元过程.

令 $\begin{cases} x = r\sin\varphi\cos\theta, \\ y = r\sin\varphi\sin\theta, \\ z = r\cos\varphi, \end{cases}$ 则

$$\iiint\limits_{\Omega_{xyz}} f(x,y,z)\mathrm{d}x\,\mathrm{d}y\,\mathrm{d}z = \iiint\limits_{\Omega_{r\theta\varphi}} f(r\sin\varphi\cos\theta, r\sin\varphi\sin\theta, r\cos\varphi)\left|\frac{\partial(x,y,z)}{\partial(r,\theta,\varphi)}\right|\mathrm{d}r\,\mathrm{d}\theta\,\mathrm{d}\varphi$$

$$=\iiint\limits_{\Omega_{r\theta\varphi}} f(r\sin\varphi\cos\theta,r\sin\varphi\sin\theta,r\cos\varphi)\begin{vmatrix}\dfrac{\partial x}{\partial r}&\dfrac{\partial x}{\partial\theta}&\dfrac{\partial x}{\partial\varphi}\\[2mm]\dfrac{\partial y}{\partial r}&\dfrac{\partial y}{\partial\theta}&\dfrac{\partial y}{\partial\varphi}\\[2mm]\dfrac{\partial z}{\partial r}&\dfrac{\partial z}{\partial\theta}&\dfrac{\partial z}{\partial\varphi}\end{vmatrix}\mathrm{d}r\mathrm{d}\theta\mathrm{d}\varphi$$

$$=\iiint\limits_{\Omega_{r\theta\varphi}} f(r\sin\varphi\cos\theta,r\sin\varphi\sin\theta,r\cos\varphi)\cdot\begin{vmatrix}\sin\varphi\cos\theta&-r\sin\varphi\sin\theta&r\cos\varphi\cos\theta\\\sin\varphi\sin\theta&r\sin\varphi\cos\theta&r\cos\varphi\sin\theta\\\cos\varphi&0&-r\sin\varphi\end{vmatrix}\mathrm{d}r\mathrm{d}\theta\mathrm{d}\varphi$$

$$=\iiint\limits_{\Omega_{r\theta\varphi}} f(r\sin\varphi\cos\theta,r\sin\varphi\sin\theta,r\cos\varphi)r^2\sin\varphi\,\mathrm{d}r\mathrm{d}\theta\mathrm{d}\varphi.$$

这就是直角坐标系到球面坐标系的换元过程.

例 18.2 设 Ω 是由平面 $x+y+z=1$ 与三个坐标平面所围成的空间区域,则 $\iiint\limits_{\Omega}(x+2y+3z)\mathrm{d}x\mathrm{d}y\mathrm{d}z=$ _____.

【解】应填 $\dfrac{1}{4}$.

法一 积分区域如图 18-5(a)所示.由轮换对称性知,

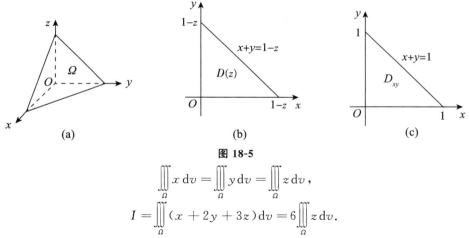

图 18-5

$$\iiint\limits_{\Omega}x\,\mathrm{d}v=\iiint\limits_{\Omega}y\,\mathrm{d}v=\iiint\limits_{\Omega}z\,\mathrm{d}v,$$

则
$$I=\iiint\limits_{\Omega}(x+2y+3z)\mathrm{d}v=6\iiint\limits_{\Omega}z\,\mathrm{d}v.$$

记 $\Omega:0\leqslant z\leqslant1,(x,y)\in D(z)$,$D(z)$ 是过 z 轴上 $[0,1]$ 中任一点 z 作垂直于 z 轴的平面截 Ω 所得平面区域[平移到 xOy 平面上,见图 18-5(b)],其面积为 $\dfrac{1}{2}(1-z)^2$,于是由先二后一法(定限截面法),得

$$\iiint\limits_{\Omega}z\,\mathrm{d}v=\int_0^1 z\,\mathrm{d}z\iint\limits_{D(z)}\mathrm{d}x\mathrm{d}y=\int_0^1\frac{1}{2}(1-z)^2z\,\mathrm{d}z$$
$$=\int_0^1\frac{1}{2}(z-2z^2+z^3)\mathrm{d}z$$

225

$$= \frac{1}{2} \left(\frac{1}{2} z^2 - \frac{2}{3} z^3 + \frac{1}{4} z^4 \right) \Big|_0^1 = \frac{1}{24},$$

因此 $I = 6 \times \frac{1}{24} = \frac{1}{4}$.

法二　同法一,有 $I = 6 \iiint\limits_\Omega z \, \mathrm{d}v$.

记 $\Omega : 0 \leqslant z \leqslant 1 - x - y, (x,y) \in D_{xy}, D_{xy} = \{(x,y) \mid 0 \leqslant x \leqslant 1, 0 \leqslant y \leqslant 1 - x\}$, 如图 18-5(c) 所示. 于是由先一后二法(投影穿线法),得

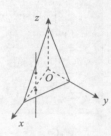

$$\iiint\limits_\Omega z \, \mathrm{d}v = \iint\limits_{D_{xy}} \left(\int_0^{1-x-y} z \, \mathrm{d}z \right) \mathrm{d}x \, \mathrm{d}y = \iint\limits_{D_{xy}} \frac{1}{2}(1-x-y)^2 \, \mathrm{d}x \, \mathrm{d}y$$

$$= \frac{1}{2} \int_0^1 \mathrm{d}x \int_0^{1-x} (1-x-y)^2 \, \mathrm{d}y$$

$$= \frac{1}{2} \int_0^1 \left[-\frac{1}{3}(1-x-y)^3 \Big|_{y=0}^{y=1-x} \right] \mathrm{d}x$$

$$= \frac{1}{6} \int_0^1 (1-x)^3 \, \mathrm{d}x = \frac{1}{24},$$

因此 $I = 6 \times \frac{1}{24} = \frac{1}{4}$.

例 18.3　设 Ω 是由圆柱面 $x^2 + (y-1)^2 = 1$, 旋转抛物面 $8z = x^2 + y^2$ 以及平面 $z = 0$ 所围成的区域,则 $I = \iiint\limits_\Omega \sqrt{x^2 + y^2} \, \mathrm{d}v = $ _____.

【解】应填 $\frac{64}{75}$.

如图 18-6 所示,用先一后二法(投影穿线法),即

$$I = \iint\limits_{D_{xy}} \mathrm{d}\sigma \int_0^{\frac{x^2+y^2}{8}} \sqrt{x^2+y^2} \, \mathrm{d}z$$

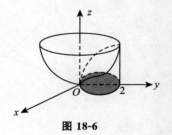

图 18-6

$$\xrightarrow{\text{柱面坐标法}}$$

$$= \int_0^\pi \mathrm{d}\theta \int_0^{2\sin\theta} r \, \mathrm{d}r \int_0^{\frac{r^2}{8}} r \, \mathrm{d}z = \frac{1}{8} \int_0^\pi \mathrm{d}\theta \int_0^{2\sin\theta} r^4 \, \mathrm{d}r$$

$$= \frac{4}{5} \int_0^\pi \sin^5 \theta \, \mathrm{d}\theta = \frac{4}{5} \left(2 \times \frac{4}{5} \times \frac{2}{3} \right) = \frac{64}{75}.$$

例 18.4　计算 $I = \iiint\limits_\Omega |\sqrt{x^2+y^2+z^2} - 1| \, \mathrm{d}x\mathrm{d}y\mathrm{d}z$, 其中 $\Omega : \sqrt{x^2+y^2} \leqslant z \leqslant 1$.

【解】如图 18-7 所示,积分区域 Ω 被球面 $x^2 + y^2 + z^2 = 1$ 剖分成上下两部分,分别记为 Ω_1, Ω_2, 故

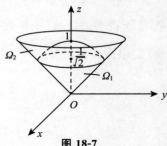

图 18-7

$$I = \iiint\limits_{\Omega_1} (1 - \sqrt{x^2+y^2+z^2}) \, \mathrm{d}x\mathrm{d}y\mathrm{d}z +$$

$$\iiint\limits_{\Omega_2} (\sqrt{x^2+y^2+z^2} - 1) \, \mathrm{d}x\mathrm{d}y\mathrm{d}z \xlongequal{\text{记为}} I_1 + I_2.$$

对于 I_1 和 I_2 均采用球面坐标计算,有

$$I_1 = \int_0^{2\pi} d\theta \int_0^{\frac{\pi}{4}} d\varphi \int_0^1 (1-r) r^2 \sin \varphi \, dr$$

$$= 2\pi \int_0^{\frac{\pi}{4}} \sin \varphi \, d\varphi \int_0^1 (1-r) r^2 \, dr = \frac{\pi}{12} (2 - \sqrt{2}),$$

$$I_2 = \int_0^{2\pi} d\theta \int_0^{\frac{\pi}{4}} d\varphi \int_1^{\frac{1}{\cos \varphi}} (r-1) r^2 \sin \varphi \, dr \qquad \longrightarrow z = r\cos \varphi = 1, \text{ 于是 } r = \frac{1}{\cos \varphi}$$

$$= 2\pi \int_0^{\frac{\pi}{4}} \sin \varphi \, d\varphi \int_1^{\frac{1}{\cos \varphi}} (r-1) r^2 \, dr$$

$$= 2\pi \int_0^{\frac{\pi}{4}} \left(\frac{1}{4\cos^4 \varphi} - \frac{1}{3\cos^3 \varphi} + \frac{1}{12} \right) \sin \varphi \, d\varphi = \frac{\pi}{12} (3\sqrt{2} - 4).$$

因此 $I = I_1 + I_2 = \frac{\pi}{12}(2 - \sqrt{2}) + \frac{\pi}{12}(3\sqrt{2} - 4) = \frac{\pi}{6}(\sqrt{2} - 1)$.

例 18.5 设 Σ 为任意闭曲面,

$$I = \oiint_{\substack{\Sigma \\ \text{外侧}}} \left(x - \frac{1}{3}x^3 \right) dy\,dz - \frac{4}{3}y^3 \, dz\,dx + \left(3y - \frac{1}{3}z^3 \right) dx\,dy.$$

(1) 证明 Σ 为椭球面 $x^2 + 4y^2 + z^2 = 1$ 时,I 达到最大值;

(2) 求 I 的最大值.

(1)【证】根据高斯公式,$I = \iiint_\Omega (1 - x^2 - 4y^2 - z^2) dx\,dy\,dz$,其中 Ω 为 Σ 所围的空间区域. 为使 I 最大,要求 Ω 是使得 $1 - x^2 - 4y^2 - z^2 \geqslant 0$ 的最大空间区域,即

$$\Omega = \{ (x, y, z) \mid 1 - x^2 - 4y^2 - z^2 \geqslant 0 \},$$

Σ 为 Ω 的表面,即为椭球面 $x^2 + 4y^2 + z^2 = 1$ 时,I 最大.

(2)【解】令

$$\begin{cases} x = r\sin \varphi \cos \theta, \\ y = \dfrac{1}{2} r\sin \varphi \sin \theta, \\ z = r\cos \varphi, \end{cases}$$

于是

$$J = \frac{\partial(x, y, z)}{\partial(r, \theta, \varphi)} = \begin{vmatrix} \dfrac{\partial x}{\partial r} & \dfrac{\partial x}{\partial \theta} & \dfrac{\partial x}{\partial \varphi} \\ \dfrac{\partial y}{\partial r} & \dfrac{\partial y}{\partial \theta} & \dfrac{\partial y}{\partial \varphi} \\ \dfrac{\partial z}{\partial r} & \dfrac{\partial z}{\partial \theta} & \dfrac{\partial z}{\partial \varphi} \end{vmatrix} = \frac{1}{2} r^2 \sin \varphi,$$

则

$$I_{\max} = \iiint_{x^2 + 4y^2 + z^2 \leqslant 1} (1 - x^2 - 4y^2 - z^2) dx\,dy\,dz$$

$$= \int_0^{2\pi} d\theta \int_0^{\pi} d\varphi \int_0^1 (1 - r^2) \frac{1}{2} r^2 \sin \varphi \, dr = \frac{4\pi}{15}.$$

二 第一型曲线积分

1. 概念与对称性

(1) 概念.

第一型曲线积分的被积函数 $f(x,y)$（或 $f(x,y,z)$）定义在平面曲线 L（或空间曲线 Γ）上，其物理背景是以 $f(x,y)$（或 $f(x,y,z)$）为线密度的**平面（或空间）物质曲杆的质量**. 与前面类似，我们仍然可以用"分割、近似、求和、取极限"的方法与步骤写出第一型曲线积分

$$\int_L f(x,y)\mathrm{d}s（或 \int_\Gamma f(x,y,z)\mathrm{d}s）.$$

但事实上，如果仅理解到此，还是不够的. 不妨把定积分和第一型曲线积分放在一起做个对比，加深我们对概念的理解. 定积分定义在"直线段"上，而第一型曲线积分定义在"曲线段"上，如图 18-8、图 18-9 所示，由于 $f(x,y)$ 定义在 $L:y=y(x)$ 上，故边界方程 L 可代入被积函数，从而化简计算.

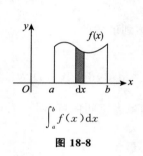

$$\int_a^b f(x)\mathrm{d}x$$

图 18-8

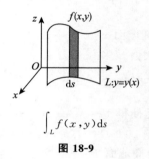

$$\int_L f(x,y)\mathrm{d}s$$

图 18-9

(2) 对称性.

分析方法与二重积分、三重积分完全一样.

① 普通对称性.

假设 Γ 关于 xOz 面对称，则

$$\int_\Gamma f(x,y,z)\mathrm{d}s = \begin{cases} 2\int_{\Gamma_1} f(x,y,z)\mathrm{d}s, & f(x,y,z)=f(x,-y,z), \\ 0, & f(x,y,z)=-f(x,-y,z), \end{cases}$$

其中 Γ_1 是 Γ 在 xOz 面右边的部分.

关于其他坐标面对称的情况与此类似.

② 轮换对称性.

若把 x 与 y 对调后，Γ 不变，则 $\int_\Gamma f(x,y,z)\mathrm{d}s = \int_\Gamma f(y,x,z)\mathrm{d}s$，这就是**轮换对称性**.

关于其他情况与此类似.

2. 计算

由于第一型曲线积分就是由定积分推广而来的,因此计算第一型曲线积分的基本方法就是将其化为定积分. 口诀为"一投二代三计算".

(1) 空间情形.

若空间曲线 Γ 由参数式 $\begin{cases} x = x(t), \\ y = y(t), (\alpha \leqslant t \leqslant \beta) \text{ 给出,则} \\ z = z(t) \end{cases}$

$$ds = \sqrt{[x'(t)]^2 + [y'(t)]^2 + [z'(t)]^2}\, dt,$$

且

$$\int_\Gamma f(x,y,z)\, ds \xrightarrow{\text{三计算}}$$
$$= \int_\alpha^\beta f[x(t), y(t), z(t)] \sqrt{[x'(t)]^2 + [y'(t)]^2 + [z'(t)]^2}\, dt.$$

(2) 平面情形.

① 若平面曲线 L 由 $y = y(x)(a \leqslant x \leqslant b)$ 给出,则 $ds = \sqrt{1 + [y'(x)]^2}\, dx$,且

$$\int_L f(x,y)\, ds \xrightarrow{\text{三计算}}$$
$$= \int_a^b f[x, y(x)] \sqrt{1 + [y'(x)]^2}\, dx.$$

② 若平面曲线 L 由参数式 $\begin{cases} x = x(t), \\ y = y(t) \end{cases} (\alpha \leqslant t \leqslant \beta)$ 给出,则 $ds = \sqrt{[x'(t)]^2 + [y'(t)]^2}\, dt$,

且

$$\int_L f(x,y)\, ds \xrightarrow{\text{三计算}}$$
$$= \int_\alpha^\beta f[x(t), y(t)] \sqrt{[x'(t)]^2 + [y'(t)]^2}\, dt.$$

③ 若平面曲线 L 由极坐标形式 $r = r(\theta)(\alpha \leqslant \theta \leqslant \beta)$ 给出,则 $ds = \sqrt{[r(\theta)]^2 + [r'(\theta)]^2}\, d\theta$,且

$$\int_L f(x,y)\, ds \xrightarrow{\text{三计算}}$$
$$= \int_\alpha^\beta f[r(\theta)\cos\theta, r(\theta)\sin\theta] \sqrt{[r(\theta)]^2 + [r'(\theta)]^2}\, d\theta.$$

例 18.6 设 Γ 是空间圆周 $\begin{cases} x^2 + y^2 + z^2 = 1, \\ x + y + z = 0, \end{cases}$ 则 $\oint_\Gamma (x^2 + y^2)\, ds = \underline{\hspace{2cm}}.$

【解】应填 $\dfrac{4}{3}\pi$.

由轮换对称性知 $\oint_\Gamma x^2\, ds = \oint_\Gamma y^2\, ds = \oint_\Gamma z^2\, ds$,于是

$$\oint_{\Gamma}(x^2+y^2)\mathrm{d}s=\oint_{\Gamma}x^2\mathrm{d}s+\oint_{\Gamma}y^2\mathrm{d}s$$

$$=2\oint_{\Gamma}x^2\mathrm{d}s=\frac{2}{3}\left(\oint_{\Gamma}x^2\mathrm{d}s+\oint_{\Gamma}y^2\mathrm{d}s+\oint_{\Gamma}z^2\mathrm{d}s\right)$$

$$=\frac{2}{3}\oint_{\Gamma}(x^2+y^2+z^2)\mathrm{d}s\xlongequal{(*)}\frac{2}{3}\oint_{\Gamma}1\mathrm{d}s=\frac{2}{3}\times2\pi\times1=\frac{4}{3}\pi.$$

【注】(*)处来自边界方程 $x^2+y^2+z^2=1$,可直接代入被积函数,从而化简计算.

例 18.7 设 Γ 是空间圆周 $\begin{cases}x^2+y^2+z^2=a^2,\\ x+y+z=\dfrac{3}{2}a,\end{cases}$ 则 $\oint_{\Gamma}(2yz+2zx+2xy)\mathrm{d}s=$ _____.

【解】应填 $\dfrac{5}{4}\pi a^3$.

如图 18-10 所示,球心 $(0,0,0)$ 到平面 $x+y+z=\dfrac{3a}{2}$ 的距离为

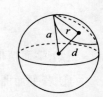

$$d=\frac{\left|0+0+0-\dfrac{3a}{2}\right|}{\sqrt{1^2+1^2+1^2}}=\frac{\sqrt{3}}{2}a.$$

图 18-10

圆 $\Gamma:\begin{cases}x^2+y^2+z^2=a^2,\\ x+y+z=\dfrac{3}{2}a\end{cases}$ 的半径为 $r=\sqrt{a^2-\left(\dfrac{\sqrt{3}a}{2}\right)^2}=\dfrac{a}{2}$,圆 Γ 的周长为 $2\pi r=\pi a$,于是

$$\oint_{\Gamma}(2yz+2zx+2xy)\mathrm{d}s$$

$$=\oint_{\Gamma}[(x+y+z)^2-(x^2+y^2+z^2)]\mathrm{d}s$$

$$\xlongequal{(*)}\oint_{\Gamma}\left[\left(\frac{3a}{2}\right)^2-a^2\right]\mathrm{d}s=\frac{5a^2}{4}\oint_{\Gamma}1\mathrm{d}s=\frac{5}{4}a^2\cdot\pi a=\frac{5}{4}\pi a^3.$$

【注】(*)处来自边界方程 $x+y+z=\dfrac{3}{2}a$,$x^2+y^2+z^2=a^2$,可直接代入被积函数,从而化简计算.

例 18.8 设 $L:x^2+y^2=-2y$,则 $I=\oint_{L}\sqrt{x^2+y^2}\mathrm{d}s=$ _____.

【解】应填 8.

本题不宜用直角坐标直接计算.

将曲线方程用极坐标表示:$r=-2\sin\theta(-\pi\leqslant\theta\leqslant0)$,则

$$x=r\cos\theta,y=r\sin\theta,\mathrm{d}s=\sqrt{[r(\theta)]^2+[r'(\theta)]^2}\mathrm{d}\theta=2\mathrm{d}\theta.$$

故

$$I=\int_{-\pi}^{0}(-2\sin\theta)\cdot2\mathrm{d}\theta=-4\int_{-\pi}^{0}\sin\theta\mathrm{d}\theta=8.$$

三 第一型曲面积分

1. 概念与对称性

(1) 概念.

第一型曲面积分的被积函数 $f(x,y,z)$ 定义在空间曲面 Σ 上,其物理背景是以 $f(x,y,z)$ 为面密度的**空间物质曲面的质量**. 与前面类似,我们可以用"分割、近似、求和、取极限"的方法与步骤写出第一型曲面积分

$$\iint\limits_{\Sigma} f(x,y,z)\,\mathrm{d}S.$$

如前所述,仅理解到此是不够的,不妨把<u>二重积分和第一型曲面积分</u>放在一起做个对比,加深我们对概念的理解.

二重积分定义在"二维平面"上,而第一型曲面积分则定义在"空间曲面"上,如图 18-11、图 18-12 所示.

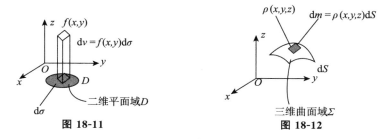

图 18-11　　　　　　**图 18-12**

由于 $f(x,y,z)$ 定义在 $\Sigma:z=z(x,y)$ 上,故边界方程 Σ 可代入 $f(x,y,z)$,从而化简计算.

(2) 对称性.

分析方法与二重积分、三重积分和第一型曲线积分完全一样.

① **普通对称性.**

假设 Σ 关于 xOz 面对称,则

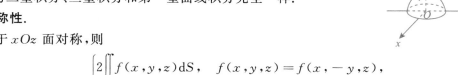

$$\iint\limits_{\Sigma} f(x,y,z)\,\mathrm{d}S = \begin{cases} 2\iint\limits_{\Sigma_1} f(x,y,z)\,\mathrm{d}S, & f(x,y,z)=f(x,-y,z), \\ 0, & f(x,y,z)=-f(x,-y,z), \end{cases}$$

其中 Σ_1 是 Σ 在 xOz 面右边的部分.

关于其他坐标面对称的情况与此类似.

② **轮换对称性.**

当 $\Sigma:z=z(x,y)$ 为单值函数时,若把 x 与 y 对调后,Σ 不变,则 $\iint\limits_{\Sigma} f(x,y,z)\,\mathrm{d}S = \iint\limits_{\Sigma} f(y,x,z)\,\mathrm{d}S$,

这就是**轮换对称性**.

关于其他情况与此类似.

2. 计算

由于第一型曲面积分就是由二重积分推广而来的,因此计算第一型曲面积分的基本方法就是将其化为二重积分. 口诀为"一投二代三计算".

无论空间曲面 Σ 是由显式方程 $z=z(x,y)$ 还是隐式方程 $F(x,y,z)=0$ 给出的,我们都需要做三件事(无逻辑上的先后顺序,哪件事情最利于解题就先做哪件):

① 一投:将 Σ 投影到某一平面(比如 xOy 面)上 $\Rightarrow$ 投影区域为 D(比如 D_{xy});

② 二代:将 $z=z(x,y)$ 或 $F(x,y,z)=0$ 代入 $f(x,y,z)$;

③ 三计算:计算 z'_x,z'_y,得 $\mathrm{d}S=\sqrt{1+(z'_x)^2+(z'_y)^2}\,\mathrm{d}x\mathrm{d}y$.

这就把第一型曲面积分化成二重积分(如化成关于 x,y 的二重积分),得到

$$\underset{一投}{\underbrace{\iint\limits_{\Sigma}}} f(x,y,z)\mathrm{d}S$$

$$= \iint\limits_{D_{xy}} f[x,y,z(x,y)]\sqrt{1+(z'_x)^2+(z'_y)^2}\,\mathrm{d}x\mathrm{d}y.$$

化成关于其他变量的二重积分与此类似.

【注】常和代数与几何垂直关系、投影、旋转、距离、切平面、轨迹等结合出题.

例 18.9 设曲面 $\Sigma:|x|+|y|+|z|=1$,则 $\oiint\limits_{\Sigma}(x+|y|)\mathrm{d}S=$ _____ .

【解】应填 $\dfrac{4}{3}\sqrt{3}$.

曲面 Σ 对称于 yOz 平面,x 为关于 x 的奇函数,所以 $\oiint\limits_{\Sigma}x\mathrm{d}S=0$. 又因 Σ 关于 x,y,z 轮换对称,所以

$$\oiint\limits_{\Sigma}|y|\mathrm{d}S=\oiint\limits_{\Sigma}|z|\mathrm{d}S=\oiint\limits_{\Sigma}|x|\mathrm{d}S,$$

$$\oiint\limits_{\Sigma}|y|\mathrm{d}S=\frac{1}{3}\oiint\limits_{\Sigma}(|x|+|y|+|z|)\mathrm{d}S=\frac{1}{3}\oiint\limits_{\Sigma}\mathrm{d}S$$

$$=\frac{1}{3}\times A_{\Sigma},$$

其中 A_{Σ} 为 Σ 的面积. 而 Σ 为 8 块同样的等边三角形,每块等边三角形的边长为 $\sqrt{2}$,所以

$$A_{\Sigma}=8\times\frac{1}{2}\times(\sqrt{2})^2\times\sin\frac{\pi}{3}=4\sqrt{3},$$

所以 $\oiint\limits_{\Sigma}|y|\mathrm{d}S=\dfrac{4}{3}\sqrt{3}$,从而原式 $=\dfrac{4}{3}\sqrt{3}$.

例 18.10 求 $I=\iint\limits_{\Sigma}z\mathrm{d}S$,其中 Σ 为柱面 $x^2+y^2=R^2$ 被 $x=0,y=0,z=0$ 及 $z=1$ 所截的第一卦限部分,如图 18-13 所示.

【解】选择向 xOz 面投影，由曲面方程得

$$y = \sqrt{R^2 - x^2},$$

$$dS = \sqrt{1 + (y'_x)^2 + (y'_z)^2}\, dx\, dz$$

$$= \sqrt{1 + \left(\frac{-2x}{2\sqrt{R^2 - x^2}}\right)^2 + 0^2}\, dx\, dz$$

$$= \frac{R}{\sqrt{R^2 - x^2}}\, dx\, dz,$$

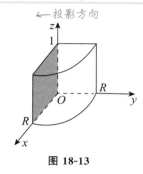

←投影方向

图 18-13

故 $I = \iint\limits_{\Sigma} z\, dS = \iint\limits_{D_{xz}} \frac{Rz}{\sqrt{R^2 - x^2}}\, dx\, dz$，其中 $D_{xz} = \{(x, z) \mid 0 \leqslant x \leqslant R, 0 \leqslant z \leqslant 1\}$，即

$$I = \iint\limits_{\Sigma} z\, dS = R \int_0^R dx \int_0^1 \frac{z}{\sqrt{R^2 - x^2}}\, dz = \frac{\pi}{4}R.$$

【注】(1) 由于 Σ 在 xOy 面上的投影仅为一条曲线，若选择向 xOy 面投影，则投影区域的面积为 0，于是 $I = \iint\limits_{\Sigma} z\, dS = 0$. 这是错误的，因为投影点不能重合.

(2) 以下常考：

柱面 $x^2 + y^2 = a^2$ 的 $dS = \dfrac{a}{\sqrt{a^2 - x^2}}\, dx\, dz$;

球面 $x^2 + y^2 + z^2 = a^2$ 的 $dS = \dfrac{a}{\sqrt{a^2 - x^2 - y^2}}\, dx\, dy$;

锥面 $z = \sqrt{x^2 + y^2}$ 的 $dS = \sqrt{2}\, dx\, dy$.

例 18.11 设 P 为椭球面 $S: x^2 + y^2 + z^2 - yz = 1$ 上的动点，若 S 在点 P 处的切平面与 xOy 面垂直，求点 P 的轨迹 C. 并计算曲面积分 $I = \iint\limits_{\Sigma} \dfrac{(x + \sqrt{3})\,|\,y - 2z\,|}{\sqrt{4 + y^2 + z^2 - 4yz}}\, dS$，其中 Σ 是椭球面 S 位于曲线 C 上方的部分.

【解】设点 P 的坐标为 (x, y, z)，椭球面 $S: x^2 + y^2 + z^2 - yz = 1$ 在点 P 处的法向量是

$$\boldsymbol{n} = (2x, 2y - z, 2z - y),$$

xOy 面的法向量是 $\boldsymbol{k} = (0, 0, 1)$.

S 在点 P 处的切平面与 xOy 面垂直的充分必要条件是

$$\boldsymbol{n} \cdot \boldsymbol{k} = 2z - y = 0.$$

所以点 P 的轨迹 C 的方程为

$$\begin{cases} 2z - y = 0, \\ x^2 + y^2 + z^2 - yz = 1, \end{cases}$$

即

$$\begin{cases} 2z - y = 0, \\ x^2 + \dfrac{3}{4}y^2 = 1. \end{cases}$$

取 $D = \left\{ (x,y) \mid x^2 + \dfrac{3}{4}y^2 \leqslant 1 \right\}$，记曲面 Σ 的方程为 $z = z(x,y)$，$(x,y) \in D$.

由于

$$\sqrt{1 + \left(\frac{\partial z}{\partial x}\right)^2 + \left(\frac{\partial z}{\partial y}\right)^2} = \sqrt{1 + \left(\frac{2x}{y-2z}\right)^2 + \left(\frac{2y-z}{y-2z}\right)^2} = \frac{\sqrt{4 + y^2 + z^2 - 4yz}}{|y - 2z|},$$

因此

$$I = \iint_D \frac{(x + \sqrt{3}) \, |y - 2z|}{\sqrt{4 + y^2 + z^2 - 4yz}} \cdot \frac{\sqrt{4 + y^2 + z^2 - 4yz}}{|y - 2z|} \mathrm{d}x\,\mathrm{d}y = \iint_D (x + \sqrt{3}) \, \mathrm{d}x\,\mathrm{d}y.$$

又因为 $\iint_D x\mathrm{d}x\mathrm{d}y = 0$，$\iint_D \sqrt{3}\,\mathrm{d}x\mathrm{d}y = 2\pi$，所以

$$I = \iint_D (x + \sqrt{3})\,\mathrm{d}x\,\mathrm{d}y = 2\pi.$$

四 第二型曲线积分

1. 概念 —— 做功

第二型曲线积分的被积函数 $\boldsymbol{F}(x,y) = P(x,y)\boldsymbol{i} + Q(x,y)\boldsymbol{j}$（或 $\boldsymbol{F}(x,y,z) = P(x,y,z)\boldsymbol{i} + Q(x,y,z)\boldsymbol{j} + R(x,y,z)\boldsymbol{k}$）定义在平面有向曲线 L（或空间有向曲线 Γ）上，其物理背景是变力 $\boldsymbol{F}(x,y)$（或 $\boldsymbol{F}(x,y,z)$）在平面曲线 L（或空间曲线 Γ）上从起点移动到终点所做的总功：

$$\int_L P(x,y)\mathrm{d}x + Q(x,y)\mathrm{d}y \left(\text{或} \int_\Gamma P(x,y,z)\mathrm{d}x + Q(x,y,z)\mathrm{d}y + R(x,y,z)\mathrm{d}z\right).$$

由此可以看出，前面所学的定积分、二重积分、三重积分、第一型曲线积分和第一型曲面积分有着完全一致的背景，都是一个**数量函数**在**定义区域**上计算几何量（面积、体积等），但是第二型曲线积分与之不同，它是一个**向量函数**沿**有向曲线**的积分（无几何量可言），所以有些性质和计算方法是不一样的，一定要加以对比，理解它们的区别和联系，不要用错或者用混.

$$\begin{cases} \text{平面} : \displaystyle\int_L (P,Q) \cdot (\mathrm{d}x,\mathrm{d}y) = \int_L P\mathrm{d}x + Q\mathrm{d}y, \\ \text{空间} : \displaystyle\int_\Gamma (P,Q,R) \cdot (\mathrm{d}x,\mathrm{d}y,\mathrm{d}z) = \int_\Gamma P\mathrm{d}x + Q\mathrm{d}y + R\mathrm{d}z. \end{cases}$$

2. 计算

（1）基本方法 —— 一投二代三计算（化为定积分）.

如果平面有向曲线 L 由参数方程 $\begin{cases} x = x(t), \\ y = y(t) \end{cases}$ $(t : \alpha \to \beta)$ 给出，其中 $t = \alpha$ 对应着起点 A，$t = \beta$ 对应着终点 B，则可以将平面第二型曲线积分化为定积分：

$$\int_L P(x,y)\mathrm{d}x + Q(x,y)\mathrm{d}y = \int_\alpha^\beta \{P[x(t),y(t)]x'(t) + Q[x(t),y(t)]y'(t)\} \, \mathrm{d}t,$$

这里的 α，β 谁大谁小无关紧要，关键是分别和起点与终点对应.

例 18.12 已知 L 是以 $A(1,0),B(0,1)$ 及 $C(-1,0)$ 为顶点的三角形的正向边界曲线，则
$$\oint_L |y|\,\mathrm{d}x + |x|\,\mathrm{d}y = \underline{\qquad}.$$

【解】应填 -1.

由于被积表达式含有绝对值符号，故设法去掉绝对值符号.

如图 18-14 所示，对于分段光滑的闭曲线 $L = \overline{AB} + \overline{BC} + \overline{CA}$，光滑段的方程依次为

$\overline{AB}: y = 1 - x, x = 1$ 与 $x = 0$ 分别对应于 AB 段的起点与终点；

$\overline{BC}: y = 1 + x, x = 0$ 与 $x = -1$ 分别对应于 BC 段的起点与终点；

$\overline{CA}: y = 0, x = -1$ 与 $x = 1$ 分别对应于 CA 段的起点与终点.

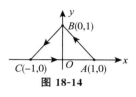

图 18-14

故

$$原式 = \int_{\overline{AB}} |y|\,\mathrm{d}x + |x|\,\mathrm{d}y + \int_{\overline{BC}} |y|\,\mathrm{d}x + |x|\,\mathrm{d}y + \int_{\overline{CA}} |y|\,\mathrm{d}x + |x|\,\mathrm{d}y$$

$$= \int_1^0 [(1-x) + x(-1)]\,\mathrm{d}x + \int_0^{-1} [(1+x) + (-x)]\,\mathrm{d}x + 0$$

$$= (x - x^2)\Big|_1^0 + x\Big|_0^{-1} = -1.$$

（2）格林公式.

设平面有界闭区域 D 由分段光滑曲线 L 围成，$P(x,y),Q(x,y)$ 在 D 上具有一阶连续偏导数，L 取正向，则

$$\oint_L P(x,y)\,\mathrm{d}x + Q(x,y)\,\mathrm{d}y = \iint_D \left(\frac{\partial Q}{\partial x} - \frac{\partial P}{\partial y}\right)\mathrm{d}\sigma.$$

图 18-15

（如图 18-15 所示，所谓 L 取正向，是指当一个人沿着 L 的这个方向前进时，**左手始终在 L 所围成的 D 内**.）

① **曲线封闭且无奇点在其内部，直接用格林公式.**

若给的是封闭曲线的曲线积分 $\oint_L P\,\mathrm{d}x + Q\,\mathrm{d}y$，可以验算 P 和 Q 是否满足"在该封闭曲线所包围的区域 D 内，P 和 Q 具有一阶连续偏导数". 若满足，则可用格林公式

$$\oint_L P\,\mathrm{d}x + Q\,\mathrm{d}y = \iint_D \left(\frac{\partial Q}{\partial x} - \frac{\partial P}{\partial y}\right)\mathrm{d}\sigma$$

计算之. 这里要求 L 为 D 的边界，且正向.

例 18.13 求 $\oint_L (y - \mathrm{e}^x)\,\mathrm{d}x + (3x + \mathrm{e}^y)\,\mathrm{d}y$，$L: x^2 + y^2 = \sqrt{x^2 + y^2} - x$ 正向一周.

→ 看不清楚 L 是什么曲线，化成极坐标就看清楚了.

【解】$L: r^2 = r - r\cos\theta$，约去仅原点成立的 $r = 0$，得 $r = 1 - \cos\theta$，此为心形线，如图 18-16 所示.

用格林公式，其中 D 为心形线围成的区域.

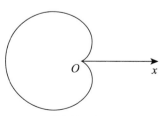

图 18-16

$$原式 = \iint\limits_{D}\left(\frac{\partial Q}{\partial x} - \frac{\partial P}{\partial y}\right)\mathrm{d}x\,\mathrm{d}y = \iint\limits_{D} 2\,\mathrm{d}x\,\mathrm{d}y$$

$$= 2\int_{0}^{2\pi}\mathrm{d}\theta\int_{0}^{1-\cos\theta} r\,\mathrm{d}r = \int_{0}^{2\pi}(1-\cos\theta)^2\,\mathrm{d}\theta$$

$$= 4\int_{0}^{2\pi}\sin^4\frac{\theta}{2}\,\mathrm{d}\theta = 16\int_{0}^{\frac{\pi}{2}}\sin^4 t\,\mathrm{d}t = 16 \cdot \frac{3}{4} \cdot \frac{1}{2} \cdot \frac{\pi}{2} = 3\pi.$$

② 曲线封闭但有奇点在其内部,且除奇点外 $\frac{\partial Q}{\partial x} \equiv \frac{\partial P}{\partial y}$,则换路径.（一般令分母等于常数作为路径,路径的起点和终点无需与原路径重合.）

若给的是封闭曲线的曲线积分 $\oint_L P\,\mathrm{d}x + Q\,\mathrm{d}y$,满足条件:在 D 内除了奇点外,P 和 Q 具有一阶连续偏导数,并且除奇点外,均有 $\frac{\partial Q}{\partial x} \equiv \frac{\partial P}{\partial y}$.则可以换一条封闭曲线 L_1 代替 L,它全在 D 内,并能将奇点包含在 L_1 的内部.则有公式

$$\oint_L P\,\mathrm{d}x + Q\,\mathrm{d}y \xrightarrow{\;(*)\;} \oint_{L_1} P\,\mathrm{d}x + Q\,\mathrm{d}y.$$

这里要求 L_1 与 L 的方向相同.如果后者容易计算,就可达到目的.

【注】$(*)$ 处是这样来的:如图 18-17 所示,若 L 所围区域 D 内有奇点 q,则用 L_1 "挖去" 它,并记挖去奇点后的阴影区域为 D',于是

图 18-17

$$\oint_L P\,\mathrm{d}x + Q\,\mathrm{d}y = \oint_{L+L_1^-} P\,\mathrm{d}x + Q\,\mathrm{d}y - \oint_{L_1^-} P\,\mathrm{d}x + Q\,\mathrm{d}y$$

$$= \iint\limits_{D'}\left(\frac{\partial Q}{\partial x} - \frac{\partial P}{\partial y}\right)\mathrm{d}\sigma + \oint_{L_1} P\,\mathrm{d}x + Q\,\mathrm{d}y$$

$$= \oint_{L_1} P\,\mathrm{d}x + Q\,\mathrm{d}y.$$

例 18.14 设 $D = \{(x,y) \mid x^2 + y^2 \leqslant 4\}$,$\partial D$ 为 D 的正向边界,则

$$\int_{\partial D} \frac{(x\mathrm{e}^{x^2+4y^2} + y)\mathrm{d}x + (4y\mathrm{e}^{x^2+4y^2} - x)\mathrm{d}y}{x^2 + 4y^2} = \underline{\qquad}.$$

【解】应填 $-\pi$.

经计算有

$$\frac{\partial}{\partial x}\left(\frac{4y\mathrm{e}^{x^2+4y^2} - x}{x^2 + 4y^2}\right) = \frac{8xy(x^2+4y^2-1)\mathrm{e}^{x^2+4y^2} + x^2 - 4y^2}{(x^2+4y^2)^2} = \frac{\partial}{\partial y}\left(\frac{x\mathrm{e}^{x^2+4y^2} + y}{x^2 + 4y^2}\right),$$

但是这里不能用格林公式,因为在 D 内的点 $O(0,0)$ 处,P,Q 均不连续.故在 D 内作一曲线 L: $x^2 + 4y^2 = 1$,取逆时针方向,从而

$$\int_{\partial D} \frac{(x\mathrm{e}^{x^2+4y^2} + y)\mathrm{d}x + (4y\mathrm{e}^{x^2+4y^2} - x)\mathrm{d}y}{x^2 + 4y^2} = \int_L \frac{(x\mathrm{e}^{x^2+4y^2} + y)\mathrm{d}x + (4y\mathrm{e}^{x^2+4y^2} - x)\mathrm{d}y}{x^2 + 4y^2}$$

$$= \int_L (ex + y)\mathrm{d}x + (4ey - x)\mathrm{d}y$$

$$= \iint\limits_{x^2 + 4y^2 \leqslant 1} (-2)\mathrm{d}x\mathrm{d}y$$

$$= -\pi.$$

③ **非封闭曲线且$\dfrac{\partial Q}{\partial x} \equiv \dfrac{\partial P}{\partial y}$，则换路径.**（换简单路径，路径的起点和终点需与原路径重合.）

如果不是封闭曲线的曲线积分$\displaystyle\int_{L_1} P\mathrm{d}x + Q\mathrm{d}y$（其中$L_1$：一条从$A$到$B$的路径），可以验算

P，Q是否满足"在某单连通区域内具有一阶连续偏导数并且$\dfrac{\partial P}{\partial y} \equiv \dfrac{\partial Q}{\partial x}$"．若是，则可在该连通区

域内另取一条从A到B的路径（例如边与坐标轴平行的折线），使得该积分容易计算以代替原路

径而计算之，即$\displaystyle\int_{L_1} \xrightarrow{\ (*)\ } \int_{L_2}$．

【注】（$*$）处是这样的：由于$\dfrac{\partial P}{\partial y} \equiv \dfrac{\partial Q}{\partial x}$，则在$D$内（见图18-18）沿任意分段光

滑闭曲线L都有$\displaystyle\oint_L P\mathrm{d}x + Q\mathrm{d}y = 0$，故$\displaystyle\oint_{L_1 + L_0} = 0$，$\displaystyle\oint_{L_2 + L_0} = 0$，于是$\displaystyle\int_{L_1} = \int_{L_2}$．

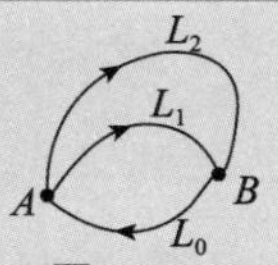

图 18-18

例 18.15 设L从点$A\left(-\dfrac{\pi}{2}, 0\right)$沿曲线$y = \cos x$到点$B\left(\dfrac{\pi}{2}, 0\right)$，则

$$\int_L \frac{(x-y)\mathrm{d}x + (x+y)\mathrm{d}y}{x^2 + y^2} = \underline{\hspace{3cm}}.$$

【解】应填$-\pi$．

直接用$y = \cos x$代入计算非常困难．记

$$P = \frac{x-y}{x^2+y^2}, Q = \frac{x+y}{x^2+y^2},$$

经过计算，可知

$$\frac{\partial P}{\partial y} \equiv \frac{\partial Q}{\partial x} = \frac{y^2 - x^2 - 2xy}{(x^2+y^2)^2}, (x, y) \neq (0, 0),$$

这里将点$(0,0)$去掉，是因为在该点处P，Q及其一阶偏导数都不存在，当然谈不上偏导数相等．

由"③"推知，在不包含$(0,0)$的单连通区域内，该曲线积分与路径

无关，取一条从A到B的上半圆弧L_1（见图18-19），

$$L_1 : x = \frac{\pi}{2}\cos t, y = \frac{\pi}{2}\sin t, t \text{ 从 } \pi \text{ 到 } 0.$$

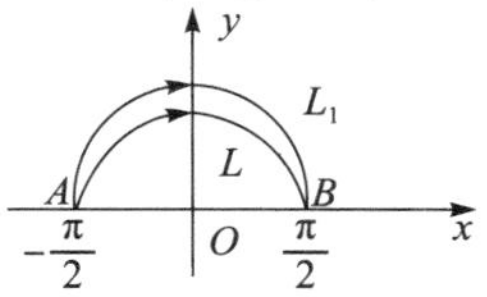

图 18-19

从而可使原积分中的分母消去，有

$$原式 = \int_{L_1} \frac{(x-y)\mathrm{d}x + (x+y)\mathrm{d}y}{x^2 + y^2}$$

$$= \int_\pi^0 \big[(\cos t - \sin t)(-\sin t) + (\cos t + \sin t)\cos t\big]\mathrm{d}t$$

$$= \int_\pi^0 \mathrm{d}t = -\pi.$$

【注】(1) 如果 L_1 中参数 t 取为从 $t = -\pi$ 到 $t = 0$(或 $t = \pi$ 到 $t = 2\pi$).虽然起点、终点仍为 A,B,但实际上取的是下半圆弧,这种 L_1 与 L 围成的区域内含有点 O,不是一个单连通区域,路径无关定理不适用.

(2) 还可这样命题: L 为沿摆线 $x = t - \sin t - \pi, y = 1 - \cos t$ 从 $t = 0$ 到 $t = 2\pi$ 的弧段,如图 18-20 所示.由于 $\dfrac{\partial P}{\partial y} \equiv \dfrac{\partial Q}{\partial x}$,换路径 L_1:

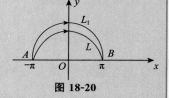

图 18-20

$$\begin{cases} x = \pi\cos t, \\ y = \pi\sin t, \end{cases} t \text{ 从 } \pi \text{ 到 } 0, \text{于是}$$

$$原式 = \frac{1}{\pi^2}\int_{L_1}(x-y)\mathrm{d}x + (x+y)\mathrm{d}y$$

$$= \frac{1}{\pi^2}\int_\pi^0 (\pi\cos t - \pi\sin t)\mathrm{d}(\pi\cos t) + (\pi\cos t + \pi\sin t)\mathrm{d}(\pi\sin t)$$

$$= -\pi.$$

④ **非封闭曲线且 $\dfrac{\partial Q}{\partial x} \neq \dfrac{\partial P}{\partial y}$,可补线使其封闭(加线减线).**

如果不是封闭曲线的曲线积分,可以考虑补一条线 C_{BA},使 $L_{AB} + C_{BA}$ 构成一封闭曲线,并且使其包围的区域为一单连通区域 D,在 D 上 $P(x,y)$ 和 $Q(x,y)$ 具有一阶连续偏导数,则有

$$\int_{L_{AB}}P\mathrm{d}x + Q\mathrm{d}y = \int_{L_{AB}}P\mathrm{d}x + Q\mathrm{d}y + \int_{C_{BA}}P\mathrm{d}x + Q\mathrm{d}y - \int_{C_{BA}}P\mathrm{d}x + Q\mathrm{d}y$$

$$= \oint_L P\mathrm{d}x + Q\mathrm{d}y - \int_{C_{BA}}P\mathrm{d}x + Q\mathrm{d}y$$

$$= \pm\iint_D\left(\frac{\partial Q}{\partial x} - \frac{\partial P}{\partial y}\right)\mathrm{d}\sigma + \int_{C_{AB}}P\mathrm{d}x + Q\mathrm{d}y,$$

其中 $L = L_{AB} + C_{BA}$,公式中的"$\pm$"号由 L 的方向而定.若 L 为正向则取正号,若 L 为负向则取负号. C_{AB} 为 C_{BA} 的反向弧.如果上式右边的二重积分和 $\displaystyle\int_{C_{AB}}$ 容易计算的话,那么就可利用上述转换方法计算原积分 $\displaystyle\int_{L_{AB}}$.

例 18.16 求 $\displaystyle\int_L [e^x\sin y - b(x+y)]\mathrm{d}x + (e^x\cos y - ax)\mathrm{d}y$,其中 a,b 为常数,L 为沿上半圆弧 $y = \sqrt{2ax - x^2}$ 从 $A(2a,0)$ 到 $O(0,0)$ 的曲线段.

【解】添一条线段 $L_1: y = 0$ 从点 O 到 A,使得 L 与 L_1 构成封闭曲线,可用格林公式,而 $\displaystyle\int_{L_1}$ 较 $\displaystyle\int_L$ 容易计算.

$$原式=\oint_{L+L_1} - \int_{L_1}$$

$$=\iint_{D}(e^x\cos y - a - e^x\cos y + b)\mathrm{d}x\,\mathrm{d}y - \int_0^{2a}(-bx)\mathrm{d}x,$$

其中 D 为 L_1 与 L 围成的区域（如图 18-21 所示，为半径等于 a 的半圆），其面积等于 $\dfrac{1}{2}\pi a^2$，于是

$$原式=\iint_{D}(b-a)\mathrm{d}x\,\mathrm{d}y + \frac{b}{2}x^2\Big|_0^{2a}$$

$$=(b-a)\frac{1}{2}\pi a^2 + 2ba^2$$

$$=\left(\frac{\pi}{2}+2\right)ba^2 - \frac{1}{2}\pi a^3.$$

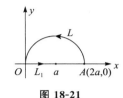

图 18-21

【注】本题还可以这样做：将原式分成两部分，

$$\int_L\big[e^x\sin y - b(x+y)\big]\mathrm{d}x + (e^x\cos y - ax)\mathrm{d}y$$

$$=\int_L e^x\sin y\mathrm{d}x + e^x\cos y\mathrm{d}y - \int_L b(x+y)\mathrm{d}x + ax\,\mathrm{d}y.$$

第一部分满足路径无关条件，可以改取 $y=0$ 从点 $A(2a,0)$ 到点 $O(0,0)$，于是知该积分为 0．
第二部分可取圆弧的参数式 $x=a+a\cos t, y=a\sin t$，从 $t=0$ 到 $t=\pi$，于是

$$-\int_L b(x+y)\mathrm{d}x + ax\,\mathrm{d}y$$

$$=\int_0^{\pi}\big[ba^2(1+\cos t+\sin t)\sin t - a^3(1+\cos t)\cos t\big]\mathrm{d}t$$

$$=\left(\frac{\pi}{2}+2\right)ba^2 - \frac{1}{2}\pi a^3.$$

⑤ **积分与路径无关问题.**

设在单连通区域 D 内 P,Q 具有一阶连续偏导数，则下述 6 个命题等价.

a. $\displaystyle\int_{L_{AB}}P(x,y)\mathrm{d}x + Q(x,y)\mathrm{d}y$ 与路径无关.

b. 沿 D 内任意分段光滑闭曲线 L 都有 $\displaystyle\oint_L P\mathrm{d}x + Q\mathrm{d}y = 0$.

c. $P\mathrm{d}x + Q\mathrm{d}y$ 为某二元函数 $u(x,y)$ 的全微分.

d. $P\mathrm{d}x + Q\mathrm{d}y = 0$ 为全微分方程.

e. $P\boldsymbol{i} + Q\boldsymbol{j}$ 为某二元函数 $u(x,y)$ 的梯度.

f. $\dfrac{\partial P}{\partial y} \equiv \dfrac{\partial Q}{\partial x}$ 在 D 内处处成立.

【注】"c,d,e"中所涉及的 $u(x,y)$ 称为 $P\mathrm{d}x + Q\mathrm{d}y$ 的原函数，若存在一个原函数 $u(x,y)$，则 $u(x,y)+C$ 也是原函数.

一般说来,"f" 是解题的关键点.

若 P,Q 已知,则考正问题:"验证 $\dfrac{\partial P}{\partial y} \equiv \dfrac{\partial Q}{\partial x}$,即'f'成立,则'a,b,c,d,e'成立"."a 至 e"成立,再求 $\displaystyle\int_L$ 或 u.

若 P,Q 中含有未知函数(或未知参数),则考反问题:"已知'a,b,c,d,e'其中任一命题成立,则有'f'成立,即 $\dfrac{\partial P}{\partial y} \equiv \dfrac{\partial Q}{\partial x}$",用此式子求出未知量,再进一步求 $\displaystyle\int_L$ 或 u.

接下来,如何求 u?

法一 用可变终点 (x,y) 的曲线积分求出 $u(x,y)$:

$$u(x,y) = \int_{(x_0,y_0)}^{(x,y)} P(x,y)\mathrm{d}x + Q(x,y)\mathrm{d}y,$$

其中 (x_0,y_0) 为 D 内任意取定的一点,(x,y) 为动点,则此式即为要求的一个 $u(x,y)$.不过在使用此方法前,必须先验证在所述单连通区域内是否满足与路径无关的充要条件 $\dfrac{\partial Q}{\partial x} \equiv \dfrac{\partial P}{\partial y}$.不满足时这种 $u(x,y)$ 是不存在的,更谈不上用曲线积分求 $u(x,y)$.

至于这个可变终点 (x,y) 的曲线积分如何计算? 一种方法是找一条认为是方便的从点 (x_0,y_0) 到变点 (x,y) 的全在 D 内的路径计算.另一种方法是按折线 $(x_0,y_0) \to (x,y_0) \to (x,y)$(见图 18-22)或按折线 $(x_0,y_0) \to (x_0,y) \to (x,y)$(见图 18-23)计算.计算公式分别如下:

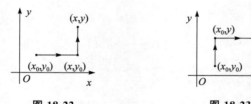

图 18-22 　　　　　图 18-23

$$u(x,y) = \int_{x_0}^{x} P(x,y_0)\mathrm{d}x + \int_{y_0}^{y} Q(x,y)\mathrm{d}y$$

或

$$u(x,y) = \int_{x_0}^{x} P(x,y)\mathrm{d}x + \int_{y_0}^{y} Q(x_0,y)\mathrm{d}y.$$

这里要求折线的路径应在 D 内.

以上公式得出的 $u(x,y)$ 再加任意常数 C 就得到了所有原函数.

法二 用凑微分法写出 $\mathrm{d}[u(x,y)]$(当然这需要一些技巧),在积分与路径无关条件下,有

$$\int_{L_{AB}} P\mathrm{d}x + Q\mathrm{d}y = \int_{L_{AB}} \mathrm{d}[u(x,y)] = u(x,y)\Big|_A^B = u(B) - u(A).$$

例 18.17 设曲线积分 $\displaystyle\int_L F(x,y)(y\mathrm{d}x + x\mathrm{d}y)$ 与路径无关,由方程 $F(x,y)=0$ 所确定的隐函数 $y=y(x)$ 的图形过点 $(1,2)$,则方程 $F(x,y)=0$ 所确定的曲线表达式为_____.

【解】应填 $xy=2$.

令 $P = yF(x, y)$，$Q = xF(x, y)$，由积分与路径无关，有 $\dfrac{\partial P}{\partial y} = \dfrac{\partial Q}{\partial x}$，又

$$\frac{\partial P}{\partial y} = F + y\,\frac{\partial F}{\partial y}, \frac{\partial Q}{\partial x} = F + x\,\frac{\partial F}{\partial x},$$

于是 $y\,\dfrac{\partial F}{\partial y} = x\,\dfrac{\partial F}{\partial x}$，即 $\dfrac{F'_x}{F'_y} = \dfrac{y}{x}$。又方程 $F(x, y) = 0$ 确定了一个 $y = y(x)$ 的隐函数，由隐函数的

求导法则可得，$\dfrac{\mathrm{d}y}{\mathrm{d}x} = -\dfrac{F'_x}{F'_y} = -\dfrac{y}{x}$，从而 $\ln|y| = -\ln|x| + \ln C_1$，即 $xy = C$，利用条件 $y\Big|_{x=1} =$

2，得 $C = 2$，故所求的曲线为 $xy = 2$。

例 18.18 设函数 $f(x)$，$g(x)$ 二阶导数连续，$f(0) = 0$，$g(0) = 0$，且对于平面上任一简单闭曲线 L，均有

$$\oint_L [y^2 f(x) + 2y\mathrm{e}^x + 2yg(x)]\mathrm{d}x + 2[yg(x) + f(x)]\mathrm{d}y = 0.$$

（1）求 $f(x)$，$g(x)$ 的表达式；

（2）设 L_1 为任一条从点 $(0,0)$ 到点 $(1,1)$ 的曲线，计算

$$\int_{L_1} [y^2 f(x) + 2y\mathrm{e}^x + 2yg(x)]\mathrm{d}x + 2[yg(x) + f(x)]\mathrm{d}y.$$

【解】（1）记
$$P(x, y) = y^2 f(x) + 2y\mathrm{e}^x + 2yg(x),$$
$$Q(x, y) = 2[yg(x) + f(x)].$$

由题意知，$\dfrac{\partial Q}{\partial x} = \dfrac{\partial P}{\partial y}$，即

$$2[yg'(x) + f'(x)] = 2yf(x) + 2\mathrm{e}^x + 2g(x),$$

整理得
$$y[g'(x) - f(x)] = -[f'(x) - g(x) - \mathrm{e}^x],$$

比较等式两边 y 的同次幂系数，有

$$\begin{cases} g'(x) - f(x) = 0, & \text{①} \\ f'(x) - g(x) - \mathrm{e}^x = 0. & \text{②} \end{cases}$$

由 ① 式，有 $f'(x) = g''(x)$，代入 ② 式，得

$$g''(x) - g(x) = \mathrm{e}^x,$$

解得

$$g(x) = C_1 \mathrm{e}^x + C_2 \mathrm{e}^{-x} + \frac{1}{2}x\mathrm{e}^x,$$

于是
$$f(x) = g'(x) = \left(C_1 + \frac{1}{2}\right)\mathrm{e}^x - C_2 \mathrm{e}^{-x} + \frac{1}{2}x\mathrm{e}^x.$$

又 $g(0) = 0$，$f(0) = 0$，故

$$\begin{cases} C_1 + C_2 = 0, \\ C_1 + \dfrac{1}{2} - C_2 = 0, \end{cases}$$

解得 $C_1 = -\dfrac{1}{4}$，$C_2 = \dfrac{1}{4}$，故

$$f(x) = \frac{1}{4}(e^x - e^{-x}) + \frac{1}{2}x e^x,$$

$$g(x) = -\frac{1}{4}(e^x - e^{-x}) + \frac{1}{2}x e^x.$$

（2）用折线法. 如图 18-24 所示,沿折线 $(0,0) \to (1,0) \to (1,1)$,有

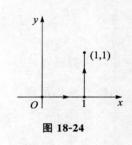

$$\text{原式} = \int_{(0,0)}^{(1,1)} [y^2 f(x) + 2y e^x + 2yg(x)]\mathrm{d}x + 2[yg(x) + f(x)]\mathrm{d}y$$

$$= 2\int_0^1 [yg(1) + f(1)]\mathrm{d}y$$

$$= 2\left[\frac{1}{2}g(1) + f(1)\right]$$

$$= \frac{1}{4}(7e - e^{-1}).$$

图 18-24

例 18.19 验证表达式 $\dfrac{y\,\mathrm{d}x}{3x^2 - 2xy + 3y^2} - \dfrac{x\,\mathrm{d}y}{3x^2 - 2xy + 3y^2}$ 在不含原点的任意单连通区域内是某函数 $u(x,y)$ 的全微分,并在 $x > 0$ 区域内求函数 $u(x,y)$.

【解】 记 $P(x,y) = \dfrac{y}{3x^2 - 2xy + 3y^2}$,$Q(x,y) = \dfrac{-x}{3x^2 - 2xy + 3y^2}$,则

$$\frac{\partial Q}{\partial x} = \frac{-(3x^2 - 2xy + 3y^2) + x(6x - 2y)}{(3x^2 - 2xy + 3y^2)^2} = \frac{3x^2 - 3y^2}{(3x^2 - 2xy + 3y^2)^2} = \frac{\partial P}{\partial y},\ (x,y) \neq (0,0),$$

故 $\dfrac{y\,\mathrm{d}x}{3x^2 - 2xy + 3y^2} - \dfrac{x\,\mathrm{d}y}{3x^2 - 2xy + 3y^2}$ 在不含原点的任意单连通区域内为某函数 $u(x,y)$ 的全微分.

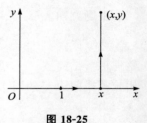

如图 18-25 所示,取 $(x_0, y_0) = (1,0)$ 作为积分路径的起点,沿折线 $(1,0) \to (x,0) \to (x,y)$,有

图 18-25

$$u(x,y) = \int_1^x P(x,0)\mathrm{d}x + \int_0^y Q(x,y)\mathrm{d}y + C_1$$

$$= \int_1^x 0\mathrm{d}x - \int_0^y \frac{x}{3x^2 - 2xy + 3y^2}\mathrm{d}y + C_1$$

$$= -\frac{x}{3}\int_0^y \frac{\mathrm{d}y}{\left(y - \frac{1}{3}x\right)^2 + \frac{8}{9}x^2} + C_1$$

$$= -\frac{1}{2\sqrt{2}}\arctan\frac{3y - x}{2\sqrt{2}x} - \frac{1}{2\sqrt{2}}\arctan\frac{1}{2\sqrt{2}} + C_1$$

$$= -\frac{1}{2\sqrt{2}}\arctan\frac{3y - x}{2\sqrt{2}x} + C\ (x > 0),$$

其中 $C = C_1 - \dfrac{1}{2\sqrt{2}}\arctan\dfrac{1}{2\sqrt{2}}$,为任意常数.

【注】 加任意常数 C 是为了求出全部满足题意的 $u(x,y)$,下一题加 C 也是这个原因.

例 18.20 确定常数 λ，使在右半平面 $x > 0$ 上的向量

$$\boldsymbol{A}(x,y) = 2xy(x^4+y^2)^\lambda \boldsymbol{i} - x^2(x^4+y^2)^\lambda \boldsymbol{j}$$

为某二元函数 $u(x,y)$ 的梯度，并求 $u(x,y)$.

【解】令

$$P(x,y) = 2xy(x^4+y^2)^\lambda, Q(x,y) = -x^2(x^4+y^2)^\lambda.$$

由题意知 $\dfrac{\partial Q}{\partial x} = \dfrac{\partial P}{\partial y}$，则

$$4x(x^4+y^2)^\lambda(\lambda+1) = 0.$$

因为 $x > 0$，于是推知当且仅当 $\lambda = -1$ 时，所给向量场是梯度场.

在 $x > 0$ 的半平面内任取一点，例如 $(1,0)$ 作为积分路径的起点，沿折线 $(1,0) \rightarrow (x,0) \rightarrow (x,y)$，有

$$\begin{aligned}
u(x,y) &= \int_{(1,0)}^{(x,y)} \frac{2xy\,\mathrm{d}x - x^2\,\mathrm{d}y}{x^4+y^2} + C \\
&= \int_1^x \frac{2x \cdot 0}{x^4+0^2}\,\mathrm{d}x - \int_0^y \frac{x^2}{x^4+y^2}\,\mathrm{d}y + C \\
&= -\arctan\frac{y}{x^2} + C,
\end{aligned}$$

其中 C 为任意常数.

(3) 两类曲线积分的关系.

$$\int_L P\,\mathrm{d}x + Q\,\mathrm{d}y = \int_L (P\cos\alpha + Q\cos\beta)\,\mathrm{d}s,$$

其中 $(\cos\alpha, \cos\beta)$ 为 L 上点 (x,y) 处与 L 同向的单位切向量.

例 18.21 设 L 是从点 $A(1,-1)$ 沿曲线 $x^2+y^2 = -2y(y \geqslant -1)$ 到点 $B(-1,-1)$ 的有向曲线，$f(x)$ 是连续函数，计算

$$I = \int_L x[f(x)+1]\mathrm{d}y - \frac{y^2[f(x)+1] + 2yf(x)}{\sqrt{1-x^2}}\mathrm{d}x.$$

【解】**法一** $L: y = \sqrt{1-x^2} - 1$（x 从 1 变到 -1），$\mathrm{d}y = \dfrac{-x}{\sqrt{1-x^2}}\mathrm{d}x$，$L$ 的弧长微元为

$$\begin{aligned}
\mathrm{d}s &= \sqrt{(\mathrm{d}x)^2 + (\mathrm{d}y)^2} \\
&= \sqrt{(\mathrm{d}x)^2 + \left(\frac{-x}{\sqrt{1-x^2}}\mathrm{d}x\right)^2} \\
&= \frac{\sqrt{(\mathrm{d}x)^2}}{\sqrt{1-x^2}} = \frac{-\mathrm{d}x}{\sqrt{1-x^2}}.
\end{aligned}$$

有向曲线 L 在点 (x,y) 处的切向量为 $\boldsymbol{T} = (\cos\alpha, \cos\beta)$，其中

$$\cos\alpha = \frac{\mathrm{d}x}{\mathrm{d}s} = -\sqrt{1-x^2},$$

$$\cos \beta = \frac{\mathrm{d}y}{\mathrm{d}s} = x,$$

于是

$$I = \int_L x[f(x)+1]\mathrm{d}y - \frac{y^2[f(x)+1]+2yf(x)}{\sqrt{1-x^2}}\mathrm{d}x$$

$$= \int_L \left\{ -\frac{y^2[f(x)+1]+2yf(x)}{\sqrt{1-x^2}}\cos\alpha + x[f(x)+1]\cos\beta \right\}\mathrm{d}s$$

$$= \int_L \left\{ -\frac{y^2[f(x)+1]+2yf(x)}{\sqrt{1-x^2}} \cdot (-\sqrt{1-x^2}) + x[f(x)+1] \cdot x \right\}\mathrm{d}s$$

$$= \int_L [(x^2+y^2+2y)f(x)+x^2+y^2]\mathrm{d}s$$

$$= \int_L (x^2+y^2)\mathrm{d}s = \int_L (-2y)\mathrm{d}s$$

$$= -2\int_{-1}^{1} (\sqrt{1-x^2}-1)\frac{1}{\sqrt{1-x^2}}\mathrm{d}x$$

$$= -2\int_{-1}^{1} \left(1 - \frac{1}{\sqrt{1-x^2}}\right)\mathrm{d}x$$

$$= -4 + 2\arcsin x \Big|_{-1}^{1}$$

$$= 2\pi - 4.$$

这里,将 x 视为参数时,由于 x 从 1 变到 -1(x 从大变到小),故在求有向曲线 L 的切向量时,$\mathrm{d}x < 0$,从而

$$\mathrm{d}s = \sqrt{(\mathrm{d}x)^2+(\mathrm{d}y)^2} = \frac{\sqrt{(\mathrm{d}x)^2}}{\sqrt{1-x^2}} = \frac{-\mathrm{d}x}{\sqrt{1-x^2}},$$

而在将对弧长的曲线积分 $\int_L (-2y)\mathrm{d}s$ 化为定积分时,由于定积分的积分下限小于积分上限,故此时 $\mathrm{d}x > 0$,从而

$$\mathrm{d}s = \sqrt{1+\left(\frac{\mathrm{d}y}{\mathrm{d}x}\right)^2}\mathrm{d}x = \frac{1}{\sqrt{1-x^2}}\mathrm{d}x.$$

法二　有向曲线 L 的参数方程为 $\begin{cases} x = \cos t, \\ y = -1 + \sin t \end{cases}$（$t$ 从 0 变到 π），L 的弧长微元为

$$\mathrm{d}s = \sqrt{(-\sin t\,\mathrm{d}t)^2+(\cos t\,\mathrm{d}t)^2} = \mathrm{d}t.$$

有向曲线 L 在点 (x,y) 处的切向量为 $\boldsymbol{T} = (\cos\alpha, \cos\beta)$,其中

$$\cos\alpha = \frac{\mathrm{d}x}{\mathrm{d}s} = -\sin t = -1 - y = -\sqrt{1-x^2},$$

$$\cos\beta = \frac{\mathrm{d}y}{\mathrm{d}s} = \cos t = x.$$

于是

$$I = \int_L x[f(x)+1]\mathrm{d}y - \frac{y^2[f(x)+1]+2yf(x)}{\sqrt{1-x^2}}\mathrm{d}x$$

$$= \int_L \left\{ -\frac{y^2[f(x)+1]+2yf(x)}{\sqrt{1-x^2}}\cos\alpha + x[f(x)+1]\cos\beta \right\}\mathrm{d}s$$

$$= \int_L \left\{ -\frac{y^2[f(x)+1]+2yf(x)}{\sqrt{1-x^2}} \cdot (-\sqrt{1-x^2}) + x[f(x)+1]\cdot x \right\}\mathrm{d}s$$

$$= \int_L \left[(x^2+y^2+2y)f(x) + x^2 + y^2 \right]\mathrm{d}s$$

$$= \int_L (x^2+y^2)\mathrm{d}s = \int_L (-2y)\mathrm{d}s$$

$$= 2\int_0^\pi (1-\sin t)\mathrm{d}t$$

$$= 2\pi - 4.$$

> 【注】(1) 对有向曲线 $L:\begin{cases} x=x(t), \\ y=y(t), \end{cases}$ 起点对应参数 $t=\alpha$，终点对应参数 $t=\beta$，若 $\alpha < \beta$，则 $\boldsymbol{\tau}=(x_t',y_t')$ 是与 L 同向的切向量，而若 $\alpha > \beta$，则 $\boldsymbol{\tau}=-(x_t',y_t')$ 是与 L 同向的切向量.
>
> (2) 本题中 $f(x)$ 只是连续函数，未提供可导的条件，故若考虑加线补成封闭区域，然后用格林公式，是行不通的.

(4) 空间问题.

① **直接计算** $\begin{cases} \text{一投二代三计算} \\ \text{用斯托克斯(Stokes)公式} \end{cases}$

a. **一投二代三计算.**

设 $\Gamma:\begin{cases} x=x(t), \\ y=y(t),\ t:\alpha \to \beta，则有 \\ z=z(t), \end{cases}$

$$\int_\Gamma P\mathrm{d}x + Q\mathrm{d}y + R\mathrm{d}z$$

$$= \int_\alpha^\beta \{P[x(t),y(t),z(t)]x'(t) + Q[x(t),y(t),z(t)]y'(t) + R[x(t),y(t),z(t)]z'(t)\}\mathrm{d}t.$$

b. **用斯托克斯公式.**

设 Ω 为某空间区域，Σ 为 Ω 内的分片光滑有向曲面片，Γ 为逐段光滑的 Σ 的边界，它的方向与 Σ 的法向量成右手系，函数 $P(x,y,z),Q(x,y,z)$ 与 $R(x,y,z)$ 在 Ω 内具有连续的一阶偏导数，则有斯托克斯公式：

$$\oint_\Gamma P\mathrm{d}x + Q\mathrm{d}y + R\mathrm{d}z = \iint_\Sigma \begin{vmatrix} \mathrm{d}y\mathrm{d}z & \mathrm{d}z\mathrm{d}x & \mathrm{d}x\mathrm{d}y \\ \dfrac{\partial}{\partial x} & \dfrac{\partial}{\partial y} & \dfrac{\partial}{\partial z} \\ P & Q & R \end{vmatrix} \quad (\text{此为第二型曲面积分形式})$$

$$=\iint\limits_{\Sigma}\begin{vmatrix}\cos\alpha & \cos\beta & \cos\gamma\\ \dfrac{\partial}{\partial x} & \dfrac{\partial}{\partial y} & \dfrac{\partial}{\partial z}\\ P & Q & R\end{vmatrix}\mathrm{d}S\text{（此为第一型曲面积分形式），}$$

其中 $\boldsymbol{n}^{\circ}=(\cos\alpha,\cos\beta,\cos\gamma)$ 为 Σ 的单位外法线向量.

> 【注】可以证明（这里不证），公式的成立与绷在 Γ 上的曲面大小、形状无
> 关，如图 18-26 所示，有 $\oint_{\Gamma}=\iint\limits_{\Sigma_1}=\iint\limits_{\Sigma_2}$.

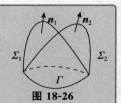

图 18-26

例 18.22 已知 Σ 为曲面 $4x^2+y^2+z^2=1(x\geqslant0,y\geqslant0,z\geqslant0)$ 的上侧（见图 18-27），L 为 Σ 的边界曲线，其正向与 Σ 的正法向量满足右手法则，计算曲线积分

$$I=\oint_{L}(yz^2-\cos z)\mathrm{d}x+2xz^2\mathrm{d}y+(2xyz+x\sin z)\mathrm{d}z.$$

图 18-27

【解】法一 一投二代三计算. 记

$$L_x:\begin{cases}y^2+z^2=1,\\x=0,\end{cases}\text{方向为}(0,1,0)\to(0,0,1);$$

$$L_y:\begin{cases}4x^2+z^2=1,\\y=0,\end{cases}\text{方向为}(0,0,1)\to\left(\frac{1}{2},0,0\right);$$

$$L_z:\begin{cases}4x^2+y^2=1,\\z=0,\end{cases}\text{方向为}\left(\frac{1}{2},0,0\right)\to(0,1,0).$$

因为

$$I_x=\int_{L_x}(yz^2-\cos z)\mathrm{d}x+2xz^2\mathrm{d}y+(2xyz+x\sin z)\mathrm{d}z=\int_{L_x}0\mathrm{d}y+0\mathrm{d}z=0,$$

$$I_y=\int_{L_y}(yz^2-\cos z)\mathrm{d}x+2xz^2\mathrm{d}y+(2xyz+x\sin z)\mathrm{d}z$$

$$=\int_{L_y}(-\cos z)\mathrm{d}x+x\sin z\mathrm{d}z$$

$$=\int_{L_y}\mathrm{d}(-x\cos z)$$

$$=-x\cos z\Big|_{(0,0,1)}^{\left(\frac{1}{2},0,0\right)}=-\frac{1}{2},$$

$$I_z=\int_{L_z}(yz^2-\cos z)\mathrm{d}x+2xz^2\mathrm{d}y+(2xyz+x\sin z)\mathrm{d}z$$

$$=-\int_{L_z}\mathrm{d}x=-x\Big|_{\left(\frac{1}{2},0,0\right)}^{(0,1,0)}=\frac{1}{2},$$

所以
$$I=I_x+I_y+I_z=0-\frac{1}{2}+\frac{1}{2}=0.$$

法二 根据斯托克斯公式，得

$$I = \oint_L (yz^2 - \cos z)\mathrm{d}x + 2xz^2\mathrm{d}y + (2xyz + x\sin z)\mathrm{d}z$$

$$= \iint\limits_{\Sigma} \begin{vmatrix} \mathrm{d}y\,\mathrm{d}z & \mathrm{d}z\,\mathrm{d}x & \mathrm{d}x\,\mathrm{d}y \\ \dfrac{\partial}{\partial x} & \dfrac{\partial}{\partial y} & \dfrac{\partial}{\partial z} \\ yz^2 - \cos z & 2xz^2 & 2xyz + x\sin z \end{vmatrix}$$

$$= \iint\limits_{\Sigma} (-2xz)\mathrm{d}y\,\mathrm{d}z + z^2\,\mathrm{d}x\,\mathrm{d}y.$$

记 $D = \{(x,y) \mid 4x^2 + y^2 \leqslant 1, x \geqslant 0, y \geqslant 0\}$，则 $\Sigma: z = \sqrt{1 - 4x^2 - y^2}$，$(x,y) \in D$. 因为 Σ 上侧为正，所以

$$I = \iint\limits_{D} \left(2x\sqrt{1 - 4x^2 - y^2}\,\frac{\partial z}{\partial x} + 1 - 4x^2 - y^2\right)\mathrm{d}x\,\mathrm{d}y$$

$$= \iint\limits_{D} (1 - 12x^2 - y^2)\mathrm{d}x\,\mathrm{d}y.$$

由例 14.10 知，$I = \iint\limits_{D} (1 - 12x^2 - y^2)\mathrm{d}x\,\mathrm{d}y = 0.$

② 换路径再计算.（若 rot $\boldsymbol{F}$ = 0（无旋场），可换路径）

设 $\boldsymbol{F} = P\boldsymbol{i} + Q\boldsymbol{j} + R\boldsymbol{k}$，其中 P, Q, R 具有一阶连续偏导数. 若 **rot** $\boldsymbol{F} = \boldsymbol{0}$，则可换路径积分.

【注】"四 2(2) 的 ②，③"与"四 2(4) 的 ②"为什么可以换路径？平面上的 $\dfrac{\partial Q}{\partial x} \equiv \dfrac{\partial P}{\partial y}$ 与空间上的 **rot** $\boldsymbol{F} = \boldsymbol{0}$，均是指所给场无旋，无旋场中积分与路径无关，于是可"换路径". 为什么无旋场积分与路径无关呢？可以这样理解并记忆：在重力场中，你手上拿着一个风车，若只有重力作用，风车是不会旋转的，这就是"无旋"，重力场是无旋场，重力场中做功与路径无关，这样通俗理解就容易记住了.

例 18.23 设 Γ 是圆柱螺线 $x = \cos\theta, y = \sin\theta, z = \theta$，从点 $A(1,0,0)$ 到点 $B(1,0,2\pi)$，则 $J = \displaystyle\int_{\Gamma} (x^2 - yz)\mathrm{d}x + (y^2 - zx)\mathrm{d}y + (z^2 - xy)\mathrm{d}z = $ _____.

【解】应填 $\dfrac{8}{3}\pi^3$.

由于

$$\begin{vmatrix} \boldsymbol{i} & \boldsymbol{j} & \boldsymbol{k} \\ \dfrac{\partial}{\partial x} & \dfrac{\partial}{\partial y} & \dfrac{\partial}{\partial z} \\ x^2 - yz & y^2 - zx & z^2 - xy \end{vmatrix} = \boldsymbol{0},$$

因此全空间内曲线积分与路径无关，将 Γ 换为直线段 $\overline{AB}: x = 1, y = 0, z$ 从 0 到 2π，则

$$J = \int_{\overline{AB}} z^2\,\mathrm{d}z = \int_0^{2\pi} z^2\,\mathrm{d}z = \frac{8}{3}\pi^3.$$

1. 概念 —— 通量

第二型曲面积分的被积函数 $\boldsymbol{F}(x,y,z)=P(x,y,z)\boldsymbol{i}+Q(x,y,z)\boldsymbol{j}+R(x,y,z)\boldsymbol{k}$ 定义在光滑的空间有向曲面 Σ 上,其物理背景是向量函数 $\boldsymbol{F}(x,y,z)$ 通过曲面 Σ 的通量:

$$\iint_{\Sigma}P(x,y,z)\mathrm{d}y\mathrm{d}z+Q(x,y,z)\mathrm{d}z\mathrm{d}x+R(x,y,z)\mathrm{d}x\mathrm{d}y.$$

由此可以看出,第二型曲面积分是一个**向量函数**通过某**有向曲面**的通量(无几何量可言),要加强和前面所学积分的横向对比,理解它们的区别和联系,不要用错或者用混了.

$$\iint_{\Sigma}(P,Q,R)\cdot(\mathrm{d}y\mathrm{d}z,\mathrm{d}z\mathrm{d}x,\mathrm{d}x\mathrm{d}y)=\iint_{\Sigma}P\mathrm{d}y\mathrm{d}z+Q\mathrm{d}z\mathrm{d}x+R\mathrm{d}x\mathrm{d}y.$$

2. 计算

(1) 基本方法 —— 一投二代三计算(化为二重积分).

① 拆成三个积分(如果有的话),一个一个做:

$$\iint_{\Sigma}P(x,y,z)\mathrm{d}y\mathrm{d}z+Q(x,y,z)\mathrm{d}z\mathrm{d}x+R(x,y,z)\mathrm{d}x\mathrm{d}y$$

$$=\iint_{\Sigma}P(x,y,z)\mathrm{d}y\mathrm{d}z+\iint_{\Sigma}Q(x,y,z)\mathrm{d}z\mathrm{d}x+\iint_{\Sigma}R(x,y,z)\mathrm{d}x\mathrm{d}y.$$

② 分别投影到相应的坐标面上.

例如对于 $\iint_{\Sigma}R(x,y,z)\mathrm{d}x\mathrm{d}y$,将曲面 Σ 投影到 xOy 平面上去.

a. 若 Σ 在 xOy 平面上的投影为一条线,即 Σ 垂直于 xOy 平面,则此积分为零.

b. 若不是“a”的情形,且 Σ 上存在两点,它们在 xOy 平面上的投影点重合,则应将 Σ 剖分成若干个曲面片,使对于每一曲面片上的点投影到 xOy 平面上的投影点不重合.

c. 假设已如此剖分好了,不妨将剖分之后的曲面片仍记为 Σ. 此时将 Σ 的方程写成 $z=z(x,y)$ 的形式(只有投影到 xOy 平面上投影点不重合时,Σ 的方程才能写成 $z=z(x,y)$).

③ 一投二代三计算.

a. 一投:确定出 Σ 在 xOy 平面上的投影域 D_{xy}.

b. 二代:将 $z=z(x,y)$ 代入 $R(x,y,z)$.

c. 三计算:将 $\mathrm{d}x\mathrm{d}y$ 写成 $\pm\mathrm{d}x\mathrm{d}y$.其中“$\pm$”号是这样选取的:

当 $\cos\gamma>0$,即 Σ 的法向量与 z 轴交角为锐角,亦即当 Σ 的指定侧为上侧时,取“$+$”;

当 $\cos\gamma<0$,即 Σ 的法向量与 z 轴交角为钝角,亦即当 Σ 的指定侧为下侧时,取“$-$”.

于是便得

$$\iint_{\Sigma}R(x,y,z)\mathrm{d}x\mathrm{d}y=\pm\iint_{D_{xy}}R[x,y,z(x,y)]\mathrm{d}x\mathrm{d}y.$$

【注】必须注意，上式等号左边是第二型曲面积分，$\iint\limits_{\Sigma}$ 表明了这件事，其中 $\mathrm{d}x\mathrm{d}y$ 为有向曲面微

元在 xOy 平面上的投影分量；等式右边是 xOy 平面上的二重积分，$\iint\limits_{D_{xy}}$ 表明了这件事，其中

$\mathrm{d}x\mathrm{d}y$ 为二重积分的面积微元，R 中的 z 已用 Σ 的方程 $z = z(x,y)$ 代入了，它是 x,y 的函数。

两个 $\mathrm{d}x\mathrm{d}y$ 虽然写法一样，但其意义不一样。

对于其他两个第二型曲面积分的计算类似，请读者参照"②，③"两条自行写出。

④ 计算已转化成的二重积分。

例 18.24 设直线 L 过点 $A(-1,0,1)$ 与 $B(0,0,0)$，L 绕 z 轴旋转一周得曲面 Σ_0，计算 $I = $

$\oiint\limits_{\Sigma} \dfrac{\mathrm{e}^z}{\sqrt{x^2+y^2}}\mathrm{d}x\mathrm{d}y$，其中 Σ 是由 Σ_0，$z=1$，$z=2$ 所围有界闭区域的边界曲面，取外侧。

【解】直线 L 的两点式方程为

$$\frac{x+1}{1} = \frac{y}{0} = \frac{z-1}{-1},$$

可得其参数方程为

$$\begin{cases} x = -1+t, \\ y = 0, \\ z = 1-t, \end{cases}$$

即 $\begin{cases} x = -z, \\ y = 0. \end{cases}$

由第 17 讲六中的注，有 Σ_0 的方程为 $x^2 + y^2 = z^2 + 0 = z^2$。

如图 18-28 所示，记 $\Sigma = \Sigma_1 + \Sigma_2 + \Sigma_3$，其中 $\Sigma_1: z=1, x^2+y^2 \leqslant 1$；

$\Sigma_2: z=2, x^2+y^2 \leqslant 4$；$\Sigma_3: z = \sqrt{x^2+y^2}, 1 \leqslant z \leqslant 2$。则

$$I = \oiint\limits_{\Sigma} = \iint\limits_{\Sigma_1} + \iint\limits_{\Sigma_2} + \iint\limits_{\Sigma_3},$$

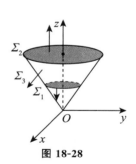

图 18-28

$$\iint\limits_{\Sigma_1} = -\iint\limits_{D_1} \frac{\mathrm{e}^1}{\sqrt{x^2+y^2}}\mathrm{d}x\mathrm{d}y = -\mathrm{e}\int_0^{2\pi}\mathrm{d}\theta\int_0^1 \frac{1}{r}\cdot r\,\mathrm{d}r = -2\pi\mathrm{e},$$

$$\iint\limits_{\Sigma_2} = \iint\limits_{D_2} \frac{\mathrm{e}^2}{\sqrt{x^2+y^2}}\mathrm{d}x\mathrm{d}y = \mathrm{e}^2\int_0^{2\pi}\mathrm{d}\theta\int_0^2 \frac{1}{r}\cdot r\,\mathrm{d}r = 4\pi\mathrm{e}^2,$$

$$\iint\limits_{\Sigma_3} = -\iint\limits_{D_3} \frac{\mathrm{e}^{\sqrt{x^2+y^2}}}{\sqrt{x^2+y^2}}\mathrm{d}x\mathrm{d}y = -\int_0^{2\pi}\mathrm{d}\theta\int_1^2 \frac{\mathrm{e}^r}{r}\cdot r\,\mathrm{d}r = -2\pi(\mathrm{e}^2 - \mathrm{e}),$$

其中 $D_1 = \{(x,y) \mid x^2+y^2 \leqslant 1\}$，$D_2 = \{(x,y) \mid x^2+y^2 \leqslant 4\}$，$D_3 = \{(x,y) \mid 1 \leqslant x^2+y^2 \leqslant 4\}$。故 $I = -2\pi\mathrm{e} + 4\pi\mathrm{e}^2 - 2\pi(\mathrm{e}^2 - \mathrm{e}) = 2\pi\mathrm{e}^2$。

(2) 转换投影法.

若 Σ 投影到 xOy 平面上不是一条线,并且 Σ 上任意两点到 xOy 平面上的投影点不重合,则可将 Σ 投影到 xOy 平面,设投影域为 D_{xy},曲面方程写成 $z=z(x,y)$ 的形式,则有

$$\iint\limits_{\Sigma} P(x,y,z)\mathrm{d}y\mathrm{d}z + Q(x,y,z)\mathrm{d}z\mathrm{d}x + R(x,y,z)\mathrm{d}x\mathrm{d}y$$

$$=\pm\iint\limits_{D_{xy}}\left\{P[x,y,z(x,y)]\left(-\frac{\partial z}{\partial x}\right)+Q[x,y,z(x,y)]\left(-\frac{\partial z}{\partial y}\right)+R[x,y,z(x,y)]\right\}\mathrm{d}x\mathrm{d}y,$$

其中"$\pm$"的选取与"(1)"所述相同:当 Σ 为上侧时,取"$+$";当 Σ 为下侧时,取"$-$".

类似地,若 Σ 投影到 yOz 平面上不是一条线,并且 Σ 上任意两点到 yOz 平面上的投影点不重合,投影域为 D_{yz},曲面方程写成 $x=x(y,z)$ 的形式,则有

$$\iint\limits_{\Sigma} P(x,y,z)\mathrm{d}y\mathrm{d}z + Q(x,y,z)\mathrm{d}z\mathrm{d}x + R(x,y,z)\mathrm{d}x\mathrm{d}y$$

$$=\pm\iint\limits_{D_{yz}}\left\{P[x(y,z),y,z]+Q[x(y,z),y,z]\left(-\frac{\partial x}{\partial y}\right)+R[x(y,z),y,z]\left(-\frac{\partial x}{\partial z}\right)\right\}\mathrm{d}y\mathrm{d}z,$$

其中,当 Σ 为前侧时取"$+$";当 Σ 为后侧时取"$-$".

若 Σ 投影到 zOx 平面上不是一条线,并且 Σ 上任意两点到 zOx 平面上的投影点不重合,投影域为 D_{zx},曲面方程写成 $y=y(z,x)$ 的形式,则有

$$\iint\limits_{\Sigma} P(x,y,z)\mathrm{d}y\mathrm{d}z + Q(x,y,z)\mathrm{d}z\mathrm{d}x + R(x,y,z)\mathrm{d}x\mathrm{d}y$$

$$=\pm\iint\limits_{D_{zx}}\left\{P[x,y(z,x),z]\left(-\frac{\partial y}{\partial x}\right)+Q[x,y(z,x),z]+R[x,y(z,x),z]\left(-\frac{\partial y}{\partial z}\right)\right\}\mathrm{d}z\mathrm{d}x,$$

其中,当 Σ 为右侧时取"$+$";当 Σ 为左侧时取"$-$".

> 【注】上述公式,例如其中第 1 个,若 Σ 的一部分 Σ_1 垂直于 xOy 平面,则 Σ_1 到 xOy 平面上的投影为一条线,此时 Σ_1 的方程不能写成 $z=z(x,y)$ 的形式,故无法用这个公式计算 Σ_1 上的第二型曲面积分.对此 Σ_1 应改投到其他坐标面上计算,或用"(1)"的方法分成若干个积分计算.

例 18.25 设 Σ 为曲面 $z=\sqrt{x^2+y^2}(1\leqslant x^2+y^2\leqslant 4)$ 的下侧,$f(x)$ 是连续函数,计算

$$I=\iint\limits_{\Sigma}[xf(xy)+2x-y]\mathrm{d}y\mathrm{d}z + [yf(xy)+2y+x]\mathrm{d}z\mathrm{d}x + [zf(xy)+z]\mathrm{d}x\mathrm{d}y.$$

【解】 曲面 Σ 在 xOy 平面上的投影域为 $D=\{(x,y)\mid 1\leqslant x^2+y^2\leqslant 4\}$,因为 $\dfrac{\partial z}{\partial x}=$

$\dfrac{x}{\sqrt{x^2+y^2}},\dfrac{\partial z}{\partial y}=\dfrac{y}{\sqrt{x^2+y^2}}$,且 Σ 取下侧,所以

$$I=\iint\limits_{\Sigma}[xf(xy)+2x-y]\mathrm{d}y\mathrm{d}z + [yf(xy)+2y+x]\mathrm{d}z\mathrm{d}x + [zf(xy)+z]\mathrm{d}x\mathrm{d}y$$

$$=-\iint\limits_{D}\left\{-\frac{x}{\sqrt{x^2+y^2}}[xf(xy)+2x-y]-\frac{y}{\sqrt{x^2+y^2}}[yf(xy)+2y+x]+\right.$$

$$\left. [f(xy)+1]\sqrt{x^2+y^2}\right)\mathrm{d}x\mathrm{d}y$$

$$=\iint\limits_{D}\sqrt{x^2+y^2}\,\mathrm{d}x\mathrm{d}y$$

$$=\int_0^{2\pi}\mathrm{d}\theta\int_1^2 r^2\,\mathrm{d}r$$

$$=\frac{14\pi}{3}.$$

（3）高斯公式.

设空间有界闭区域 Ω 由有向分片光滑闭曲面 Σ 围成，$P(x,y,z),Q(x,y,z),R(x,y,z)$ 在 Ω 上具有一阶连续偏导数，其中 Σ 取外侧，则有公式

$$\oiint\limits_{\Sigma}P\,\mathrm{d}y\mathrm{d}z+Q\,\mathrm{d}z\mathrm{d}x+R\,\mathrm{d}x\mathrm{d}y=\iiint\limits_{\Omega}\left(\frac{\partial P}{\partial x}+\frac{\partial Q}{\partial y}+\frac{\partial R}{\partial z}\right)\mathrm{d}v.$$

① 封闭曲面且内部无奇点，直接用高斯公式.

例 18.26　计算

$$I=\oiint\limits_{\Sigma}|xy|z^2\,\mathrm{d}x\mathrm{d}y+|x|y^2z\,\mathrm{d}y\mathrm{d}z,$$

其中 Σ 为 $z=x^2+y^2$ 与 $z=1$ 所围区域 Ω 的表面，方向向外.

【解】由题设得，$I=\oiint\limits_{\Sigma}|xy|z^2\,\mathrm{d}x\mathrm{d}y+\oiint\limits_{\Sigma}|x|y^2z\,\mathrm{d}y\mathrm{d}z\xlongequal{\text{记}}I_1+I_2$，如图 18-29 所示，则

$$I_1\xlongequal[\text{公式}]{\text{高斯}}\iiint\limits_{\Omega}|xy|\cdot 2z\,\mathrm{d}v=\iiint\limits_{\Omega}2|xy|z\,\mathrm{d}v$$

$$=8\iiint\limits_{\substack{\Omega\\x,y\geqslant 0}}xyz\,\mathrm{d}v=8\iint\limits_{\substack{x^2+y^2\leqslant 1\\x,y\geqslant 0}}\mathrm{d}\sigma\int_{x^2+y^2}^1 xyz\,\mathrm{d}z$$

$$=4\iint\limits_{\substack{x^2+y^2\leqslant 1\\x,y\geqslant 0}}xy[1-(x^2+y^2)^2]\mathrm{d}\sigma$$

$$=4\int_0^{\frac{\pi}{2}}\mathrm{d}\theta\int_0^1 r^2\cos\theta\sin\theta(1-r^4)r\,\mathrm{d}r=\frac{1}{4}.$$

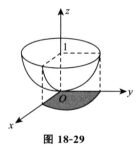

图 18-29

I_2 不能用高斯公式，因 $\dfrac{\partial}{\partial x}(|x|y^2z)$ 在 $x=0$ 处不存在.将 Σ 分成两块

$$\begin{cases}\Sigma_1:z=1,x^2+y^2\leqslant 1,\text{向上},\\ \Sigma_2:z=x^2+y^2,0\leqslant z\leqslant 1,\text{向下},\end{cases}$$

故

$$\iint\limits_{\Sigma_1}|x|y^2z\,\mathrm{d}y\mathrm{d}z=0,$$

$$\iint\limits_{\Sigma_2}|x|y^2z\,\mathrm{d}y\mathrm{d}z\xlongequal[\text{投影法}]{\text{转换}}\iint\limits_{\Sigma_2}|x|y^2z\left(-\frac{\partial z}{\partial x}\right)\mathrm{d}x\mathrm{d}y$$

$$= -\iint\limits_{x^2+y^2\leqslant 1} |x| y^2(x^2+y^2)\cdot(-2x)\mathrm{d}x\mathrm{d}y = 0.$$

故 $I = \dfrac{1}{4}$.

② **封闭曲面、有奇点在其内部,且除奇点外 $\mathrm{div}\,\boldsymbol{F} = 0$,可换个面积分.**(边界无需与原曲面重合)

【注】为什么可以换个面积分? $\mathrm{div}\,\boldsymbol{F} = 0$ 是指所给场无源,于是通过任何封闭曲面(且无奇点在其内部)的通量为 0. 如图 18-30 所示,由于 $\iint\limits_{\Sigma+\Sigma_1^-} = 0$,于

是 $\iint\limits_{\Sigma} = -\iint\limits_{\Sigma_1^-} = \iint\limits_{\Sigma_1}$($\Sigma$ 与 Σ_1 同向).

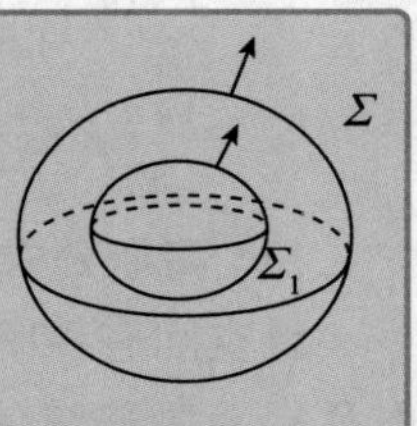

图 18-30

有时虽然所给的曲面是一张封闭曲面,法向量指的也是外侧,但"在 Σ 所包围的有界闭区域 Ω 的内部有奇点,但除奇点外 P, Q, R 具有连续的一阶偏导数,且满足 $\dfrac{\partial P}{\partial x} + \dfrac{\partial Q}{\partial y} + \dfrac{\partial R}{\partial z} \equiv 0$". 此时,可以作一封闭曲面 $\Sigma_1 \subset \Omega$,将上述使偏导数不连续的点都包含在 Σ_1 的内部,Σ_1 的法向量指向它所包围的有界区域的外侧,则有公式

$$\oiint\limits_{\Sigma} P\mathrm{d}y\mathrm{d}z + Q\mathrm{d}z\mathrm{d}x + R\mathrm{d}x\mathrm{d}y = \oiint\limits_{\Sigma_1} P\mathrm{d}y\mathrm{d}z + Q\mathrm{d}z\mathrm{d}x + R\mathrm{d}x\mathrm{d}y.$$

如果后一积分比前一积分容易计算,就达到化难为易的目的了.

例 18.27 设 Σ 是椭球面 $\dfrac{x^2}{a^2} + \dfrac{y^2}{b^2} + \dfrac{z^2}{c^2} = 1$,法向量指向外侧,则

$$\oiint\limits_{\Sigma} \frac{x\mathrm{d}y\mathrm{d}z + y\mathrm{d}z\mathrm{d}x + z\mathrm{d}x\mathrm{d}y}{(x^2+y^2+z^2)^{3/2}} = \underline{\hspace{2cm}}.$$

【解】应填 4π.

经计算有

$$\frac{\partial P}{\partial x} + \frac{\partial Q}{\partial y} + \frac{\partial R}{\partial z} \equiv 0, \text{当}(x,y,z) \neq (0,0,0).$$

但是这里不能用高斯公式,因为在 Σ 内部的点 $O(0,0,0)$ 处,P, Q, R 都不连续. 故在 Σ 内部作一球面

$$\Sigma_1 : x^2 + y^2 + z^2 = r^2 (r > 0),$$

它的法向量指向球面外侧,于是有

$$\oiint\limits_{\Sigma} \frac{x\mathrm{d}y\mathrm{d}z + y\mathrm{d}z\mathrm{d}x + z\mathrm{d}x\mathrm{d}y}{(x^2+y^2+z^2)^{3/2}}$$

$$= \oiint\limits_{\Sigma_1} \frac{x\mathrm{d}y\mathrm{d}z + y\mathrm{d}z\mathrm{d}x + z\mathrm{d}x\mathrm{d}y}{(x^2+y^2+z^2)^{3/2}}$$

$$= \frac{1}{r^3} \oiint\limits_{\Sigma_1} x\mathrm{d}y\mathrm{d}z + y\mathrm{d}z\mathrm{d}x + z\mathrm{d}x\mathrm{d}y$$

$$\xlongequal{(*)} \frac{1}{r^3}\iiint\limits_{\Omega_1}3\mathrm{d}v = \frac{1}{r^3}\cdot 3\cdot\frac{4}{3}\pi r^3 = 4\pi,$$

其中($*$)处来自高斯公式，Ω_1 为 Σ_1 所包围的闭球域.

③ **非封闭曲面，且 div $F=0$，可换个面积分.**（边界需与原曲面重合）

> 【注】为什么可以换个面积分？div $F=0$ 是指所给场无源，于是通过任何
>
> 封闭曲面（且无奇点在其内部）的通量为 0，如图 18-31 所示. 由于 $\iint\limits_{\Sigma_1+\Sigma_2}=0$，
>
> 于是 $\iint\limits_{\Sigma_1}=-\iint\limits_{\Sigma_2}=\iint\limits_{\Sigma_2^-}$（$\Sigma_1$ 与 Σ_2^- 同向）.
>
>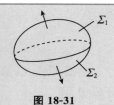
>
> 图 18-31

例 18.28 设 Σ 为锥面 $z=\sqrt{x^2+y^2}(0\leqslant z\leqslant H)$ 的下侧，则 $\iint\limits_{\Sigma}\mathrm{d}y\mathrm{d}z+2\mathrm{d}z\mathrm{d}x+3\mathrm{d}x\mathrm{d}y=$

_____.

【解】应填 $-3\pi H^2$.

$\dfrac{\partial P}{\partial x}+\dfrac{\partial Q}{\partial y}+\dfrac{\partial R}{\partial z}=0$，无源场，换面为 $\Sigma_1: z=H(x^2+y^2\leqslant H^2)$ 的

下侧（见图 18-32）.

$$\text{原式}=\iint\limits_{\Sigma_1}3\mathrm{d}x\mathrm{d}y=-3\iint\limits_{x^2+y^2\leqslant H^2}\mathrm{d}x\mathrm{d}y=-3\pi H^2.$$

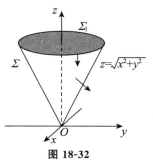

图 18-32

④ **非封闭曲面，且 div $F\neq 0$，补面使其封闭**（加面减面）.

若 Σ 不是封闭曲面，但是如果补上一张曲面 Σ_1 并配以相应的方向，使得 $\Sigma\bigcup\Sigma_1$ 成为封闭曲面，其法向量指向外侧，并且 P,Q,R 在 $\Sigma\bigcup\Sigma_1$ 所包围的有界闭区域 Ω 上连续且有连续的一阶偏导数，则

$$\iint\limits_{\Sigma}P\mathrm{d}y\mathrm{d}z+Q\mathrm{d}z\mathrm{d}x+R\mathrm{d}x\mathrm{d}y$$

$$=\iint\limits_{\Sigma}+\iint\limits_{\Sigma_1}-\iint\limits_{\Sigma_1}$$

$$=\iiint\limits_{\Omega}\left(\frac{\partial P}{\partial x}+\frac{\partial Q}{\partial y}+\frac{\partial R}{\partial z}\right)\mathrm{d}v-\iint\limits_{\Sigma_1}P\mathrm{d}y\mathrm{d}z+Q\mathrm{d}z\mathrm{d}x+R\mathrm{d}x\mathrm{d}y.$$

如果 $\iint\limits_{\Sigma_1}$ 容易计算的话，就达到化难为易的目的了.

例 18.29 设 Σ 是 $z=2-x^2-y^2$ 在 $z\geqslant 0$ 部分的上侧，计算 $I=\iint\limits_{\Sigma}\dfrac{x\mathrm{d}y\mathrm{d}z+y\mathrm{d}z\mathrm{d}x+z\mathrm{d}x\mathrm{d}y}{(x^2+y^2+z^2)^{\frac{3}{2}}}$.

【解】设 $r=\sqrt{x^2+y^2+z^2}$，$P=\dfrac{x}{r^3},Q=\dfrac{y}{r^3},R=\dfrac{z}{r^3},\dfrac{\partial P}{\partial x}=\dfrac{r^3-3xr^2\cdot\frac{x}{r}}{r^6}=\dfrac{1}{r^3}-\dfrac{3x^2}{r^5}$.

同理 $\dfrac{\partial Q}{\partial y}=\dfrac{1}{r^3}-\dfrac{3y^2}{r^5},\dfrac{\partial R}{\partial z}=\dfrac{1}{r^3}-\dfrac{3z^2}{r^5}$，所以 $\dfrac{\partial P}{\partial x}+\dfrac{\partial Q}{\partial y}+\dfrac{\partial R}{\partial z}=0$.

作上半球面 $\Sigma_\rho:z=\sqrt{\rho^2-x^2-y^2}$ $(\rho>0)$,方向向下,ρ 充分小使得 Σ_ρ 在 Σ 的内部,再补一平面

$$\Sigma_0:z=0,\rho^2\leqslant x^2+y^2\leqslant 2,$$

方向向下,设由 Σ,Σ_ρ 和 Σ_0 共同围成的立体区域记为 Ω,如图 18-33 所示,则

$$I=\iint\limits_{\Sigma}=\oiint\limits_{\Sigma+\Sigma_\rho+\Sigma_0}-\iint\limits_{\Sigma_\rho}-\iint\limits_{\Sigma_0}.$$

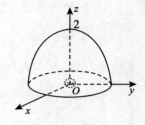

图 18-33

由高斯公式,第一项为 0,对于第二项,将 Σ_ρ 的方程代入被积函数分母中,得

$$\iint\limits_{\Sigma_\rho}=\frac{1}{\rho^3}\iint\limits_{\Sigma_\rho}x\,\mathrm{d}y\,\mathrm{d}z+y\,\mathrm{d}z\,\mathrm{d}x+z\,\mathrm{d}x\,\mathrm{d}y.$$

补 $\Sigma_1:z=0,x^2+y^2\leqslant \rho^2$,方向向上,则

$$\iint\limits_{\Sigma_\rho}=\frac{1}{\rho^3}\left(\oiint\limits_{\Sigma_\rho+\Sigma_1}-\iint\limits_{\Sigma_1}\right)=\frac{1}{\rho^3}\left(-\iiint\limits_{\Omega_1}3\mathrm{d}v-0\right)=-\frac{3}{\rho^3}\cdot\frac{2\pi}{3}\cdot\rho^3=-2\pi,$$

其中 Ω_1 为 Σ_ρ 和 Σ_1 围成的半球体,对于第三项,

$$\iint\limits_{\Sigma_0}=\iint\limits_{\Sigma_0}\frac{x\,\mathrm{d}y\,\mathrm{d}z+y\,\mathrm{d}z\,\mathrm{d}x+z\,\mathrm{d}x\,\mathrm{d}y}{(x^2+y^2+z^2)^{\frac{3}{2}}}=0,$$

故

$$I=0-(-2\pi)-0=2\pi.$$

【注】不能只用 $\Sigma_0:z=0$ 封闭 Σ,还必须用 Σ_ρ 把原点抠除.

⑤ **由 div $\boldsymbol{F}=0$,建方程求 $f(x)$.**

给出一个第二型曲面积分,积分表达式中含有一个连续可微的待定函数 $f(x)$,并且已知对于单连通区域 G 内任意封闭曲面,此曲面积分为 0,求 $f(x)$.这可由高斯公式推知在 G 内 $\dfrac{\partial P}{\partial x}+\dfrac{\partial Q}{\partial y}+\dfrac{\partial R}{\partial z}\equiv 0$.由此得到关于 $f(x)$ 的一个微分方程,从而解出 $f(x)$.

例 18.30 设对于 $x>0$ 半空间内任意的光滑有向闭曲面 Σ,都有

$$\oiint\limits_{\Sigma}xf(x)\mathrm{d}y\mathrm{d}z-xyf(x)\mathrm{d}z\mathrm{d}x-\mathrm{e}^{2x}z\mathrm{d}x\mathrm{d}y=0,$$

其中函数 $f(x)$ 在 $(0,+\infty)$ 内具有连续的一阶导数,且 $\lim\limits_{x\to 0^+}f(x)=1$,求 $f(x)$.

【解】由题设条件和高斯公式,有

$$0=\oiint\limits_{\Sigma}xf(x)\mathrm{d}y\mathrm{d}z-xyf(x)\mathrm{d}z\mathrm{d}x-\mathrm{e}^{2x}z\mathrm{d}x\mathrm{d}y$$

$$=\pm\iiint\limits_{\Omega}[xf'(x)+f(x)-xf(x)-\mathrm{e}^{2x}]\,\mathrm{d}v,$$

其中 Ω 为 Σ 所围的区域,Σ 的法向量向外时,取"+",Σ 的法向量向内时,取"−".由 Σ 的任意性,知

$$xf'(x)+f(x)-xf(x)-\mathrm{e}^{2x}=0,x>0,$$

即

$$f'(x) + \left(\frac{1}{x} - 1\right)f(x) = \frac{1}{x}\mathrm{e}^{2x}, x > 0.$$

由一阶线性微分方程通解公式，有

$$f(x) = \mathrm{e}^{\int\left(1-\frac{1}{x}\right)\mathrm{d}x}\left[\int \frac{1}{x}\mathrm{e}^{2x} \cdot \mathrm{e}^{\int\left(\frac{1}{x}-1\right)\mathrm{d}x}\mathrm{d}x + C\right] = \frac{\mathrm{e}^x}{x}(\mathrm{e}^x + C).$$

由于 $\lim\limits_{x\to 0^+} f(x) = \lim\limits_{x\to 0^+}\dfrac{\mathrm{e}^{2x} + C\mathrm{e}^x}{x} = 1$，故必有 $\lim\limits_{x\to 0^+}(\mathrm{e}^{2x} + C\mathrm{e}^x) = 0$，从而 $C = -1$. 于是

$$f(x) = \frac{\mathrm{e}^x}{x}(\mathrm{e}^x - 1) \quad (x > 0).$$

（4）两类曲面积分的关系.

$$\iint\limits_{\Sigma} P\,\mathrm{d}y\,\mathrm{d}z + Q\,\mathrm{d}z\,\mathrm{d}x + R\,\mathrm{d}x\,\mathrm{d}y = \iint\limits_{\Sigma}(P\cos\alpha + Q\cos\beta + R\cos\gamma)\,\mathrm{d}S,$$

其中 $(\cos\alpha, \cos\beta, \cos\gamma)$ 为 Σ 在点 (x, y, z) 处与 Σ 同侧的单位法向量.

例 18.31 设 Σ 为曲面 $z = \sqrt{x^2 + y^2}\,(1 \leqslant x^2 + y^2 \leqslant 4)$ 的下侧，$f(x)$ 是连续函数，计算

$$I = \iint\limits_{\Sigma}[xf(xy) + 2x - y]\mathrm{d}y\,\mathrm{d}z + [yf(xy) + 2y + x]\mathrm{d}z\,\mathrm{d}x + [zf(xy) + z]\mathrm{d}x\,\mathrm{d}y.$$

【解】 此题在例 18.25 处用了"转换投影法"，此处用"两类曲面积分的关系"这种方法解决.

因为 Σ 在点 (x, y, z) 处的正向法向量为 $\dfrac{1}{\sqrt{x^2 + y^2 + z^2}}(x, y, -z)$，根据第二型曲面积分与第一型曲面积分的关系得

$$I = \iint\limits_{\Sigma}\frac{1}{\sqrt{x^2 + y^2 + z^2}}[(x^2 + y^2 - z^2)f(xy) + 2x^2 + 2y^2 - z^2]\mathrm{d}S.$$

又因为 $z^2 = x^2 + y^2$，所以

$$I = \frac{\sqrt{2}}{2}\iint\limits_{\Sigma}\sqrt{x^2 + y^2}\,\mathrm{d}S.$$

记 $D = \{(x, y) \mid 1 \leqslant x^2 + y^2 \leqslant 4\}$，又

$$\sqrt{\left(\frac{\partial z}{\partial x}\right)^2 + \left(\frac{\partial z}{\partial y}\right)^2 + 1} = \sqrt{\left(\frac{x}{\sqrt{x^2 + y^2}}\right)^2 + \left(\frac{y}{\sqrt{x^2 + y^2}}\right)^2 + 1} = \sqrt{2},$$

所以

$$I = \iint\limits_{D}\sqrt{x^2 + y^2}\,\mathrm{d}x\,\mathrm{d}y = \int_0^{2\pi}\mathrm{d}\theta\int_1^2 r^2\,\mathrm{d}r = \frac{14\pi}{3}.$$

【注】 令 $F(x, y, z) = x^2 + y^2 - z^2$，则 $\boldsymbol{n} = (2x, 2y, -2z)$，$|\boldsymbol{n}| = 2\sqrt{x^2 + y^2 + z^2}$，故

$$(\cos\alpha, \cos\beta, \cos\gamma) = \left(\frac{x}{\sqrt{x^2 + y^2 + z^2}}, \frac{y}{\sqrt{x^2 + y^2 + z^2}}, \frac{-z}{\sqrt{x^2 + y^2 + z^2}}\right).$$

六 应用

1. 长度

(1) 曲杆长度(弧长).

$$l = \int_L ds = \int_a^b \sqrt{1 + (y_x')^2}\, dx.$$

(2) 空间曲线长度.

$$l = \int_\Gamma ds = \int_a^\beta \sqrt{[x'(t)]^2 + [y'(t)]^2 + [z'(t)]^2}\, dt.$$

2. 面积

(1) 平面面积.

$$S = \iint_D d\sigma.$$

(2) 曲面面积.

$$S = \iint_\Sigma dS = \iint_{D_{xy}} \sqrt{1 + (z_x')^2 + (z_y')^2}\, dx\, dy.$$

3. 体积

(1) 曲顶柱体体积.

曲顶为 $z = z(x,y), (x,y) \in D_{xy}$ 的柱体体积

$$V = \iint_{D_{xy}} |z(x,y)|\, d\sigma.$$

(2) 空间物体体积.

对于空间物体 Ω,其体积计算公式为 $V = \iiint_\Omega dv.$

4. 总质量

(1) 对平面薄片 D,其面密度为 $\rho(x,y)$,则其总质量计算公式为

$$m = \iint_D \rho(x,y)\, d\sigma.$$

(2) 对空间物体 Ω,其体积密度为 $\rho(x,y,z)$,则其总质量计算公式为

$$m = \iiint_\Omega \rho(x,y,z)\, dv.$$

(3) 对光滑曲杆 L,其线密度为 $\rho(x,y)$,则其总质量计算公式为

$$m = \int_L \rho(x,y)\, ds.$$

（4）对光滑曲面薄片 Σ，其面密度为 $\rho(x,y,z)$，则其总质量计算公式为

$$m = \iint\limits_{\Sigma} \rho(x,y,z)\mathrm{d}S.$$

5. 重心（质心）与形心

（1）对平面薄片 D，其面密度为 $\rho(x,y)$，则其重心 $(\bar{x},\bar{y})$ 的计算公式为

$$\bar{x} = \frac{\iint\limits_{D} x\rho(x,y)\mathrm{d}\sigma}{\iint\limits_{D} \rho(x,y)\mathrm{d}\sigma},\ \bar{y} = \frac{\iint\limits_{D} y\rho(x,y)\mathrm{d}\sigma}{\iint\limits_{D} \rho(x,y)\mathrm{d}\sigma}.$$

【注】（1）在考研的范畴内，重心就是质心.

（2）当密度 $\rho(x,y)$ 或者 $\rho(x,y,z)$ 为常数时，重心就成了**形心**. 以下同理.

（3）由形心公式 $\bar{x} = \dfrac{\iint\limits_{D} x\,\mathrm{d}\sigma}{\iint\limits_{D} \mathrm{d}\sigma}$，得 $\iint\limits_{D} x\mathrm{d}\sigma = \bar{x} \cdot \iint\limits_{D} \mathrm{d}\sigma.$

当 D 为规则图形（$\bar{x}$ 已知且面积易求），有 $\iint\limits_{D} x\mathrm{d}\sigma = \bar{x} \cdot S_D.$

在本讲的三重积分、第一型曲线积分、第一型曲面积分处有同样的情形和名称.

（2）对空间物体 Ω，其体积密度为 $\rho(x,y,z)$，则其重心 $(\bar{x},\bar{y},\bar{z})$ 的计算公式为

$$\bar{x} = \frac{\iiint\limits_{\Omega} x\rho(x,y,z)\mathrm{d}v}{\iiint\limits_{\Omega} \rho(x,y,z)\mathrm{d}v},\ \bar{y} = \frac{\iiint\limits_{\Omega} y\rho(x,y,z)\mathrm{d}v}{\iiint\limits_{\Omega} \rho(x,y,z)\mathrm{d}v},\ \bar{z} = \frac{\iiint\limits_{\Omega} z\rho(x,y,z)\mathrm{d}v}{\iiint\limits_{\Omega} \rho(x,y,z)\mathrm{d}v}.$$

（3）对光滑曲杆 L，其线密度为 $\rho(x,y,z)$，则其重心 $(\bar{x},\bar{y},\bar{z})$ 的计算公式为

$$\bar{x} = \frac{\int_{L} x\rho(x,y,z)\mathrm{d}s}{\int_{L} \rho(x,y,z)\mathrm{d}s},\ \bar{y} = \frac{\int_{L} y\rho(x,y,z)\mathrm{d}s}{\int_{L} \rho(x,y,z)\mathrm{d}s},\ \bar{z} = \frac{\int_{L} z\rho(x,y,z)\mathrm{d}s}{\int_{L} \rho(x,y,z)\mathrm{d}s}.$$

（4）对光滑曲面薄片 Σ，其面密度为 $\rho(x,y,z)$，则其重心 $(\bar{x},\bar{y},\bar{z})$ 的计算公式为

$$\bar{x} = \frac{\iint\limits_{\Sigma} x\rho(x,y,z)\mathrm{d}S}{\iint\limits_{\Sigma} \rho(x,y,z)\mathrm{d}S},\ \bar{y} = \frac{\iint\limits_{\Sigma} y\rho(x,y,z)\mathrm{d}S}{\iint\limits_{\Sigma} \rho(x,y,z)\mathrm{d}S},\ \bar{z} = \frac{\iint\limits_{\Sigma} z\rho(x,y,z)\mathrm{d}S}{\iint\limits_{\Sigma} \rho(x,y,z)\mathrm{d}S}.$$

6. 转动惯量 ——→ 其微元统一为：质量微元 $\mathrm{d}m$ 与 $\mathrm{d}m$ 到转动轴的距离平方 r^2 的乘积 $r^2\mathrm{d}m$

（1）对平面薄片 D，其面密度为 $\rho(x,y)$，则该薄片对 x 轴、y 轴和原点 O 的转动惯量 I_x，I_y 和 I_O 的计算公式分别为

$$I_x = \iint\limits_{D} y^2 \rho(x,y) \mathrm{d}\sigma, I_y = \iint\limits_{D} x^2 \rho(x,y) \mathrm{d}\sigma, I_O = \iint\limits_{D} (x^2 + y^2) \rho(x,y) \mathrm{d}\sigma.$$

(2) 对空间物体 Ω，其体积密度为 $\rho(x,y,z)$，则该物体对 x 轴、y 轴、z 轴和原点 O 的转动惯量 I_x, I_y, I_z 和 I_O 的计算公式分别为

$$I_x = \iiint\limits_{\Omega} (y^2 + z^2) \rho(x,y,z) \mathrm{d}v, I_y = \iiint\limits_{\Omega} (z^2 + x^2) \rho(x,y,z) \mathrm{d}v,$$

$$I_z = \iiint\limits_{\Omega} (x^2 + y^2) \rho(x,y,z) \mathrm{d}v, I_O = \iiint\limits_{\Omega} (x^2 + y^2 + z^2) \rho(x,y,z) \mathrm{d}v.$$

(3) 对光滑曲杆 L，其线密度为 $\rho(x,y,z)$，则该曲杆对 x 轴、y 轴、z 轴和原点 O 的转动惯量 I_x, I_y, I_z 和 I_O 的计算公式分别为

$$I_x = \int_{L} (y^2 + z^2) \rho(x,y,z) \mathrm{d}s, I_y = \int_{L} (z^2 + x^2) \rho(x,y,z) \mathrm{d}s,$$

$$I_z = \int_{L} (x^2 + y^2) \rho(x,y,z) \mathrm{d}s, I_O = \int_{L} (x^2 + y^2 + z^2) \rho(x,y,z) \mathrm{d}s.$$

(4) 对光滑曲面薄片 Σ，其面密度为 $\rho(x,y,z)$，则该曲面对 x 轴、y 轴、z 轴和原点 O 的转动惯量 I_x, I_y, I_z 和 I_O 的计算公式分别为

$$I_x = \iint\limits_{\Sigma} (y^2 + z^2) \rho(x,y,z) \mathrm{d}S, I_y = \iint\limits_{\Sigma} (z^2 + x^2) \rho(x,y,z) \mathrm{d}S,$$

$$I_z = \iint\limits_{\Sigma} (x^2 + y^2) \rho(x,y,z) \mathrm{d}S, I_O = \iint\limits_{\Sigma} (x^2 + y^2 + z^2) \rho(x,y,z) \mathrm{d}S.$$

7. 引力

对于空间物体 Ω，其体积密度为 $\rho(x,y,z)$，则该物体对物体外一点 $M_0(x_0,y_0,z_0)$ 处的质量为 m 的质点的引力 (F_x, F_y, F_z) 的计算公式为

$$F_x = Gm \iiint\limits_{\Omega} \frac{\rho(x,y,z)(x-x_0)}{\left[(x-x_0)^2 + (y-y_0)^2 + (z-z_0)^2 \right]^{\frac{3}{2}}} \mathrm{d}v,$$

$$F_y = Gm \iiint\limits_{\Omega} \frac{\rho(x,y,z)(y-y_0)}{\left[(x-x_0)^2 + (y-y_0)^2 + (z-z_0)^2 \right]^{\frac{3}{2}}} \mathrm{d}v,$$

$$F_z = Gm \iiint\limits_{\Omega} \frac{\rho(x,y,z)(z-z_0)}{\left[(x-x_0)^2 + (y-y_0)^2 + (z-z_0)^2 \right]^{\frac{3}{2}}} \mathrm{d}v.$$

例 18.32 锥面 $z = \sqrt{x^2 + y^2}$ 被抛物柱面 $z^2 = 2x$ 截下的曲面的面积为 _____.

【解】应填 $\sqrt{2}\pi$.

如图 18-34 所示，曲面为 $z = \sqrt{x^2 + y^2}$，联立 $\begin{cases} z = \sqrt{x^2 + y^2}, \\ z^2 = 2x, \end{cases}$ 解得交线

$x^2 + y^2 = 2x$，即在 xOy 平面上的投影域为

$$D: x^2 + y^2 \leqslant 2x.$$

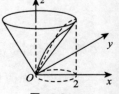

图 18-34

$$S = \iint\limits_D \sqrt{1 + \left(\frac{\partial z}{\partial x}\right)^2 + \left(\frac{\partial z}{\partial y}\right)^2}\, d\sigma = \iint\limits_D \sqrt{2}\, d\sigma = \sqrt{2}\,\pi.$$

例 18.33 设曲线 $y = \frac{1}{2}(e^x + e^{-x})$ 上每一点的密度与该点的纵坐标成反比，且在点 $(0,1)$ 处的密度等于 1，则曲线在横坐标 $x_1 = 0$ 及 $x_2 = 1$ 之间一段 L 的质量为_____．

【解】应填 1.

由题意 $\rho = \dfrac{k}{y}$，当 $y = 1$ 时 $\rho = 1$，则 $k = 1$，即 $\rho = \dfrac{1}{y}$．

$$m = \int_L \frac{1}{y}\, ds = \int_0^1 \frac{1}{\frac{1}{2}(e^x + e^{-x})} \sqrt{1 + \left[\frac{1}{2}(e^x - e^{-x})\right]^2}\, dx$$

$$= \int_0^1 \frac{1}{e^x + e^{-x}} \sqrt{(e^x + e^{-x})^2}\, dx = \int_0^1 dx = 1.$$

例 18.34 设 C 是曲线 $x^2 + y^2 = 2(x + y)$，则 $\oint_C (2x^2 + 3y^2)\, ds = $_____．

【解】应填 $20\sqrt{2}\,\pi$．

C 是圆 $(x - 1)^2 + (y - 1)^2 = 2$，关于 $y = x$ 对称，由轮换对称性知

$$\oint_C x^2\, ds = \oint_C y^2\, ds.$$

故

$$\oint_C (2x^2 + 3y^2)\, ds = \frac{5}{2} \oint_C (x^2 + y^2)\, ds = 5 \oint_C (x + y)\, ds$$

$$= 5\overline{x} \cdot l_C + 5\overline{y} \cdot l_C = 10 l_C = 20\sqrt{2}\,\pi.$$

例 18.35 由曲线 $x^2 + 3y - 5 = 0$，$x = \sqrt{y + 1}$ 以及 $x = 0$ 所围成的均匀薄片（密度 μ 为常数）对 y 轴的转动惯量为_____．

【解】应填 $\dfrac{32\sqrt{2}}{45}\mu$．

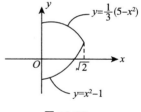

图 18-35

如图 18-35 所示，$I_y = \iint\limits_D \mu x^2\, d\sigma = \mu \int_0^{\sqrt{2}} x^2\, dx \int_{x^2-1}^{\frac{1}{3}(5-x^2)} dy$

$$= \frac{4}{3}\mu \int_0^{\sqrt{2}} (2x^2 - x^4)\, dx = \frac{32\sqrt{2}}{45}\mu.$$

例 18.36 设锥面 Σ 的顶点是 $A(0,1,1)$，准线是 $\begin{cases} x^2 + y^2 = 1, \\ z = 0, \end{cases}$ 直线 L 过顶点 A 和准线上任一点 $M_1(x_1, y_1, 0)$．Ω 是 Σ（$0 \leqslant z \leqslant 1$）与平面 $z = 0$ 所围成的锥体．

(1) 求 L 和 Σ 的方程；

(2) 求 Ω 的形心坐标．

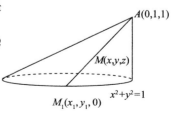

图 18-36

【解】(1) 如图 18-36 所示，从顶点 A 到准线上任一点 $M_1(x_1$,

$y_1,0)$ 作直线段$\overline{AM_1}$，记其上任一点 $M(x,y,z)$，由于$\overline{AM}\ /\!/\ \overline{AM_1}$，则

$$\frac{x-0}{x_1-0}=\frac{y-1}{y_1-1}=\frac{z-1}{-1}, \qquad ①$$

此即为 L 的方程，又由于 M_1 在准线上，有

$$x_1^2+y_1^2=1. \qquad ②$$

由 ① 得 $x_1=\frac{x}{1-z}$，$y_1=\frac{y-z}{1-z}$，代入 ②，有

$$\frac{x^2}{(1-z)^2}+\frac{(y-z)^2}{(1-z)^2}=1,$$

即锥面 Σ 的方程为 $x^2+(y-z)^2=(1-z)^2$.

(2) 如图 18-37 所示，设 Ω 的形心坐标为$(\overline{x},\overline{y},\overline{z})$，因为 Ω 关于 yOz 平面对称，所以 $\overline{x}=0$.

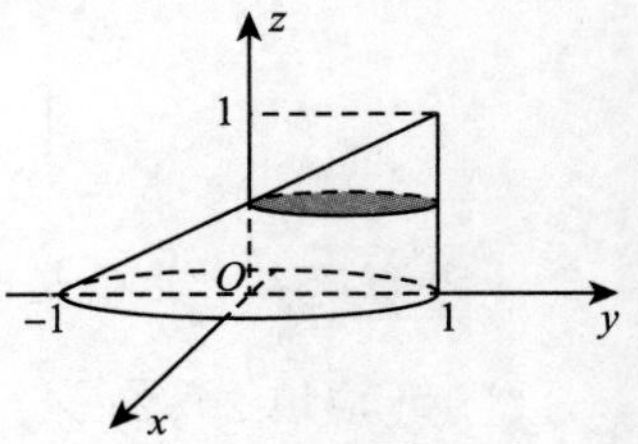

图 18-37

对于 $0\leqslant z\leqslant 1$，记 $D_z=\{(x,y)\mid x^2+(y-z)^2\leqslant(1-z)^2\}$.

因为

$$V=\iiint_{\Omega}\mathrm{d}x\,\mathrm{d}y\,\mathrm{d}z=\int_0^1\mathrm{d}z\iint_{D_z}\mathrm{d}x\,\mathrm{d}y=\int_0^1\pi(1-z)^2\mathrm{d}z=\frac{\pi}{3},$$

$\overline{y}=z$

$$\iiint_{\Omega}y\,\mathrm{d}x\,\mathrm{d}y\,\mathrm{d}z=\int_0^1\mathrm{d}z\iint_{D_z}y\,\mathrm{d}x\,\mathrm{d}y=\int_0^1\overline{y}S_{D_z}\,\mathrm{d}z=\int_0^1 z\cdot\pi(1-z)^2\mathrm{d}z=\frac{\pi}{12},$$

$\iint_{D_z}y\,\mathrm{d}\sigma=\overline{y}\cdot S_{D_z}$

$$\iiint_{\Omega}z\,\mathrm{d}x\,\mathrm{d}y\,\mathrm{d}z=\int_0^1\mathrm{d}z\iint_{D_z}z\,\mathrm{d}x\,\mathrm{d}y=\int_0^1\pi z(1-z)^2\mathrm{d}z=\frac{\pi}{12},$$

所以

$$\overline{y}=\frac{\iiint_{\Omega}y\,\mathrm{d}x\,\mathrm{d}y\,\mathrm{d}z}{V}=\frac{1}{4},$$

$$\overline{z}=\frac{\iiint_{\Omega}z\,\mathrm{d}x\,\mathrm{d}y\,\mathrm{d}z}{V}=\frac{1}{4}.$$

故 Ω 的形心坐标为$\left(0,\frac{1}{4},\frac{1}{4}\right)$.

【注】(1) 考生可从第一问中学到求锥面方程的一般方法，在考研题中，命题人给出方程 $x^2+(y-z)^2=(1-z)^2$ 时，很多考生不知所云，这里的第一问回答了此问题.

(2) 若不画图，把(x,y,z)与$(-x,y,z)$代入表达式，表达式不变，也可知锥面关于 yOz 平面对称，于是 $\overline{x}=0$.

附录
几种常见的空间图形

（1）

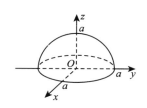

$$z = \sqrt{a^2 - x^2 - y^2}, a > 0$$

（2）

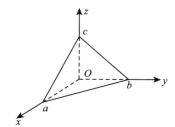

$$\frac{x}{a} + \frac{y}{b} + \frac{z}{c} = 1, a, b, c > 0,$$
$$x, y, z \geqslant 0$$

（3）

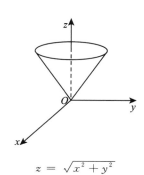

$$z = \sqrt{x^2 + y^2}$$

（4）

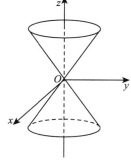

$$x^2 + y^2 = z^2$$

（5）

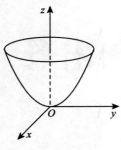

$$z = x^2 + y^2$$

（6）

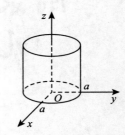

$$x^2 + y^2 = a^2, z \geqslant 0, a > 0$$

（7）

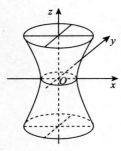

$$\frac{x^2}{a^2} + \frac{y^2}{b^2} - \frac{z^2}{c^2} = 1$$

（8）

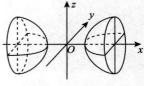

$$\frac{x^2}{a^2} - \frac{y^2}{b^2} - \frac{z^2}{c^2} = 1$$

（9）

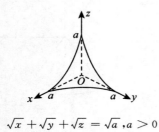

$$\sqrt{x} + \sqrt{y} + \sqrt{z} = \sqrt{a}, a > 0$$

（10）

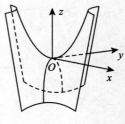

$$z = xy$$

（11）

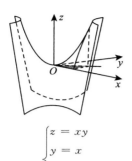

$$\begin{cases} z = xy \\ y = x \\ x = 1 \\ z = 0 \end{cases}$$

（12）

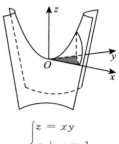

$$\begin{cases} z = xy \\ x + y = 1 \\ z = 0 \end{cases}$$

（13）

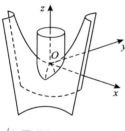

$$\begin{cases} z = xy \\ x^2 + y^2 = a^2 \, (a > 0) \end{cases}$$

（14）

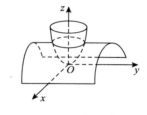

$$\begin{cases} z = x^2 + y^2 \\ z = 1 - x^2 \end{cases}$$

（15）

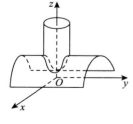

$$\begin{cases} x^2 + y^2 = 1 \\ z = 1 - x^2 \end{cases}$$

（16）

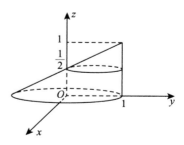

$$x^2 + (y - z)^2 = (1 - z)^2, 0 \leqslant z \leqslant 1$$

（17）

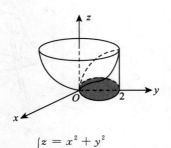

$$\begin{cases} z = x^2 + y^2 \\ x^2 + (y-1)^2 = 1 \end{cases}$$

（18）

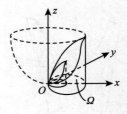

$$\begin{cases} z = 2(x^2 + y^2) \\ x^2 + y^2 = x \\ x^2 + y^2 = 2x \\ z = 0 \end{cases}$$